普通高等学校“十三五”精品规划教材

大学计算机

王观玉　周力军　杨福建　主编

西南交通大学出版社
·成 都·

图书在版编目（CIP）数据

大学计算机 / 王观玉，周力军，杨福建主编. —成都：西南交通大学出版社，2019.1
ISBN 978-7-5643-6748-0

Ⅰ. ①大… Ⅱ. ①王… ②周… ③杨… Ⅲ. ①电子计算机－高等学校－教材 Ⅳ. ①TP3

中国版本图书馆 CIP 数据核字（2019）第 021323 号

大学计算机

王观玉　周力军　杨福建　主编

责任编辑　黄淑文
封面设计　原谋书装

出版发行　西南交通大学出版社
（四川省成都市二环路北一段 111 号
西南交通大学创新大厦 21 楼）
邮政编码　610031
发行部电话　028-87600564　028-87600533
官网　http://www.xnjdcbs.com
印刷　四川煤田地质制图印刷厂

成品尺寸　185 mm × 260 mm
印张　20.5
字数　498 千
版次　2019 年 1 月第 1 版
印次　2019 年 1 月第 1 次
定价　49.00 元
书号　ISBN 978-7-5643-6748-0

课件咨询电话：028-87600533

《大学计算机》是高等院校非计算机专业的重要基础课程。目前，国内虽然有许多相关的教材，但由于不同层次的高校计算机普及的程度有较大差异，大学一年级新生的计算机水平参差不齐。为此，我们根据“教育部非计算机专业计算机基础课程教学指导分委员会”提出的《关于进一步加强高校计算机基础教学的意见》要求，同时根据 2018 年全国教育大会精神及地方高校的实际情况编写本教材。编写本教材的目的是为了坚持深化教育改革创新，满足当前地方普通高校对计算机教学的改革要求，在强调学生系统掌握基本理论知识的同时，还强调对学生计算思维能力的培养。在增强学生综合素质上下功夫，教育引导学生培养综合能力和创新思维。

全书分为 9 个章节，内容涵盖了计算机学科主要知识单元的基本知识点，主要内容包括计算机概述、计算机信息编码、操作系统基础、计算机网络基础、数据库技术基础、信息安全基础、算法与程序设计基础、信息技术与社会、信息技术教育等。第 8 章信息技术与社会，对计算机学科的前沿技术做了详细的介绍，便于学生开拓创新，激发学生对计算机学科的学习兴趣；第 9 章“信息技术教育”，可以帮助师范专业学生全面了解国内外中小学信息技术教育。该教材侧重于理论方法与实际应用的紧密结合，在教材的编写中融入了计算思维思想，突出学生的计算思维能力培养，强调计算机学科知识体系的系统掌握与思想方法的灵活运用，适合地方高校应用型人才的培养目标。该教材结构完整，语言流畅、通俗易懂、叙述生动，符合教育部高等院校教材建设要求。本书内容覆盖面广，各高校可根据教学学时和学生实际情况对教学内容适当进行选取。该书有配套的实践指导用书《大学计算机实践指导》供老师和学生上机指导使用。

本书可作为高校各专业“大学计算机”课程的教材，也可作为计算机技术培训用书和计算机爱好者自学用书。

本书由黔南民族师范学院的王观玉、周力军、杨福建老师主编。王观玉负责本书的统稿和组织工作，周力军和杨福建老师进行了审校，其中第 1 章、第 9 章由王观玉编写，第 2 章由吉双鼎编写，第 3 章和第 6 章由杨福建编写，第 4 章由周力军编写，第 5 章由钟志宏编写，第 7 章由杨霞编写，第 8 章由于骐鸣编写。本书在编写过程中，参考了大量的相关文献资料，在此一并致谢。由于编者水平有限，书中难免存在不足与疏漏之处，还望广大读者提出宝贵意见，以便我们修订时改进。

编　者

2018 年 11 月

目 录
contents

第 1 章　计算机概述

本章要点：

- 计算机的产生；
- 计算机的发展；
- 计算机的分类；
- 计算机系统；
- 计算机硬件；
- 计算机软件；
- 计算机的工作原理；
- 计算机与计算思维。

1.1　计算机的产生

计算工具的演化经历了由简单到复杂、从低级到高级的不同阶段，如从“结绳记事”中的绳结到算筹、算盘计算尺、机械计算机等。它们在不同的历史时期发挥了各自的历史作用，同时也启发了现代电子计算机的研制思想。

1889 年，美国科学家赫尔曼·何乐礼研制出以电力为基础的电动制表机，用以储存计算资料。

1930 年，美国科学家范内瓦·布什造出世界上首台模拟电子计算机。

1936 年，图灵在具有划时代意义的论文《论可计算数及其在判定问题中的应用》中，论述了一种理想的通用计算机，被后人称为“图灵机”，其模型如图 1-1 所示。

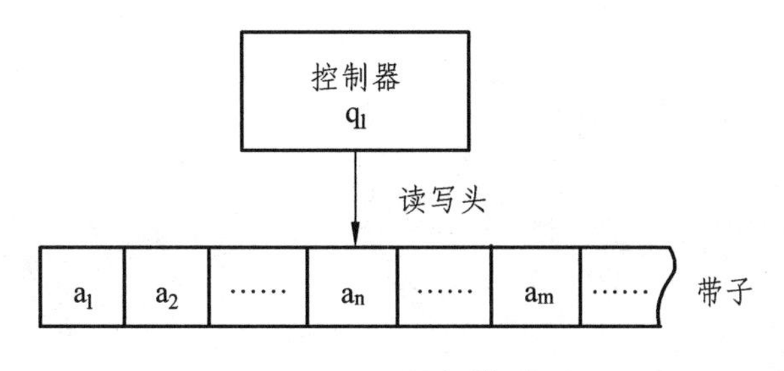

图 1-1　图灵机模型

图灵的基本思想是用机器来模拟人们用纸笔进行数学运算的过程，他把这样的过程看作下列两种简单的动作：

（1）在纸上写上或擦除某个符号；

（2）把注意力从纸的一个位置移动到另一个位置。

而在每个阶段，人要决定下一步的动作，依赖于此人当前所关注的纸上某个位置的符号和此人当前思维的状态。

为了模拟人的这种运算过程，图灵构造出一台假想的机器，该机器由以下几个部分组成：

（1）一条无限长的纸带 TAPE。纸带被划分为一个接一个的小格子，每个格子上包含一个来自有限字母表的符号，字母表中有一个特殊的符号␣表示空白。纸带上的格子从左到右依此被编号为 0，1，2，…，纸带的右端可以无限伸展。

（2）一个读写头 HEAD。该读写头可以在纸带上左右移动，它能读出当前所指的格子上的符号，并能改变当前格子上的符号。

（3）一套控制规则 TABLE。它根据当前机器所处的状态以及当前读写头所指的格子上的符号来确定读写头下一步的动作，并改变状态寄存器的值，令机器进入一个新的状态。

（4）一个状态寄存器。它用来保存图灵机当前所处的状态。图灵机的所有可能状态的数目是有限的，并且有一个特殊的状态，称为停机状态。

图 1-2 计算机科学之父图灵

注意这个机器的每一部分都是有限的，但它有一个潜在的无限长的纸带，因此这种机器只是一个理想的设备。图灵认为这样的一台机器就能模拟人类所能进行的任何计算过程。

图灵机是现代电子计算机的理论模型。现代电子计算机的总体设计思路是从通用图灵机的概念衍生出来的，而程序设计的概念则是由实现具体计算的图灵机衍生出来的。图灵（见图 1-2）是计算机科学理论的创始人，被称为“计算机科学之父”，美国计算机协会（ACM）1966 年设立了“图灵奖”，奖励那些对计算机事业做出重要贡献的人。

第一台现代电子数字计算机是 ABC（Atanasoff-Berry Computer，阿塔纳索夫-贝瑞计算机），如图 1-3 所示，它是美国爱荷华州立大学物理系副教授阿塔纳索夫（John Vincent Atanasoff）和他的研究生克利福特·贝瑞（Clifford Berry）在 1939 年 10 月研制而成的。1990 年，阿塔纳索夫获得了全美最高科技奖“国家科技奖”。

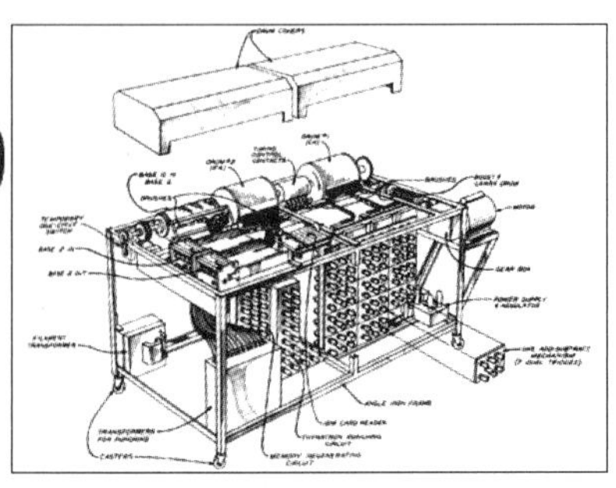

图 1-3 第一台现代电子数字计算机 ABC 复原模型和设计草图（1939 年）

ABC 计算机采用二进制电路进行运算；存储系统采用不断充电的电容器，具有数据记忆功能；输入系统采用了 IBM 公司的穿孔卡片；输出系统采用高压电弧烧孔卡片。

阿塔纳索夫提出了现代计算机设计最重要的三个基本原则：

（1）以二进制方式实现数字运算和逻辑运算，以保证运算精度；

（2）利用电子技术实现控制和运算，以保证运算速度；

（3）采用计算功能与存储功能的分离结构，以简化计算机设计。

1943 年，正是第二次世界大战时期，美国因新式火炮弹道计算需要运算速度更快的计算机，宾夕法尼亚大学莫尔学院 36 岁的莫克利（John Mauchly）教授和他的学生埃克特（Presper Eckert），向军方代表戈德斯坦（Herman H.Goldstine）提交了一份研制 ENIAC（埃尼阿克）计算机的设计方案，军方提供了经费资助。莫克利在设计 ENIAC 之前拜访过阿塔纳索夫，并一起讨论过 ABC 计算机的设计经验，阿塔纳索夫将 ABC 的设计笔记送给了莫克利。因此莫克利在 ENIAC 设计中采用了全电子管电路，但是没有采用二进制。ENIAC 的程序采用外插线路连接，以拨动开关和交换插孔等形式实现。ENIAC 采用电子管作为基本电子元件，每个电子管大约有一个灯泡那么大。它没有存储器，只有 20 个 10 位十进制数的寄存器。输入/输出设备有穿孔卡片、指示灯、开关等。ENIAC 做一个 2 s 的运算，需要 2 天时间进行准备工作，为此埃克特与同事们讨论过“存储程序”的设计思想，遗憾的是没有形成文字记录。ENIAC 的任务是分析炮弹轨迹，它能在 1 s 内完成 5000 次加法运算，也可以在 3/1 000 s 的时间内完成 2 个 10 位数乘法。美国军方从中尝到了甜头，因为它计算一条炮弹弹道只需要 20 s，比炮弹飞行速度还快，而此前需要 200 人手工计算 2 个月。

1944 年，冯·诺依曼专程到莫尔学院参观了还未完成的 ENIAC 计算机，并参加了为改进 ENIAC 而举行的一系列专家会议。冯·诺依曼对 ENIAC 计算机的不足之处进行了认真分析，并讨论了全新的存储程序通用计算机设计方案。

1946 年 2 月 14 日，由美国军方定制的世界上第一台电子计算机“电子数字积分计算机”（ENIAC Electronic Numerical And Calculator）在美国宾夕法尼亚大学问世了。ENIAC 是为了满足计算弹道需要而研制成的，ENIAC 采用了 18 000 多个电子管，10 000 多个电容器，7 000 个电阻，1 500 多个继电器，耗电 150 kW，重量达 30 t，占地面积 170 m^2。运算速度为每秒 5000 次的加法运算。ENIAC 的问世具有划时代的意义，表明电子计算机时代的到来。不过，ENIAC 机本身存在两大缺点：（1）没有存储器；（2）它用布线接板进行控制，甚至要搭接几天，计算速度也就被这一工作抵消了。ENIAC 机研制组的莫克利和埃克特显然是感到了这一点，他们也想尽快着手研制另一台计算机，以便改进。

ENIAC 奠定了电子计算机的发展基础，开辟了一个计算机科学技术的新纪元。有人将其称为人类第三次产业革命开始的标志。

1949 年 8 月，一台 EDVAC（Electronic Discrete variable Automatic Computer）离散变量自动电子计算机研发成功。早在 1944 年 8 月，EDVAC 的建造计划就被提出，在 ENIAC 充分运行之前，其设计工作就已经开始。和 ENIAC 一样，EDVAC 也是为美国陆军阿伯丁试验场的弹道研究实验室研制。冯·诺伊曼以技术顾问形式加入，总结和详细说明了 EDVAC 的逻辑设计，1945 年 6 月发表了一份长达 101 页的报告称为“101 报告”，这就是著名的“关于 EDVAC 的报告草案”(en:First Draft of a Report on the EDVAC)，这份报告是计算机发展史上一个划时代的文献，它向世界宣告：电子计算机的时代开始了。在 101 报告中，冯 · 诺依曼提出了计算机的五大结构以及存储程序的设计思想，这个 EDVAC 方案明确奠定了新机器由 5 个部分组成，包括：运算器、控制器、存储器、输入设备和输出设备，报告中描述了这 5 部分的职能和相互关系。一份未署名的 EDVAC 系统结构设计草图如图 1-4 所示。

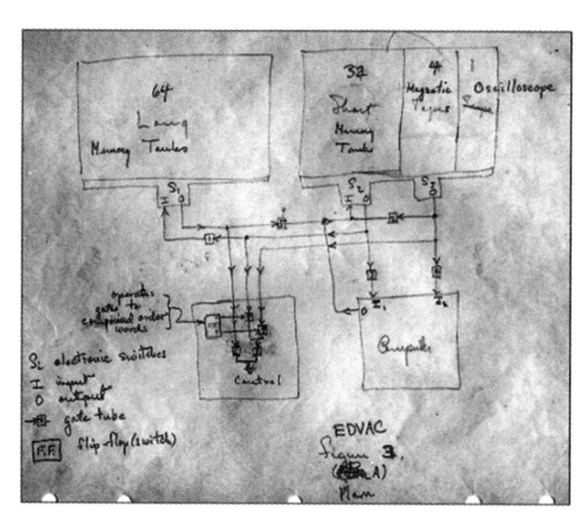

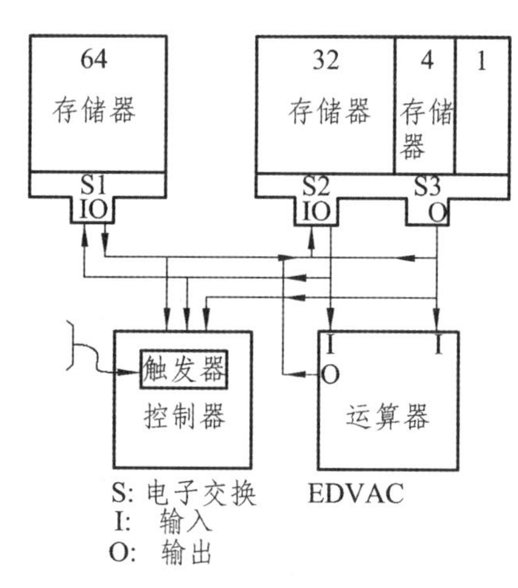

图 1-4　EDVAC 计算机系统结构设计草图（设计者疑似冯 · 诺依曼）

冯 · 诺依曼提出的重大改进理论主要有两点：其一是电子计算机应该以二进制为运算基础，其二是电子计算机应采用存储程序方式工作，并且进一步明确指出了整个计算机的结构应由五个部分组成：运算器、控制器、存储器、输入装置和输出装置。冯 · 诺依曼的这些理论的提出，解决了计算机的运算自动化问题和速度配合问题，对后来计算机的发展起到了决定性的作用。直至今天，绝大部分的计算机还是采用冯 · 诺依曼方式工作，其基本工作原理仍然是存储程序和程序控制，所以现在一般计算机被称为冯 · 诺依曼结构计算机。冯 · 诺依曼是计算机工程技术的先驱人物，被誉为“计算机之父”（见图 1-5）。国际电子和电气工程师协会（IEEE，读为 I3E）于 1990 年设立了“冯 · 诺依曼奖”，目的是表彰在计算机科学和技术上具有杰出成就的科学家。

图 1-5　计算机之父冯 · 诺依曼

可以说 EDVAC 是第一台现代意义的通用计算机，和之前的世界上第一台电子计算机 ENIAC 不同，EDVAC 首次使用二进制而不是十进制。整台计算机共使用大约 6 000 个电子管和大约 12 000 个二极管，功率为 56 kW，占地面积 45.5 m^2，重 7 850 kg，EDVAC 利用水银延时线作为内存，可以存储 1 000 个 44 位的字，用磁鼓作辅存，具有加减乘和软件除的功能，运算速度比 ENIAC 提高 240 倍。

1.2　计算机的发展

ENIAC 诞生后短短的几十年间，计算机的发展突飞猛进。主要电子器件相继使用了电子管、晶体管、中小规模集成电路和大规模超大规模集成电路，引起计算机的几次更新换代。每一次更新换代都使计算机的体积和耗电量大大减小，功能大大增强，应用领域进一步拓宽，特别是体积小、价格低、功能强的微型计算机的出现，使得计算机迅速普及，进入了办公室和家庭，在办公室自动化和多媒体应用方面发挥了很大的作用。

1.2.1　计算机的发展阶段

计算机诞生后，基本元器件经历了电子管、晶体管、中小规模集成电路、大规模和超大规模集成电路四个发展阶段。计算机运算速度显著提高，存储容量大幅增加。同时，软件技术也有了较大发展，出现了操作系统、编译系统、高级程序设计语言、数据库等系统软件，计算机应用开始进入到许多领域。

1. 第 1 代：电子管数字机（1946—1956 年）

硬件方面，电子管数字机逻辑元件采用的是真空电子管，主存储器采用汞延迟线、阴极射线示波管静电存储器、磁鼓、磁芯；外存储器采用的是磁带。软件方面采用的是机器语言、汇编语言。应用领域以军事和科学计算为主。

特点是体积大、功耗高、可靠性差、速度慢（一般为每秒数千次至数万次）、价格昂贵，但为以后的计算机发展奠定了基础。

2. 第 2 代：晶体管数字机（1956—1964 年）

1948 年，晶体管的发明大大促进了计算机的发展，晶体管代替了体积庞大的电子管，使电子设备的体积不断减小。1956 年，晶体管在计算机中使用，晶体管和磁芯存储器导致了第二代计算机的产生。第二代计算机体积小、速度快、功耗低、性能更稳定。首先使用晶体管技术的是早期的超级计算机，主要用于原子科学的大量数据处理，这些机器价格昂贵，生产数量极少。1960 年，出现了一些成功地用在商业领域、大学和政府部门的第二代计算机。第二代计算机用晶体管代替电子管，还有现代计算机的一些部件：打印机、磁带、磁盘、内存、操作系统等。计算机中存储的程序使得计算机有很好的适应性，可以更有效地用于商业用途。在这一时期出现了更高级的 COBOL（Common Business-Oriented Language）和 FORTRAN（Formula Translator）等语言，以单词、语句和数学公式代替了二进制机器码，使计算机编程更容易。新的职业，如程序员、分析员和计算机系统专家，与整个软件产业由此诞生。

3. 第 3 代：集成电路数字机（1964—1970 年）

1964 年，美国 IBM 公司研制成功第一个采用集成电路的通用电子计算机系列 IBM360 系统。虽然晶体管比起电子管是一个明显的进步，但晶体管还是产生大量的热量，这会损害计算机内部的敏感部分。1958 年发明了集成电路（IC），将三种电子元件结合到一片小小的硅片上。科学家使更多的元件集成到单一的半导体芯片上。于是，计算机变得更小，功耗更低，速度更快。这一时期的发展还包括使用了操作系统，使得计算机在中心程序的控制协调下可以同时运行许多不同的程序。

4. 第 4 代：大规模集成电路机（1970 年至今）

出现集成电路后，唯一的发展方向是扩大规模。大规模集成电路（LSI）可以在一个芯片上容纳几百个元件。到了 20 世纪 80 年代，超大规模集成电路（VLSI）在芯片上容纳了几十万个元件，后来的 ULSI 将数字扩充到百万级。可以在硬币大小的芯片上容纳如此数量的元件，使得计算机的体积和价格不断下降，而功能和可靠性不断增强。基于“半导体”的发展，到了 1972 年，第一部真正的个人计算机诞生了。所使用的微处理器内包含了 2 300 个“晶体管”，可以在 1 s 内执行 60 000 条指令，体积也缩小很多。而世界各国也随着“半导体”及“晶体管”的发展开拓了计算机史上新的一页。

20 世纪 70 年代中期，计算机制造商开始将计算机带给普通消费者，这时的小型机带有软件包、供非专业人员使用的程序和最受欢迎的字处理和电子表格程序。这一领域的先锋有 Commodore, Radio Shack 和 Apple Computers 等。

1981 年，IBM 推出个人计算机（PC）用于家庭、办公室和学校。80 年代个人计算机的竞争使得价格不断下跌，微机的拥有量不断增加，计算机继续缩小体积，从桌上到膝上到掌上。与 IBM PC 竞争的 Apple Macintosh 系列于 1984 年推出，Macintosh 提供了友好的图形界面，用户可以用鼠标方便地操作。

1.2.2 中国计算机发展历程

中国计算机事业的起步比美国晚了十余年，但是经过老一辈科学家的艰苦努力，近年来中国与国际计算机技术的差距逐步缩小。

1956 年，周恩来总理亲自主持制定的《十二年科学技术发展规划》中，就把计算机列为发展科学技术的重点之一，并在 1957 年筹建了中国第一个计算技术研究所。2002 年 8 月 10 日，我国成功制造出首枚高性能通用 CPU——龙芯 1 号（见图 1-6）。龙芯的诞生，打破了国外的长期技术垄断，结束了中国近 20 年无“芯”的历史。

1958 年，中科院计算所研制成功我国第一台小型电子管通用计算机—103 型计算机（即 DJS-1 型，见图 1-7），标志着我国第一台电子计算机的诞生。

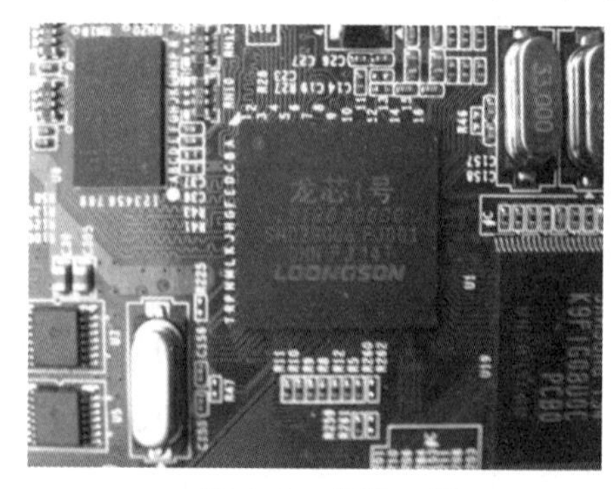

图 1-6　龙芯 1 号

图 1-7　103 型计算机

1965年，中科院计算所研制成功第一台大型晶体管计算机109乙，之后推出109丙机，该机为两弹试验发挥了重要作用。

1974年，清华大学等单位联合设计、研制成功采用集成电路的DJS-130小型计算机，其运算速度达每秒100万次。

1983年，国防科技大学研制成功运算速度每秒上亿次的银河-I巨型机，这是我国高速计算机研制的一个重要里程碑。

1985年，电子工业部计算机管理局研制成功与IBM PC机兼容的长城0520CH微机。

1992年，国防科技大学研究出银河-II通用并行巨型机，峰值计算速度达每秒4亿次浮点运算（相当于每秒10亿次基本运算操作），为共享主存储器的四处理机向量机，其向量中央处理机是采用中小规模集成电路自行设计的，总体上达到20世纪80年代中后期国际先进水平。它主要用于中期天气预报。

1993年，国家智能计算机研究开发中心（后成立北京市曙光计算机公司）研制成功曙光一号全对称共享存储多处理机，这是国内首次以基于超大规模集成电路的通用微处理器芯片和标准UNIX操作系统设计开发的并行计算机。

1995年，曙光公司又推出了国内第一台具有大规模并行处理机（MPP）结构的并行机曙光1000（含36个处理机），峰值计算速度每秒25亿次浮点运算，实际运算速度上了每秒10亿次浮点运算这一高性能台阶。曙光1000与美国Intel公司1990年推出的大规模并行机体系结构与实现技术相近，与国外的差距缩小到5年左右。

1997年，国防科大研制成功银河-III百亿次并行巨型计算机系统，采用可扩展分布共享存储并行处理体系结构，由130多个处理节点组成，峰值性能为每秒130亿次浮点运算，系统综合技术达到20世纪90年代中期国际先进水平。

1997至1999年，曙光公司先后在市场上推出具有机群结构（Cluster）的曙光1000 A，曙光2000-I，曙光2000-II超级服务器，峰值计算速度已突破每秒1000亿次浮点运算，机器规模已超过160个处理机。

1999年，国家并行计算机工程技术研究中心研制的神威I计算机通过了国家级验收，并在国家气象中心投入运行。系统有384个运算处理单元，峰值运算速度达每秒3 840亿次。

2000年，曙光公司推出每秒3000亿次浮点运算的曙光3 000超级服务器。

2001年，中科院计算所研制成功我国第一款通用CPU——“龙芯”芯片。

2002年，曙光公司推出完全自主知识产权的“龙腾”服务器，龙腾服务器采用了“龙芯-1”CPU，采用了曙光公司和中科院计算所联合研发的服务器专用主板，采用曙光LINUX操作系统，该服务器是国内第一台完全实现自有产权的产品，在国防、安全等部门将发挥重大作用。

2003年，百万亿次数据处理超级服务器曙光4000 L通过国家验收，再一次刷新国产超级服务器的历史纪录，使得国产高性能产业再上新台阶。

2003年4月9日，由苏州国芯、南京熊猫、中芯国际、上海宏力、上海贝岭、杭州士兰、北京国家集成电路产业化基地、北京大学、清华大学等61家集成电路企业机构组成的“C*Core（中国芯）产业联盟”在南京宣告成立，谋求合力打造中国集成电路完整产业链。

2003年12月9日，联想承担的国家网格主节点“深腾6800”超级计算机正式研制成功，其实际运算速度达到每秒4.183万亿次，全球排名第14位，运行效率78.5%。

2003年12月28日，“中国芯工程”成果汇报会在人民大会堂举行，我国“星光中国芯”工程开发设计出5代数字多媒体芯片，在国际市场上以超过40%的市场份额占领了计算机图像输入芯片世界第一的位置。

2004年3月24日，在国务院常务会议上，《中华人民共和国电子签名法（草案）》获得原则通过，这标志着我国电子业务渐入法制轨道。

2004年6月21日，美国能源部劳伦斯伯克利国家实验室公布了最新的全球计算机500强名单，曙光计算机公司研制的超级计算机“曙光4000A”排名第十，运算速度达8.061万亿次。

2005年4月1日，《中华人民共和国电子签名法》正式实施。电子签名自此与传统的手写签名和盖章具有同等的法律效力，将促进和规范中国电子交易的发展。

2005年4月18日，“龙芯二号”正式亮相。由中国科学研究院计算技术研究所研制的中国首个拥有自主知识产权的通用高性能CPU“龙芯二号”正式亮相。

2005年5月1日，联想正式宣布完成对IBM全球PC业务的收购，联想以合并后年收入约130亿美元、个人计算机年销售量约1 400万台，一跃成为全球第三大PC制造商。

2005年8月5日，百度Nasdaq上市暴涨。国内最大搜索引擎百度公司的股票在美国Nasdaq市场挂牌交易，一日之内股价上涨354%，刷新美国股市5年来新上市公司首日涨幅的记录，百度也因此成为股价最高的中国公司，并募集到1.09亿美元的资金，比该公司最初预计的数额多出40%。

2005年8月11日，阿里巴巴收购雅虎中国。阿里巴巴公司和雅虎公司同时宣布，阿里巴巴收购雅虎中国全部资产，同时得到雅虎10亿美元投资，打造中国最强大的互联网搜索平台，这是中国互联网史上最大的一起并购案。

1.3 计算机的分类

计算机经过几十年的发展，已经成为一门复杂的工程技术学科，它的分类从巨型机、大型机、小型机，到工作站、个人电脑、智能手机等，种类繁多。IEEE在1989年将计算机分为：巨型计算机、小巨型计算机、小型计算机、工作站、个人计算机6种类型。这种按计算性能分类的方法会随时间而改变，如1990年代的巨型计算机并不比目前微机计算能力强。如果根据计算性能分类，就必须根据计算性能的不断提高而随时改变分类，这显然是不合理的。尤其是计算机集群技术的发展，使得大、中、小型计算机之间的界限变得模糊不清。而工作站这种机型也被服务器所取代。因此，很难对计算机进行精确的类型划分。如果按照目前计算机产品的市场应用情况，大致可以分为：大型计算机、微型计算机、嵌入式计算机等类型，如图1-8所示。

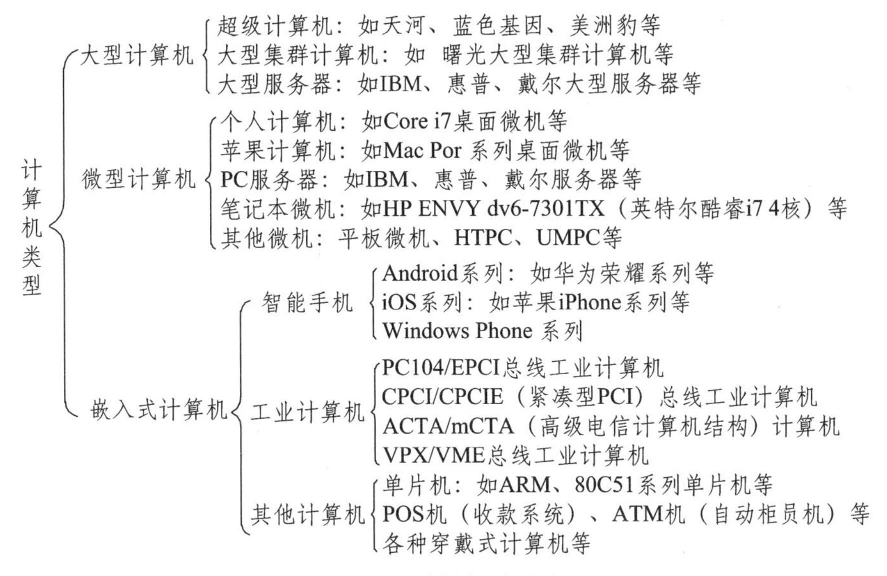

图 1-8　计算机的分类

1.3.1　大型计算机

1. 计算机集群（Cluster）技术

大型计算机主要用于科学计算、军事、通信、金融等大型计算项目。在超级计算机设计领域，计算机集群的价格只有专用大型计算机的几十分之一，因此大型计算机都采用集群结构（占超级计算机 95%以上），只有极少的大型计算机采用专用系统结构。

计算机集群技术是将多台（几台到上万台）独立计算机（PC 服务器），通过高速局域网组成一个机群，并以单一系统模式进行管理，使多台计算机像一台超级计算机那样统一管理和并行计算，如图 1-9 所示。集群中运行的单台计算机并不一定是高档计算机，但集群系统却可以提供高性能不停机服务。集群中每台计算机都承担部分计算任务，因此整个系统计算能力非常高。同时，集群系统具有很好的容错功能，当集群中某台计算机出现故障时，系统可将这台计算机进行隔离，并通过各台计算机之间的负载转移机制，实现新的负载均衡，同时向系统管理员发出故障报警信号。

计算机集群一般采用 Linux 操作系统和集群软件实现并行计算，集群的扩展性很好，可以不断向集群中加入新计算机。计算机集群提高了系统的稳定性和数据处理能力。

2. 超级计算机系统

我国国防科技大学研制的“天河 2 号”（Tianhe-2）超级计算机（见图 1-10），2015 年第 4 次蝉联世界 500 强计算机第 1 名。天河 2 号峰值计算速度为每秒 274PetaFLOPS（千万亿次浮点运算/秒），持续计算速度为每秒 33.86 PetaFLOPS。天河 2 号造价达 1 亿美元，整个系统占地面积达 720 m^2，整机功耗 17.8 MW。

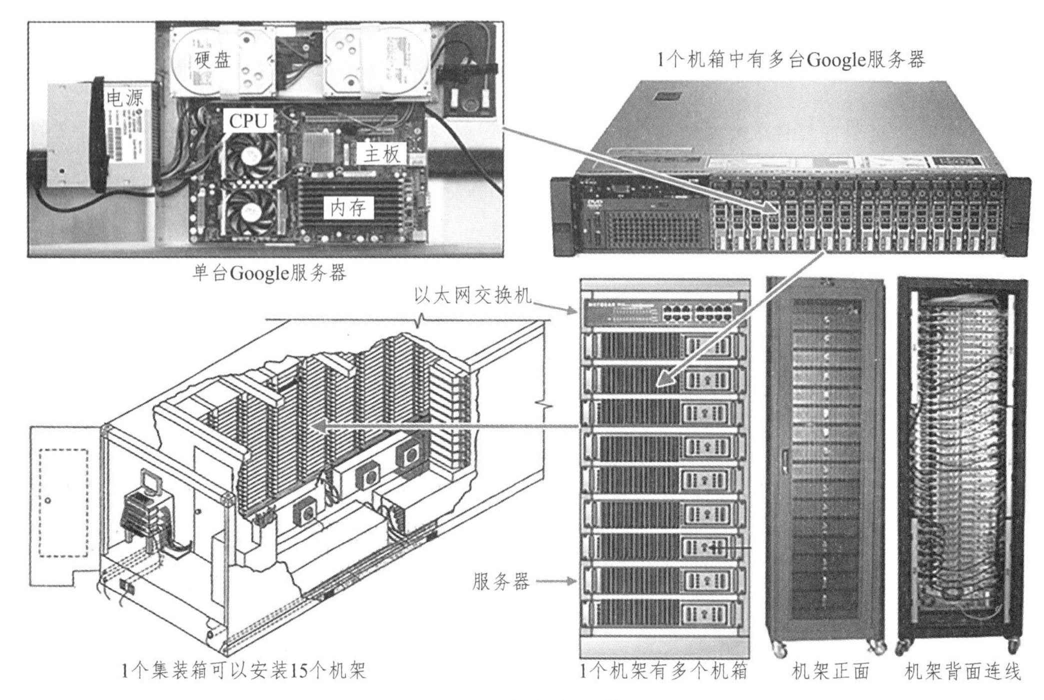

图 1-9 Google 集装箱式计算机集群系统

图 1-10 “天河 2 号”超级计算机集群系统

天河 2 号共有 16 000 个计算节点，安装在 125 个机柜内；每个机柜容纳 4 个机框，每个机框容纳 16 块主板，每个主板有 2 个计算节点；每个计算节点配备 2 颗 Intel Xeon E5 12 核心的 CPU、3 个 Xeon Phi 57 核心的协处理器（运算加速卡）。累计 3.2 万颗 Xeon E5 主处理器（CPU）和 4.8 万个 Xeon Phi 协处理器，共 312 万个计算核心。

天河 2 号每个计算节点有 64 GB 主存，每个协处理器板载 8 GB 内存，因此每节点共有 88 GB 内存，整体内存总计为 1 375 TB。硬盘阵列容量为 12.4 PB。天河 2 号使用光电混合网络传输技术，由 13 个大型路由器通过 576 个连接端口与各个计算节点互联。天河 2 号采用麒麟操作系统（基于 Linux）。

1.3.2 微型计算机

1971 年，英特尔公司推出了 400x 系列芯片，英特尔公司将这套芯片称为“MCS-4 微型计算机系统”，最早提出了“微机”这一概念。但是，这仅仅是一套芯片而已，当时并没有组成一台真正意义上的微型计算机。以后，人们将装有微处理器芯片的机器称为“微机”。

1. 台式 PC 系列计算机

大部分个人计算机采用 Intel 公司的 CPU 作为核心部件，凡是能够兼容 IBM PC 的计算机产品都称为“PC 机”。目前台式计算机基本采用 Intel 和 AMD 公司的 CPU 产品，这两个公司的 CPU 兼容 Intel 公司早期的“80x86”系列 CPU 产品，因此也将采用这两家公司 CPU 产品的计算机称为 x86 系列计算机。

如图 1-11 所示，台式计算机在外观上有立式和一体化机两种类型，它们在性能上没有区别。台式计算机主要用于企业办公和家庭应用，因此要求有较好的多媒体功能。台式计算机应用广泛，应用软件也最为丰富，这类计算机有很好的性价比。

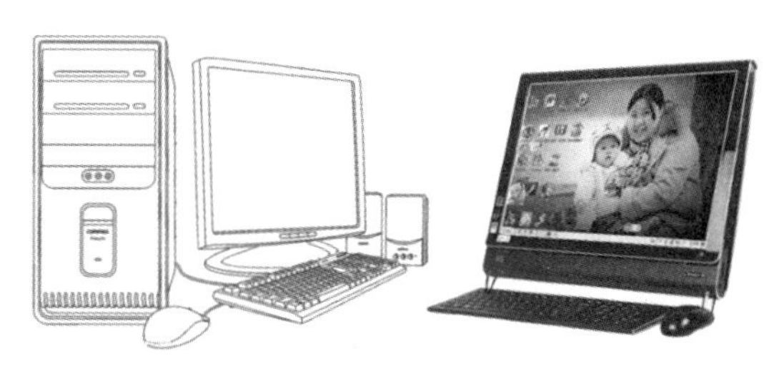

图 1-11 x86 系列立式计算机（左）和一体化计算机（右）

2. PC 服务器

如图 1-12 所示，PC 服务器往往采用机箱或机架等形式，机箱式 PC 服务器体积较大，便于今后扩充硬盘等 I/O 设备；机架式 PC 服务器体积较小，尺寸标准化，扩充时在机柜中再增加一个机架式服务器即可。PC 服务器一般运行在 Windows Server 或 Linux 操作系统下，在软件和硬件上都与其他 PC 机兼容。PC 服务器硬件配置一般较高，例如，它们往往采用高性能 CPU，如英特尔“至强”系列 CPU 产品，甚至采用多 CPU 结构。内存容量一般较大，而且要求具有 ECC（错误校验）功能。硬盘也采用高转速和支持热拔插的硬盘。大部分服务器需要全年不间断工作，因此往往采用冗余电源、冗余风扇。PC 服务器主要用于网络服务，因此对多媒体功能几乎没有要求，但是对数据处理能力和系统稳定性有很高地要求。

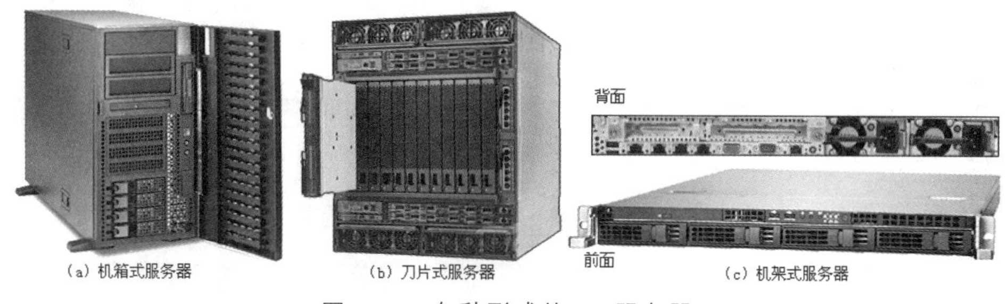

图 1-12 各种形式的 PC 服务器

目前，PC 在各个领域都取得了巨大成功，PC 成功的原因是拥有海量应用软件，以及优秀的兼容能力，而低价高性能在很长一段时间里都是 PC 的市场竞争法宝。

3. 笔记本计算机

笔记本计算机主要用于移动办公，因此具有短小轻薄的特点。近年来流行的“上网本”和“超级本”都是笔记本计算机的一种类型。笔记本计算机在软件上与台式计算机完全兼容，在硬件上虽然按照 PC 设计规范制造，但由于受到体积限制，不同厂商之间的产品不能互换，硬件兼容性较差。笔记本与台式机在相同配置下，笔记本计算机的性能要低于台式计算机，价格也要高于台式计算机。笔记本计算机屏幕大小为 10 ~ 15 英寸，重量为 1 ~ 3 kg，笔记本计算机一般具有无线通信功能。笔记本计算机如图 1-13 所示。

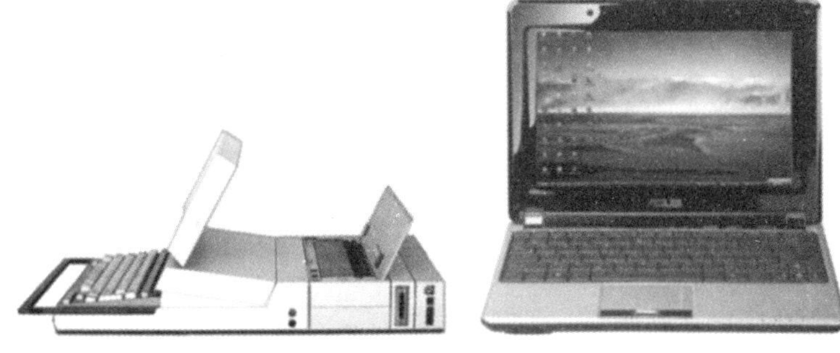

图 1-13　早期笔记本计算机（1984 年）和目前笔记本计算机

4. 平板计算机

平板计算机（Tablet PC）最早由微软公司 2002 年推出。平板计算机是一种小型、方便携带的个人计算机。如图 1-14 所示，目前平板计算机最典型的产品是苹果公司的 iPad。平板计算机在外观上只有杂志大小，目前主要采用苹果和安卓操作系统，它以触摸屏作为基本操作设备，所有操作都通过手指或手写笔完成，而不是传统键盘或鼠标。平板计算机一般用于阅读、上网、简单游戏等。平板计算机的应用软件专用性强，这些软件不能在台式计算机或笔记本计算机上运行，普通计算机上的软件也不能在平板计算机上运行。

图 1-14　微软公司平板计算机（左）和苹果公司 iPad 平板计算机

1.3.3 嵌入式计算机

1. 嵌入式系统

嵌入式系统是为特定应用而设计的专用计算机系统。“嵌入”是将微处理器设计和制造在某个设备内部的意思。嵌入式系统是一个外延极广的名词，凡是与工业产品结合在一起并且具有计算机控制的设备，都可以称为嵌入式系统，如图 1-15 所示。

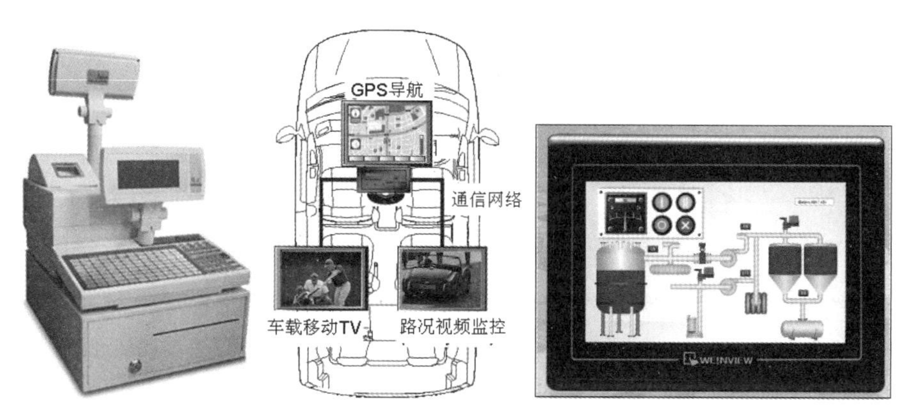

图 1-15 嵌入式系统的在商业和工业领域的应用

嵌入式系统一般由嵌入式计算机和执行装置组成，嵌入式计算机是整个系统的核心。执行装置也称为被控对象，它可以接受嵌入式计算机系统发出的控制命令，执行规定操作或任务。执行装置可以很简单，如手机上的一个微型电机，当手机处于震动接收状态时打开；执行装置也可以很复杂，如 SONY 公司的智能机器狗，它集成了多个微型控制电机和多种传感器，从而可以执行各种复杂的动作和感受各种状态信息。

2. 智能手机

早期手机是一种通信工具，用户不能安装程序，信息处理功能极为有限。而智能手机打破了这些限制，它完全符合计算机关于“程序控制”和“信息处理”的定义，而且形成了丰富的应用软件市场，用户可以自由安装各种应用软件，目前智能手机是移动计算的最佳终端。智能手机作为一种大众化计算机产品，性能越来越强大，应用领域越来越广泛。

世界公认的第一部智能手机 IBM Simon（西蒙）（见图 1-16）诞生于 1993 年，它由 IBM 与 BellSouth 公司合作制造。它集当时的手提电话、个人数字助理（PDA）、传呼机、传真机、日历、行程表、世界时钟、计算器、记事本、电子邮件、游戏等功能于一身。IBM Simon 最大的特点是没有物理按键，完全依靠触摸屏操作，它采用 ROM-DOS 操作系统，只有一款名为《DispatchIt》的第三方应用软件。

据统计，2014 年全球智能手机用户总数达到了 17.5 亿（手机总量达 45.5 亿）。2014 年全球智能手机出货量达到 10 亿部。

图 1-16 Apple Newton（左 1）IBM Simon（左 2）和目前的智能手机（右 1、2）

智能手机是指具有完整的硬件系统，独立的操作系统，用户可以自行安装第三方服务商提供的程序，并可以实现无线网络接入的移动计算设备。智能手机的名称主要是针对手机功能而言，并不意味着手机有很强大的“智能”。

智能手机既方便随身携带，又为第三方软件提供了性能强大的计算平台，因此是实现移动计算、普适计算的理想工具。很多信息服务可以在智能手机上展开，如个人信息管理（日程安排，任务提醒等）、网页浏览、电子阅读、交通导航、程序下载、股票交易、移动支付、移动电视、视频播放、游戏娱乐等；结合 4 G（4rd Generation，第 4 代移动通信）网络的支持，智能手机成为一个功能强大，集通话、短信、网络接入、影视娱乐为一体的综合性个人计算设备。

3. 工业计算机

工业计算机采用工业总线结构，它广泛用于工业、商业、军事、农业、交通等领域的过程控制和过程管理。

工业计算机有 CPU、内存、硬盘、外设及接口等硬件设备，并有实时操作系统、网络和通信协议、应用程序等软件系统。工业计算机的发展经历了 1980 年代的 STD 总线工业计算机、1990 年代的 PC104 总线工业计算机、2000 年代的 CompactPCI（紧凑型 PCI）总线工业计算机、目前的 CompactPCIE（紧凑型 PCI-E）、AdvancedTCA（先进电信计算机结构）等工业计算机。各种工业计算机如图 1-17 所示。

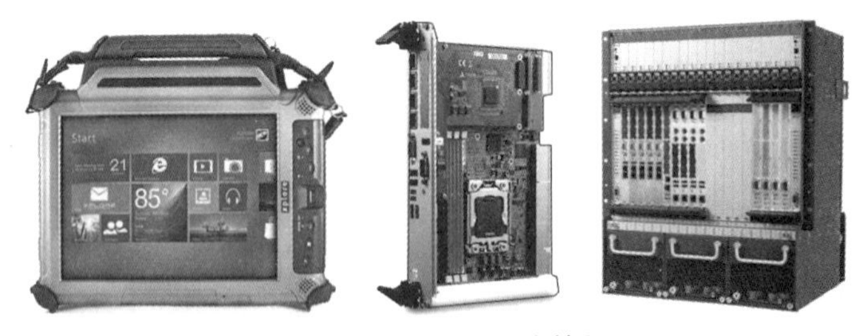

图 1-17 各种工业计算机

工业计算机工作环境恶劣，往往工作在粉尘、烟雾、高/低温、潮湿、震动、腐蚀等环境中，因此对系统的可靠性要求高。工业计算机对生产过程进行实时在线检测与控制，需要对工作状况的变化给予快速响应，因此对实时性要求较高。工业计算机有很强的输入/

输出功能，可扩充符合工业总线标准的检测和控制板卡，完成工业现场的参数监测、数据采集、设备控制等任务。早期工业计算机往往采用专用的硬件结构、软件系统、网络系统等技术；而目前工业计算机越来越 PC 化，如采用 Intel Core CPU，采用 PCI-E 总线，采用主流操作系统，采用工业以太网，支持主流编程语言等。

1.4　计算机系统

1.4.1　计算机系统的基本组成

计算机系统由硬件（子）系统和软件（子）系统组成。计算机系统的内核是硬件系统，人与硬件系统之间的接口界面是软件系统。

硬件系统主要由中央处理器、存储器、输入/输出控制系统和各种外部设备组成。中央处理器是对信息进行高速运算处理的主要部件，其处理速度可达每秒几亿次以上操作。存储器用于存储程序、数据和文件，常由快速的主存储器（容量可达数百兆字节，甚至数 G 字节）和慢速海量辅助存储器（容量可达数十 G 或数百 G 以上）组成。各种输入输出外部设备是人机间的信息转换器，由输入-输出控制系统管理外部设备与主存储器（中央处理器）之间的信息交换。

软件系统分为系统软件、支撑软件和应用软件。系统软件由操作系统、实用程序、编译程序等组成。操作系统实施对各种软硬件资源的管理控制。实用程序是为方便用户所设，如文本编辑等。编译程序的功能是把用户用汇编语言或某种高级语言所编写的程序，翻译成机器可执行的机器语言程序。支撑软件有接口软件、工具软件、环境数据库等，它能支持用机的环境，提供软件研制工具。支撑软件也可认为是系统软件的一部分。应用软件是用户按其需要自行编写的专用程序，它借助系统软件和支援软件来运行，是软件系统的最外层。计算机系统的基本组成如图 1-18 所示。

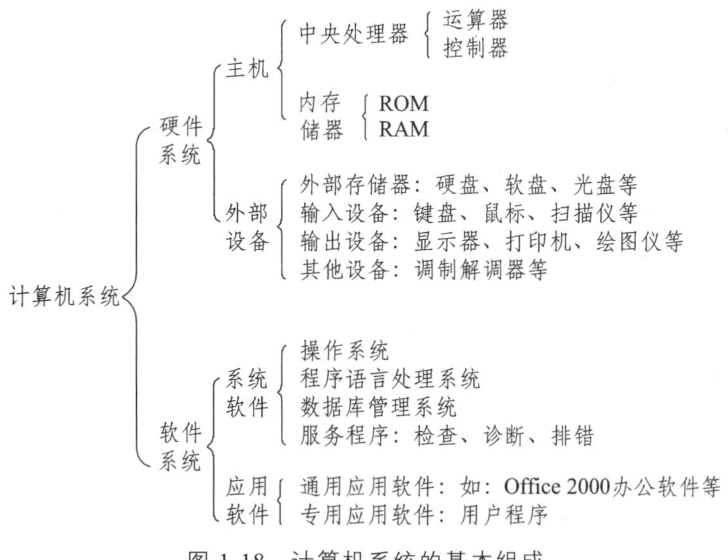

图 1-18　计算机系统的基本组成

1.4.2 计算机系统的层次结构

计算机系统层次结构是指计算机系统按功能再细分，可分为 6 层，不同的层次有不同的抽象模型。最高层是应用软件，最底层是逻辑电路，指令系统是软件与硬件之间的分界层。层次越高，抽象程度越高；层次越低，细节越具体。把计算机系统按功能分为多级层次结构，有利于正确理解计算机系统的工作过程，明确软件和硬件在计算机系统中的地位和作用。计算机系统的层次结构模型如图 1-19 所示。

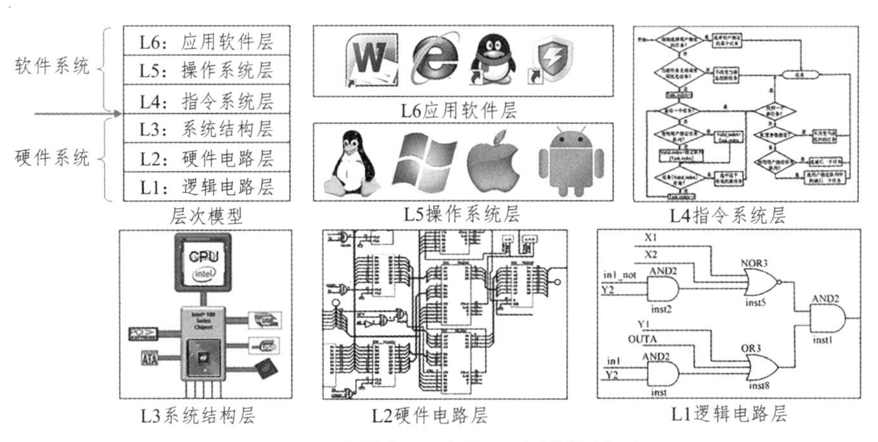

图 1-19 计算机系统的层次结构模型

在计算机层次结构体系中，不同的层次有不同的抽象模型。例如，不同体系的计算机（如 PC 机与苹果机），从操作系统层次看，它们具有不同的属性。但是在应用程序层次，即使是不同体系结构的计算机，高级语言程序员认为它们之间没有什么差别，具有相同的属性。

目前，计算机采用以 CPU 为核心的控制中心分层结构。Intel Core i7 计算机的控制中心系统结构如图 1-20 所示。计算机系统结构可以用“1-2-3”规则简要说明，即 1 个 CPU、2 大芯片、3 级结构。

1. 1 个 CPU

CPU 处于系统结构的顶层（第 1 级），控制系统运行状态，下面的数据必须逐级上传到 CPU 进行处理。从系统性能考察，CPU 运行速度大大高于其他设备，以下各个总线上的设备越往下走，性能越低。从系统组成考察，CPU 的更新换代将导致南桥芯片的改变、内存类型的改变等。从指令系统进行考察，指令系统进行改变时，必然引起 CPU 结构的变化，而内存系统不一定改变。因此，目前计算机系统仍然是以 CPU 为中心进行设计。

2. 2 大芯片

ICH（南桥芯片）和 BIOS（基本输入输出系统）芯片。在 2 大芯片中，南桥芯片负责数据的上传与下送。南桥芯片连接着多种外部设备，它提供的接口越多，计算机的功能扩展性越强。BIOS 芯片则主要解决硬件系统与软件系统的兼容性。

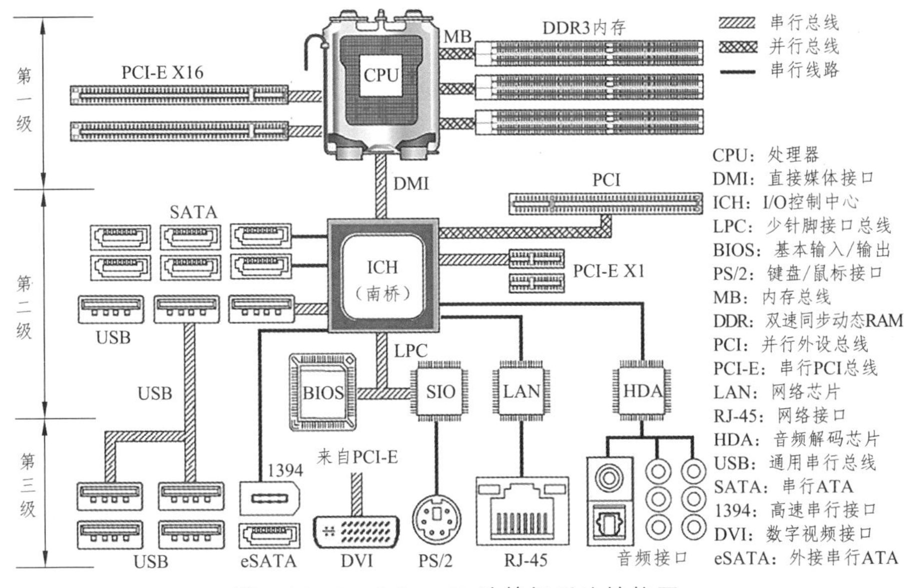

图 1-20 Intel Core i7 计算机系统结构图

3. 3 级结构

控制中心结构分为 3 级，它有以下特点：从速度上考察，第 1 级工作频率最高，然后速度逐级降低；从 CPU 访问频率考察，第 3 级最低，然后逐级升高；从系统性能考察，前端总线和南桥芯片容易成为系统瓶颈，然后逐级次之；从连接设备多少考察，第 1 级的 CPU 最少，然后逐级增加，在计算机系统结构中，上层设备较少，但是速度很快。CPU 和南桥芯片一旦出现问题（如发热），必然导致致命性故障。下层接口和设备较多，发生故障的概率也越大（如接触性故障），但是这些设备一般不会造成致命性故障。

1.5 计算机硬件

计算机系统由硬件和软件两部分组成。硬件是构成计算机系统的各种物理设备的总称，它包括主机和外设两部分。不同类型的计算机在硬件组成上有一些区别，例如大型计算机往往安装在成排的大型机柜中，网络服务器往往不需要显示器，笔记本微机将大部分外设都集成在一起。如图 1-21 所示，台式计算机主要由主机、显示器、键盘鼠标三大部件组成。在计算机硬件设备中，CPU 系统是核心部件，它决定了一台计算机的基本规格与性能。

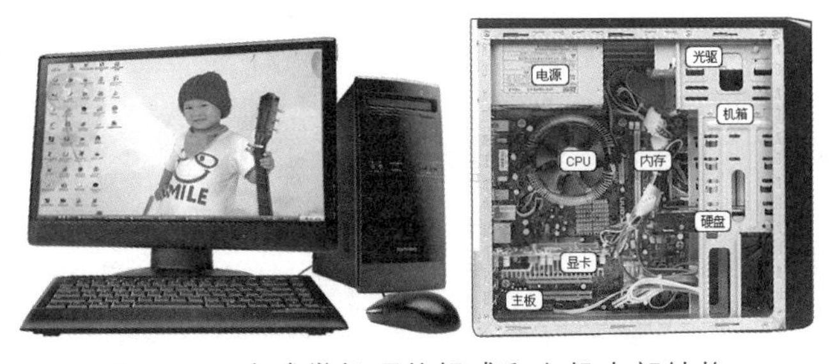

图 1-21 台式微机硬件组成和主机内部结构

1. 主　机

主机的外观虽然五花八门，但基本功能和结构都是相同的。如图 1-21 所示，台式计算机主机上部是计算机电源，机箱中的主板上安装有 CPU、内存条、显示卡等设备。CPU 安装在主板上，它上面有一个铝质散热片和散热风扇。内存条安装在主板内存插座上。显示卡安装在主板中间位置，有些机箱内部可能看不到显示卡，因为它们与 CPU 集成在一起了，如图 1-22 所示。目前大部分微机主板都集成了声卡、网卡等功能。

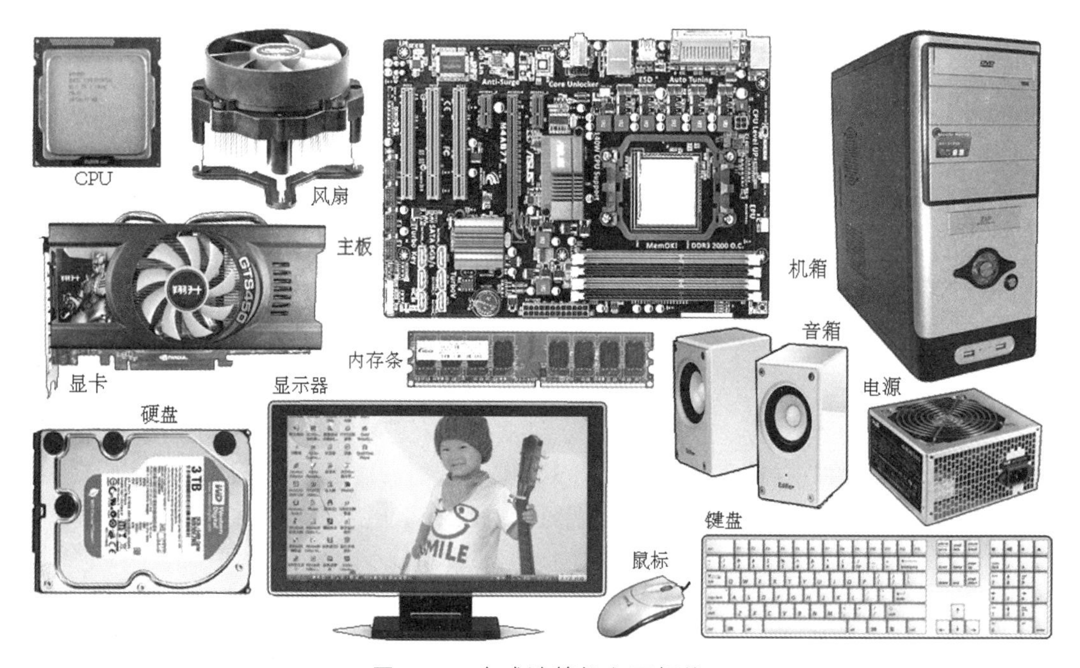

图 1-22　台式计算机主要部件

2. 主　板

主板为长方形印制电路板（PCB），安装在机箱内部。主板由集成电路芯片、电子元器件、电路系统、各种总线插座和接口组成，目前主板标准为 ATX。主板的主要功能是传输各种电子信号，部分芯片负责初步处理一些外围数据。不同类型的 CPU，需要不同主板与之匹配。主板功能多少取决于南桥芯片和主板上的专用芯片。主板 BIOS 芯片决定主板兼容性好坏。主板上元件的选择和生产工艺决定主板的稳定性。图 1-23 所示为目前流行的 ATX 主板。

主板中各个集成电路芯片之间，通过总线进行数据传输。总线是多个部件之间的公共连线，用于在各个部件之间传输信息。总线由多条信号线路组成，每条信号线路可以传输一路二进制信号，总线的使用由 CPU 控制。当多个设备连接在总线上时，其中一个设备发出的信号可以为其他所有设备接收。总线结构具有高度的灵活性，允许将各种计算机硬件模块插入总线，以形成各种配置，因此，总线结构现在已被所有计算机普遍采用。

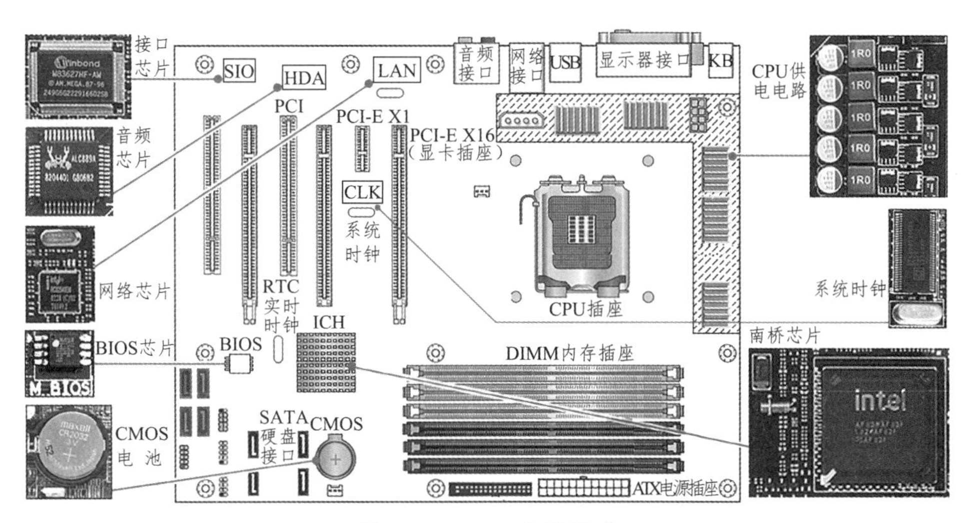

图 1-23　ATX 主板组成

3. CPU

CPU（中央处理器）也称为微处理器（Microprocessor），它是计算机系统中最重要的一个部件。CPU 是计算机系统的计算核心，它严格按时钟频率工作，一般来说，CPU 工作频率越高，计算速度就越快，能够处理的数据量越大。

市场上的 CPU 产品主要分为两类：x86 系列和非 x86 系列。

x86 系列 CPU 只有 Intel 公司和两家公司生产，Intel 公司是 CPU 领域的技术领头人。x86 系列 CPU 产品在操作系统一级相互兼容，产品主要用于台式计算机、笔记本计算机、高性能服务器等领域。

非 x86 系列 CPU 的设计和生产厂商非常多，主要有：ARM（安媒）公司的 ARM 系列 CPU；IBM 公司的 PowerPC 系列 CPU，产品主要用于军事、航空等工业控制领域；MIPS 系列 CPU，如中国的“龙芯”CPU，产品主要用于工业控制、嵌入式系统、安全等领域。非 x86 系列 CPU 由于指令系统各不相同，它们在硬件和软件方面都不兼容。

随着智能手机的发展，ARM CPU 近年来异军突起，占据了智能手机 95%以上的市场，在工业控制、物联网等领域也攻城略地，风生水起。ARM 公司并不生产 CPU 产品，它只设计 CPU 内核，以知识产权（IP 核）的形式提供 CPU 内核设计版图，然后向 CPU 二次开发商和生产厂商收取专利费用。著名的二次开发和生产厂商有：美国高通公司（“骁龙”系列 CPU），中国华为公司（“海思”系列 CPU），其他有苹果、三星等公司。

Intel 公司的 CPU 类型有：酷睿（Core）系列，主要用于桌面型计算机；至强（Xeon）系列，主要用于高性能服务器；嵌入式系列，如凌动（Atom）系列、8051 系列等。

酷睿系列 CPU 是 Intel 公司的主力产品，产品有 Core i7、Core i5、Core i3 三个档次。酷睿系列产品经历了 6 代的发展。

CPU 外观看上去是一个矩形块状物，中间凸起部分是 CPU 核心部分封装的金属壳，在金属封装壳内部是一片指甲大小（14 mm × 16 mm）的、薄薄的（0.8 mm）硅晶片，它是 CPU 内核（die）。在这块小小的硅片上，密布着数亿个晶体管，它们相互配合、协调工作，完成各种复杂的运算和操作。金属封装壳周围是 CPU 基板，它将 CPU 内部的信号引接到 CPU 引脚上。基板下面有许多密密麻麻的镀金的引脚，它是 CPU 与外部电路连接的通道。无针脚 LGA 封装的 CPU 外观和基本内部结构如图 1-24 所示。

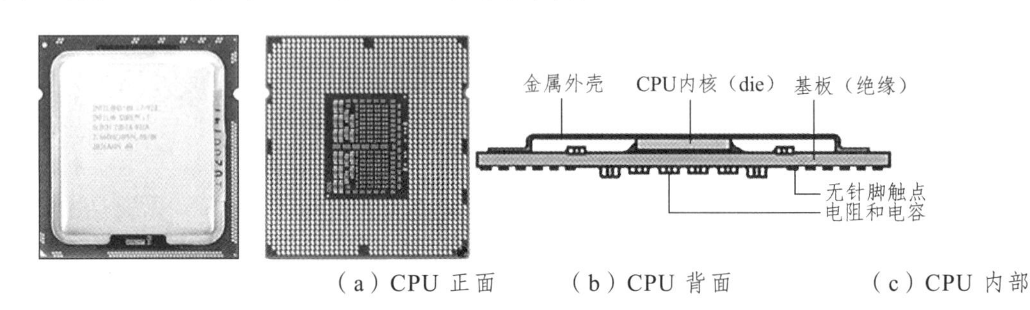

（a）CPU 正面　（b）CPU 背面　（c）CPU 内部结构

图 1-24　无针脚 LGA 封装的 CPU 外观和内部结构

Intel 公司 Core i7（酷睿 i7）22 nm（纳米）工艺制造的 4 核 CPU，在 160 mm^2 的硅核心上集成了 14.8 亿个晶体管，平均每平方毫米 900 万个晶体管。对于 CPU 来说，更小的晶体管制造工艺意味着更高的 CPU 工作频率、更高的处理性能、更低的发热量。集成电路制造工艺几乎成了 CPU 每个时代的标志。

CPU 始终围绕着速度与兼容两个目标进行设计。CPU 技术指标很多，如系统结构、指令系统、内核数量、工作频率等主要参数。

多核 CPU 是在一个 CPU 芯片内部，集成多个 CPU 内核。多核 CPU 带来了更强大的运算能力，但是增加了 CPU 发热功耗。目前 CPU 产品中，4 核至 8 核 CPU 占据了主流地位。Intel 公司表示，理论上 CPU 可以扩展到 1000 核。多核 CPU 结构如图 1-25 所示，多核 CPU 使计算机设计变得更加复杂。运行在不同内核的程序为了互相访问、相互协作，需要进行独特设计，如高效进程之间的通信机制、共享内存数据等，程序代码迁移也是问题。多核 CPU 需要软件支持，只有基于线程化设计的程序，多核 CPU 才能充分发挥应有性能。

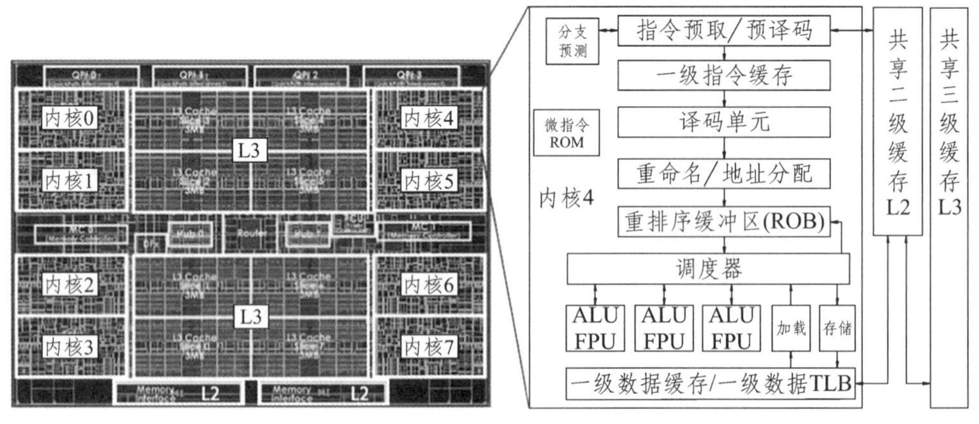

图 1-25　8 内核 CPU（左）和 CPU 一个内核的流水线结构（右）

目前主流 CPU 工作频率在 2.0 GHz 以上。提高 CPU 工作频率受到了生产工艺限制，由于 CPU 在半导体硅片上制造，硅片上元件之间需要导线进行连接，在高频状态下要求导线越细越短越好，这样才能减小导线分布电容等杂散信号干扰，以保证 CPU 运算正确。

CPU 处理字长指 CPU 内部算术逻辑运算单元（ALU）一次处理二进制数据的位数。目前 CPU 的 ALU 有 32 位和 64 位两种类型，x86 系列 CPU 字长为 64 位，大多数平板计算机和智能手机 CPU 字长为 32 位。由于 x86 系列 CPU 向下兼容，因此 16 位、32 位的软件可以运行在 64 位 CPU 中。

CPU 高速缓存（Cache）是采用 SRAM 结构的内部存储单元。它利用数据存储的局部性原理，极大地改善了 CPU 性能，目前 CPU 的 Cache 容量为 1 ~ 10 MB 甚至更高。Cache 结构也从一级发展到三级（L1 Case ~ L3 Case）。

4. 存储设备

内存条（DRAM）：目前计算机内存均采用 DRAM 芯片安装在专用电路板上，称为内存条。内存条类型有 DDR4、DDR3 等，内存条容量有 512 MB ~ 8 GB 等规格。如图 1-26 所示，内存条由内存芯片（DRAM）、SPD（内存序列检测）芯片、印制电路板（PCB）、金手指、散热片、贴片电阻、贴片电容等组成。不同技术标准的内存条，它们在外观上没有太大区别，但是它们的工作电压不同，引脚数量和功能不同，定位口位置不同，互相不能兼容。

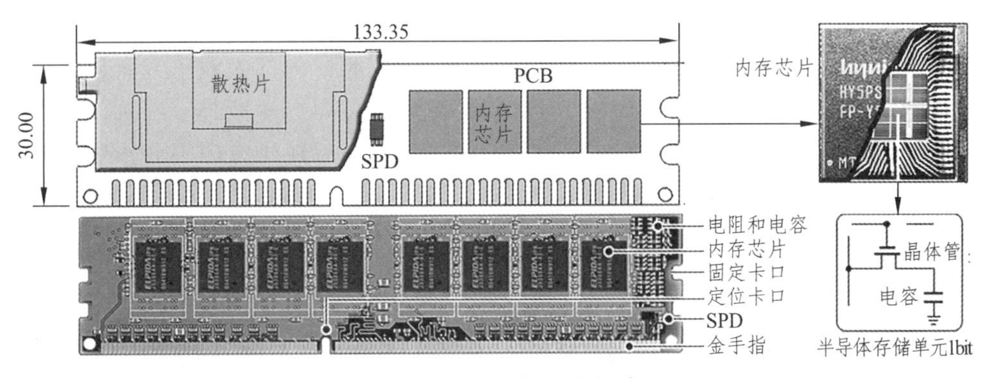

图 1-26　DDR 内存条组成

内存条主要技术性能有：存储容量（目前单内存条容量为 4 GB 或 8 GB），传输带宽（DDR3-1600 规格内存条数据传输带宽最高达为 12.8 GB/s），内存读写延迟（延迟越小越好，目前为 10-10-10，30 个时钟周期左右）。

闪存（Flash Memory）：闪存具备 DRAM 快速存储的优点，也具备硬盘永久存储的特性。闪存利用现有半导体工艺生产，因此价格便宜。它的缺点是读写速度较 DRAM 慢，而且擦写次数也有极限。闪存数据写入以区块为单位，区块大小为 8 ~ 128 KB。

U 盘：U 盘是利用闪存芯片、控制芯片和 USB 接口技术的一种小型半导体移动固态盘。U 盘具有即插即用的功能，在读写、复制及删除数据等操作上非常方便。U 盘具有外观小巧、携带方便、抗震、容量大等优点，因此，受到用户的普遍欢迎。

存储卡（Flash Card）：闪存卡是在闪存芯片中加入专用接口电路的一种单片型移动固态盘。闪存卡一般应用在智能手机、数码相机等小型数码产品中作为存储介质。

固态硬盘（SSD）：固态硬盘在接口标准、功能及使用方法上，与机械硬盘完全相同。

固态硬盘接口大多采用 SATA、USB 等形式。固态硬盘没有机械部件，因而抗震性能极佳，同时工作温度很低。如图 1-27 所示，256 GB 固态硬盘的尺寸和标准的 2.5 英寸硬盘完全相同，但厚度仅为 7 mm，低于工业标准的 9.5 mm。3.5 英寸机械硬盘平均读取速度在 50～100 MB/s 之间，而固态硬盘平均读取速度可以达到 400 MB/s 以上；固态硬盘没有高速运行磁盘，因此发热量非常低。根据测试，256 GB 固态硬盘工作功耗为 2.4 W，空闲功耗为 0.06 W，可抗 1 000 G（伽利略单位）冲击。

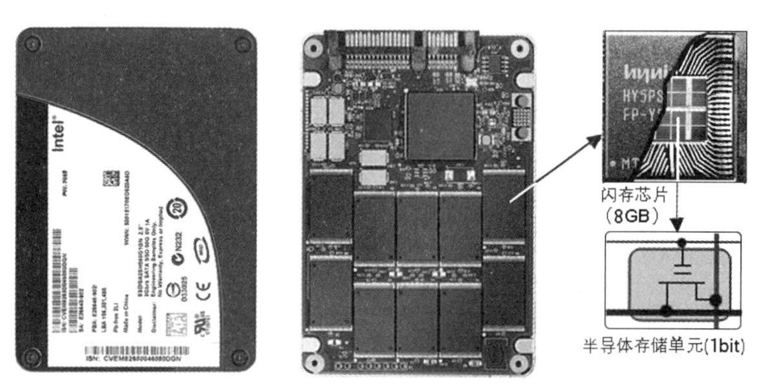

图 1-27 固态硬盘（SSD）外观与内部结构

硬盘（HD）：如图 1-28 所示，硬盘是利用磁介质存储数据的机电式产品。硬盘中盘片由铝质合金和磁性材料组成。盘片中磁性材料没有磁化时，内部磁粒子方向是杂乱的，对外不显示磁性。当外部磁场作用于它们时，内部磁粒子方向会逐渐趋于统一，对外显示磁性。当外部磁场消失后，由于磁性材料的“剩磁”特性，磁粒子方向不会回到从前状态，因而具有存储数据的功能。每个磁粒子有南北（S/N）两极，可以利用磁记录位的极性来记录二进制数据位。我们可以人为设定磁记录位的极性与二进制数据的对应关系，如将磁记录位南极（S）表示数字“0”，北极（N）则表示为“1”，这就是磁记录基本原理。

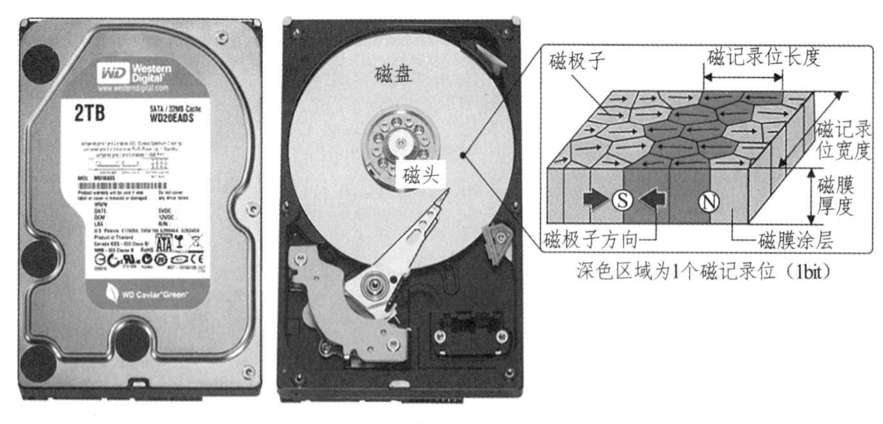

图 1-28 硬盘外观和内部结构

硬盘存储容量为 320 GB、1 TB、2 TB、4 TB 或更高。硬盘接口有串行接口（SATA）、USB 接口等。SATA 接口硬盘主要用于台式计算机，USB 接口硬盘主要用于移动存储设备。

光盘（CD-ROM/DVD-ROM）：光盘驱动器和光盘一起构成了光存储器。光盘用于记录数据，光驱用于读取数据。光盘的特点是记录数据密度高，存储容量大，数据保存时间长。

光盘结构如图 1-29 所示，光盘中有很多记录数据的沟槽和陆地，当激光投射到光盘沟槽时，盘片像镜子一样将激光反射回去。由于光盘沟槽深度是激光波长的 1/4，从沟槽上反射回来的激光与从陆地反射回来的激光走过的路程正好相差半个波长。根据光干涉原理，这两部分激光会产生干涉，相互抵消，即没有反射光。当两部分激光都是从沟槽或陆地上反射回来时，就不会产生光干涉相消的现象。因此，光盘中每个沟槽边缘代表数据“1”，其他地方则代表数据“0”，这就是光盘数据存储的基本原理。

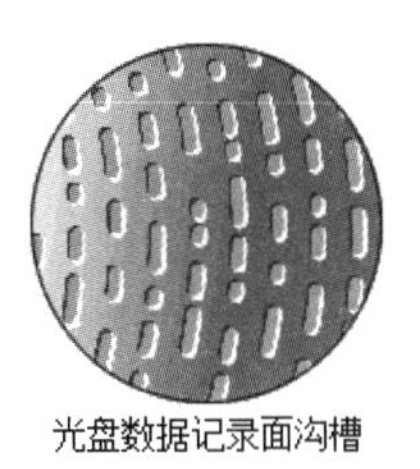

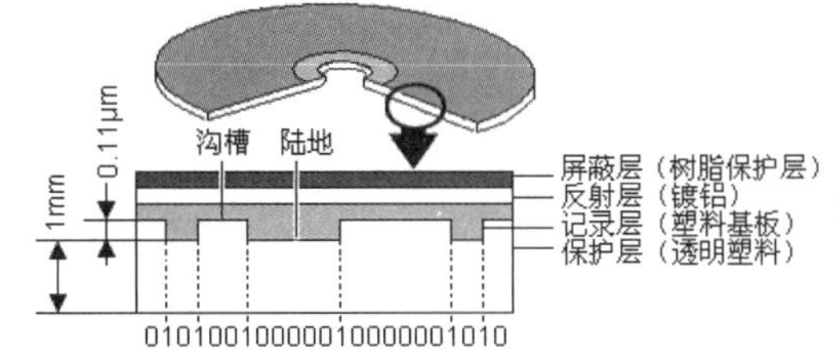

图 1-29　光盘数据存储原理（左、中）和光驱（右）

按照光盘读写方式分类，有只读光盘（如 DVD-ROM）、一次性刻录光盘（如 DVD-R）、反复读写光盘（如 DVD-RW）。如果对光盘容量进行分类，有 CD-ROM（容量为 650 MB）光盘、DVD-ROM（容量为 4.7 GB ~ 17 GB）光盘、BD（蓝光光盘，容量为 23 GB/27 GB）等。

5. 总线与接口

总线是计算机中各种部件之间共享的一组公共数据传输线路。总线分为并行总线和串行总线。

并行总线：并行总线由多条信号线组成，每条信号线可以传输一位二进制的“0”或“1”信号。如 32 位 PCI 总线就需要 32 根线路，可以同时传输 32 位二进制信号。并行总线可以分为 5 个功能组：数据线、地址线、控制线、电源线和地线。数据总线用来在各个设备或者部件之间传输数据和指令，它们是双向传输的；地址总线用于指定数据总线上数据的来源与去向，它们是单向传输的；控制总线用来控制对数据总线和地址总线的访问与使用，它们大部分是双向的。在大部分技术书籍中，为了简化分析，往往省略了电源线和地线。计算机并行总线有内存总线（MB）、外部设备总线（PCI）等。

并行总线性能指标有：总线位宽、总线频率和总线带宽。总线位宽为一次并行传输二进制位数。如 32 位总线一次能传送 32 位数据。总线频率用来描述总线数据传输的频率，常见总线频率有 33 MHz、66 MHz、100 MHz、200 MHz 等。

并行总线带宽 = 总线位宽 × 总线频率 ÷ 8。例如，PCI 总线带宽为：32 bit × 33 MHz ÷ 8 = 132 MB/s。

串行总线：计算机串行总线有图形显示总线（PCI-E）、通用串行总线（USB）等。串行总线性能用带宽来衡量。串行总线带宽计算较为复杂，它主要取决于总线信号传输频率和通道数，另外与通信协议、传输模式、编码效率、通信协议开销等因素有关。

在 PCI-E 1.0 标准下，基本的 PCI-E ×1 总线有 4 条通信线路，2 条用于输入，2 条用于输出，总线传输频率为 2.5 GHz，总线带宽为 2.5 Gbit/s（单工）；在 PCI-E 2.0 标准下，

PCI-E × 1 总线传输频率为 5.0 GHz，总线带宽为 5.0 Gbit/s（单工）；在 PCI-E 3.0 标准下，PCI-E × 1 总线传输频率为 8.0 GHz，总线带宽为 8.0 Gbit/s（单工）。例如，显卡采用 PCI-Ex16 总线 2.0 标准时，总线带宽为 5.0 Gbit/s × 16 = 80 Gbit/s。

USB（通用串行总线）是一种使用广泛的串行总线，USB 2.0 总线带宽为 480 Mbit/s；USB 3.0 总线带宽为 5.0 Gbit/s。USB 总线接口有标准 A 型、标准 B 型、mini-A 型、mini-B 型、mini-AB 型、Micro-B 型、OTG 等接口形式。

I/O 接口：接口是两个硬件设备之间起连接作用的逻辑电路。接口的功能是在各个组成部件之间进行数据交换。主机与外部设备之间的接口称为输入/输出接口，简称 I/O 接口。如图 1-30 所示，计算机接口有硬盘串行接口 SATA、显示器接口 DVI/VGA、键盘和鼠标接口 USB、音箱接口 Line Out、话筒接口 MIC、网络接口 RJ-45、存储卡接口 SD 等。

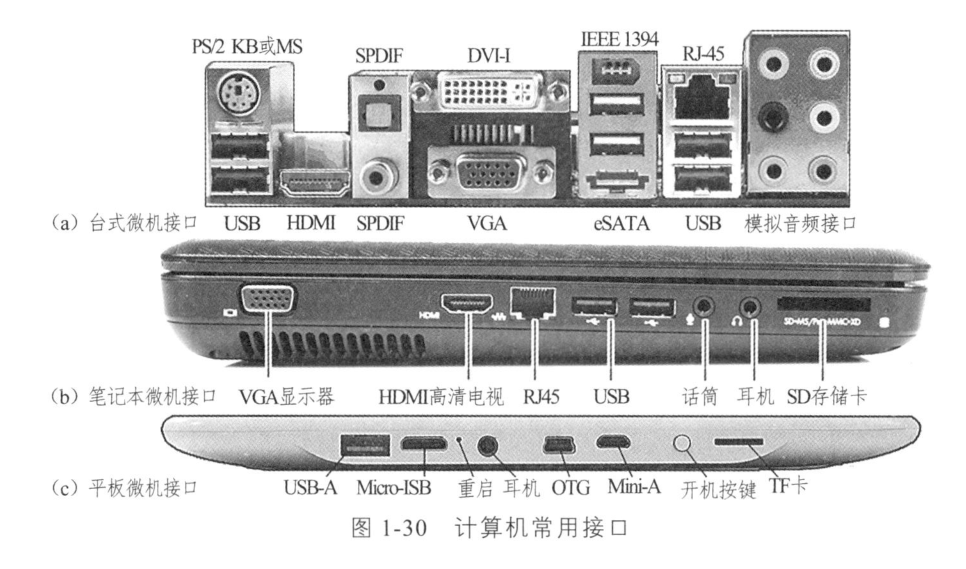

图 1-30 计算机常用接口

1.6 计算机软件

软件是指计算机系统中的程序和文档。没有安装软件的计算机称为“裸机”，而裸机无法进行任何工作。

1.6.1 软件的基本特征

软件是逻辑的而非物理的系统元素。软件是设计开发的，而不是传统意义上生产制造的。虽然软件开发和硬件制造存在某些相似点，但二者有本质的不同：硬件产品的主要成本在于制造，软件产品的主要成本在于开发设计。

随着时间推移，硬件会因为灰尘、震动、不当使用、温度超限以及其他环境问题造成硬件损耗，使得失效率再次提高。简而言之，硬件开始“磨损”了。而软件不会受“磨损”问题的影响，但是软件存在退化问题。在软件生存周期里，软件将会面临变更，每次变更都可能引入新的错误。因此，不断变更是软件退化的根本原因。磨损的硬件可以用备用部件替换，而软件不存在备用部件。

目前大多数软件仍然是根据用户实际需求定制。在硬件设计中，构件复用是工程设计中通用的方法。而在软件设计中，大规模的复用还刚刚开始尝试。例如，图形用户界面中的窗口、下拉菜单、按钮等都是可复用构件。

1.6.2　软件的类型

软件一般分为系统软件和应用软件两大类。计算机专家普雷斯曼（Roger S.Pressman）在《软件工程：实践者的研究方法（第 7 版）》中，按软件服务对象将计算机软件分为以下 7 个大类。

1. 系统软件

系统软件是一整套服务于其他程序的程序。某些系统软件（如：程序编译器、文件管理软件）处理复杂但确定的信息结构，如 GCC（C 语言编译器）、NFS（FreeBSD 网络文件系统）、驱动程序等；另一些系统软件主要处理不确定的数据，如 Windows、Linux、Oracle（数据库）、Apache（网站服务器）、U-Mail（邮件服务器）、程序设计语言、通信软件等。系统软件的特点是：与计算机硬件大量交互；用户经常使用；需要管理共享资源，调度复杂的进程操作；复杂的数据结构；多种外部接口等。

2. 专业应用软件

应用软件是解决特定业务的独立程序，它主要处理商务或技术数据，以协助用户的业务操作和管理。除了传统的数据处理程序（如教学管理信息系统、财务管理系统等），专业应用软件也用于业务的实时控制、实时制造过程控制等。

3. 通用商业软件

商业软件为不同用户提供特定功能。商业软件关注有限的特定专业市场（如：库存管理）或者大众消费品市场（如：文字处理、电子表格、图形处理、多媒体、游戏娱乐等）。

4. Web 应用软件

Web 应用软件（WebApp）是以互联网为中心的应用软件。最简单的 Web 应用软件可以是一组超文本链接文件（如小型网站），仅仅用文本和有限的图片表达信息。然而，随着 Web 2.0 的出现，网络应用正在发展为一个复杂的计算环境，不仅为最终用户提供独立的功能和内容，还与企业数据库和商务应用程序相结合。

5. 工程/科学软件

这类软件通常有“数值计算”的特征，工程和科学软件涵盖了广泛的应用领域，从天文学到气象学，从应力分析到飞行动力学，从分子生物学到自动制造业。目前科学工程领域的应用软件已不仅局限于数值计算，系统仿真、虚拟实验、辅助设计等交互性应用程序，已经呈现出实时性甚至具有系统软件的特性。

6. 嵌入式软件

嵌入式软件存在于某个产品或者系统中，可实现面向最终使用者的特性和功能。嵌入式软件可以执行一些智能设备的管理和控制功能（如：微波炉控制），或者提供重要设备的功能和控制能力（如：飞机燃油控制、汽车刹车系统等）。

7. 人工智能软件

人工智能软件是利用非数值算法，解决计算和分析无法解决的复杂问题。这个领域的应用程序包括：机器人、专家系统、模式识别（图像和语音）、定理证明、博弈计算等。

1.6.3 软件与计算机语言

软件的开发需要编写程序，这就需要计算机语言，也称为程序设计语言。程序设计语言有多种分类方法，大部分都是算法描述型语言，如 C/C++、Java 等；还有一少部分是数据描述型语言，如 HTML、XML 等标记语言。按照编程技术难易程度可分为：低级语言（机器语言、汇编语言）和高级语言；按照程序语言设计风格可分为：命令式语言（过程化语言）、结构化语言、面向对象语言、函数式语言、脚本语言等；按照语言应用领域可分为：通用程序语言（如 Java 等）、专用程序语言（如 VHDL 等）；按照程序执行方式可分为：解释型语言（如 JavaScript、Python、R 等）、编译型语言（如 C/C++等）、编译+解释型语言（如 Java、PHP 等）。

机器语言是二进制指令代码的集合，是计算机唯一能直接识别和执行的语言。机器语言的优点是占用内存少、执行速度快，缺点是难编写、难阅读、难修改、难移植。

汇编语言是将机器语言的二进制指令用简单符号（助记符）表示的一种语言。因此汇编语言与机器语言本质上是相同的，都可以直接对计算机硬件设备进行操作。汇编语言编程需要对计算机硬件结构有所了解，这无疑大大增加了编程难度。但是汇编语言生成的可执行程序很小，而且执行速度很快。因此，工业控制领域经常采用汇编语言进行编程。汇编语言与计算机硬件设备（主要是 CPU）相关，不同系列 CPU（如 ARM 与 Intel 的 CPU）的机器指令不同，因此它们的汇编语言也不同。

高级语言将计算机内部的许多相关机器操作指令合并成一条高级程序指令，并且屏蔽了具体操作细节（如内存分配、寄存器使用等），这样大大简化了程序指令，使编程者不需要专业知识就可以进行编程。高级程序语言便于人们阅读、修改和调试，而且移植性强，因此高级程序语言已成为目前普遍使用的编程语言。

高级程序语言的出现使得程序设计不再过度地倚赖特定的计算机硬件设备。高级程序语言在不同平台上可以编译成不同的机器语言，而不是直接被机器执行。最古老的高级程序语言有 FORTRAN、COBOL、ALGOL 和 LISP，目前流行的一切程序语言，几乎都是上述四种古老程序语言的综合进化。

计算机语言与自然语言很相似，自然语言虽然方言很多，但是主体结构几千年来变化很少。近十多年来，程序语言发展的成绩主要体现在设计框架和设计工具的改进方面。例如，微软公司的.NET Framework 框架中有超过 1 万个类和 10 万个方法（子程序）。例如，目前的程序集成开发环境（IDE）包含了很多强大的功能，如：指令关键字彩色显示、指令自动补齐、语法错误提示、程序行折叠和展开、集成程序调试器和编译器等。与IDE的变化相比，程序语言本身的改进并不明显。

在程序语言发展历史中，语言抽象级别不断提高，语言表现力越来越强大，这样就可以用更少的代码完成更多的工作。早期程序员使用汇编语言编程，接着使用面向过程的程序语言（如Pascal、C等），然后发展到面向对象的程序语言（如C++、Java、C#（读为C-Sharp）等）。随着因特网的发展，网络动态程序语言（如PHP、Python等）得到了广泛应用，这种趋势目前还在继续发展。

1.7 计算机工作原理

计算机工作原理是将现实世界中各种信息，转换成为计算机能够理解的（二进制代码（信息编码），然后保存在计算机存储器（数据存储）中，在程序控制下由运算器对数据进行处理（指令执行）；在数据存储和计算过程中，需要将数据从一个部件传输到另外一个部件（数据传输），数据处理完成后，再将数据转换成为人类能够理解的信息形式（数据解码）。在以上工作过程中，信息如何编码和解码、数据存储在什么位置、数据如何进行计算等，都由计算机能够识别的机器命令（指令系统）控制和管理。由以上工作过程可以看出，计算机本质上是一台由程序控制的二进制符号处理机。计算机工作原理如图1-31所示。

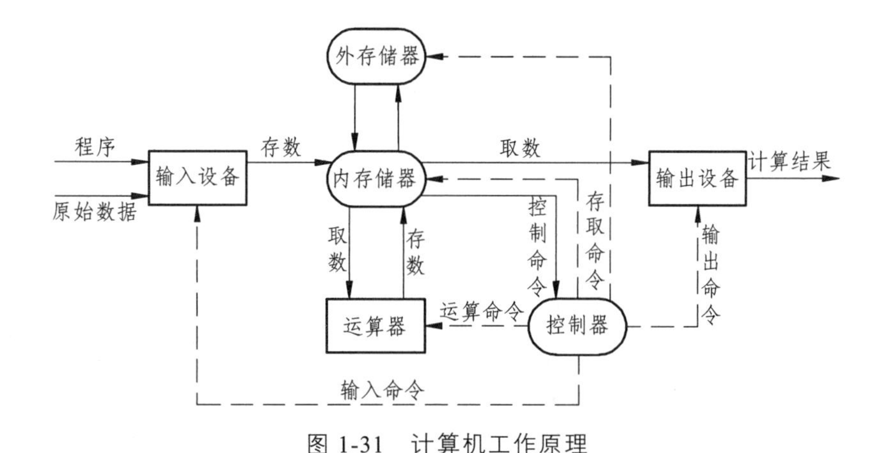

图1-31 计算机工作原理

1.7.1 数据存储

计算机存储器分为两大类，内部存储器和外部存储器。内部存储器简称为内存，通过总线与CPU相连，用来存放正在执行的程序和数据；外部存储器简称为外存，外存需要通过专门的接口电路与主机相连，用来存放暂时不执行的程序和数据。

1. 存储器类型

不同存储器工作原理不同，性能也不同。常用存储器类型如图1-32所示。

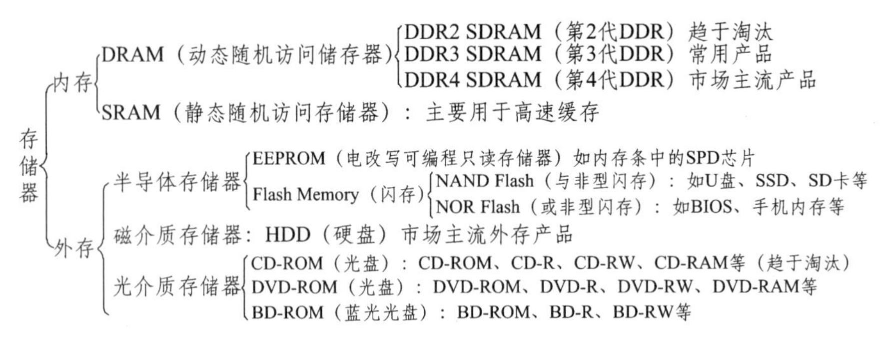

图 1-32 计算机常用存储器类型

在存储器中，最小存储单位是字节（Byte），1 个字节可以存放 8 位（bit）二进制数据。在实际应用中，字节单位太小，为了方便计算，引入了 KB、MB、GB、TB 等单位，它们的换算关系是：1Byte = 8bit，1 KB = 1 024 B，1 MB = 1 024 KB，1 GB = 1 024 MB，1 TB = 1 024 GB，1 PB = 1 024 TB，1 EB = 1 024 PB。

存储器性能由存取时间、存取周期、传输带宽三个指标衡量。

存取时间指启动一次存储器操作到完成该操作所需要的全部时间。存取时间越短，存储器性能越高；如内存存取时间通常为纳秒级（$1\ \text{ns} = 10^{-9}\text{s}$），硬盘存取时间通常为毫秒级（$1\ \text{ms} = 10^{-3}\ \text{s}$）。

存取周期指存储器连续 2 次存储操作所需的最小间隔时间，如寄存器与内存之间的存取时间都在纳秒级，但是寄存器为 1 个存取周期（与 CPU 同步），而 DDR3-1600 内存为 30 个存取周期。

传输带宽是单位时间里存储器能达到的最大数据存取量，或者说是存储器最大数据传输速率。串行传输带宽单位为 bit/s（位/秒），并行传输单位为 B/s（字节/秒）。

2. 存储器层次结构

不同存储器性能和价格不同，不同应用对存储器的要求也不同。对最终用户来说，要求存储容量大，停电后数据不能丢失，存储设备移动性好，价格便宜；但是对数据读写延时不敏感，在秒级即可满足用户要求。对计算机核心部件 CPU 来说，存储容量相对不大，数百个存储单元（如寄存器）即可，数据也不要求停电保存（因为大部分为中间计算结果），对存储器移动性没有要求，但是 CPU 对数据传送速度要求极高。为了解决这些矛盾，数据在计算机中分层次进行存储，存储器的层次模型如图 1-33 所示。

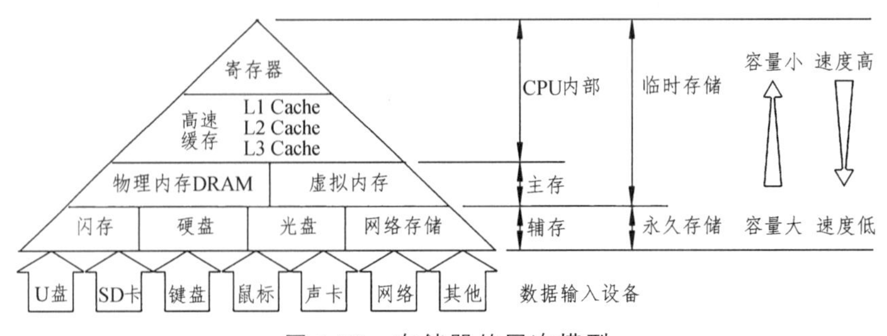

图 1-33 存储器的层次模型

3. 内存数据查找

内存就像一个城市，城市中有大量的房子，每个房子大小一样都有 8 个房间，每个房间用来存放一个二进制位数，每个房子就是一个放数据的地方，它们称为一个“存储单元”（1 字节）。这些房子按行、列整齐地排放在城市的街道上，每个房子所处的行号和列号就是房子的地址。计算机主存储器的结构如图 1-34 所示。

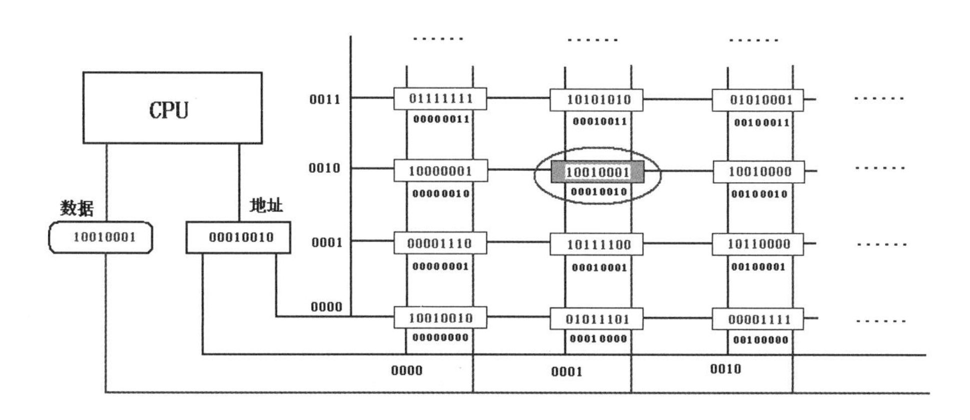

图 1-34 计算机主存储器（内存）的结构

CPU 和其他电路可以从存储单元中得到指定地址的内容（读操作），或者把某个数据存放到指定地址的存储单元（写操作）。

计算机工作时，运行的程序和数据以字节为单位存放在内存中，每一个内存单元都有一个地址。CPU 运算时按内存地址查找程序或数据，这个过程称为寻址。寻址过程由操作系统控制，由硬件设备（主要是 CPU、内存、总线）执行。

如图 1-35 所示，内存地址采用二进制数表示，早期 8086 计算机地址采用 20 位（即 20 根地址线）二进制数表示，CPU 寻址空间为 2^{20} = 1 048 576（1 MB）。也就是说，内存容量大于 1 MB 时，CPU 无法找到它们。目前微机 CPU 均为 64 位，可寻址范围达到了 2^{64} = 16 EB；但是，如果采用 32 位 Windows 操作系统，操作系统内存寻址空间为 2^{32} = 4 GB。因此，对于 32 位操作系统，当内存容量大于 4 GB 时，无法找到内存中的程序和数据。

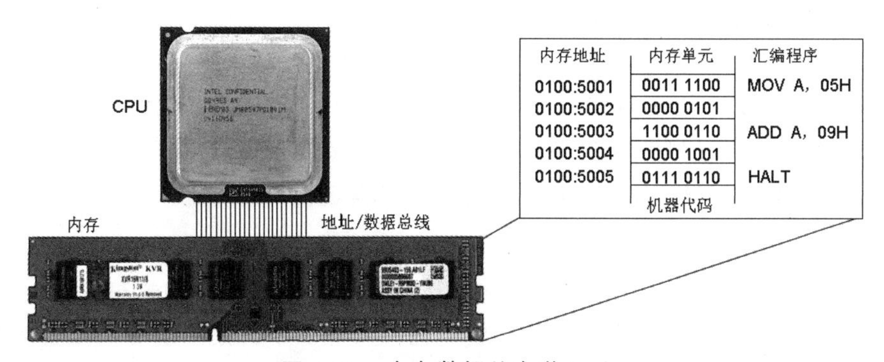

图 1-35 内存数据的字节寻址

4. 外存数据查找

程序和数据没有运行时，存放在外存设备中，如硬盘、U 盘、光盘等。程序运行时，CPU 不直接对外存的程序和数据进行寻址，而是在操作系统控制下，将程序和数据复制到内存，CPU 在内存中读取程序和数据。操作系统怎样寻找外存中的程序和数据呢？外存数据查找方法与内存有很大区别，外存以“块”为单位进行数据存储和传输。如图 1-36 所示，硬盘中的数据块称为“扇区”，存储和查找以扇区为单位；U 盘数据按“块”进行查找；光盘数据也按“扇区”查找，但是扇区结构与硬盘不同；网络数据在接收缓冲区查找。外存数据的地址编码方式与内存不同，如，Windows 按“簇”（1 簇 = 4 KB）号进行硬盘数据寻址，寻址时不需要地址线，而是将地址信息放在数据包中，利用线路进行串行传输。

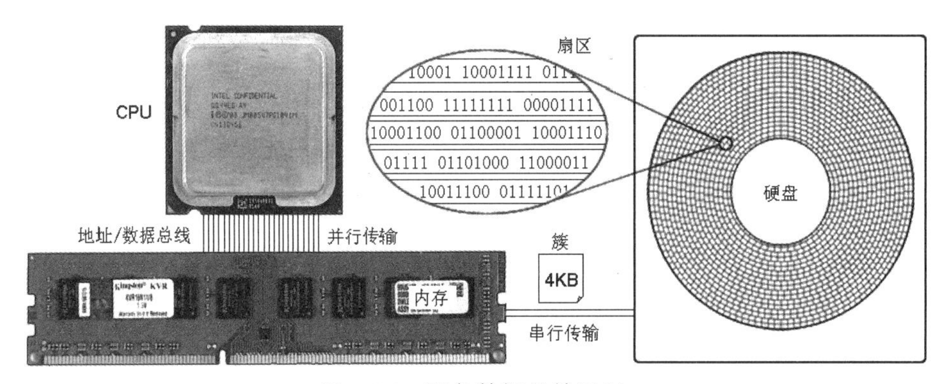

图 1-36 硬盘数据的块寻址

1.7.2 数据传输

数据传输包括：计算机内部数据传输，如 CPU 与内存之间的数据传输；计算机与外部设备之间的数据传输，如计算机与显示器的数据传输；计算机与计算机之间的数据传输，如两台计算机之间的 QQ 聊天。

1. 电信号的传输速度

1）电子在导线内部的传输速度

电信号在真空里的传输速度大约为 30 万 km/s，信号在导线中的传播速度有多快?这个问题在低频（50 MHz 以下）电路中基本无须考虑，而目前 CPU、内存、总线等部件，工作频率或传输速率经常达到 1 GHz 以上，这就会出现信号在传输过程中的时延、信号上升沿时间、传输导线长度不一造成的信号不同步等问题。

2）信号在电磁场中的传输速度

是什么决定电信号的传播速度呢？导线周围的材料（电路板、塑料包皮等）、信号在导线周围空间（不是导线内部）形成的交变电磁场以及电磁场的建立速度和传播速度，三者共同决定了电信号的传播速度。

2. 模拟信号与数字信号

信号是数据（用户信息和控制信息）在传输过程中的电磁波或光波的物理表现形式。信号的形式有数字信号和模拟信号。如图 1-37 所示，模拟信号是连续变化的电磁波或光波；数字信号是电压或光波脉冲序列。

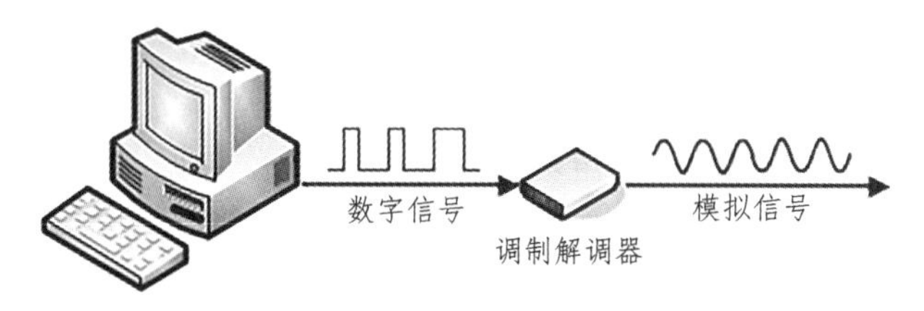

图 1-37　数字信号与模拟信号

数字信号的优点是传输速率高，传输成本低，对噪声不敏感。数字信号的缺点是信号容易衰减，因此，数字信号不利于长距离传输，而光脉冲数字信号则克服了这个缺点。

信号可以单向传输（单工）如计算机向打印机、音箱等设备单向传输数据；也可以双向传输（全双工），如内存与 CPU、计算机网络等，都采用双向传输；还有一部分设备采用半双向传输（半双工），即只允许一方数据传输完成后，另外一方才能进行数据传输，如采用 SATA 2.0 接口的硬盘、采用 USB 2.0 接口的 U 盘等设备，都采用半双工传输。

3. 数据并行传输

如图 1-38 所示，并行传输是数据以成组方式（1 至多个字节）在线路上同时传输。

并行传输中，每个数据位占用一条线路，如 32 位传输就需要 32 条线路，这些线路通常制造在电路板中（如主板的总线）或在一条多芯电缆里（如显示器与主机连接电缆）。并行传输适用于两个短距离（1 m 以下）设备之间的数据传输。在计算机内部，各个部件之间的通信往往采用并行传输。例如，CPU 与内存之间的数据传输，PCI 总线设备与主板芯片组之间的数据传输。并行传输不适用于长距离（1 m 以上）传输。

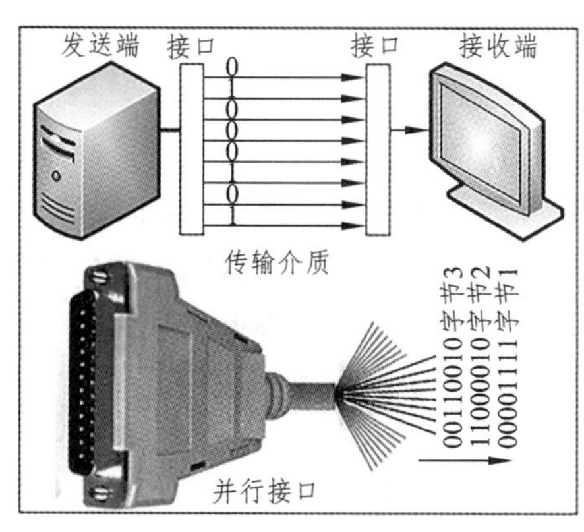

（a）并行传输　　（b）串行传输

图 1-38　数据并行传输与串行传输

4. 数据串行传输

如图 1-38（b）所示，串行传输是数据在一条传输线路（信道）上一位一位按顺序传送的通信方式。串行传输时，所有数据、状态、控制信息都在一条线路上传送。这样，通信时所连接的物理线路最少，也最经济，适合信号远距离传输（1 m 以下至数百千米均可）。

5. 并行传输与串行传输的比较

并行传输在一个时钟周期里可以传输多位（如 64 位）数据，而串行传输在一个时钟周期里只能传输一位数据，直观上看，并行传输的数据传输速率大大高于串行传输。

但是，提高并行传输速率存在很多困难。一是并行传输的时钟频率在 200 MHz 以下，而且很难提高。因为时钟频率过高时，会导致多条线路之间传输信号相互干扰（高频电信号的趋肤效应）；二是高频（100 MHz 以上）信号并行传输时，各个信号之间的同步控制成本很高；三是并行传输距离很短（1 m 以下），长距离传输技术要求和成本都非常高；四是并行传输（64 位总线）目前能够达到的最高带宽为 12 GB/s 左右。

串行传输时钟频率在 1 GHz 以上，如 USB 3.0 传输时钟频率为 5.0 GHz；商业化的单根光纤串行传输时钟频率达到了 6.4 THz 以上，如果以字节计算，大致为 640 GB/s 左右。2014 年，丹麦科技大学的研究团队，在实验室条件下研制成功在单根光纤上实现 43 Tbit/s 的传输网速。可见串行传输带宽大大高于并行传输带宽。串行传输信号同步简单，成本很低（线路少），传输距离远，如铜缆传输可达 100 m，光纤传输可达以 100 km 以上。

在计算机内部数据传输中，目前越来越多采用串行传输技术。如显卡数据传输采用 PCI-E 串行总线，硬盘采用 SATA 串行接口，外部数据采用 USB 串行总线等。

1.7.3 指令执行

程序也是一种数据，计算机工作过程是一种数据计算过程。狭义的计算是指数值计算，如加、减、乘、除等；而广义的计算则是指问题的解决方法，即计算机通过数据计算，对某个问题自动进行求解。

1. 加法器部件

计算机中的计算建立在算术四则运算的基础上。在四则运算中，加法是最基本运算。设计一台计算机，首先必须构造一个能进行加法运算的部件（加法器）。由于减法、乘法、除法，甚至乘方、开方等运算都可以用加法导出。例如，减法运算可以用加一个负数的形式表示，乘法可以用连加或移位的方法实现。因此，如果能构造出实现加法计算的部件，就一定可以构造出能实现其他运算的机器。

进行二进制数加法运算的部件称为加法器，这个部件设计在 CPU 内部的 ALU（算术逻辑运算单元）中。加法器是对多位二进制数求和的运算电路。CPU 中有 ALU 和 FPU（浮点运算单元），ALU 负责整数运算和逻辑运算，FPU 负责小数运算。在 Intel Core i7 CPU 中，有 4 个 CPU 内核，每个内核有 5 个 64 位 ALU 单元和 3 个 128 位的 FPU 单元。

2. 指令执行过程与流水线技术

计算机中所有指令都由 CPU 执行。一条机器指令的执行过程主要由“取指令”“指令译码”“指令执行”“结果写回”四种基本操作构成。CPU 执行完一条指令后，控制单元告诉指令寄存器从内存单元中读取下一条指令。这个过程不断重复执行，计算机的工作就是自动和连续地执行一系列指令。

早期（1990 年以前）CPU 执行完指令 1 后，再执行指令 2，这个过程不断重复进行。目前计算机采用流水线技术，执行完指令 1 的第 1 个操作（工步）后，指令 1 还没有执行完，就马上可以执行指令 2 的第 1 个操作了。指令流水线技术大大提高了 CPU 的运算性能。

流水线技术也会遇到一些问题。例如，当遇到转移指令（如 if、for 等指令）时，就会出现问题，流水线中已经载入的指令必须清空，重新载入新指令。因此在 CPU 设计中，对转移指令进行了预判，在最大程度上克服了转移指令带来的不利影响。

1.7.4 指令系统

1. 指令的基本组成

指令是计算机能够识别和执行的二进制代码，它规定了计算机能完成的某一种操作。指令的类型与数量由 CPU 决定。指令在内存中有序存放，什么时候执行哪一条指令由应用程序和操作系统控制，指令如何执行由 CPU 决定。一条机器指令通常由操作码和操作数两部分组成。操作码指明该指令要完成的操作类型或性质，如取数、做加法或输出数据等。操作码的二进制位数决定了机器操作指令的条数。操作数指明操作对象的内容或所在的存储单元地址（地址码），操作数在大多数情况下是地址码，地址码可以有多个。从地址码得到的仅是数据所在的地址，可以是源操作数的存放地址，也可以是操作结果的存放地址。

2. 指令系统

CPU 能够执行一些基本的、经过精心设计的指令。这些指令的集合称为计算机指令系统。不同类型的计算机，指令系统有所不同。不同指令系统的计算机，它们之间的软件不能通用。例如，台式计算机采用 x86 指令系统，智能手机采用 ARM（安媒）指令系统，因此它们之间的软件不能相互通用。

无论哪种类型的计算机，指令系统都应具有以下功能的指令。

（1）数据传送指令：将数据在内存与 CPU 之间进行传送；

（2）数据处理指令：数据进行算术、逻辑或关系运算；

（3）程序控制指令：如条件转移、无条件转移、调用子程序、返回、停机等；

（4）输入/输出指令：用来实现外部设备与主机之间的数据传输；

（5）其他指令：对计算机的硬件和软件进行管理等。

3. CISC 与 RISC 指令系统

1）CISC 指令系统

早期计算机部件比较昂贵，主频低，运算速度慢。为了提高运算速度，人们不得不将越来越多的指令加入指令系统中，以提高计算机的处理效率，这就逐步形成了 CISC（复杂指令集计算机）指令系统。Intel 公司的 x86 系列 CPU 就是典型的 CISC 指令系统。每个新一代 CPU 都会有自己的新指令，为了兼容以前 CPU 平台上的软件，旧指令集必须保留，这就使指令系统变得越来越复杂。

2）RISC 指令系统

RISC（精简指令集计算机）的设计思想是：尽量简化计算机指令的功能，将较复杂的功能用一段子程序来实现，减少指令的数量，所有指令格式一致，所有指令在一个周期内能够完成，采用流水线技术等。目前 95%以上的智能手机和平板计算机采用 ARM（安媒）结构的 CPU，ARM 采用 RISC 指令系统。

1.8 计算机与计算思维

理论科学、实验科学和计算科学作为科学发现的三大支柱，推动着人类文明进步和科技发展。与三大科学方法对应的是三大科学思维：理论思维、实验思维和计算思维。

1.8.1 计算思维的起源与定义

2006 年 3 月，美国卡内基·梅隆大学计算机科学系主任周以真（Jeannette M. Wing）教授，在美国计算机权威期刊《Communications of the ACM》杂志上给出并定义了计算思维（Computational Thinking）。周教授认为：计算思维是运用计算机科学的基础概念进行问题求解、系统设计以及人类行为理解等涵盖计算机科学之广度的一系列思维活动。

以上是关于计算思维的一个总定义。为了让人们更易于理解，周教授又将它更进一步地定义为：通过约简、嵌入、转化和仿真等方法，把一个看似困难的问题重新阐释成一个我们知道问题怎样解决的方法；是一种递归思维，是一种并行处理，是一种把代码译成数据又能把数据译成代码，是一种多维分析推广的类型检查方法；是一种采用抽象和分解来控制庞杂的任务或进行巨大复杂系统设计的方法，是基于关注分离的方法（SoC 方法）；是一种选择合适的方式去陈述一个问题，或对一个问题的相关方面建模使其易于处理的思维方法；是按照预防、保护及通过冗余、容错、纠错的方式，并从最坏情况进行系统恢复的一种思维方法；是利用启发式推理寻求解答，也即在不确定情况下的规划、学习和调度的思维方法；是利用海量数据来加快计算，在时间和空间之间、在处理能力和存储容量之间进行折中的思维方法。

国际教育技术协会（ISTE）和计算机科学教师协会（CSTA）2011 年给计算思维做了一个可操作性的定义，即：计算思维是一个问题解决的过程，该过程包括以下特点：

（1）制定问题，并能够利用计算机和其他工具来帮助解决该问题；

（2）要符合逻辑地组织和分析数据；

（3）通过抽象，如模型、仿真等，再现数据；

（4）通过算法思想（一系列有序的步骤），支持自动化的解决方案；

（5）分析可能的解决方案，找到最有效的方案，并且有效结合这些步骤和资源；

（6）将该问题的求解过程进行推广并移植到更广泛的问题中。

1.8.2　计算思维的特征

计算机科学家迪科斯彻（Edsger Wybe Dijkstra）说过：“我们使用的工具影响着我们的思维方式和思维习惯，从而也将深刻地影响着我们的思维能力。”计算的发展也影响着人类的思维方式，从最早的结绳计数，发展到目前的电子计算机，人类思维方式发生了相应的改变。如：计算生物学改变着生物学家的思维方式；计算机博弈论改变着经济学家的思维方式；计算社会科学改变着社会学家的思维方式；量子计算改变着物理学家的思维方式。计算思维已成为各个专业利用计算机求解问题的一条基本途径。周以真教授在《计算思维》论文中，提出了以下计算思维的基本特征。

（1）计算思维是每个现代人必须掌握的基本技能，它不仅属于计算机科学家。应当在培养人的思维能力时，不仅掌握阅读、写作和算术（3R），还要学会计算思维。

（2）计算思维是人的，不是计算机的思维方式。计算思维是人类求解问题的思维方法，而不是要使人类像计算机那样思考。

（3）计算机科学本质上来源于数学思维，但是受计算设备的限制，迫使计算机科学家必须进行工程思考，不能只是数学思考。

（4）计算思维建立在计算过程的能力和限制之上。需要考虑哪些事情人类比计算机做得好？哪些事情计算机比人类做得好？最根本的问题是：什么是可计算的？

（5）为了有效地求解一个问题，我们可能要进一步问：一个近似解是否就够了？是否允许漏报和误报？计算思维就是通过简化、转换和仿真等方法，把一个看起来困难的问题，重新阐释成一个我们知道怎样解决的问题。

（6）计算思维采用抽象和分解的方法，将一个庞杂的任务或设计分解成一个适合于计算机处理的系统。计算思维是选择合适的方式对问题进行建模，使它易于处理。在我们不必理解每一个细节的情况下，就能够安全地使用或调整一个大型的复杂系统。

从以上周以真教授的分析可以看到：计算思维以设计和构造为特征。

1.8.3　计算思维中的数学思维

周以真教授认为：计算思维包含数学思维和工程思维两个部分。数学思维的基本概念有：复杂性、抽象、数学模型、算法、数据结构、可计算性、一致性和完备性等。

1. 复杂性

大问题的复杂性包括二义性（如语义理解等）、不确定性（如哲学家就餐问题、混沌问题等）、关联（如操作系统死锁问题、教师排课问题等）、指数爆炸（如汉诺塔问题、密码破解问题等）、悖论（如罗素理发师悖论、图灵停机问题等）等概念。

2. 抽　象

抽象是任何一门科学乃至全部人类思维都具有的特性。

计算思维的本质是抽象和自动化，计算的根本问题是什么能被有效地自动进行。自动化要求对进行计算的事物进行某种程度的抽象。

抽象层次是计算思维中一个重要概念，它使人们可以根据不同抽象层次，有选择地忽视某些细节，最终控制系统复杂。

计算思维中的抽象最终要能够通过机器一步步自动执行。为了确保机器的自动化，就需要在抽象过程中对问题进行精确描述（如算法）和数学建模（如数学表达式），同时要求计算机系统能够提供各种不同抽象层次的翻译工具（如程序语言和编译程序）。

计算思维中的抽象还与现实世界中的最终实施有关。因此，需要考虑问题处理的边界以及可能产生的错误。在程序运行中，如磁盘已满、服务没有响应、数据类型错误甚至出现危及设备损坏的严重状况时，计算机需要知道如何进行处理。

抽象是对实际事物进行人为处理，抽取所关心的、共同的、本质特征的属性，并对这些事物及其特征属性进行描述，从而大大降低系统元素的数量。计算思维的抽象方法有：分解、简化、剪枝、替代、分层、模型化、公式化、形式化等。抽象的基本原则如下：

（1）有足够简单和易于遵守的规则。

（2）无须知道具体实现的情况就可以理解的行为。

（3）可以预知的功能组合。

（4）可以实现模块化的部件设计。

（5）在现实工作环境下确保行为的有效性等。

3. 分　解

笛卡儿（René Descartes）在《方法论》一书中指出：“如果一个问题过于复杂以至于一下子难以解决，那么就将原问题分解成足够小的问题，然后再分别解决。”主要有以下一些分解方法。

（1）利用等价关系进行系统简化：复杂系统可以看成是一个集合，要使集合的复杂性降低，就要想办法使它有序。而使集合有序的最好办法，就是按“等价关系”对系统进行分解。通俗地说，就是将一个大系统划分为若干个子系统，使人们易于理解和交流。这样子系统不仅具有某种共同的属性，而且可以完全恢复到原来的状态，从而大大降低系统的复杂性。

（2）利用分治法思想进行分解：分而治之是指把一个复杂的问题分解成若干个简单的问题，然后逐个解决。这种朴素的思想来源于人们生活与工作的经验，并且完全适合于技术领域。编程人员采用分治法时，应着重考虑：复杂问题分解后，每个问题能否用程序实现？所有程序最终能否集成为一个软件系统？最后能否解决这个复杂的问题？

（3）系统模块分解原则：可以将一个复杂的大系统分解为不同功能模块。模块划分原则是：既要使模块之间的连接尽可能地少，接口清晰；又要求模块规模合理，便于各个模块独立设计。一些功能相似的模块应当设计成共享的基本模块。对系统功能进行分解后，最底层的逻辑块应适合使用基本逻辑电路实现，或采用逻辑语言进行表达。

1.8.4　计算思维中的工程思维

计算思维中常常会用到工程思维的思想与方法。工程思维的基本概念有：效率、资源、兼容性、硬件与软件、模型和结构、编码（转换）、模块化、复用、安全、演化、折中与结论等。

1. 效　率

效率始终是计算机领域重点关注的问题。例如，为了提高程序执行效率，采用并行处理技术；为了提高网络传输效率，采用信道复用技术；为了提高 CPU 利用率，采用时间片技术；为了提高 CPU 处理速度，采用高速缓存技术等。但是，效率是一个双刃剑，美国经济学家奥肯（Okun）在《平等与效率》中断言："为了效率就要牺牲某些平等，并且为了平等就要牺牲某些效率。"奥肯虽然是讨论经济学问题，但是这个原则同样适用于计算机系统。

2. 兼容性

计算机硬件和软件产品遵循向下兼容的设计原则。在计算机领域，新一代产品总是在老一代产品的基础上进行改进。新设计的计算机软件和硬件，应当尽量兼容过去设计的软件系统，兼容过去的体系结构，兼容过去的组成部件，兼容过去的生产工艺，这就是"向下兼容"。计算机产品无法做到一些教科书提出的"向上兼容"（或向前兼容），因为老一代产品无法兼容未来的系统，只能是新一代产品来兼容老产品。

经验表明，如果在产品开发阶段解决兼容性问题所需的费用为 1；那么，等到产品定型后再想办法解决兼容性问题，费用将增加 10 倍；如果到批量生产后再解决，费用将增加 100 倍；如果到用户发现问题后才解决，费用可能达到 1000 倍。

兼容性降低了产品成本，提高了产品可用性，同时也阻碍了技术发展。各种老式的、正在使用的硬件设备和软件技术（如 PCI 总线、复杂指令系统、串行编程方法等），它们是计算机领域发展的沉重负担。如果不考虑向下兼容问题，设计一个全新的计算机，可以使用完全现代的、艺术性的、高性能的结构和产品，如苹果公司的 iPad 就是典型案例。

3. 硬件与软件

早期计算机中，硬件与软件之间的界限十分清晰。随着技术发展，软件与硬件之间的界限变得模糊不清了。特兰鲍姆（Andrew S. Tanenbaum）教授指出："硬件和软件在逻辑上是等同的。""任何由软件实现的操作都可以直接由硬件来完成，……任何由硬件实现的指令都可以由软件来模拟。"某些功能既可以用硬件技术实现，也可以用软件技术实现。

一般来说，采用硬件实现某个功能时，具有速度快、占用内存少、灵活性差、成本高等特点；而采用软件实现某个功能时，具有速度低、占用内存多、灵活性好、成本低等特点。具体采用哪种方案实现功能，需要对软件和硬件进行折中考虑。

4. 折中与结论

在计算机产品设计中，经常会遇到：性能与成本、易用性与安全性、纠错与效率、编程技巧与可维护性、可靠性与成本、新技术与兼容性、软件实现与硬件实现、开放与保护等相互矛盾的设计要求。单方面看，每一项指标都很重要，在鱼与熊掌不可兼得的情况下，计算机设计人员必须做出折中和结论。

1.8.5 计算机解题方法

利用计算机解决一个具体问题时，一般需要经过以下几个步骤：一是理解问题，寻找解决问题的条件；二是对一些具有连续性质的现实问题，进行离散化处理；三是从问题抽象出一个适当的数学模型，然后设计或选择一个解决这个数学模型的算法；四是按照算法编写程序，并且对程序进行调试和测试，最后运行程序，直至得到最终解答。

解决问题首先要对问题进行界定，即弄清楚问题到底是什么，不要被问题的表象迷惑。只有正确地界定了问题，才能找准应该解决的“目标”，后面的步骤才能正确地执行。如果找不准目标，就可能劳而无获，甚至南辕北辙。

在“简化问题，变难为易”的原则下，尽力寻找解决问题的必要条件，以缩小问题求解范围。当遇到一道难题时，可以尝试从最简单的特殊情况入手，找出有助于简化问题、变难为易的条件，然后逐渐深入，最终分析归纳出解题的一般规律。

例如，在一些需要进行搜索求解的问题中，一般可以采用深度优先搜索和广度优先搜索。如果问题的搜索范围太大（如棋类博弈），减少搜索量最有效的手段就是“剪枝”（删除一些对结果没有影响的分支问题），即建立一些限制条件，缩小搜索的范围。如果问题错综复杂，可以尝试从多个侧面分析和寻找必要条件；或者将问题分解后，根据各部分的本质特征，再来寻找各种必要条件。

计算机处理的对象一部分本身就是离散化的，例如数字、字母、符号等；但是在很多实际问题中，信息都是连续的，如图像、声音、时间、电压等自然现象和社会现象。凡是“可计算”的问题，处理对象都是离散型的，因为计算机是建立在离散数字计算的基础上的。所有连续型问题必须转化为离散型（数字化）问题后，才能被计算机处理。例如，在计算机屏幕上显示一张图片时，计算机必须将图片在水平和垂直方向分解成一定分辨率的像素点（离散化）；然后将每个像素点再分解成红绿蓝（RGB）三种基本颜色；每种颜色的变化分解为0～255（1字节）个色彩等级；这样计算机就会得到一大批有特定规律的离散化数字，计算机也就能够任意处理这张图片了，如图片的放大、缩小、旋转、变形、变换颜色等操作。

求解一个问题时，可能会有多种算法可供选择，选择的标准是算法的正确性、可靠性、简单性；其次是算法所需要的存储空间少和执行速度更快等。

遇到实际问题时，首先把它形式化，将问题抽象为一个一般性的数学问题。对需要解决的问题用数学形式描述它，先不要管是否合适。然后通过这种描述来寻找问题的结构和性质，看看这种描述是不是合适，如果不合适，再换一种方式。通过反复地尝试、不断地修正来达到一个满意的结果。遇到一个新问题时，通常都是先用各种各样的小例子去不断地尝试，在尝试的过程中，不断地与问题进行各种各样的碰撞，然后发现问题的关键性质。

每一个实际问题都有它相应的性质和结构。每一种算法技术和思想（如：分治算法、贪心算法、动态规划、线性规划、遗传算法、网络流等），都有它们适宜解决的问题。例如，动态规划适宜解决的问题需要有最优子结构和重复性子问题。一旦我们观察出问题的结构和性质，就可以用现有的算法去解决它。而用数学的方式表述问题，更有利于我们观察出问题的结构和性质。

建立算法的数学模型，并在此模型上定义一组运算，然后对这组运算进行调用和控制，根据已知数据导出所求结果。建立数学模型时，找出问题的已知条件、要求的目标以及在已知条件和目标之间的联系。算法的描述形式有：数学模型、数据表格、结构图形、伪代码、程序流程图等。

获得了问题的算法并不等于问题可解，问题是否可解还取决于算法的复杂性，即算法所需要的时间和空间在数量级上能否被接受。

算法对问题求解过程的描述比程序粗略，用编程语言对算法经过细化编程后，可以得到计算机程序，而执行程序就是执行用编程语言表述的算法。在设计一些较大的程序时，应当考虑以下问题：

（1）按功能划分程序模块。

划分程序模块的原则是：每个模块要易于理解，模块的功能应当尽量单一，应当尽量减少模块之间的联系。这样，当修改某一程序功能时只涉及一个程序模块。而且，在程序设计过程中，应当充分利用已有的算法和程序模块。

（2）按层次组织模块。

按层次结构组织模块时，主模块只需要指出总任务就可以了。一般由上层模块指出“做什么”，而最底层的模块精确地描述“怎么做”。

（3）采用自顶向下、逐步细化的设计过程。

将一个复杂问题的求解过程分解和细化成若干模块组成的层次结构；将一个模块的功能逐步分解，细化为一系列的处理步骤，直到分解为某种程序设计语言的语句或某种机器指令为止。

计算思维已经渗透到我们每个人的生活之中，我们已见证了计算思维在其他学科中的影响。例如，机器学习已经改变了统计学。各种组织的统计部门都聘请了计算机科学家。计算机学院（系）正在与已有的或新开设的统计学系联姻。计算机科学家们对生物科学越来越感兴趣，因为他们坚信生物学家能够从计算思维中获益。计算机科学对生物学的贡献决不限于其能够在海量序列数据中搜索寻找模式规律的本领，最终希望是数据结构和算法（我们自身的计算抽象和方法）能够以其体现自身功能的方式来表示蛋白质的结构。计算生物学正在改变着生物学家的思考方式。类似地，计算博弈理论正改变着经济学家的思考方式，纳米计算改变着化学家的思考方式，量子计算改变着物理学家的思考方式。这种思维将成为每一个人的技能组合成分，而不仅仅限于科学家。

许多人将计算机科学等同于计算机编程。有些家长为他们主修计算机科学的孩子看到的只是一个狭窄的就业范围。许多人认为计算机科学的基础研究已经完成，剩下的只是工程问题。当我们行动起来去改变这一领域的社会形象时，计算思维就是一个引导着计算机教育家、研究者和实践者的宏大愿景。我们特别需要抓住尚未进入大学之前的听众，包括老师、父母和学生，向他们传送下面两个主要信息：

（1）智力上的挑战和引人入胜的科学问题依旧亟待理解和解决。这些问题和解答仅仅受限于我们自己的好奇心和创造力；同时一个人可以主修计算机科学而从事任何行业。一个人可以主修英语或者数学，接着从事各种各样的职业。计算机科学也一样。一个人可以主修计算机科学，接着从事医学、法律、商业、政治，以及任何类型的科学和工程，甚至艺术工作。

（2）大学应当为大学新生开一门称为“怎么像计算机科学家一样思维”的课程，面向所有专业，而不仅仅是计算机科学专业的学生。而“大学计算机”这门课程正好是从注重操作技能转变为注重计算思维能力培养的一门课程。我们应当让学生进入大学之前接触计算的方法和模型，设法激发公众对计算机领域科学探索的兴趣，传播计算机科学的快乐、崇高和力量，致力于使计算思维成为常识。

本章小结

本章主要介绍了计算机产生的背景，计算机技术发展及各阶段的主要特征，计算机的主要用途及主要类型，计算机常用硬件及其功能，计算机软件的分类及用途；初步介绍了计算机的工作原理，特别是最后一节介绍了计算思维对人类技术进步带来的影响以及计算思维的基本方法。希望读者通过本章的学习，能掌握计算机的基本知识、基本概念，从整体上了解计算机的基本功能及工作原理与思想方法；能像计算机科学家一样思考问题和处理问题，培养计算思维的基本技能，激发对计算机领域科学探索的兴趣。

思考题

1. 图灵机对计算机的产生有什么重要意义？
2. 冯·诺依曼采用二进制“存储程序”和数据的思想对计算机的发展有什么重要作用？
3. 计算机的发展经历了哪几个阶段？各阶段在硬件和软件上有什么主要特征？
4. 计算机按用途可分为哪些类型？每种类型各有什么用途和特点？
5. 计算机系统按功能可以细分为哪些层次结构？不同的层次有什么功能？
6. 如果你要购买一台笔记本电脑，在硬件配置上你有什么需求？你需要安装哪些软件？
7. 为什么串行传输会逐渐取代并行传输？
8. 计算机是如何工作的？请描述其工过程。
9. CISC 与 RISC 指令系统有什么不同？为什么 PC 机软件不能在智能手机中运行？
10. 什么是计算思维？计算机是如何解决问题的？

第 2 章　计算机信息编码

本章要点：

- 二进制信息编码特征；
- 不同进位数制的转换；
- 数的二进制编码表示；
- 英文字符编码；
- 中文字符编码；
- 声音与图像的信息编码。

计算机本质上只能处理二进制的“0”和“1”，因此必须将各种信息转换成为计算机能够接受的形式。本章从“编码”和“转换”的计算思维概念，讨论了数值和字符的编码方法；介绍了逻辑运算的基本方法和应用。

2.1　二进制信息编码特征

2.1.1　信息的二进制数表示

一切信息编码都包括基本符号和组合规则两大要素。信息论创始人香农（Claude Elwood Shannon，1916-2001，美国）指出：通信的基本信息单元是符号，而最基本的信息符号是二值符号。最典型的二值符号是二进制数，它以“1”或“0”代表两种状态。香农提出，信息的最小度量单位为比特（bit）。任何复杂信息都可以根据结构和内容，按一定编码规则，最终变换为一组“0”“1”构成的二进制数据。不管是文字、数据、照片，还是音乐或电影，都可以编码为一组二进制数据，并能无损地保持信息的含义。

计算机以字节（Byte）组织各种信息，字节是计算机用于存储、传输、计算的基本计量单位，一个字节可以存储 8 位（bit）二进制数。

2.1.2　二进制编码的优点

如果计算机采用十进制数作为信息编码的基础，那么做加法运算就需要 10 个（0 ~ 9）运算符号，而且加法运算规则有：0 + 0 = 0，0 + 1 = 1，0 + 2 = 2，…，9 + 9 = 18，共有 100 个运算规则。如果采用二进制编码，则运算符号只有 2 个（0 和 1），加法规则为：0 + 0 = 0，0 + 1 = 1，1 + 0 = 1，1 + 1 = 10，一共有 4 个运算规则。可见采用二进制编码可以大大降低计算机设计的复杂性。

也许我们可以指出，由于加法运算服从交换律，0+1与1+0具有相同运算结果，这样十进制运算规则可以减少到50个；但是这对计算机设计来说，结构会更加复杂，因为计算机需要增加一个判断部件，判断运算类型是否为无符号加法运算。

也许我们还能指出，十进制0+1只需要做一位加法运算；而转换为8位二进制数后，需要做8位加法运算（如0000000+00000001），可见二进制数增加了计算工作量。但是目前普通的计算机（4核2.0 GHz的CPU）每秒钟可以做80亿次以上的64位二进制加法运算。可见计算机最善于做大量的、机械的、重复的高速计算工作。

由以上分析可以看出，用二进制设计计算机结构简单，但是信息存储量和计算量会大大增加。这符合图灵对计算机设计的思想，即：机械的、有限的计算。

2.1.3 计算机中二进制编码的含义

当计算机接收到一系列二进制符号（0和1字符串流）时，它并不能直接“理解”这些二进制符号的含义。二进制数据的具体含义取决于程序对它的解释。

简单地问二进制数“01000010”在计算机内的含义是什么？这个问题无法给出简单回答。因为这个二进制数的意义要看它在什么地方使用，以及这个二进制数的编码规则是什么。如果这个二进制数是采用原码编码的数值，则表示为十进制数+65；如果采用BCD编码，则表示为十进制数42；如果采用ASCII编码，则表示字符A；另外它还可能是一个图形数据，一个视频数据，一条运算指令，或者其他含义。

2.1.4 任意进制数的表示方法

任何一种进位制都能用有限几个基本数字符号表示所有数。进制称为基数，如十进制的基数为10，二进制的基数为2。任意 R 进制数，基本数字符号为R个，任意进制数可以用公式表示：

$$N = A_{n-1} \times R^{n-1} + A_{n-2} \times R^{n-2} + \cdots + A_0 \times R^0 + A_{-1} \times R^{-1} + \cdots + A_{-m} \times R^{-m}$$

式中：A 为任意进制数字，R 为基数，n 为整数的位数和权，m 为小数的位数和权。

2.1.5 二进制数运算规则

计算机内部采用二进制数进行存储、传输和计算。用户输入的各种信息，由计算机软件和硬件自动转换为二进制数，在数据处理完成后，再由计算机转换为用户熟悉的十进制数或其他信息。二进制数的基本符号为“0”和“1”，二进制数的运算规则是“逢二进一，借一当二”。二进制数的运算规则基本与十进制相同，四则运算规则如下：

（1）加法运算：0+0=0，0+1=1，1+0=1，1+1=10（有进位）

（2）减法运算：0-0=0，1-0=1，1-1=0，0-1=1（有借位）

（3）乘法运算：0×0=0，1×0=0，0×1=0，1×1=1

（4）除法运算：0 ÷ 1 = 0，1 ÷ 1 = 1（除数不能为 0）

【例 2-1】二进制数与十进制数四则运算的比较如图 2-1 所示。

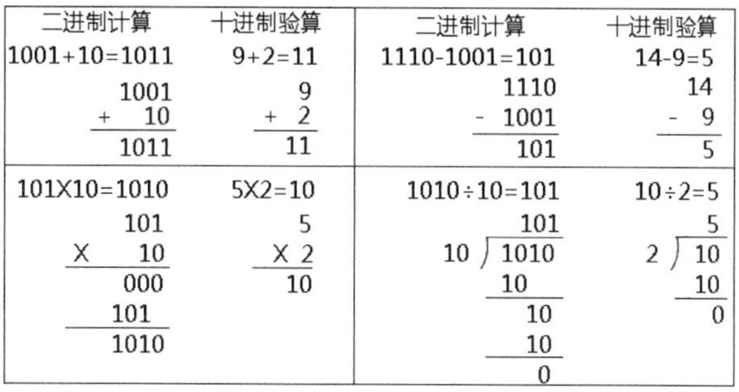

二进制计算	十进制验算	二进制计算	十进制验算
1001+10=1011 1001 + 10 1011	9+2=11 9 + 2 11	1110-1001=101 1110 - 1001 101	14-9=5 14 - 9 5
101X10=1010 101 X 10 000 101 1010	5X2=10 5 X 2 10	1010÷10=101 101 10) 1010 10 10 10 0	10÷2=5 5 2) 10 10 0

图 2-1　二进制数与十进制数四则运算比较

【例 2-2】将二进制数 1011.0101 按位权展开表示。

$$[1011.0101]_2 = 1 \times 2^3 + 1 \times 2^1 + 1 \times 2^0 + 1 \times 2^{-2} + 1 \times 2^{-4}$$

二进制数用下标 2 或在数字尾部加 B 表示，如：$[1011]_2$ 或 1011B。

2.1.6　二进制数的十六进制数表示

二进制表示一个大数时位数太多，计算机人员辨认困难，因此经常采用十六进制数来表示二进制数。十六进制的符号是 0、1、2、3、4、5、6、7、8、9、A、B、C、D、E、F，运算规则是“逢 16 进 1，借 1 当 16”。计算机内部并不采用十六进制数进行运算，引入十六进制数的原因是计算机专业人员可以很方便地将十六进制数转换为二进制数。

为了区分数制，十六进制数用下标 16 或在数字尾部加 H 表示，如$[18]_{16}$或 18 H；更多时候用前置“0x”的形式表示十六进制数，如 0x000012A5 表示十六进制数 12A5。

常用数制之间的关系如表 2-1 所示。

表 2-1　常用数制与编码之间的对应关系

十进制数	十六进制数	二进制数	BCD 编码
0	0	0000	0000
1	1	0001	0001
2	2	0010	0010
3	3	0011	0011
4	4	0100	0100
5	5	0101	0101
6	6	0110	0110
7	7	0111	0111
8	8	1000	1000
9	9	1001	1001

续表

十进制数	十六进制数	二进制数	BCD 编码
10	A	1010	0001 0000
11	B	1011	0001 0001
12	C	1100	0001 0010
13	D	1101	0001 0011
14	E	1110	0001 0100
15	F	1111	0001 0101

2.2 不同进位数制的转换

2.2.1 二进制数与十进制数之间的转换

在二进制数与十进制数的转换过程中，要频繁地计算 2 的整数次幂。表 2-2 给出了 2 的整数次幂和十进制数值的对应关系。

表 2-2 2 的整数次幂与十进制数值的对应关系

2^n	2^8	2^7	2^6	2^5	2^4	2^3	2^2	2^1	2^0	2^{-1}	2^{-2}	2^{-3}	2^{-4}
十进制数值	256	128	64	32	16	8	4	2	1	0.5	0.25	0.125	0.0625

二进制数转换成十进制数时，可以采用按权相加的方法，这种方法是按照十进制数的运算规则，将二进制数各位的数码乘以对应的权再累加起来。

【例 2-3】将$[1101.101]_2$按位权展开转换成十进制数。

二进制数$[1101.101]_2$按位权展开转换成十进制数的运算过程如图 2-2 所示。

二进制数	1		1		0		1	.	1		0		1	
位权	2^3		2^2		2^1		2^0	.	2^{-1}		2^{-2}		2^{-3}	
十进制值	8	+	4	+	0	+	1	+	0.5	+	0	+	0.125	= 13.625

图 2-2 二进制数按位权展开的过程

2.2.2 十进制数与二进制数转换

十进制数转换为二进制数时，整数部分与小数部分必须分开转换。整数部分采用除 2 取余法，就是将十进制数的整数部分反复除 2，如果相除后余数为 1，则对应的二进制数位为 1；如果余数为 0，则相应位为 0；逐次相除，直到商小于 2 为止。转换为整数时，第一次除法得到的余数为二进制数低位（第 K_0 位），最后一次余数为二进制数高位（第 K_n 位）。

小数部分采用乘 2 取整法。就是将十进制小数部分反复乘 2；每次乘 2 后，所得积的整数部分为 1，相应二进制数为 1，然后减去整数 1，余数部分继续相乘；如果积的整数部分为 0，则相应二进制数为 0，余数部分继续相乘；直到乘 2 后小数部分等于 0 为止，如果乘积的小数部分一直不为 0，则根据精度的要求截取一定位数即可。

【例 2-4】将十进制数$[18.8125]_{10}$转换为二进制数。

整数部分除 2 取余，余数作为二进制数，从低到高排列。小数部分乘 2 取整，积的整数部分作为二进制数，从高到低排列。

运算结果为：$[18.8125]_{10} = [10010.1101]_2$，竖式运算过程如图 2-3 所示。

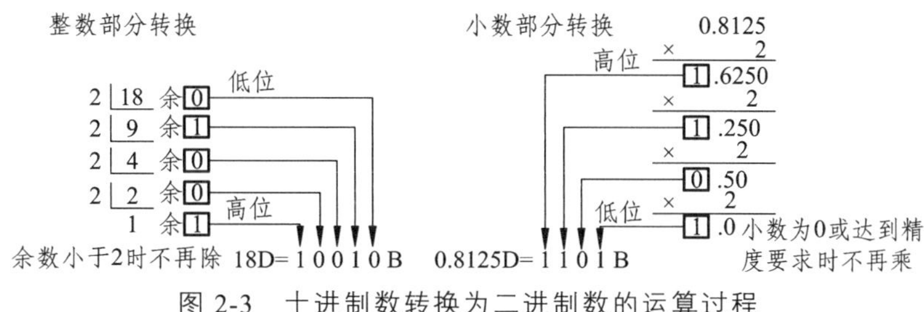

图 2-3　十进制数转换为二进制数的运算过程

2.2.3　二进制数与十六进制数转换

对于二进制整数，自右向左每 4 位分为一组，当整数部分不足 4 位时，在整数前面加 0 补足 4 位，每 4 位对应一位十六进制数；对二进制小数，自左向右每 4 位分为一组，当小数部分不足 4 位时，在小数后面加 0 补足 4 位，然后每 4 位二进制数对应 1 位十六进制数，即可得到十六进制数。

【例 2-5】将二进制数$[111101.010111]_2$转换为十六进制数。

$[111101.010111]_2 = [00111101.01011100]_2 = [3D.5C]_{16}$，转换过程如图 2-4 所示。

0011	1101		0101	1100
3	D		5	C

图 2-4　例 2-5 图

2.2.4　十六进制数与二进制数转换

将十六进制数转换成二进制数非常简单，只要以小数点为界，向左或向右每一位十六进制数用相应的四位二进制数表示，然后将其连在一起即可完成转换。

【例 2-6】将十六进制数$[4B.61]_{16}$转换为二进制数。

$[4B.61]_{16} = [01001011.01100001]_2$，转换过程如图 2-5 所示。

4	B		6	1
0100	1011		0110	0001

图 2-5　例 2-6 图

2.3　数的二进制编码表示

2.3.1　数的原码、反码、补码及其表示

计算机中的数值型数据分为不带符号数和带符号数，不带符号数只能表示非负数。对

于带符号数，通常规定一个数的最高位（即最左边一位）为其符号位，一般用 0 表示正数，1 表示负数，其余的二进制位用来表示数值的大小。例如，机器字长为 8 位，则 D_7 位为符号位，$D_6 \sim D_0$ 位为数值位；机器字长为 16 位，则 D_{15} 位为符号位，$D_{14} \sim D_0$ 位为数值位。

一个数在计算机中被表示成二进制形式称为机器数，而它的数值称为机器数的真值。对于带符号数，最常见的机器数形式有原码、反码和补码等，下面以 8 位字长为例进行介绍。

1. 原　码

数 X 的原码是指其符号位用 0 或 1 表示 X 的正或负，数值部分即 X 的绝对值用二进制表示，记为 $[X]_{原}$，如 $[-17]_{原}=10010001$。

n 位原码表示的数值范围为 $-(2^{n-1}-1) \sim +(2^{n-1}-1)$。

在原码表示法中，整数 0 有两种表示形式：$[+0]_{原}=00000000$，$[-0]_{原}=10000000$。也就是说，原码 0 的表示不唯一，因而不适合计算机的运算。

2. 反　码

正数的反码与原码相同。负数的反码是把原码除符号位以外，其余各位取反而得到的，记为 $[X]_{反}$，如 $[-17]_{反}=11101110$。

n 位反码表示的数值范围为 $-(2^{n-1}-1) \sim +(2^{n-1}-1)$。

在反码表示法中，整数 0 也有两种表示形式：$[+0]_{反}=00000000$，$[-0]_{反}=11111111$。

3. 补　码

正数的补码与原码相同。负数的补码是把原码除符号位以外，其余各位取反，然后最低位加 1 得到的，记为 $[X]_{补}$，如 $[-17]_{补}=11101111$。

n 位补码表示的数值范围为 $-2^{n-1} \sim +(2^{n-1}-1)$。

在补码表示法中，整数 0 只有一种表示形式：$[+0]_{补}=[-0]_{补}=00000000$。

由负数的补码求负数的原码有两种方法：一是将补码除符号位以外，其余各位取反，然后最低位加 1；二是将负数的补码先减 1，除符号位，其余各位再求反。

2.3.2　无符号二进制整数编码形式

计算过程中，如果运算结果超出了数据表示范围，称为“溢出”。如例 2-7 所示，8 位无符号整数运算结果大于 255 时，就会产生“溢出”问题。

【例 2-7】$[11001000]_2+[01000001]_2=\boxed{1}00001001$（8 位计算时最高位 1 溢出）

数据编码字节越长，数值表示范围越大，越不容易产生“溢出”现象。如果小数值（小于 255 的无符号整数）采用 1 字节存储，大数值采用多字节存储，这种变长存储会使计算复杂化，因为需要增加定义数据长度的位；更麻烦的是计算机需要对每个数据都进行长度判断。因此，在程序设计时先要定义数据类型，计算机中对同一类型数据采用统一存储长度。这样，对小数值的数据虽然会浪费一些存储空间，但是等长存储提高了整体运算速度，这是一种"以空间换时间"的计算思维方法。

【例 2-8】如图 2-6 所示，无符号十进制数$[86]_{10}$在计算机中的编码形式如下：

采用 1 字节存储时：	01010110			
采用 2 字节存储时：	00000000	01010110		
采用 4 字节存储时：	00000000	00000000	00000000	01010110

图 2-6　数据的不同存储长度

2.3.3　带符号二进制整数编码形式

数值有"正数"和"负数"之分，数学中用"+"表示正数（常被省略），"-"表示负数。但是计算机只有"0"和"1"两种状态，为了区分二进制数"+""-"符号，符号在计算机中也"数字化"了。当用一个字节表示一个数值时，将该字节的最高位作为符号位，用"0"表示正数，用"1"表示负数，其余位表示数值大小。

"符号化"的二进制数称为机器数或原码，没有符号化的数称为真值。机器数有固定的长度（如 8、16、32、64 位等），当二进制数位数不够时，整数在左边（最高位前面）用 0 补足，小数在右边（最低位后面）用 0 补足。

【例 2-9】$[+23]_{10}=[+10111]_2=[00010111]_2$，如图 2-7 所示，最高位 0 表示正数。

D_7（符号位）	D_6	D_5	D_4	D_3	D_2	D_1	D_0
0	0	0	1	0	1	1	1

图 2-7　例 2-9 图（1）

二进制数 +10111 真值与机器数的区别如图 2-8 所示。

真值	8 位机器数（原码）	16 位机器数（原码）
+10111	00010111	00000000 00010111

图 2-8　例 2-9 图（2）

【例 2-10】$[-23]_{10}=[-10111]_2=[10010111]_2$，如图 2-9 所示，最高位 1 表示负数。

D_7（符号位）	D_6	D_5	D_4	D_3	D_2	D_1	D_0
1	0	0	1	0	1	1	1

图 2-9　例 2-10 图（1）

二进制数 -10111 真值与机器数的区别如图 2-10 所示。

真值	8 位机器数（原码）	16 位机器数（原码）
-10111	10010111	10000000 00010111

图 2-10　例 2-10 图（2）

2.3.4 大整数的表示与计算

计算机程序设计中，数据有效位长度是规定好的（如双精度浮点数 double 的最大有效数为 16 位）。对超过程序设计语言规定表示范围的大整数，必须采用其他方式处理。

【例 2-11】在 Excel 2010 中，计算 12 345 000 000 000 000 000 + 9 999。

计算结果 = 12 345 000 000 000 000 000，加数 9 999 完全被被忽略。这是因为 Excel 只有 16 位有效数，超出 16 位虽然可以表达和计算，但是超出部分将产生计算误差。

目前密码学在计算机中应用广泛，而常用密码算法都是建立在大整数运算的基础上的，因此实现大整数的存储和运算是密码学关注的问题。

【例 2-12】加密计算中的密钥长度一般大于或等于 512 bit，转换成十进制数后大约为 512 ÷ 3.4 ≈ 150。对一个 150 个有效位的十进制整数进行存储和计算时，任何编程语言都无法定义这么大的数据类型，也无法直接运算。最简单的方法是将 150 位整数分拆成 75 个 2 位数，然后定义 75 个数组（一种数据存储结构），每个数组存储一个 2 位整数，利用 75 个数组分别保存这个 150 位数。150 位的大整数也无法直接输入，只能一次输入 2 位。

如何实现两个 150 位的大整数相加呢？如图 2-11 所示，最简单的方法是模拟小学生列竖式做加法。如，部分和 c[1] = a[1] + b[1]，部分和大于或等于 100 时，进位数组 d[2] = 1；部分和小于 100 时，进位数组 d[2] = 0；第 2 个数字计算时，需要将进位数组累加进来，即部分和为 c[2] = a[2] + b[2] + d[2]；最后将所有部分和连接在一起，得到大整数最终累加和。以上过程需要编写程序来实现。

【例 2-13】求大整数 12 345 678 901 234 567 890 + 97 661 470 000 796 256 798 之和。

大整数竖式加法计算过程如图 2-11 所示。

数组 a[]		12	34	56	78	90	12	34	56	78	90
数组 b[]	+	97	66	14	70	00	07	96	25	67	98
进位 d[]:	1	1	0	1	0	0	1	0	1	1	0
部分和 c[]:	1	10	00	71	48	90	20	30	82	46	88

图 2-11 大整数竖式加法过程示意图

2.3.5 浮点数的精度、有效位与表示范围

1. 定点数编码方法

定点数是小数点位置固定不变的数。如图 2-12 所示，定点数假设小数点隐含在最低有效位后面。在计算机中，整数用定点数表示，小数用浮点数表示。

【例 2-14】十进制整数 – 73 的二进制数为 – 1001001，如果用 2 个字节存储，则存储格式如图 2-12 所示。

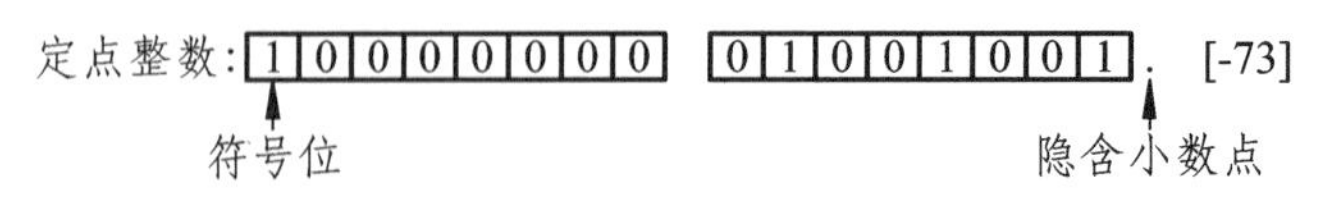

图 2-12 16 位定点整数的表示方法

在 32 位计算机系统中，整型数（int）用 4 个字节表示，最高位用于表示数值的符号，其余 31 位表示数据。如果数据运算结果超出了 31 位，就会产生溢出问题。

2. 浮点数的表示

实数是最常见的自然数，实数中的小数在计算机中的存储和运算是一个非常复杂的事情。目前已有两位计算机科学家因为研究小数（浮点数）的存储和运算而获得图灵奖。

小数点位置浮动变化的数称为浮点数。浮点数采用指数表示时，原始指数为 E，小数部分称为“尾数”（M）。任意二进制浮点数的表示公式为：

$$N = \pm M \times 2^{\pm E}$$

【例 2-15】 $[1001.011]_2 = [0.1001011]_2 \times 2^4$

【例 2-16】 $[-0.0010101]_2 = [-0.10101]_2 \times 2^{-2}$

在浮点数中，原始指数 E 的位数决定数值的范围，尾数 M 的位数决定数值的精度。

3. 二进制小数的截断误差

1）浮点数存储空间不够引起的截断误差

假设用 1 个字节记录和存储浮点数，规定阶符为 1 位，阶码为 2 位，尾符为 1 位，尾数为 3 位。将二进制数 10.101 存储为浮点数时，尾数由于存储空间不够，最右边的 1 位数据（1）就会丢失（如例 2-17 所示）。这个现象称为截断误差或舍入误差。由于尾数空间不够，导致部分数值丢失时，可以通过使用较长的尾数域来减少这种误差的发生。

【例 2-17】

0	10	0	1010

1（存储长度只有 8 bit 时，最后一位会丢失）

2）数值转换引起的截断误差

截断误差的另外一个来源是无穷展开式问题。例如，将十进制数 1/3 转换为小数时，无论用多少位数字，总有一些数值不能精确地表示出来。二进制记数法与十进制记数法的区别在于，二进制记数法中有无穷展开式的数值多于十进制。

【例 2-18】十进制小数 0.8，转换为二进制时为：0.11001100...，后面还有无数个 1100，这说明十进制的有限小数转换成二进制时，不能保证精确转换；二进制小数转换成十进制也遇到同样的问题。

【例 2-19】将十进制数值 1/10 转换为二进制数时，也会遇到无穷展开式问题，总有一部分数不能精确地存储。

因此，在十进制小数转换成二进制小数时，整个计算过程可能会无限制地进行下去，这时可根据精度要求，取若干位二进制小数作为近似值，必要时采用“0 舍 1 入”的规则。

3）浮点数的相加顺序

浮点数加法中相加的顺序很重要，如果一个大数加上一个小数，那么小数就可能被截断。因此，多个数值相加的原则是先相加小数字，这是为了将它们累计成一个大数字，再与其他大数字相加，避免截断误差的产生。对于大部分计算机用户，大多数商用软件提供的计算精度已经足够了。但是，在一些特殊应用领域中（如导航系统），小误差可能在运算中累加，最终产生严重的后果。

4. 规格化浮点数的表示与存储

计算机中的实数采用浮点数存储和运算。浮点数并不完全按公式进行表示和存储。如表 2-3 所示，计算机中的浮点数严格遵循 IEEE 754 标准。

表 2-3 IEEE 754 标准规定的浮点数规格

浮点数规格	码长（bit）	符号 *S*（bit）	阶码 *e*（bit）	尾数 *M*（bit）	十进制数有效位
单精度（float）	32	1	8	23	8
双精度（double）	64	1	11	52	16
扩展双精度数 1	80	1	15	64	20
扩展双精度数 2	128	1	15	112	34

说明：表中阶码 *e* 与公式中的原始指数 *E* 并不相同；尾数 *M* 与公式中的 *M* 也有所区别。

1）IEEE 规格化浮点数

浮点数的表示方法多种多样，因此 IEEE 对浮点数的表示进行了严格规定。IEEE 规格化浮点数规定：小数点左侧必须为 1（如 1.××××××××），指数采用阶码表示。

【例 2-20】 1.75D = 1.11B，传统的浮点数表示方法约定小数点前一位为 0，即：

非规格化浮点数为：$1.75D = 1.11B = 0.111 \times 2^1$

【例 2-21】 1.75D = 1.11B，IEEE 规格化浮点数表示方法约定小数点前一位为 1，即：

规格化浮点数为：$1.75D = 1.11B = 1.11 \times 2^0$

浮点数规格化的目的有两个：一是整数部分恒为 1，这样在存储尾数 *M* 时，就可以省略小数点和整数 1（与公式的区别），从而用 23 位尾数域表达了 24 位尾数。二是尾数域最高有效位固定为 1 后，尾数就能以最大数的形式出现，即使遭遇类似截断的操作，仍然可以保持尽可能高的精度。

2）数据混淆问题

整数部分的 1 舍去后，会不会造成两个不同数据的混淆呢？例如，$A = 1.010011$ 中的整数部分 1 在存储时被舍去了，那么会不会造成 $A = 0.010011$（整数 1 已舍去）与 $B = 0.010011$ 两个数据的混淆呢？其实不会，仔细观察就会发现，数据 *B* 不是一个规格化浮点数，数据 *B* 可以改写成 1.0011×2^{-2} 的规格化形式。所以省略小数点前的 1 不会造成任何两个浮点数的混淆。但在运算时，省略的整数 1 会进行还原，并参与相关运算。

3）浮点数的阶码

实际指数 *E* 可能为正数或负数，但是 IEEE 754 标准没有定义指数的符号位（如表 2-3 所示）。这是因为二进制数规格化后，纯小数部分的指数必为负数，这给运算带来了复杂性。因此，IEEE 规定指数部分用阶码 *e* 表示，阶码 *e* 采用移码形式存储。阶码 *e* 的移码值等于原始指数 *E* 加上一个偏移值，32 位浮点数（float）的偏移值为 127；64 位浮点数（double）

的偏移值为 1023。经过移码变换后，阶码 e 变成了正数，可以用无符号数存储了。

4）IEEE 浮点数的存储形式

如图 2-13 所示，规范化浮点数的编码方法是：省略整数“1”、小数点、乘号、基数 2；从左到右采用：符号位 S（1 位，0 表示正数，1 表示负数）+ 阶码位 e（也称为余 127 码或余 1023 码）+ 尾数位 M（规格化小数部分，长度不够时从最低位开始补 0）。

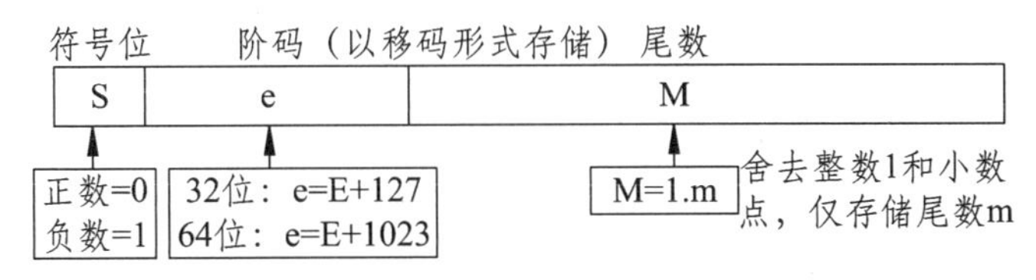

图 2-13　IEEE 754 规格化浮点数存储格式

【例 2-22】将十进制实数 26.0 转换为 32 位 IEEE 规格化二进制浮点数。

十进制实数 26.0 的规格化二进制浮点数在计算机中的存储格式如图 2-14 所示。

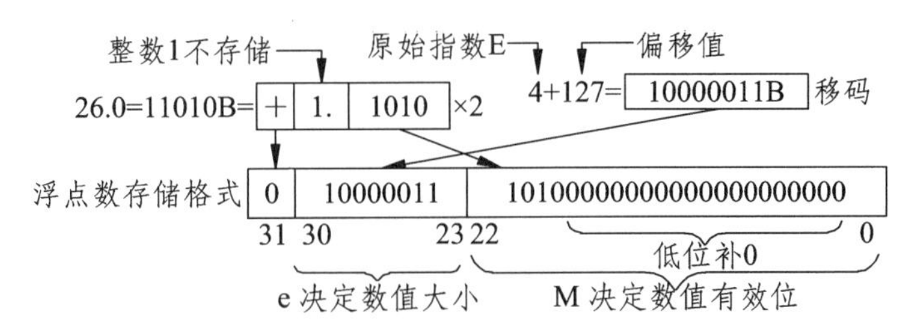

图 2-14　32 位规格化浮点数的转换方法和存储格式

【例 2-23】将浮点数 11000001 11001001 00000000 00000000B 转换成十进制数。

步骤 1，把 32 位浮点数分割成三部分：1 10000011 1001001 00000000 00000000B，可得：符号位 S = 1B；阶码 e = 10000011B；尾数 M = 1001001 00000000 00000000B。

步骤 2，还原实际指数 E：$E = e - 127$ = 10000011B − 01111111B = 100B = 4。

步骤 3，还原尾数 M 为规格化形式：$M = 1.1001001\text{B} \times 2^4$（“1.” 从隐含位而来）。

步骤 4，还原为非规格化形式：$N = S1.1001001\text{B} \times 2^4 = S11001.001\text{B}$（$S$ = 符号位）。

步骤 5，还原为十进制数形式：$N = S11001.001\text{B} = -25.125$（$S$ = 1，说明是负数）。

5）浮点数能表示的最大十进制数

32 位浮点数（float）的尾数 M 为 23 位，加上隐含的 1 个整数位，尾数部分共有 24 位，可以精确地存储 8 位十进制有效数（如表 2-3 所示）。由于阶码 e 为 8 位，IEEE 规定原始指数 E 的表示范围为 −127 ~ +128，这样 32 位浮点数可以表示的最大十进制正数为 $2^{128} = 3.4 \times 10^{38}$（有效数 8 位），可表达的最小十进制正数为 $2^{-127} = 1.7 \times 10^{-38}$（有效数 8 位）。

注意：最大十进制数涉及溢出问题；十进制数有效位涉及计算精度问题。

在 32 位浮点数（float）中，原始指数 E 超过 128 怎么处理？浮点数为 0 时怎么处理？十进制有效数（计算精度）为什么是 8 位？自然数转换为浮点数的基本公式是什么？浮点数如何进行四则运算？这些问题将在更深入的课程中讨论。总之，小数的处理非常复杂。

2.4 非数值信息编码

2.4.1 英文字符编码

计算机除了用于数值计算外，还要处理大量非数值信息，其中字符信息占有很大比重。字符信息包括西文字符（字母、数字、符号）和汉字字符。它们需要进行二进制数编码后，才能存储在计算机中并进行处理，如果每个字符对应一个唯一的二进制数，这个二进制数就称为字符编码。西文字符与汉字字符由于形式不同，编码方式也不同。

1. BCDIC 编码

早期计算机的 6 位字符编码系统 BCDIC（二进制与十进制交换编码）从霍尔瑞斯（Herman Hollerith，1860-1929 年，美国）卡片发展而来，后来逐步扩展为 8 位 EBCDIC 码，并一直是 IBM 大型计算机的编码标准，但没有在其他计算机中使用。

2. ASCII 编码

1）ASCII 码编码规则

ASCII（美国信息交换标准码）制定于 1967 年。由于当时数据存储成本很高，在 ASCII 码字符表示长度采用 6 位、7 位还是 8 位的问题上产生了很大争议，最终决定采用 7 位字符编码。ASCII 编码如表 2-4 所示，它由 26 个小写字母、26 个大写字母、10 个数字、33 个其他符号、33 个控制码组成，总共 128 个编码。

表 2-4 ASCII 码表（可显示字符部分）

字符	ASCII 编码			字符	ASCII 编码			字符	ASCII 编码		
	二进制	十进制	十六进制		二进制	十进制	十六进制		二进制	十进制	十六进制
回车	0001101	13	0D	?	0111111	63	3F	a	1100001	97	61
ESC	0011011	27	1B	@	1000000	64	40	b	1100010	98	62
空格	0100000	32	20	A	1000001	65	41	c	1100011	99	63
!	0100001	33	21	B	1000010	66	42	d	1100100	100	64
“	0100010	34	22	C	1000011	61	43	e	1100101	101	65
#	0100011	35	23	D	1000100	88	44	f	1100110	102	66
$	0100100	36	24	E	1000101	69	45	g	1100111	103	67
%	0100101	37	25	F	1000110	70	46	h	1101000	104	68
&	0100110	38	26	G	1000111	71	47	i	1101001	105	69
'	0100111	39	27	H	1001000	72	48	j	1101010	106	6A
(	0101000	40	28	I	1001001	73	49	k	1101011	107	68
)	0101001	41	29	J	1001010	74	4A	l	1101100	108	6C
*	0101010	42	2A	K	1001011	75	4B	m	1101101	109	6D
+	0101011	43	2B	L	1001100	76	4C	n	1101110	110	6E
,	0101100	44	2C	M	1001101	77	4D	o	1101111	111	6F
”	0101101	45	2D	N	1001110	78	4E	p	1110000	112	70
。	0101110	46	2E	O	1001111	79	4F	q	1110001	113	71
/	0101111	47	2F	P	1010000	80	50	r	1110010	114	72
0	0110000	48	30	Q	1010001	81	51	s	1110011	115	73
1	0110001	49	31	R	1010010	82	52	t	1110100	116	74

续表

字符	ASCII 编码			字符	ASCII 编码			字符	ASCII 编码		
	二进制	十进制	十六进制		二进制	十进制	十六进制		二进制	十进制	十六进制
2	0110010	50	32	S	1010011	83	53	u	1110101	117	75
3	0110011	51	33	T	1010100	84	54	v	1110110	118	76
4	0110100	52	34	U	1010101	85	55	W	1110111	119	77
5	0110101	53	35	V	1010110	86	56	x	1111000	120	78
6	0110110	54	36	w	1010111	87	57	y	1111001	121	79
7	0110111	55	37	X	1011000	88	58	z	1111010	122	7A
8	0111000	56	38	Y	1011001	89	59	{	1111011	123	78
9	0111001	57	39	Z	1011010	90	5A	|	1111100	124	7C
:	0111010	58	3A	[	1011011	91	58	}	1111101	125	7D
;	0111011	59	3B	\	1011100	92	5c	~	1111110	126	7E
<	0111100	60	3C	]	1011101	93	5D				
=	0111101	61	3D	^	1011110	94	5E				
>	0111110	62	3E	_	1011111	95	5F				

ASCII 编码采用 7 位二进制数对 1 个字符进行编码，由于计算机存储器基本单位是字节（8bit），因此以 1 个字节来存放 1 个 ASCII 字符编码，每个字节最高位为 0。ASCII 码是一个非常可靠的标准，在键盘、显卡、系统硬件、打印机、字体文件、操作系统和 Internet 上，其他标准都不如 ASCII 码流行而且根深蒂固。

2）ASCII 码应用案例

【例 2-24】“Hello” 的 ASCII 编码。

查 ASCII 表可知，Hello 的 ASCII 码如图 2-15 所示。

H	e	L	l	o
01001000	01100101	01101100	01101100	01101111

图 2-15　例 2-24 图

如图 2-16 所示，用 ASCII 编码保存的文件称为文本文件，文件扩展名为 txt。

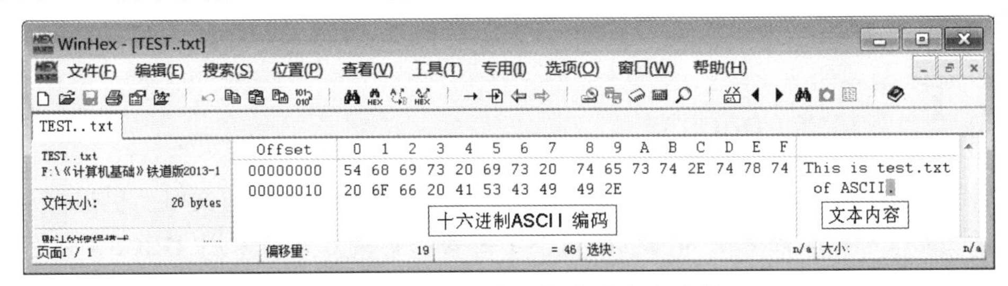

图 2-16　ASCII 编码保存的文本文件

3）ASCII 码的编码规律

0 ~ 9 十个字符的 ASCII 码高 4 位编码（$b_7b_6b_5b_4$）为 0011，低 4 位（$b_3b_2b_1b_0$）为 0000 ~ 1001。当去掉高 4 位时，低 4 位正好是 0 ~ 9 的二进制数形式。这样编码既满足正常排序关系，又有利于完成 ASCII 码与二进制数之间的转换。ASCII 码 26 个字母编码是连续的（EBCDIC 编码不连续）；字母 A ~ Z 编码值为 65 ~ 90（01**0**00001 ~ 01**0**11010），小写英文字母 a ~ z 编码值为 97 ~ 122（01**1**00001 ~ 01**1**11010），大、小写字母编码的差别表现在第 6 位（b_5）。大写字母第 6 位（b_5）值为 0，小写字母第 6 位（b_5）值为 1，它们之间的 ASCII 码值十进制形式相差 32，因此大、小写英文字母之间的编码转换非常便利。ASCII 编码定义了 33 个无法显示的控制码，它们主要用于打印或显示格式控制、进行信息分隔、在数据通信时进行传输控制等用途，但是目前已经极少使用了。

3. 国际统一字符集 Unicode

国际统一字符集主要有 Unicode 联盟编制的 Unicode 字符集。早期 Unicode 字符集采用 16 位编码，共有 65 536 个码字；发展到 Unicode 5.0 标准时，码字发展到了 25 万个（其中汉字有 7 万多个码字）。Unicode 字符集的编码空间如图 2-17 所示。

图 2-17 Unicode 字符集的编码空间

Unicode 字符集的 UTF-16 编码用 2 个或 4 个字节表示一个字符，由于编码长度不同，这给程序语言的字符存储和计算带来了麻烦，因此 UTF-16 编码规定，要么用 2 个字节表示，要么是 4 个字节表示。Unicode 字符集的 UTF-32 编码统一用 4 个字节表示一个字符。Unicode 字符集的 UTF-8 编码用 1 ~ 6 个字节表示一个字符（变长编码）。

Unicode 字符集对每个字符赋予了一个正式名称，方法是在代码点值（十六进制数）前面加上“U＋”，如字符“A”名称是“U＋0041”；字符“中”名称是“U＋4E2D”。

Unicode 字符集获得了网络、操作系统、编程语言等领域的广泛的支持。如 Windows 等操作系统、Java 编程语言等，都采用 UTF-16 编码。

类 UNIX 系统普遍采用 UTF-8 编码，如 Linux 系统默认的字符编码是 UTF-8；其他如 TCP/IP 网络协议、HTML 网页，以及大多数浏览器软件都采用 UTF-8 编码。

2.4.2 中文字符编码

1. 双字节字符集（DBCS）

亚洲国家的常用文字符号有大约2万多个，如何容纳这些语言的文字而仍保持和ASCII码的兼容性呢？8 位编码无论如何也满足不了需要，解决方案是采用 DBCS（双字节字符集）编码，DBCS 用 2 个字节定义 1 个字符，当 2 个字节（16 位）的编码值低于 128 时为 ASCII 码，编码值高于 128 时，为所在国家定义的标准编码。

【例 2-25】早期双字节汉字编码中，1 个字节最高位为 0 时，表示一个标准的 ASCII 码；字节最高位为 1 时，用 2 个字节表示一个汉字，即有的字符用 1 个字节表示（如英文字母），有的字符用 2 个字节表示（如汉字）。

双字节字符集虽然解决了亚洲语言码字不足的问题，但是也带来了新的问题。

（1）在程序设计中处理字符串时，指针移动到下一个字符比较容易，但移动到上一个字符就非常危险了，于是程序设计中“s++”或“s--”之类表达式就不能使用了。

（2）一个字符串的存储长度不能由它的字符数来决定，必须检查每个字符，确定它是双字节字符还是单字节字符。

（3）丢失了 1 个双字节字符中的高位字节时，后续字符会产生“乱码”现象。

（4）双字节字符在存储和传输中，高字节还是低字节在前面没有统一标准。

互联网的出现让字符串在计算机之间的传输变得非常普遍，于是所有的混乱都集中爆发了。非常幸运的是 Unicode（统一码）字符集适时而生。

2. 汉字编码

英文为拼音文字，所有英文单词均由 52 个英文大小写字母组合而成，加上数字及其他标点符号，常用字符仅 95 个，因此 7 位二进制数编码就够用了。汉字由于数量庞大，构造复杂，这给计算机处理带来了困难。汉字是象形文字，每个汉字都有自己的形状。所以，每个汉字在计算机中需要一个唯一的二进制编码。

1）GB2312-80 字符集的汉字编码

1981 年，我国颁布了《信息交换用汉字编码字符集 · 基本集》（GB2312-80），简称“国标码”。GB2312-80 标准规定：一个汉字用两个字节表示，每个字节只使用低 7 位，最高位为 0。GB2312-80 标准共收录 6 763 个简体汉字、682 个符号，其中一级汉字 3 755 个，以拼音排序，二级汉字 3 008 个，以偏旁排序。GB2312-80 标准的编码方法如表 2-5 所示。

表 2-5　GB2312-80 中国汉字编码标准表（部分编码）

位码 区码		第 2 字节编码							
		00100001	00100010	00100011	00100100	00100101	00100110	00100111	00101000
第 1 字节	区/位	位 01	位 02	位 03	位 04	位 05	位 06	位 07	位 08
00110000	16 区	啊	阿	埃	挨	哎	唉	哀	皑
00110001	17 区	薄	雹	保	堡	饱	宝	抱	报
00110010	18 区	病	并	玻	菠	播	拨	钵	波
00110011	19 区	场	尝	常	长	偿	肠	厂	敞
00110100	20 区	础	储	矗	搐	触	处	揣	川

【例 2-26】“啊”字的国标码如图 2-18 所示。

2）内　码

国标码每个字节的最高位为“0”，这与国际通用的 ASCII 码无法区分。因此，在早期计算机内部，汉字编码全部采用内码（也称机内码）表示，早期内码是将国标码两个字节的最高位设定为“1”，这样解决了国标码与 ASCII 码的冲突，保持了中英文的良好兼容性。目前 Windows 系统内码为 Unicode 编码，字节高位“0”“1”兼有。

【例 2-27】“啊”字的内码如图 2-19 所示。

00110000	00100001
30 H	21 H

图 2-18　“啊”字的国标码

10110000	10100001
B0 H	A1 H

图 2-19　“啊”字的内码

早期在 DOS 操作系统内部，字符采用 ASCII 码；目前操作系统内部基本采用 Unicode 字符集的 UTF 编码。为了利用英文键盘输入汉字，还需要对汉字编制一个键盘输入码。主要输入码有：拼音码（如微软拼音）、字型码（如五笔字型）等。

3）BIG5 字符集汉字编码

BIG5 是台湾、香港地区普遍使用的繁体汉字编码标准，它包括 440 个符号，一级汉字 5 401 个，二级汉字 7 652 个，共计 13 060 个汉字。

3. 点阵字体编码

ASCII 码和 GB-2312 汉字编码主要解决了字符信息的存储、传输、计算、处理（录入、检索、排序等）等问题，而字符信息在显示和打印输出时，需要另外对“字形”进行编码。通常将字体（字形）编码的集合称为字库，将字库以文件的形式存放在硬盘中，在字符输出（显示或打印）时，根据字符编码在字库中找到相应的字体编码，再输出到外设（显示器或打印机）中。汉字的风格有多种形式，如宋体、黑体、楷体等，因此计算机中有几十种中、英文字库。由于字库没有统一的标准进行规定，同一字符在不同计算机中显示和打印时，可能字符形状会有所差异。字体编码有点阵字体和矢量字体两种类型。

点阵字体是将每个字符分成 16×16（或其他分辨率）的点阵图像，然后用图像点的有无（一般为黑白）表示字体的轮廓。点阵字体最大的缺点是不能放大，一旦放大后字符边缘就会出现锯齿现象。

【例 2-28】图 2-20 是字符“啊”的点阵图，每行用 2 个字节表示，共用 16 行、32 个字节来表达一个 16×16 点阵的汉字字体信息。

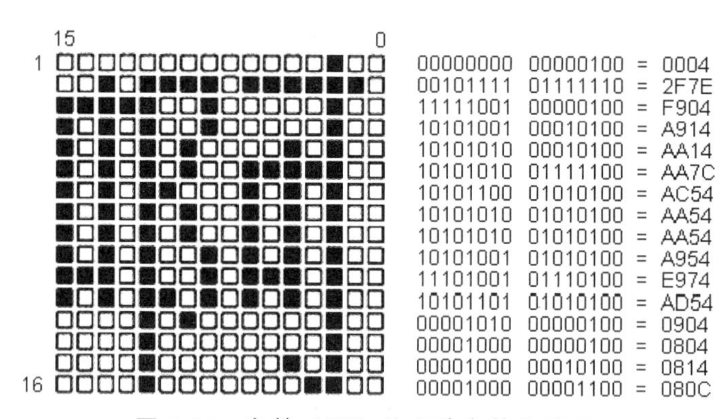

图 2-20 字符“啊”的点阵字体和编码

4. 矢量字体编码

矢量字体保存的是每个字符的数学描述信息，在显示和打印矢量字体时，要经过一系列的运算才能输出结果。矢量字体可以无限放大，笔画轮廓仍然保持圆滑。

字体绘制可以通过 FontConfig + FreeType + PanGo 三者协作来完成，其中 FontConfig 负责字体管理和配置，FreeType 负责单个字体的绘制，PanGo 则完成对文字的排版布局。

矢量字体有多种不同的格式，其中 TrueType（字体描述技术）应用最为广泛。但是

TrueType 只是一个字体，要让字体在屏幕上显示，就需要字体驱动库，如 FreeType 就是一种高效的字体驱动引擎。FreeType 是一个字体函数库，它可以处理点阵字体和多种矢量字体，包括 TrueType 字体。FreeType 代码开源免费，而且采用模块化设计，很容易扩充和裁减，如果只支持 TrueType 字体，裁减后的 FreeType 文件大小只有 25 KB 左右。

如图 2-21 所示，矢量字体最重要的特征是轮廓（outline）和字体精调（hint）控制点。轮廓是一组封闭的路径，它由线段或贝塞尔（Bézier）曲线（2 次或 3 次贝塞尔曲线）组成。字形控制点有轮廓锚点和精调控制点，缩放这些点的坐标值将缩放整个字体轮廓。

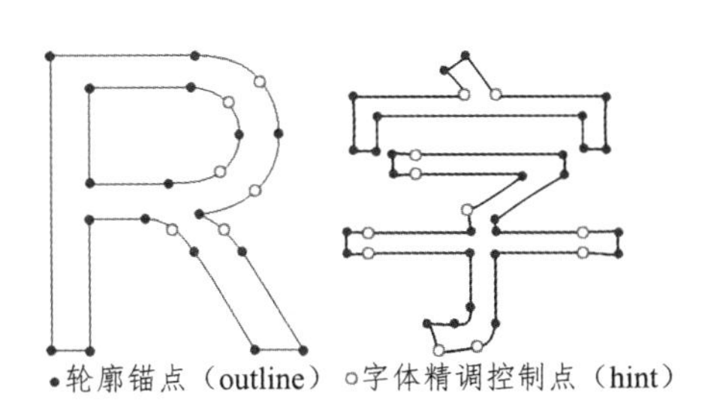

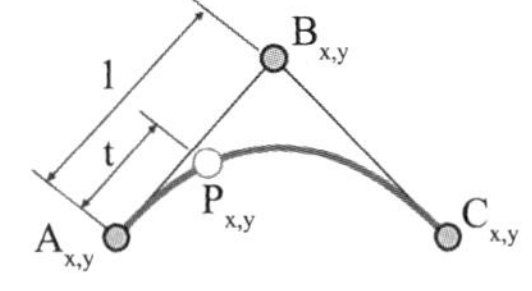

$$Px=(1-t)^2*Ax+2t(1-t)*Bx+t^2*Cx$$
$$Py=(1-t)^2*Ay+2t(1-t)*By+t^2*Cy$$
$$0 \le t \le 1$$

图 2-21　矢量字体轮廓和二次贝塞尔曲线计算公式示意图

轮廓虽然精确描述了字体的外观形式，但是数学上的正确对人眼来说并不见得合适。特别是字体缩小到较小的分辨率时，字体可能变得不好看或者不清晰。字体精调就是采用一系列技术来精密调整字体，让字体变得更美观、更清晰。

计算机大部分时候采用矢量字体显示和打印。矢量字体尽管可以任意缩放，但缩得太小时仍然存在问题，字体会变得不好看或者不清晰，即使采用字体精调技术，效果也不一定好，或者这样处理太麻烦了。因此，小字体一般采用点阵字体来弥补矢量字体的不足。

矢量字体的显示大致需要以下几个步骤：加载字体→设置字体大小→加载字体数据→字体转换（旋转或缩放）→字体渲染（计算并绘制字体轮廓、填充色彩）等。可见，在计算机屏幕显示一整屏文字，计算机要做的计算工作量比我们想象的要大得多。

2.4.3　声音信息的二进制编码

在计算机中，数值和字符都转换成二进制数来存储和处理。同样，声音、图形、视频等信息也需要转换成二进制数后，计算机才能存储和处理。在计算机中，声音往往用波形文件或压缩音频文件的方式表示；图形主要用位图编码和矢量编码两种方式表示和存储。将模拟声音信号转换成二进制数的过程，称为声音的数字化处理。

1. 声音处理的数字化过程

自然声音是连续变化的模拟量。例如对着话筒讲话时［见图 2-22（a）］，话筒根据它周围空气压力的不同变化，输出连续变化的电压值。这种变化的电压值是对讲话声音的模拟，称为模拟音频［见图 2-22（b）］。模拟音频电压值输入到录音机时，电信号转换成磁信号记录在录音磁带上，因而记录了声音。但这种记录声音的方式不利于计算机存储和处理，要使计算机能存储和处理声音信号，就必须将模拟音频数字化。数字化过程如图 2-22 所示。

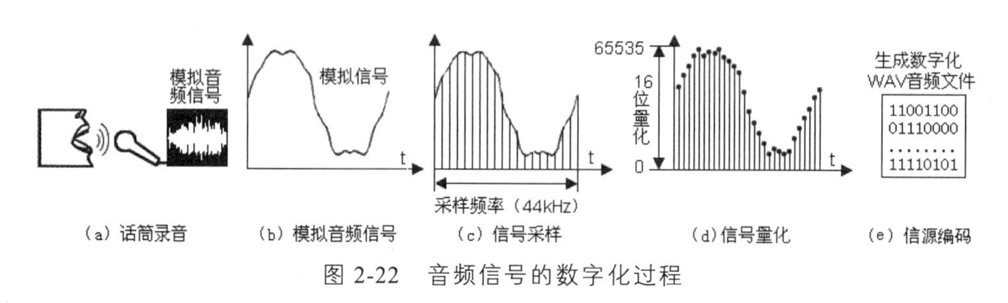

图 2-22 音频信号的数字化过程

1）采 样

任何连续信号均可以表示成离散样值的符号序列存储在数字系统中。因此，模拟信号转换成数字信号必须经过采样过程。采样过程是在每个固定时间间隔内对模拟音频信号截取一个振幅值［见图 2-22（c）］，并用给定字长的二进制数表示，可将连续的模拟音频信号转换成离散的数字音频信号。截取模拟信号振幅值的过程称为采样，所得到的振幅值为采样值。单位时间内采样次数越多（采样频率越高），数字信号就越接近原声。

奈奎斯特（Nyquist）采样定理指出：模拟信号离散化采样频率达到信号最高频率的 2 倍时，可以无失真地恢复原信号。人耳听力范围在 20 Hz ~ 20 kHz 之间。声音采样频率达到 20 kHz × 2 = 40 kHz 时，就可以满足要求。目前声卡采样频率达到了 44.1 kHz。

2）量 化

量化是将信号的连续取值近似为有限多个离散值的过程，音频信号的量化精度（也称为采样位数）一般用二进制数位数衡量。如声卡量化位数为 16 位，就有 $2^{16} = 65\,535$ 种量化等级［见图 2-22（d）］。目前声卡大多为 24 位或 32 位量化精度（采样位数）。

3）编 码

模拟音频采样量化后得到了一大批原始音频数据，对这些信源数据进行规定编码（如 WAV、MP3 等）后，再加上音频文件格式的头部，就得到了一个数字音频文件［如图 2-22（e）］。这项工作由声卡和音频处理软件（如 Adobe Audition）共同完成。

2. 声音信号的输入与输出

数字音频信号可以通过网络、光盘、数字话筒、电子琴 MIDI 接口等设备输入计算机。模拟音频信号一般通过模拟话筒和音频输入接口（Line in）输入计算机，然后由声卡转换为数字音频信号，这一过程称为模/数转换（A/D）。需要将数字音频播放出来时，可以利用音频播放软件将数字音频文件解压缩，然后通过声卡或音频处理芯片，将离散的数字量再转换成为连续的模拟量信号（如电压），这一过程称为数/模转换（D/A）。

2.4.4　图像的二进制编码表示

1. 图像的数字化

数字图像（Image）可以由数码照相机、数码摄像机、扫描仪、手写笔等设备获取，这些图形处理设备按照计算机能够接受的格式，对自然图像进行数字化处理，然后通过设备与计算机之间的接口传输到计算机，并且以文件的形式存储在计算机中。当然，数字图像也可以直接在计算机中进行自动生成或人工设计，或由网络、U 盘等设备输入。

当计算机将数字图像输出到显示器、打印机、电视机等设备时，又必须将离散化的数字图像合成为一幅图形处理设备能够接受的自然图像。

2. 图像的编码

1）二值图的编码

只有黑、白两色的图像称为二值图。图像信息是一个连续的变量，离散化的方法是设置合适的取样分辨率（采样），然后对二值图像中每一个像素用 1 位二进制数表示，就可以对二值图进行编码。一般将黑色点编码为“1”，白色点编码为“0”（量化），如图 2-23 所示。

图像分辨率（采样精度）是指单位长度内包含像素点的数量，分辨率单位有 dpi（点/英寸）等。图像分辨率为 1024 × 768 时，表示每一条水平线上包含 1024 个像素点，垂直方向有 768 条线。分辨率不仅与图像的尺寸有关，还受到输出设备（如显示器点距等）等因素的影响。分辨率决定了图像细节的精细程度，图像分辨率越高，包含的像素就越多，图像就越清晰，图像输出质量也越好。同时，太高的图像分辨率会增加文件占用的存储空间。

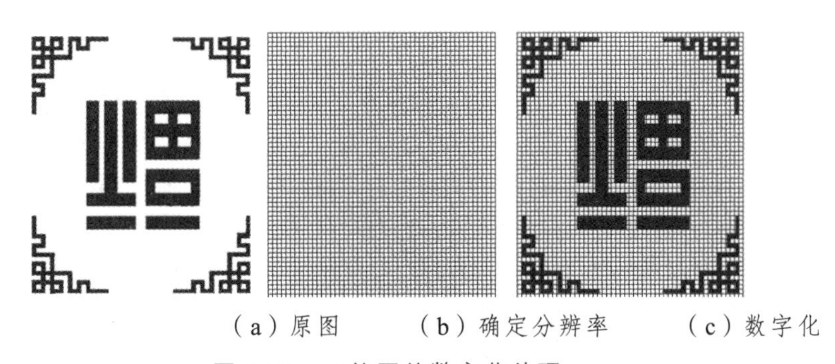

（a）原图　（b）确定分辨率　（c）数字化

图 2-23　二值图的数字化处理

2）灰度图像的编码

灰度图的数字化方法与二值图相似，不同的是将白色与黑色之间的过渡灰色按对数关系分为若干亮度等级，然后对每个像素点按亮度等级进行量化。为了便于计算机存储和处理，一般将亮度分为 0 ~ 255 个等级（量化精度），而人眼对图像亮度的识别小于 64 个等级，因此对 256 个亮度等级的图像，人眼难以识别出亮度差。图像中每个像素点的亮度值用 8 位二进制数（1 个字节）表示如图 2-24 所示。

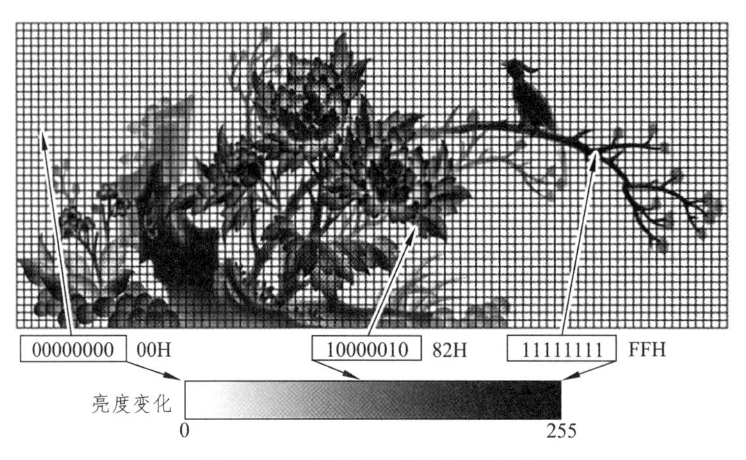

图 2-24 灰度图像的编码方式

3）彩色图像的编码

显示器上的任何色彩，都可以用红绿蓝（RGB）三个基色按不同比例混合得到。因此，图像中每个像素点可以用 3 个字节进行编码。如图 2-25 所示，红色用 1 个字节表示，亮度范围为 0 ~ 255 个等级（R = 0 ~ 255）；绿色和蓝色也同样处理（G = 0 ~ 255，B = 0 ~ 255）。

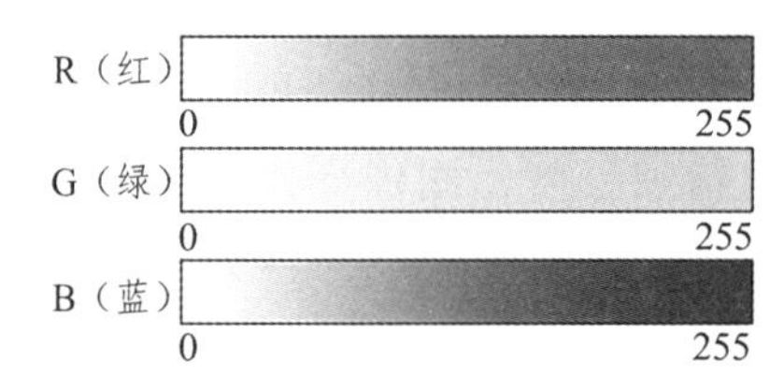

红色：R=255，G=0，B=0
绿色：R=0, G=255, B=0
蓝色：R=0, G=0, B=255
白色：R=255, G=255, B=255
黑色：R=0，G=0, B=0
桃红色：R=236, G=46, B=140

图 2-25 彩色图像的编码方式

【例 2-29】如图 2-25 所示，一个白色像素点的编码为：R = 255，G = 255，B = 255；一个黑色像素点的编码为：R = 0，G = 0，B = 0；一个红色像素点的编码为：R = 255，G = 0，B = 0；一个桃红色像素点的编码为：R = 236，G = 46，B = 140 等。

采用以上编码方式，一个像素点可以表达的色彩范围为 2^{24} = 1 670 万种色彩，这时人眼已经很难分辨出相邻两种颜色的区别了。一个像素点总计用多少位二进制数表示，称为**色彩深度**（量化精度），例如上述案例中的色彩深度为 24 位。目前大部分显示器的色彩深度为 32 位，其中，8 位记录红色，8 位记录绿色，8 位记录蓝色，8 位记录透明度（Alpha）值，它们一起构成一个像素的显示效果。

【例 2-30】对分辨率为 1024 × 768、色彩深度为 24 位的图片进行编码。

如图 2-26 所示，对图片中每一个像素点进行色彩取值（量化精度），其中某一个橙红色像素点的色彩值为：R = 233、G = 105、B = 66，如果不对图片进行压缩，则将以上色彩值进行二进制编码就可以了。形成图片文件时，还必须根据图片文件格式加上文件头部。

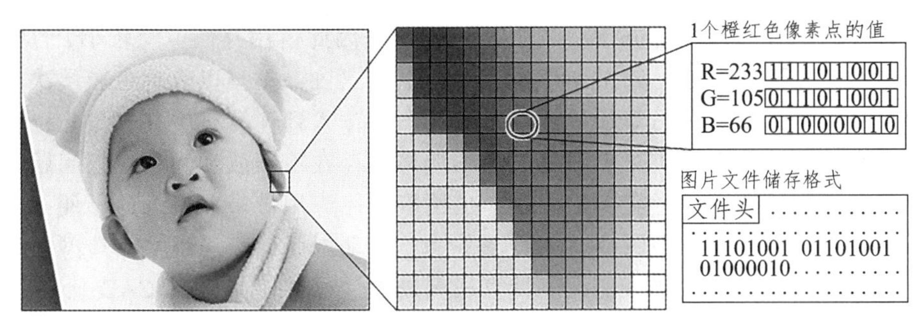

图 2-26　24 位色彩深度图像的编码方式（没有压缩时的编码）

3. 点阵图像的特点

点阵图像由多个像素点组成，二值图、灰度图和彩色图都是点阵图像（也称为位图），简称为“图像”。图像放大时，可以看到构成整个图像的像素点，由于这些像素点非常小（取决于图像的分辨率），因此图像的颜色和形状显得是连续的；一旦将图像放大观看，图像中的像素点会使线条和形状显得参差不齐。缩小图像尺寸时，也会使图像变形，因为缩小图像是通过减少像素点来使整个图像变小的。

大部分情况下，点阵图像由数码相机、数码摄像机、扫描仪等设备获得，也可以利用图像处理软件（如 Photoshop 等）创作和编辑图像。

4. 矢量图形的编码

矢量图形（Graphic）使用直线或曲线来描述图形，矢量图以几何图形居多，它是一种面向对象的图形。矢量图形采用特征点和计算公式（如图 2-21 所示的二次贝塞尔曲线计算公式）对图形进行表示和存储。矢量图形保存的是每一个图形元件的描述信息，例如一个图形元件的起始/终止坐标、弧度等。在显示或打印矢量图形时，要经过一系列的数学运算才能输出图形。矢量图形在理论上可以无限放大，图形轮廓仍然能保持圆滑。

如图 2-27 所示，矢量图形只记录生成图形的算法和图上的某些特征点参数。矢量图形中的曲线是由短的直线逼近的（插补），通过图形处理软件，可以方便地将矢量图形放大、缩小、移动、旋转、变形等。矢量图形最大的优点是无论进行放大、缩小或旋转等操作，图形都不会失真、变色和模糊。由于构成矢量图形的各个部件（图元）是相对独立的，因而在矢量图形中可以只编辑修改其中的某一个物体，而不会影响图中其他物体。

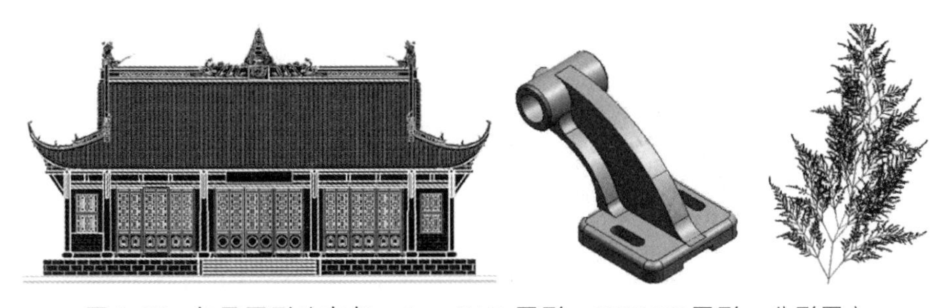

图 2-27　矢量图形（左起：AutoCAD 图形、3DMAX 图形、分形图）

矢量图形只保存算法和特征点参数（如分形图），因此占用存储空间较小，打印输出和放大时图形质量较高。但是，矢量图形也存在以下缺点：一是难以表现色彩层次丰富的逼真图像效果；二是无法使用简单廉价的设备，将图形输入到计算机中并矢量化；三是矢量图形目前没有统一的标准格式，大部分矢量图形格式存在不开放和知识产权问题，这造成了矢量图形在不同软件中进行交换的困难，也给多媒体应用带来了极大的不便。

矢量图形主要用于线框型图片、工程制图、二维动画设计、三维物体造型、美术字体设计等。大多数绘图软件（如 Visio）、计算机辅助设计软件（如 AutoCAD）、二维动画软件（如 Flash CS）三维造型软件（如 3DMAX）等，都采用矢量图形作为基本图形存储格式。矢量图形可以很好地转换为点阵图像，但是，点阵图像转换为矢量图形时效果很差。

本章小结

本章主要介绍了二进制编码思想与方法，二进制存储程序与数据的优点，数值、字符、汉字、声音、图像在计算机中的编码表示，不同数制间的转换。为后续知识的学习打下基础。

思考题

1. 计算机中的信息为何采用二进制系统？
2. 何谓 ASCII 码？
3. 什么是国标码、机内码、机外码以及字形码？
4. 上网查找汉字编码技术的发展过程。
5. 为什么 Windows 系统内部采用 UTF-16 编码，而不使用 ASCII 编码？
6. 简要说明点阵字形与矢量字形在处理方法上的不同。
7. 简要说明点阵图像编码方法。
8. 举例说明哪些信息难以利用二进制符号进行编码。
9. 为什么计算机对整数运算与小数运算分别用不同单元处理。

第 3 章　操作系统基础

本章要点：

- 操作系统的基本概念；
- 操作系统的功能；
- 操作系统的分类；
- 常用的操作系统；
- 认识 Windows 7；
- Windows 7 桌面组成；
- Windows 7 鼠标与键盘操作；
- Windows 7 窗口和对话框；
- Windows 7 菜单和工具栏；
- Windows 7 中的中文输入法；
- 启动和退出应用程序；
- 文件的基本概念；
- 目录管理；
- “计算机”窗口；
- 管理文件和文件夹；
- 文件的查找。

3.1　操作系统概述

3.1.1　操作系统的基本概念

操作系统（Operating System，简称 OS）是最基本的系统软件，是对计算机软、硬件资源进行控制和管理，合理有效地组织计算机系统工作的一组程序集合；是计算机系统的内核与基石。

没有安装软件的计算机称为“裸机”，裸机是不能进行任何工作的。操作系统是计算机硬件外围的第一层软件，是对硬件系统的第一次扩充。操作系统是硬件与其他软件的接口，其他各种系统软件及应用软件必须在操作系统的支持下才能运行，用户操作和管理计算机要通过操作系统进行，操作系统为用户提供操作和管理计算机的工作平台，是计算机和用户的接口。

操作系统有如下特征：

（1）并发性。并发是指在某一时间间隔内计算机系统内同时存在多个程序活动。

（2）共享性。共享是指多个用户或程序共享系统的软、硬件资源。

（3）虚拟性。操作系统向用户提供了比直接使用裸机简单方便得多的高级的抽象服务，从而为程序员隐藏了硬件操作复杂性，这就相当于在原先的物理计算机上覆盖了一至多层系统软件，将其改造成一台功能更强大而且易于使用的扩展机或虚拟机。

（4）不确定性。不确定性指的是使用同样一个数据集的同一个程序在同样的计算机环境下运行，每次执行的顺序和所需的时间都不相同。

3.1.2 操作系统的功能

操作系统的目的有两个。首先，操作系统尽可能地使计算机系统中的各项资源得到充分合理的利用；其次，是方便用户使用计算机，用户通过操作系统提供的命令和服务去操作计算机，而不必去直接操作计算机的硬件。

操作系统是一个庞大的管理控制程序，提供了 5 个方面的管理功能：处理机管理、存储器管理、设备管理、文件管理和作业管理。

1. 处理机管理

CPU 是整个计算机硬件系统的核心。它的性能及使用状况将影响整个计算机系统的性能。其他设备的正常运行也离不开 CPU。因此，有效地管理 CPU、充分利用 CPU 资源，是操作系统最重要的管理任务。

在早期的计算机系统中，一旦某个程序开始运行，它就占用了整个系统的所有资源，直到该程序运行结束，这就是所谓的单道程序系统。在单道程序系统中，任一时刻只允许一个程序在系统中执行，正在执行的程序控制了整个系统的资源，一个程序执行结束后才能执行下一个程序。系统的资源利用率不高。

为了提高系统资源的利用率，后来的操作系统都允许同时有多个程序被加载到内存中执行，这样的操作系统被称为多道程序系统。在多道程序系统中，从宏观上看，系统中多个程序同时在执行，但从微观上看，某一时刻只能执行一个程序，系统中程序是交替执行的。系统中同时有多个程序在运行，它们共享系统资源，提高了系统资源的利用率。

1）进　程

在多道程序环境下，一个程序的活动具有并发和动态的特征，一个程序活动与其他程序活动之间存在相互依赖和相互制约的关系。程序这个静态概念已经不能确切地反映程序并发执行过程的特征。为了深刻描述程序动态执行过程的性质，现代操作系统引入了进程这样一个概念。

进程是一个具有独立功能的程序对数据集的一次动态执行过程，是一个动态的概念，是一个活动的实体。

进程具有如下特征：

（1）动态性。进程的实质是程序的一次执行过程，进行是动态产生、动态终止的。

（2）并发性。任何进程都可以同其他进程一起并发执行。

（3）独立性。进程是一个能独立运行的基本单位，同时也是系统资源分配和调度的独立单位。

（4）异步性。由于进程间的相互制约，使进程具有执行的间断性，即进程按各自独立的、不可预知的速度向前推进。

进程和程序之间既有区别又有联系。进程与程序相关，进程包含了程序，程序是进程的核心内容，没有程序就没有进程。进程不仅仅是程序，还包含了程序在执行过程中使用的全部资源。没有资源，程序就无法执行。因此，进程是执行程序的载体。进程是程序执行的动态活动，它是暂时的动态的产生和终止的；程序是进程运行的静态文本，它可以长期保存。一个进程可以执行一个或多个程序，反之，同一个程序也可被多个进程同时执行。

2）处理机管理功能

在多道程序系统中，CPU 分配和运行的主要对象是进程（或线程），操作系统通过选择一个合适的进程占有 CPU 来实现对处理机的管理，因此，处理机管理可归结为进程的管理。

操作系统有关进程方面的管理任务很多，主要功能有：

（1）进程调度—按一定算法进行处理机分配。

（2）进程控制—负责进程的创建、撤销及状态转换。

（3）进程同步—对并发执行的进程进行协调。

（4）进程通信—负责完成进程间的信息交换。

2. 存储管理

操作系统的存储管理负责内存的管理和分配，提高内存利用率和系统数据交换能力。同时利用硬盘扩展内存的容纳能力，使系统能够运行更大的应用程序。因此，存储管理应具有存储空间的分配、存储访问保护、地址转换、虚拟存储系统的功能。

1）存储空间的分配

操作系统需要实现一种存储分配算法，为进程分配所需要的内存空间，并使多个进程能够分享物理内存空间。存储分配算法需要解决如何分配、何时分配和何时回收的问题。

如何分配分为连续分配和非连续分配。何时分配有静态分配和动态分配两种。何时回收也有两种，即被动回收和主动回收。早期的操作系统采用的是静态的、连续的存储分配算法。现代操作系统通常采用的是动态的、非连续的存储分配算法，并结合虚拟内存管理系统实现了内存资源的主动回收。

2）存储访问保护

由于操作系统和用户进程同在一个物理内存空间中，必须实现存储访问保护。存储访问保护需要借助硬件的支持。

首先必须保护操作系统的内存空间不被用户进程访问。如果用户进程能够访问操作系统的内存单元，就可能破坏操作系统的程序或数据，使得操作系统的监督管理功能失效，最终导致系统崩溃。

其次必须保护每个进程的内存空间不被其他用户进程访问。如果用户进程能够随意访问其他进程的内存单元，就可能修改其他进程的程序和数据，就会导致各进程间彼此干扰运行，无法获得正确的程序执行结果。

3）地址转换

地址转换实现的是程序空间到存储空间的地址转换。在编制程序时，由于编译程序不能预先知道程序执行时在内存中的准确位置，通常从某个固定值（例如 0）开始编址。因此，编译程序产生的程序空间地址与程序执行时的内存空间地址是不同的。必须将程序空间地址转换成真实的内存地址，程序才能被正确地执行。

地址转换实际上是将逻辑地址转换成存储地址或物理地址。地址转换有两种方式：

（1）静态地址转换——在程序的执行之前完成地址转换。

（2）动态地址转换——在程序的执行过程中完成地址转换。

4）虚拟存储系统

虚拟存储系统是利用硬盘空间作为内存容量的扩展，其目的是解决内存空间的不足。程序在执行过程的某一时间内只执行一部分程序和访问一部分数据，将进程暂时不需要使用的程序或数据交换到硬盘中，当进程需要使用它们时再将其交换到内存中。这样进程就能够执行大于内存容量的程序，系统也能够容纳更多的“并发”进程。

3. 设备管理

现代计算机系统都配置了很多外部设备，外部设备提供了计算机与外界交互的方式和途径。外部设备作为计算机系统的硬件资源，应该由操作系统内核统一管理，以使用户能够方便、高效地使用它们。

外部设备通常分为：存储型设备、交互型设备和网络通信设备。

存储型设备主要用于存储计算机的程序和数据，如硬盘、光盘、U 盘等。交互型设备主要用于与计算机的交互过程，这类设备通常是输入、输出（I/O）设备，输入设备包括键盘、鼠标、扫描仪等，输出设备包括显示器、打印机等。网络通信设备主要用于计算机的远程数据传输，包括网卡、调制解调器、交换机和路由器等。

设备管理的功能可分为以下四个方面。

1）统一管理

外部设备种类繁多，不同类型的设备在速度、工作方式及使用方式等方面都有很大的差别。因此，操作系统应该提供统一的设备管理系统，使用户不必关心这些物理设备的特性差异，能够方便地使用、维护各种设备。

2）设备驱动程序

设备驱动程序是操作系统管理和驱动设备的程序。计算机连接了外部设备，必须要安装该设备的驱动程序，否则无法使用。设备驱动程序与设备紧密相关，不同类型的设备其驱动程序是不同的，不同的生产厂商的同一类型设备也不尽相同。操作系统不可能包揽所有设备的驱动程序。因此，操作系统提供一套设备驱动程序的标准框架，允许设备生产厂商或第三方软件公司提供设备驱动程序，随同设备一起提交给用户。

3）设备访问权限控制

在计算机系统中，有些设备是可以共享的使用，有些设备只能独占的使用；有些设备可以提供给所有的用户使用，有些设备只能由系统管理员、特殊的用户群或应用程序使用。因此，内核需要检查和控制对设备的访问权限，以保证设备被正确的使用。

4）提高外部设备的使用效率

由于外部设备的速度相对于CPU而言比较慢，外部设备经常成为限制计算机系统性能的瓶颈。因此，操作系统需要采用各种优化技术，高效地使用外部设备。为了提高外部设备的使用效率，操作系统通过缓冲技术提高外部设备和CPU之间数据交换的能力。

① 缓冲区。缓冲区是设备与设备、设备与应用程序之间传递数据的内存区域，主要作用是提供给不同速度的设备之间传递数据。

② 高速缓存。高速缓存是一种先将数据复制到速度较快的内存中再访问的做法。由于高速缓存的访问速度比一般内存快很多，所以访问高速缓存中的数据会比访问内存的数据更快。

4. 文件管理

文件管理是操作系统中一项重要的功能，主要涉及文件的逻辑组织和物理组织、目录的结构和管理。在现代计算机系统中，用户的程序和数据，操作系统自身的程序和数据，甚至各种输出输入设备，都是以文件形式出现的。

所谓文件管理，就是操作系统中实现文件统一管理的一组软件、被管理的文件以及为实施文件管理所需要的一些数据结构的总称（是操作系统中负责存取和管理文件信息的机构）。

从系统角度来看，文件系统是对文件存储器的存储空间进行组织、分配和回收，负责文件的存储、检索、共享和保护。

从用户角度来看，文件系统主要是实现“按名存取”，文件系统的用户只要知道所需文件的文件名，就可以存取文件中的信息，而无须知道这些文件究竟存放在什么地方。

文件系统作为一个统一的信息管理机制，应具有下述功能：

（1）统一管理文件存储空间（即外存），实施存储空间的分配与回收。

（2）确定文件信息的存放位置及存放形式。

（3）实现文件从名字到外存地址的映射，即实现文件的按名存取。

（4）有效实现对文件的各种控制操作（如建立、撤销、打开、关闭等）和存取操作（如读、写、修改、复制、转存等）。

（5）实现文件信息的共享，并且提供可靠的文件保密和保护措施。

5. 作业管理

操作系统的很重要的目的就是为了方便用户使用计算机。

作业是用户程序及所需的数据和命令的集合，任何一种操作系统都要用到作业这一概念。作业管理就是对作业的执行情况进行系统管理的程序集合。作业管理的基本功能包括作业调度（高级调度）及作业控制。

（1）作业调度（高级调度）：计算机从后备作业队列池中选择作业进入执行状态，将程序调入内存，为其分配必要资源，建立进程，插入就绪进程队列，等待进程调度。

（2）作业控制：包括作业如何输入到计算机，当作业被选中后如何控制它的执行，在执行过程中如何进行故障处理以及怎样控制计算结果的输出等。

作业管理是用户与操作系统间的接口。

为了便于系统的维护、管理和便于用户利用命令界面自动地完成复杂的作业以及运行和控制任务，操作系统一般都提供作业运行控制或命令程序接口。

3.1.3 操作系统的分类

目前操作系统种类繁多，很难用单一标准统一分类。我们做这样的分法。

根据操作系统的使用环境和对作业的处理方式，可分为：批处理系统、分时系统、实时系统。

根据硬件结构，可分为：网络操作系统和分布式操作系统。

1. 批处理操作系统

批处理系统（Batch Processing System）的工作方式是：用户将作业交给系统操作员，系统操作员将许多用户的作业组成一批作业，之后输入到计算机中，在系统中形成一个自动转接的连续的作业流；然后启动操作系统，系统自动、依次执行每个作业；最后由操作员将作业结果交给用户。

批处理系统的特点是：用户脱机使用计算机，操作方便；成批处理，提高了 CPU 利用率。缺点是无交互性，即用户将作业提交给系统后就失去了对它的控制能力，用户感觉不方便。

2. 分时操作系统

分时系统（Time Sharing System）的工作方式是：一台主机连接了若干个终端，每个终端有一个用户在使用。用户交互式地向系统提出命令请求，系统接受每个用户的命令，采用时间片轮转方式处理服务请求，并通过交互方式在终端上向用户显示结果。用户根据上一步结果发出下一道命令。分时操作系统将 CPU 的时间划分成若干个片段，称为时间片。操作系统以时间片为单位，轮流为每个终端用户服务。由于时间片划分得很短，使用户感觉不到有别的用户存在。

分时操作系统的主要特点是允许多个用户同时运行多个程序，每个程序都是独立操作、独立运行、互不干涉。

UNIX 就是一个典型的分时操作系统。

3. 实时操作系统

实时操作系统（Real Time Operating System）是指使计算机能及时响应外部事件的请

求，在规定的严格时间内完成对该事件的处理，并控制所有实时设备和实时任务协调一致地工作的操作系统。

实时操作系统要追求的目标是：对外部请求在严格时间范围内做出反应，有高可靠性和完整性。其主要特点是资源的分配和调度首先要考虑实时性，然后才是效率。此外，实时操作系统应有较强的容错能力。

4. 网络操作系统

网络操作系统（Network Operating System）是基于计算机网络的，是在各种计算机操作系统上按网络体系结构协议标准开发的软件，包括网络管理、通信、安全、资源共享和各种网络应用。其目标是相互通信及资源共享。在其支持下，网络中的各台计算机能互相通信和共享资源。其主要特点是与网络的硬件相结合来完成网络的通信任务。

Windows NT、UNIX 和 Linux 就是几个典型的网络操作系统。

5. 分布式操作系统

分布式操作系统（Distributed Operating System）是指大量的计算机通过网络被连接在一起，可以获得极高的运算能力及广泛的数据共享以及实现分散资源管理等功能为目的的操作系统。它在资源管理、通信控制和操作系统的结构等方面都与其他操作系统有较大的区别。

由于分布式计算机系统的资源分布于系统的不同计算机上，操作系统对用户的资源需求不能像一般的操作系统那样等待有资源时直接分配，而是要在系统的各台计算机上搜索，找到所需资源后才可以进行分配。对于有些资源，如具有多个副本的文件，还必须考虑一致性。

分布式操作系统的通信功能类似于网络操作系统。由于分布式计算机系统不像网络分布得很广，同时分布式操作系统还要支持并行处理，因此它提供的通信机制和网络操作系统提供的有所不同，它要求通信速度高。

分布式操作系统的结构也不同于其他操作系统，它分布于系统的各台计算机上，能并行地处理用户的各种需求，有较强的容错能力。

3.1.4　常用的操作系统

操作系统种类很多，在此不一一列举，下面就几个使用较广的系统作简单介绍。

1. DOS 操作系统

DOS（Disk Operation System）意为磁盘操作系统，是 Microsoft 公司开发的操作系统，自 1981 年推出 DOS1.0 至 1995 年的终极版 DOS7.0，历经十几年的发展，曾在 20 世纪 80 年代至 90 年代初期的微型计算机上占绝对主流地位。DOS 是单用户、单任务命令行界面操作系统，其特点是简单易学，对 PC 硬件要求低，通常操作是利用键盘输入程序或命令。到 20 世纪 90 年代后期，DOS 逐渐被 Windows 所取代。

2. Windows 操作系统

Windows 是由 Microsoft 公司开发的基于图形用户界面的单用户、多任务操作系统。从 1985 年推出开始，分为面向个人和客户机的 Windows1.X、Windows2.X、Windows3.X 到 Windows95、Windows98、Windows Me、Windows2000 Professional、Windows XP、Windows Vista，直到现今使用的 Windows 7、Windows 8、Windows 8.1、Windows 10，以及在此期间推出的面向服务器的 Windows NT、Windows2000 Server、Windows Server 2003 及 Windows Server 2008 等。

Windows 支持多线程、多任务与多处理。它的即插即用功能使得安装各种支持即插即用的设备变得非常容易。它还具有出色的多媒体和图像处理功能、方便安全的网络管理功能。Windows 是目前普及率最高的一种操作系统。

3. UNIX 操作系统

UNIX 是一个多任务、多用户的分时操作系统，诞生于 1969 年美国电话电报公司的贝尔实验室。它为用户提供了一个交互、灵活的操作界面，支持用户之间共享数据，并提供众多的集成的工具以提高用户的工作效率，同时能够移植到不同的硬件平台。它具有较好的可靠性和安全性，支持多任务、多用户、多处理、网络管理和网络应用。

4. Linux 操作系统

Linux 是一种源代码开放的操作系统。用户不用支付任何费用就可以从 Internet 获得 Linux 和它的源代码，并且可以根据自己的需要对它进行必要的修改，无偿使用它，无约束地继续传播。

Linux 来源于 UNIX 的精简版本 Minix。1991 年芬兰赫尔辛基大学学生 Linus Torvalds 修改完善了 Minix，开发出 Linux 的第一个版本。Linux 与 UNIX 兼容，能够运行大多数 UNIX 工具软件、应用程序和网络协议。Linux 继承了 UNIX 以网络为核心的设计思想，是一个性能稳定的多用户网络操作系统。

3.2 Windows 7 概述

Windows 7 是微软公司继 Windows XP 后推出的一种具有图形用户界面的操作系统。Windows 7 可供家庭及商业工作环境下的笔记本电脑、平板电脑、多媒体中心等使用。

Windows 7 可供选择的版本有：入门版（Starter）、家庭普通版（Home Basic）、家庭高级版（Home Premium）、专业版（Professional）、企业版（Enterprise）（非零售）、旗舰版（Ultimate）。

2009 年 7 月 14 日，Windows 7 正式开发完成，并于同年 10 月 22 日正式发布。10 月 23 日，微软于中国正式发布 Windows 7。2015 年 1 月 13 日，微软正式终止了对 Windows 7 的主流支持，但仍然继续为 Windows 7 提供安全补丁支持，直到 2020 年 1 月 14 日正式结束对 Windows 7 的所有技术支持。

3.2.1 认识 Windows 7

1. Windows 7 的启动

开启计算机电源后，Windows 7 即可自动启动。启动时屏幕上出现登录界面，选择用户并输入登录口令，然后按【Enter】键进入 Windows 7，出现如图 3-1 所示的屏幕，即桌面，Windows 7 启动完成。

图 3-1　Windows 7 桌面

2. Windows 7 的退出

在关闭计算机之前，首先要保存正在做的工作并关闭所有打开的应用程序，再退出 Windows 7。关闭 Windows 7 的方法是：单击任务栏上的“开始”按钮，在弹出的“开始”菜单中选择“关机”命令。

3.2.2 Windows 7 的桌面组成

Windows 7 启动完成后呈现在用户面前的就是桌面。所谓“桌面”是指 Windows 7 显示的总界面。桌面一般由“任务栏”和一些程序图标组成。

1. 任务栏

位于桌面底部的长横条就是任务栏。任务栏一般由以下几个部分组成，最左边是“开始”按钮，与它相邻的是“快速启动”工具栏，中间空白区域是“活动任务区”，然后是“语言栏”，最右边是“托盘区”。如图 3-2 所示。

图 3-2　任务栏

1）“开始”按钮

通过点击“开始”按钮，弹出“开始”菜单。“开始”菜单是运行 Windows 7 应用程序的入口，是执行程序常用的方式。它包含了使用 Windows 7 所需的全部命令。

2）快速启动区

由应用程序快捷启动图标组成，单击可以快速启动相应的应用程序。可以进行最大化、最小化与还原窗口、预览所打开的窗口等操作。

3）通知区域

在通知区域上包含语言输入法及其他一些特定的设置。

语言输入法提供不同的输入法供用户切换使用。其他的设置选项有“音量控制器”“时钟指示器”及系统启动时加载的一些程序项的图标。通过“音量控制器”调整音量的大小，还可调整相关的音频属性。通过“时钟指示器”可以看到系统时间或修改系统日期、时间和时区。

4）任务栏属性

在任务栏的快捷菜单中选择“属性”命令，打开如图 3-3 所示的“任务栏和开始菜单属性”对话框，可在“任务栏外观”选项组中通过复选框的选择来设置任务栏的外观。

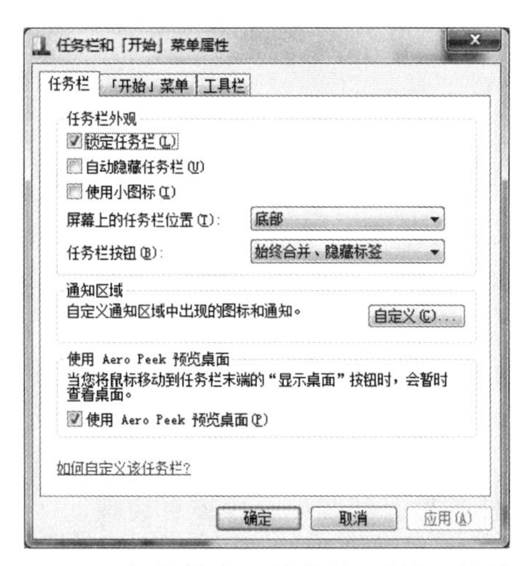

图 3-3 “任务栏和开始菜单属性”对话框

2. “用户的文件”

“用户的文件”是文档、图片和其他文件的默认存储位置，是 Windows 7 为每个登录的用户建立的私人默认文件存放目录。当多个用户共用一台计算机时，各个用户在“用户的文件”里建立的文件是相互独立的。

3. “计算机”

“计算机”是管理计算机资源的一个系统文件夹，可以进行磁盘、文件夹、文件的操作以及直接访问 Internet 等。

4. “网　络”

“网络”是用来访问当前计算机所在的局域网中的共享资源的。对于工作组内的计算机可以通过点击“查看工作组计算机”来访问。

5. “回收站”

“回收站”是用户进行逻辑删除的文件、文件夹等内容的临时存放处，在需要的时候可以将它们恢复到系统中原来的位置。如果“回收站”的内容被清除掉了，就不能再恢复了。

6. 快捷方式图标

图标是 Windows 7 中各种项目的图形标识，由一个图片和文件名组成。快捷方式图标使用户能快速地访问安装或保存在不同磁盘位置上的程序、文档或文件夹。

3.2.3　Windows 7 鼠标与键盘操作

微型计算机最常用的输入设备是鼠标与键盘，一般情况下，Windows 7 都使用鼠标与键盘来进行操作。

1. 鼠标的操作

使用鼠标操作 Windows 7 是最简便的方式。鼠标控制着鼠标指针在屏幕上的移动。常见的鼠标器有左右两个按键和中间的一个滚轮，两个按键用来执行程序命令，中间滚轮可以方便用户滚动文档或网页。鼠标的操作主要有以下几种：

（1）指向。不按鼠标按键，移动鼠标指针指向操作对象或预期位置。指向操作往往是鼠标其他操作（如单击、双击或拖曳）的前提。

（2）单击。按下鼠标左键，立即释放。“单击”是指单击鼠标左键。单击一般用作选定图标对象、打开菜单、执行菜单命令、执行工具按钮命令等。

（3）双击。快速重复两次单击操作。双击指双击鼠标左键。双击的作用是打开，包括打开文件或文件夹。

（4）右击。按下鼠标右键，立即释放。右击通常用来打开快捷菜单。对于不同的操作对象，将会有不同的快捷菜单。

（5）拖曳。按住鼠标左键或右键（不要松开）同时移动鼠标指针。拖曳前，要先选中所要拖曳的对象，然后拖曳，等移动到目标位置后再松开鼠标按键。除特殊说明外，拖曳是指按住鼠标左键进行的操作。

（6）滚动。滚动是指推动鼠标中间的滚轮进行转动的过程，其作用主要是完成翻动页面或缩放等。

2. 键盘的操作

键盘操作可分为输入操作和命令操作两种。输入操作是用户通过键盘向计算机输入信息，如文字、数据等。命令操作是向计算机发布命令，让计算机执行指定的操作。

用得最多的键盘命令操作是按键组合操作，即两个或两个以上的键组合来完成某个命令的执行。如【Ctrl + Esc】，表示按住第 1 个键【Ctrl】不放，再按第 2 个键【Esc】，完成操作后再释放这两个键。

Windows 7 中常用的快捷键如表 3-1 所示。

表 3-1 常用快捷键

快捷键	功能
【Alt + F4】	关闭当前窗口或对话框
【Alt + Tab】	在当前打开的各窗口和对话框之间切换
【Alt + Esc】	在当前打开的各窗口和对话框之间顺序切换
【Alt + Enter】	让 DOS 程序在窗口与全屏显示方式之间切换
【PrintScreen（PrtSc）】	复制当前屏幕图像到剪贴板
【Alt + PrintScreen（PrtSc）】	复制当前窗口或对话框图像到剪贴板
【Tab】	在窗口或对话框中切换到下一个项目
【Shift + Tab】	在窗口或对话框中切换到上一个项目
【Ctrl + Tab】	对话框中切换到下一个选项卡
【Ctrl + Shift + Tab】	对话框中切换到上一个选项卡
【Ctrl + Esc】	打开“开始”菜单
【Alt】或【F10】	激活当前窗口菜单栏
【Alt + 菜单栏上带下划线的字母】	打开当前窗口相应的菜单
【Alt + Space】	打开当前窗口或对话框控制菜单
【Shift + F10】	打开选中对象的快捷菜单
【Ctrl + A】	选中当前窗口中的所有对象
【Ctrl + C】	复制选中的对象到剪贴板
【Ctrl + X】	剪切选中的对象到剪贴板
【Ctrl + V】	粘贴剪贴板中的对象到当前位置
【Ctrl + Z】	撤销刚进行的操作
【Delete（Del）】	删除选中的对象
【Shift + Delete（Del）】	直接删除选中的对象而不将其放到回收站
【Backspace】	在窗口中，用于切换到当前文件夹的上一级文件夹；在文本编辑状态下，可用于删除选中的对象
【Alt + Enter】	显示选中对象的属性对话框
在拖动文件或文件夹时按下【Ctrl】	复制文件或文件夹
在拖动文件或文件夹时按下【Ctrl + Shift】	创建文件或文件夹的快捷方式
【F1】	取得当前窗口或对话框的帮助信息
【F2】	在窗口中，对选中的对象重命名
【F3】	在窗口中打开“搜索”窗口

续表

快捷键	功　能
【F4】	在窗口中打开“地址栏”下拉式列表
【F5】	刷新当前窗口
【Ctrl + Shift】	在英文和各种中文输入法之间进行切换
【Ctrl + Space】	在英文和当前中文输入法之间进行切换
【Ctrl + .】	中文输入状态下，中英文标点符号的切换
【Shift + Space】	中文输入状态下，全角与半角状态的切换

3.2.4　Windows 7 窗口和对话框

窗口和对话框是 Windows 7 的基本组成部件，了解窗口及对话框的组成是必须的，掌握窗口和对话框的操作也是最基本的。

1. 窗口的组成

Windows 7 中对于不同的应用程序，窗口的组成稍有不同，但基本构成元素都是相同的。如图 3-4 所示为“计算机”窗口。

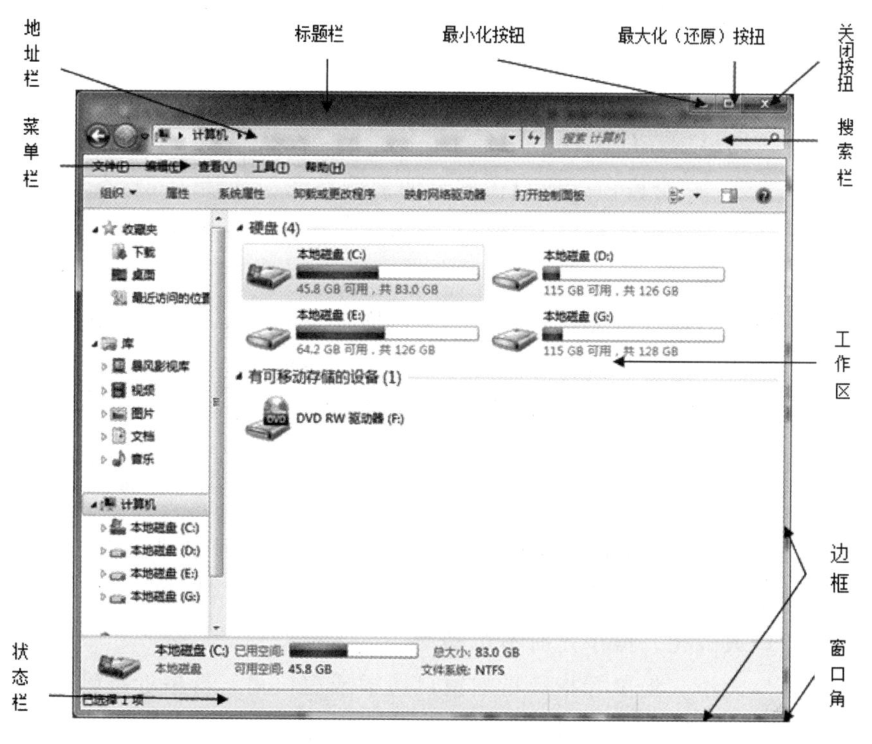

图 3-4　“计算机”窗口

（1）标题栏。标题栏位于窗口的最上部，显示窗口的名称。

（2）窗口控制菜单。右击标题栏，可弹出如图 3-5 所示的“窗口控制菜单”，用于控制窗口。

（3）最小化、最大化/还原、关闭按钮。这些按钮位于窗口的右上角，用于关闭窗口或设置窗口的大小。

（4）地址栏。地址栏用于显示当前窗口所处的位置。

（5）菜单栏。菜单栏位于地址栏的下方。菜单栏提供了一系列的命令，用户通过使用这些命令可完成窗口的各种操作。

（6）滚动条。当窗口无法显示所有内容时，会自动在窗口工作区的右边出现垂直滚动条或在工作区的下面出现水平滚动条。可使用滚动条查看窗口的其他内容。垂直滚动条使窗口内容上下滚动，水平滚动条使窗口内容左右滚动。

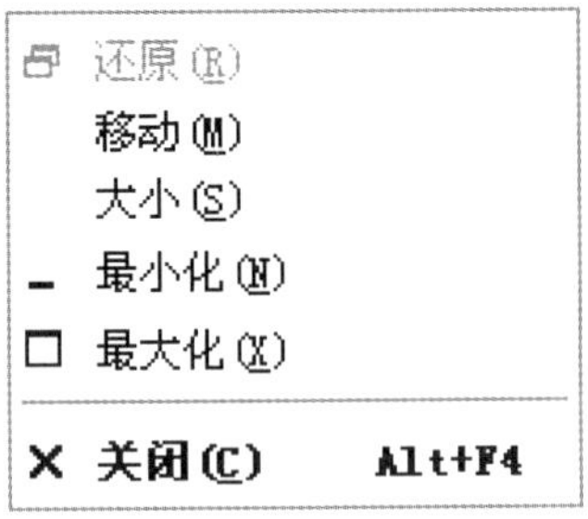

还原(R)
移动(M)
大小(S)
最小化(N)
最大化(X)
关闭(C) Alt+F4

图 3-5 “窗口控制菜单”

（7）状态栏。状态栏用于显示当前的操作状态。状态栏是可选的，可显示，也可隐藏。若显示，将出现在窗口的最下方。

（8）窗口边框和窗口角。用鼠标拖动窗口边框来任意改变窗口的大小。当窗口最大化时不可更改窗口的大小。

（9）工作区。窗口内部为工作区域，用户的工作主要在工作区里面完成。

2. 窗口的操作

（1）打开窗口控制菜单。右键单击“标题栏”，可弹出窗口控制菜单，窗口控制菜单中有针对窗口操作的各种命令。

（2）最小化窗口。单击窗口的最小化按钮，或打开窗口控制菜单选择“最小化”命令，窗口缩小为一个按钮显示在任务栏上。

（3）最大化窗口。一个窗口一般只占屏幕的部分空间，当用户需要查看更多的内容时，可使窗口最大化，布满整个屏幕。方法是：单击窗口的最大化按钮；或双击标题栏；或打开窗口控制菜单，选择“最大化”命令。

（4）还原窗口。当窗口最大化时，为使窗口恢复成原来大小，可用方法是：单击窗口的还原按钮；或双击标题栏；或打开窗口控制菜单，选择“还原”命令。

（5）关闭窗口。单击“关闭”按钮；或双击控制菜单栏；或打开窗口控制菜单，选择“关闭”命令；当窗口最小化时，指向任务栏上的窗口按钮，单击右键，会打开窗口控制菜单，选择“关闭”命令。

（6）移动窗口。将鼠标指针指向窗口“标题栏”，按住鼠标左键不放，移动鼠标（此时屏幕上会出现一个虚线框，标明窗口将要移到的位置）到所需要的位置，释放鼠标，完成窗口的移动。窗口最大化、最小化时不可移动。

（7）改变窗口大小。将鼠标指针指向窗口边框或窗口角，待鼠标指针变成双向箭头，按下鼠标左键拖曳，即可改变窗口的大小。窗口最大化、最小化时不可改变窗口大小。

（8）滚动窗口内容。将鼠标指针移到滚动条的滚动块上，按住左键拖曳滚动块完成滚动；或是单击滚动条两边的箭头按钮完成滚动；或是将鼠标指针指向窗口工作区，推动鼠标中间的滚轮进行滚动。

（9）切换窗口。当打开多个窗口，需要在不同的窗口之间进行切换时，可用如下方法：用鼠标单击“任务栏”上的窗口按钮实现切换；各窗口没有完全挡住时，单击窗口的暴露部分实现切换；使用快捷键【Alt + Tab】或【Alt + Esc】实现切换。

（10）排列窗口。窗口排列有层叠窗口、堆叠显示窗口、并排显示窗口和显示桌面 4 种方式。用鼠标右键单击“任务栏”空白处，弹出如图 3-6 所示的菜单，选择任意排列方式。如果选择“显示桌面”，将最小化所有窗口。

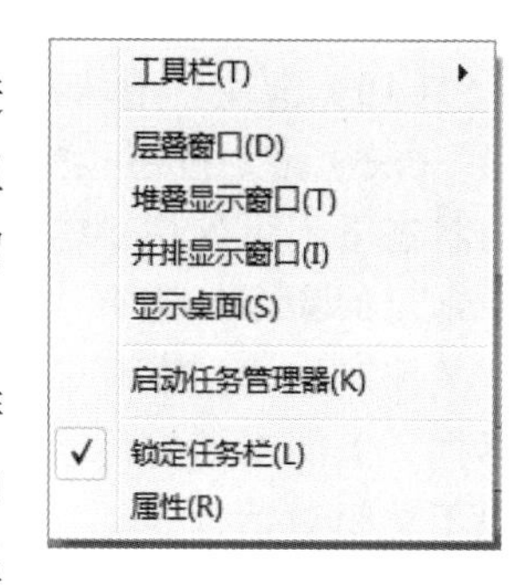

图 3-6“排列窗口”菜单

3. 对话框的组成及操作

对话框是 Windows 7 和用户进行信息交流的界面。对话框是一种特殊的窗口，它没有控制菜单图标、最大/最小化按钮，对话框的大小不能改变，可对它进行移动或关闭。如图 3-7 所示为一个典型的对话框。对话框一般包含以下组件。

（1）标题栏。标题栏显示对话框的名称，用鼠标拖曳标题栏可以移动对话框。

（2）关闭按钮。在对话框右上角有关闭按钮。单击关闭按钮可关闭对话框，但对对话框的选项设置不生效。

（3）选项卡。如果一个对话框中包含的设置项较多，通常将一组相关功能设置做成一个选项卡。通过选择选项卡可以在对话框的几组功能中选择一组。如图 3-7 在“文件夹选项”对话框中包含了“常规”“查看”“搜索”3 个选项卡。

（4）单选按钮。单选按钮是一组相关的选项，在这组选项中必须选择一个，且只能选择一个选项，被选中的按钮中出现“●”。

（5）复选框。复选框给出一些具有开关状态的设置项，可以根据需要选择一个或多个选项，甚至可全选或全不选。复选框被选中时，在框中出现“√”，单击一个被选中的复选框则该复选框失选。

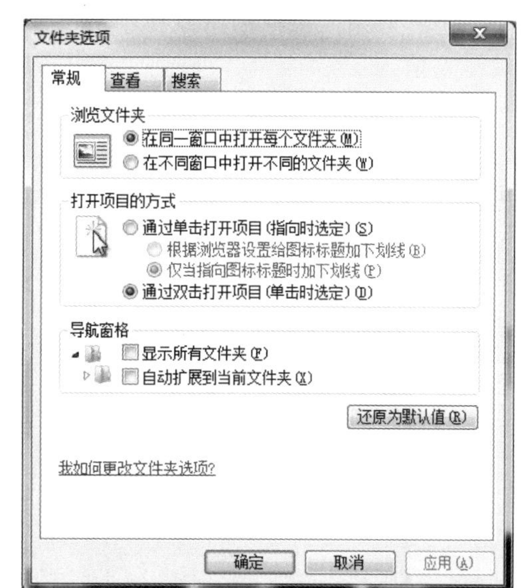

图 3-7“文件夹选项”对话框

（6）列表框。列表框显示多个选项，用户只能选择其中一项。当选项不能全部显示在列表框中时，系统会提供滚动条供用户查找或选择其他选项。

（7）下拉列表框。下拉列表框只显示用户选择使用的选项，如果要更改或查看其他选项，单击下拉列表框的向下箭头可以打开列表供用户选择或查看。

（8）文本框。文本框是用于输入文本信息的一种矩形区域。

（9）数值框。数值框用于显示数值参数。单击数值框右边的微调按钮可以改变数值的大小，也可以直接输入一个数值。

（10）滑块。滑块用于调整参数。左右拖动按钮可改变数值的大小或速度的快慢。

（11）命令按钮。单击命令可执行一个命令。如果命令按钮呈暗灰色，表示该按钮在当前状态下不可使用；如果命令按钮名后带有省略号“…”，表示将打开一个对话框。对话框中常见的命令按钮有“确定”“取消”和“应用”。“确定”表示保存当前对话框的选项设置并关闭对话框，关闭对话框后设置生效。“取消”表示取消当前对话框的选项设置并关闭对话框，关闭对话框后设置不生效。“应用”表示保存对话框的选项设置并使设置马上生效，但不关闭对话框。

3.2.5 Windows 7 菜单和工具栏

1. 菜　单

菜单是一种用结构化方式组织的操作命令的集合，在 Windows 7 中，有 4 种形式的菜单，它们是：“开始”菜单、控制菜单、菜单栏菜单和快捷菜单。

（1）打开菜单。对于不同的菜单，其打开方法是不同的。

①“开始”菜单。用鼠标单击“开始”按钮，或用快捷键【Ctrl + Esc】即可打开“开始”菜单。

② 控制菜单。用鼠标右击标题栏，或用快捷键【Alt + Space】可打开控制菜单。

③ 菜单栏菜单。用鼠标单击菜单名，或用快捷键【Alt + 菜单栏上带下划线的字母】可打开相应的菜单。如图 3-8 所示，“计算机”窗口中的“查看”菜单。

④ 快捷菜单。用鼠标右键单击对象，即可打开作用于该对象命令的快捷菜单。如图 3-9 所示，右击“我的电脑”打开快捷菜单。

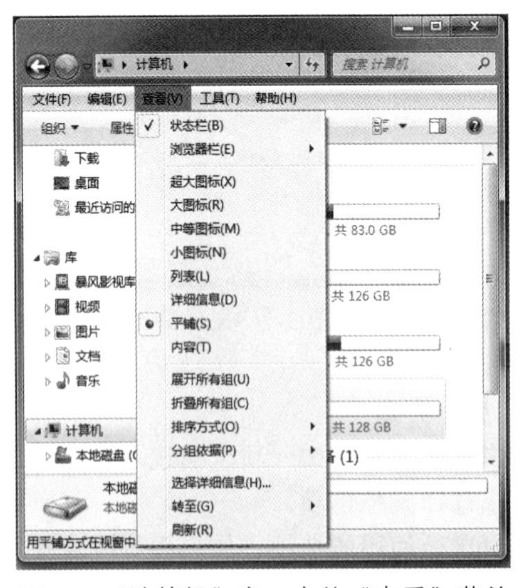

图 3-8 “计算机”窗口中的“查看”菜单

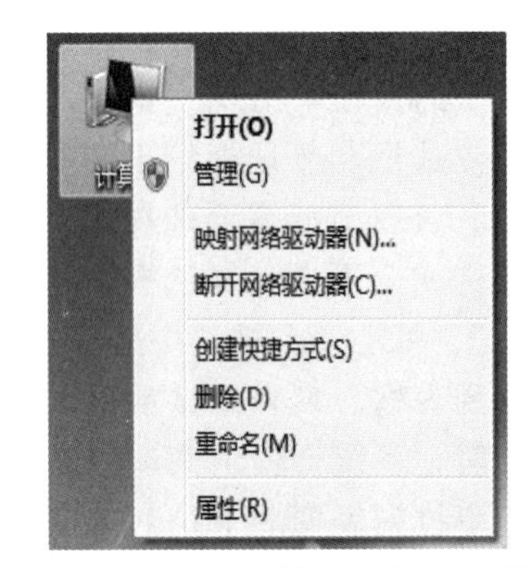

图 3-9 右击“计算机”打开的快捷菜单

（2）取消菜单。打开菜单后，如果不需要任何该菜单的命令操作，可用鼠标单击菜单以外的任何地方或按【Esc】键取消当前打开的菜单。

（3）菜单中的命令。在 Windows 7 中，菜单命令中有一些约定的标记，不同的标记代表不同的含义。

① 高亮显示条，表示当前指向的命令。

② 颜色灰暗的命令，表示该命令在当前状态下不可用。

③ 命令名后有带下划线的字符，称为热键。在显示出下拉菜单后，用户可以在键盘上按热键来选择命令。

④ 命令名后带有省略号“…”，表示执行该命令后会打开一个对话框，要求用户在对话框操作。

⑤ 命令名右侧有“▸”标记，表示当鼠标指向该命令时，会弹出一个子菜单。

⑥ 命令名前有选择标记“√”，表示该命令有效；再次选择此命令，“√”标记消失，表示该命令不起作用。

⑦ 命令名前带有“●”标记，表示该命令是分组菜单中的一个选项。在一个分组菜单中，有且只有一个命令前有“●”标记，表示该命令被选中，当前它在起作用。

⑧ 命令名后有组合键，表示可使用组合键直接执行相应的命令，而不必通过菜单。

2. 工具栏

Windows 7 应用程序中大多数都有工具栏，工具栏是由若干的命令按钮组成。如图 3-10 所示是“写字板”中的工具栏。

当移动鼠标指针指向工具栏上的某个按钮时，稍停片刻，将显示该工具按钮的功能名称。

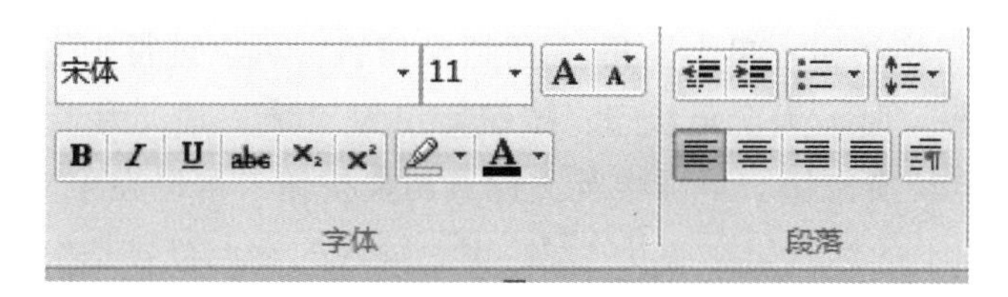

图 3-10“写字板”中的工具栏

3.2.6　Windows 7 中的中文输入法

Windows 7 提供有多种中文输入法，如微软拼音输入法、智能 ABC 输入法、全拼输入法、双拼输入法、区位码输入法、郑码输入法等，用户还可以安装自己习惯的输入法，如五笔字型输入法。当需要输入中文时，要先调出自己习惯的中文输入法，然后根据其规则输入汉字。学习汉字输入方法的关键，就是掌握汉字输入法的调用方法、汉字的编码规则及输入汉字的操作步骤。

1. 中文输入法的选择与切换

当需要输入中文时，可利用鼠标或键盘选择一种中文输入法进行中文输入，并可在不同的输入法之间切换。

（1）利用键盘。使用快捷键【Ctrl + Space】可以在英文和当前中文输入法之间切换；

使用快捷键【Ctrl + Shift】可以在英文和各种中文输入法之间进行切换。

（2）利用鼠标。单击任务栏中的输入法指示器，将弹出输入法选择菜单，如图 3-11 所示。在输入法选择菜单中列出了当前系统已安装的所有中文输入法。选择某种中文输入法，即可切换到该中文输入法状态下，任务栏上输入法指示器的图标将随输入法的不同而发生相应改变。

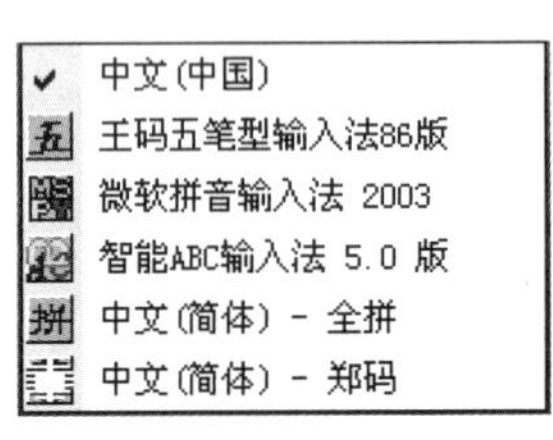

图 3-11 输入法选择菜单

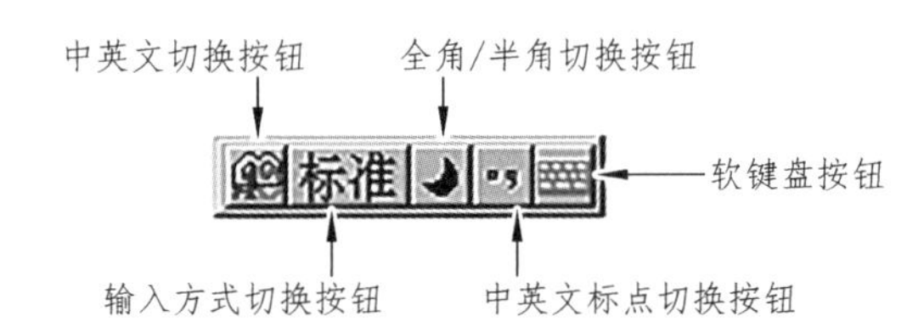

图 3-12 “智能 ABC”输入法状态栏

2. 中文输入法状态栏

选择一种中文输入法后，屏幕将会出现与之对应的输入法状态栏，如图 3-12 所示。

（1）中英文切换按钮。单击中英文切换按钮，可以实现中英文输入法的切换。当按钮标识为大写英文字母“A”时，为英文输入状态。

（2）输入方式切换按钮。某些中文输入法中，还含有其携带的其他输入方式（如“智能 ABC”输入法就有标准和双打两种输入方式），使用输入方式切换按钮可以在当前输入法的不同输入方式之间切换，并在按钮上标识该输入方式的名称。

（3）全角/半角切换按钮。单击全角/半角切换按钮，可以进行中文输入的全角/半角切换。按钮标识为“●”时，为全角状态；按钮标识为“◑”时，为半角状态。

（4）中英文标点切换按钮。单击中英文标点切换按钮，可以在中文标点与英文标点之间进行切换。当按钮上的标点呈空心状“。，”时，输入的标点符号是中文标点符号；反之，当按钮上的标点呈实心状“.,”时，输入的标点符号是英文标点符号。

（5）软键盘按钮。单击软键盘按钮，可以打开或关闭软键盘。Windows 7 为用户提供了 13 种软键盘布局，利用这些软键盘，可以输入各种符号。右击软键盘按钮，屏幕上就会弹出软键盘菜单，如图 3-13 所示。在软键盘菜单中选择一种软键盘格式后，相应的软键盘会显示在屏幕上，如图 3-14 所示。

图 3-13 软键盘菜单

图 3-14 “数学符号”软键盘

3.2.7　启动和退出应用程序

1. 启动应用程序

启动应用程序的方法有很多，不可能一一列举，下面仅介绍几种常用的方法。

（1）利用桌面上的快捷方式图标启动应用程序。

快捷方式是一个连接对象的图标，它不是对象本身，而是指向对象的指针。因此，打开快捷方式实际上就是打开该快捷方式所指向的应用程序。

为了快速地启动某个应用程序，通常在桌面上创建它的快捷方式，以后通过打开这个快捷方式，即可打开对应的应用程序。

（2）通过“开始”菜单启动应用程序。

单击“开始”按钮，弹出“开始”菜单，指向“所有程序”，将会展开“所有程序”的列表，指向包含该程序的文件夹，找到程序并单击即可打开。如图 3-15 所示。

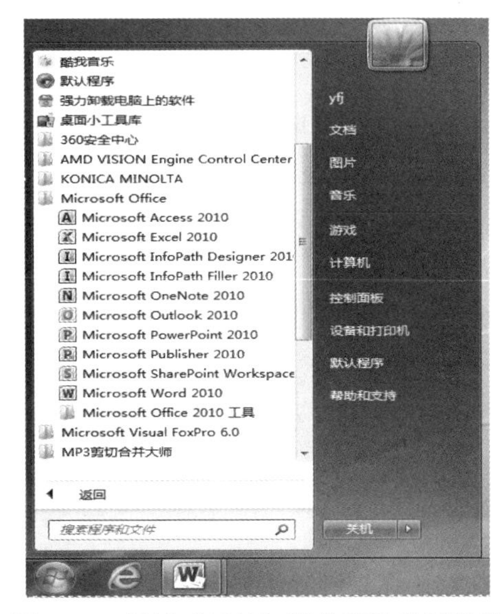

图 3-15　通过“开始”菜单打开应用程序

实际上“开始”菜单中“所有程序”中存放的也是应用程序的快捷方式。

（3）通过“计算机”启动应用程序。

有些程序在安装时并没有把它的快捷方式创建到桌面，要运行这些程序，可使用“计算机”浏览驱动器和文件夹，找到应用程序所存放的位置，然后打开它。如图 3-16 所示，通过“计算机 | 本地磁盘(C:) | Program Files | Microsoft Office | office14 | EXCEL.EXE”，找到电子表格 Excel 的应用程序并双击打开。

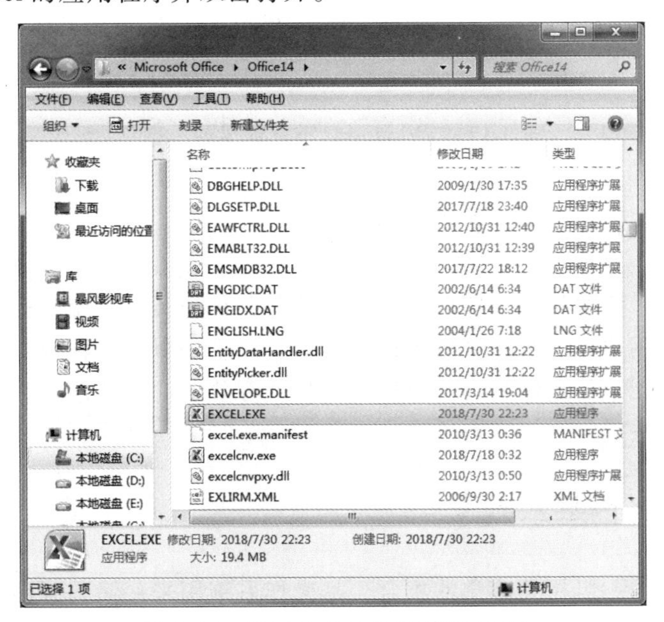

图 3-16　通过文件夹打开应用程序

2. 退出应用程序

退出应用程序的方法也很多，常用的有以下几种：

（1）单击应用程序窗口的“关闭”按钮。

（2）右击“标题栏”，在弹出的控制菜单中选择“关闭”命令。

（3）在应用程序中执行“文件 | 关闭”菜单命令。

（5）用快捷键【Alt + F4】。

（6）用“Windows 任务管理器”关闭。按【Ctrl + Alt + Delete】键，选择“启动任务管理器”，打开“Windows 任务管理器”窗口，如图 3-17 所示。单击“应用程序”选项卡，在列表框中显示了正在运行的所有应用程序，选中要关闭的应用程序，单击“结束任务”按钮即可。

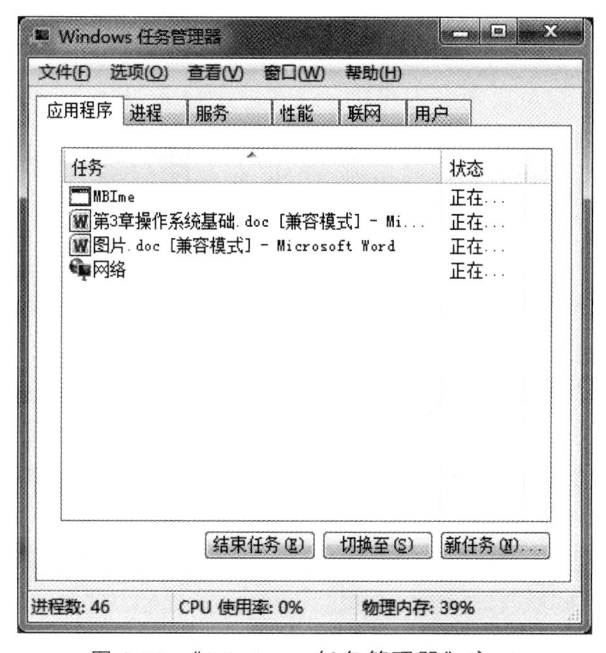

图 3-17 “Windows 任务管理器”窗口

3.3 Windows 7 的文件管理

在操作系统中，负责管理和存取文件信息的部分称为文件系统或资源管理系统。在文件系统的管理下，用户可以按照文件名访问文件，而不必考虑各种外存储器的差异，不必了解文件在外存储器上的具体物理位置以及是如何存放的。文件系统为用户提供了一个简单、统一的访问方法。

3.3.1 文件的基本概念

文件是有名称的一组相关信息的集合，是操作系统用来存储和管理信息的基本单位。

在计算机系统中，所有的程序和数据都是以文件的形式存放在计算机的外存储器（如磁盘等）中。

1. 文件名

每个文件都必须有一个确定的名字，这样才能做到对文件进行按名存取的操作。通常文件名由主名和扩展名两部分组成，主名和扩展名之间用“·”分隔。一般来说，文件名应该是有意义的词汇或数字组合，以便用户识别。

Windows 7 文件命名规则如下：

（1）Windows 7 采用长文件名，文件名（包括扩展名）最多可由 255 个字符组成。

（2）扩展名用以标识文件类型或创建此文件的程序，通常由 3 个或 3 个以上字符组成。

（3）文件名不区分大小写，可使用汉字。

（4）文件名中不能出现以下字符：/\ ： * ？ "<> |。

（5）可以使用多分隔字符的名字。如：files.office.temp.1033.doc。文件名最后一个“.”后的字符串 doc 才是此文件的扩展名，前面部分 files.office.temp.1033 为文件主名。

2. 文件类型

文件的扩展名表示文件的类型。Windows 中常见的文件扩展名及其类型如表 3-2 所示。

表 3-2 Windows 中常见的文件扩展名及其类型

扩展名	文件类型	扩展名	文件类型
.EXE	可执行文件	.TXT	纯文本文档
.COM	系统命令文件	.RTF	带格式的文本文档
.SYS	系统文件	.ZIP	ZIP 格式压缩文件
.C	C 语言源程序	.RAR	RAR 格式压缩文件
.BAS	Basic 语言源程序	.HTML	静态网页文件
.CPP	C＋＋语言源程序	.ASP	动态网页文件
.JAVA	JAVA 语言源程序	.BAK	备份文件
.OBJ	目标文件	.SWF	Flash 动画发布文件
.DOC	Word 文档	.BMP、.JPG、.GIF	图像文件
.XLS	Excel 文档	.WMA、.RM、.AVI	视频文件
.PPT	PowerPoint 文档	.WAV、.MP3、.MID	音频文件

3. 文件属性

除了文件名外，文件还有文件大小、创建时间、修改时间信息等属性。图 3-18、图 3-19 是 Windows 7 中两种不同文件的属性对话框。

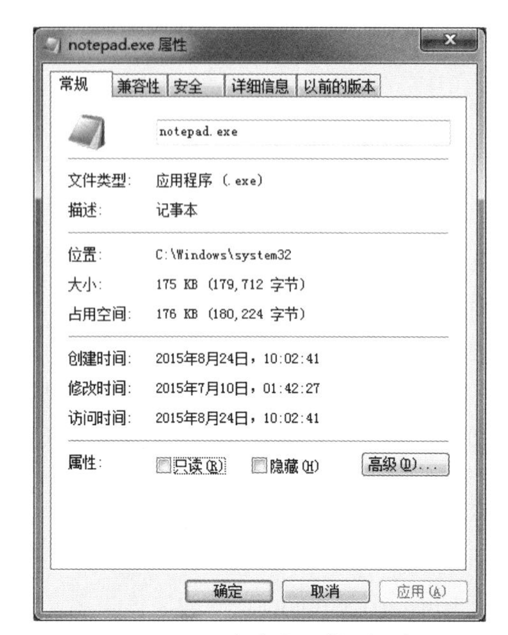

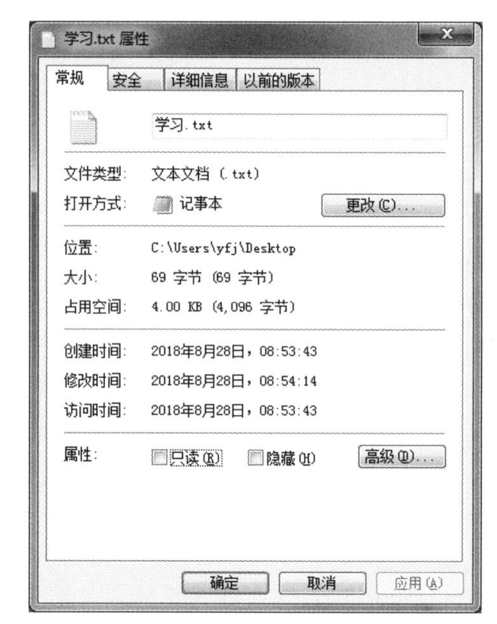

图 3-18 程序文件属性对话框

图 3-19 文档文件属性对话框

用户常需设置的属性有 3 种。

（1）只读。具有“只读”属性的文件只能读，不能进行改写。

（2）隐藏。对重要的文件可以将其设为“隐藏”属性，一般情况下隐藏属性的文件是不显示的，这样可以防止文件误删除、被破坏等。如果系统设置了显示隐藏文件，则隐藏文件的图标是暗淡的，表明它是具有隐藏属性的文件。

（3）存档。当建立一个新文件或修改旧文件时，系统会把“存档”属性赋予这个文件。当备份程序备份文件时，会去掉存档属性，之后，如果又修改了这个文件，则它又获得了存档属性。所以备份程序可以通过文件的存档属性，识别出该文件是否备份过或做过了修改。实际上备份程序只备份具有存档属性的文件，不具有存档属性的文件表示在上一次备份之后没有做过修改，不需要再次备份。

3.3.2 目录管理

目录又称文件夹，用于分类存放文件。

1. 树形目录结构

一个磁盘上的文件成千上万，为了有效管理和使用文件，Windows 系统采用树形结构对文件进行管理。用户在磁盘上创建目录（文件夹），在目录下再创建子目录（子文件夹），一直可以嵌套若干级，也就是将目录结构构建成树形结构，如图 3-20 所示。这种目录结构像一棵倒挂的树，树根为根目录，树中每一个分支为子目录，树叶为文件。在树形结构中，用户可以将同一项目相关的文件放在同一个目录中，也可以按文件类型或用途将文件分类存放；同名文件可以存放在不同的目录中，同一目录中不可存放两个同名的文件。

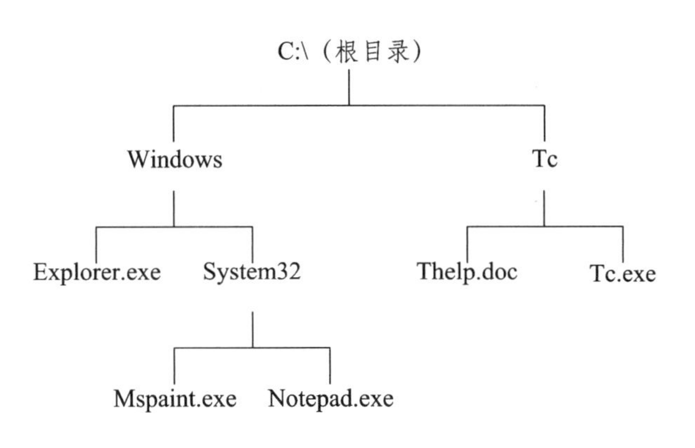

图 3-20　树形目录结构

2. 文件路径

当一个磁盘的目录结构建立好之后，就将所有的文件分类别存放在不同的目录中。若要访问的文件不在当前目录，就必须要加上文件路径，文件系统才能找到所需要的文件。通常，文件路径显示在“计算机”窗口的“地址栏”中。

文件路径分为两种：绝对路径和相对路径。

（1）绝对路径：从根目录开始，依序到该文件之前的名称。

（2）相对路径：从当前目录开始到某个文件之前的名称。

如图 3-20 所示的目录结构中，文件 Mspaint.exe 的绝对路径为 C:\Windows\System32。文件 Tc.exe 的绝对路径为 C:\Tc。如果当前目录为 C:\Windows，则文件 Thelp.doc 的相对路径为..\Tc（..表示当前目录的上一级目录）。

3.3.3 “计算机”窗口

Windows 7 提供了“计算机”对文件进行管理。利用它们可以显示文件夹的结构和文件的详细信息、启动应用程序、对文件进行诸如打开、查找、复制文件、删除等操作。如图 3-21 所示。

1. 修改其他查看选项

执行“工具 | 文件夹选项”命令，弹出“文件夹选项”对话框，设置查看文件或文件夹的方式。其中常用的选项设置包括：

（1）“常规”选项卡（见图 3-22）用来设置显示风格。

① 是使用“在同一窗口中打开每个文件夹”，还是“在不同的窗口中打开不同的文件夹”。

② 是使用“通过单击打开项目（指向时选定）”，还是“通过双击打开项目（单击时选定）”。

（2）“查看”选项卡（见图 3-23）用来设置显示方式。常用的有：

① 在“隐藏文件和文件夹”选项中，是“不显示隐藏的文件和文件夹”，还是“显示

所有的文件和文件夹”。

② 是否“隐藏已知文件类型的扩展名”。

③ 是否“在标题栏显示完整路径”。

图 3-21 “计算机”窗口中打开“地址栏”的下拉列表

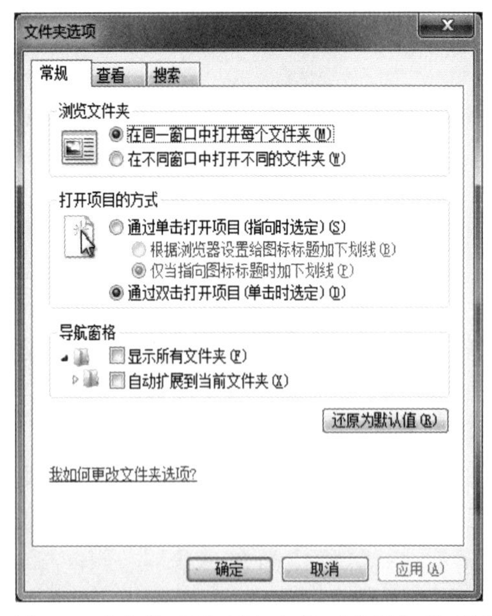

图 3-22“文件夹选项”中的“常规”选项卡

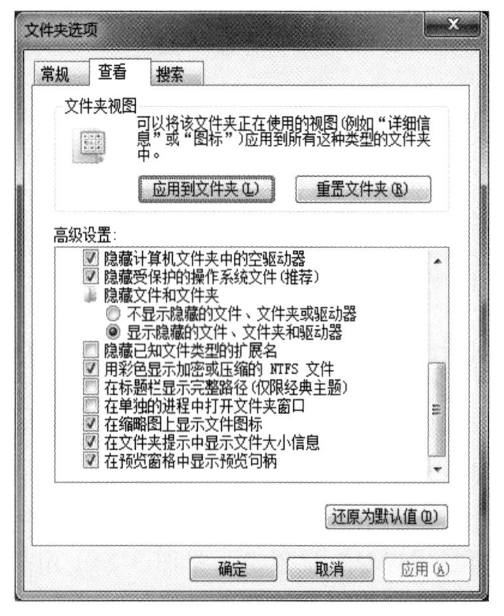

图 3-23“文件夹选项”中的“查看”选项卡

3.3.4 管理文件和文件夹

管理文件和文件夹是“计算机”的主要功能。管理文件和文件夹的操作有 4 类：通过菜单命令、拖曳鼠标、使用快捷菜单命令和键盘操作。

1. 选定文件或文件夹

在 Windows 中要操作对象，必须先选定对象。只有选定对象后，才可以对它们执行进一步的操作。

（1）选定单个文件或文件夹。单击要选定的文件和文件夹即可。

（2）选定多个连续的文件或文件夹。单击所要选定的第一个文件或文件夹，然后按住【Shift】键不放，单击最后一个文件或文件夹。或者是按住鼠标拖动出一个矩形虚框，将要选定的连续的文件或文件夹框住，实现对多个连续的文件或文件夹的选定。

（3）选定多个不连续的文件或文件夹。单击所要选定的第一个文件或文件夹，然后按住【Ctrl】键不放，单击其他要选择的文件或文件夹。

2. 复制文件或文件夹

选定要复制的文件或文件夹。

（1）使用菜单命令。执行“编辑 | 复制”菜单命令，打开目标盘或目标文件夹，执行“编辑 | 粘贴”菜单命令。

（2）使用快捷菜单命令。鼠标指向选定的文件或文件夹，单击右键，在弹出的快捷菜单中选择“复制”命令，打开目标盘或目标文件夹，在工作区空白处单击右键，在弹出的快捷菜单中选择“复制”命令。

（3）使用鼠标拖曳。在同一驱动器之间复制，按住【Ctrl】键不放，用鼠标将选定的文件或文件夹拖曳到目标文件夹。在不同的驱动器之间复制，只要用鼠标将选定的文件或文件夹拖曳到目标文件夹就可以了，不必使用【Ctrl】键。

3. 移动文件或文件夹

选定要移动的文件或文件夹。

（1）使用菜单命令或快捷菜单命令。移动文件或文件夹的方法类似复制操作，只要将选择的“复制”命令改成“剪切”命令即可。

（2）使用鼠标拖曳。在同一驱动器之间移动，用鼠标将选定的文件或文件夹拖曳到目标文件夹。在不同的驱动器之间移动，按住【Shift】键不放，用鼠标将选定的文件或文件夹拖曳到目标盘或目标文件夹。

4. 发送文件或文件夹

在 Windows 7 中，可以直接把文件或文件夹发送到“传真收件人”“文档”“压缩文件夹”“邮件接收者”“桌面快捷方式”“文档”或“磁盘”等地方。

选定要发送的文件或文件夹。

（1）使用菜单命令。执行“文件 | 发送到”菜单命令，从弹出的子菜单中选定发送目标。

（2）使用快捷菜单命令。鼠标指向选定的文件或文件夹，单击右键，在弹出的快捷菜单中选择“发送到”命令，从弹出的子菜单中选定发送目标。

“发送到”子菜单中的命令如图 3-24 所示。

图 3-24 “发送到”子菜单

5. 删除文件或文件夹

删除分为两种：逻辑删除和物理删除。逻辑删除是指将删除的对象放入“回收站”，在需要的时候再从回收站中将其还原到原来的位置。物理删除是指将删除的对象从磁盘中删除，不能再还原。

先选定要删除的文件或文件夹。

（1）使用菜单命令。执行“文件 | 删除”菜单命令，将要删除的对象放入回收站。如果在选择“删除”命令之前按住【Shift】键不放，则将要删除的对象从磁盘中删除。

（2）使用快捷菜单命令。鼠标指向选定的文件或文件夹，单击右键，在弹出的快捷菜单中选择“删除”命令，将要删除的对象放入回收站。如果在选择“删除”命令之前按住【Shift】键不放，则将要删除的对象从磁盘中删除。

（3）使用鼠标拖曳。用鼠标将选定的文件或文件夹拖曳到“回收站”。在拖曳的同时按住【Shift】键不放，则将拖曳的对象从磁盘中删除而不放入回收站。

当删除的对象的大小比回收站的空间大时，系统会提示该对象太大，无法放入回收站，则该对象直接从磁盘中删除而不放入回收站。

逻辑删除的快捷键【Delete（Del）】，物理删除的快捷键【Shift + Delete（Del）】。图 3-25 为逻辑删除的“确认文件删除”对话框，图 3-26 为物理删除的“确认文件删除”对话框。

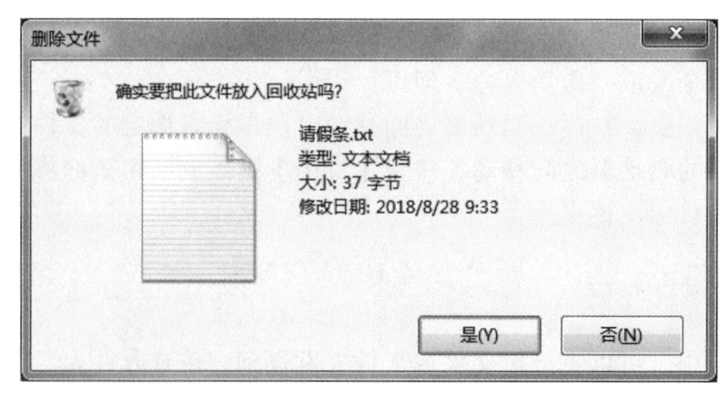

图 3-25 逻辑删除的“确认文件删除”对话框

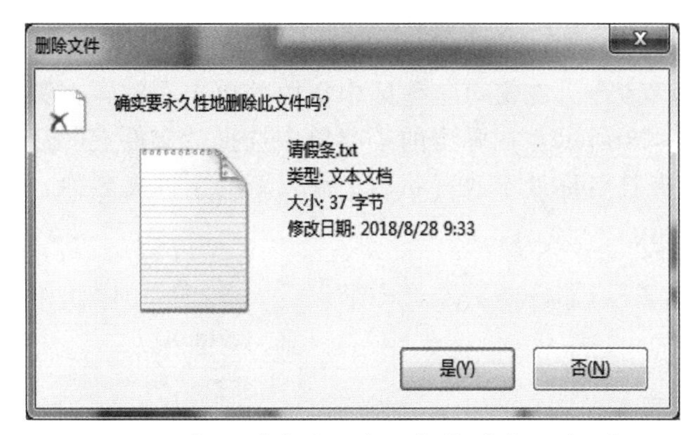

图 3-26　物理删除的“确认文件删除”对话框

6. 恢复被删除的文件或文件夹

对文件或文件夹进行操作，难免由于误操作而将有用的文件或文件夹删除，此时可借助“撤销删除”命令或从“回收站”将被删除的文件恢复。

（1）使用菜单命令。执行“编辑 | 撤销删除”命令，将文件恢复。

（2）使用“回收站”。打开“回收站”窗口，选中要恢复的文件或文件夹，在“文件”菜单或快捷菜单上选择“还原”命令，将文件恢复。

恢复删除指恢复逻辑删除的文件或文件夹。如果进行的是物理删除，则被删除的文件或文件夹不能再恢复。

7. 创建新文件夹

先进入创建新文件夹的位置。

（1）使用菜单命令。执行“文件 | 新建”菜单命令，在弹出的如图 3-27 所示的“新建”子菜单中选择“文件夹”命令，窗口工作区中出现默认名称的新文件夹，且名称处于改写状态；输入新的文件夹名称，按【Enter】键或鼠标单击其他任何地方即可。

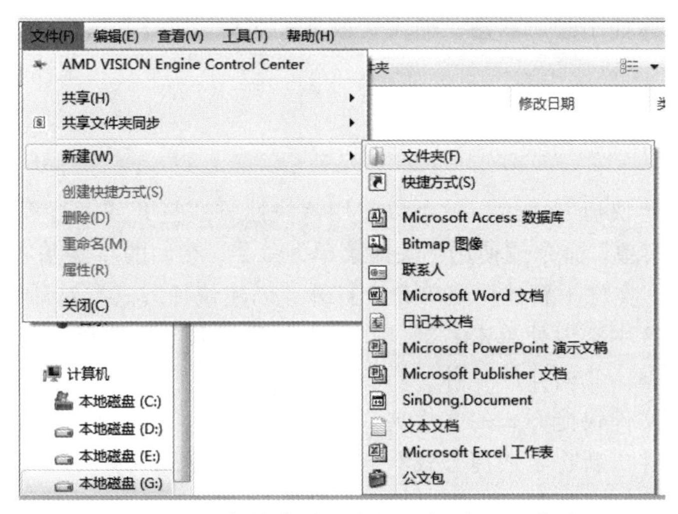

图 3-27　“文件菜单”中的“新建”子菜单

（2）使用快捷菜单命令。在窗口工作区中空白处单击右键，在弹出的快捷菜单中选择“新建”命令，如图 3-28 所示。在弹出的子菜单中选择“文件夹”命令，窗口工作区中出现默认名称的新文件夹且名称处于改写状态；输入新的文件夹名称，按【Enter】键或鼠标单击其他任何地方即可。

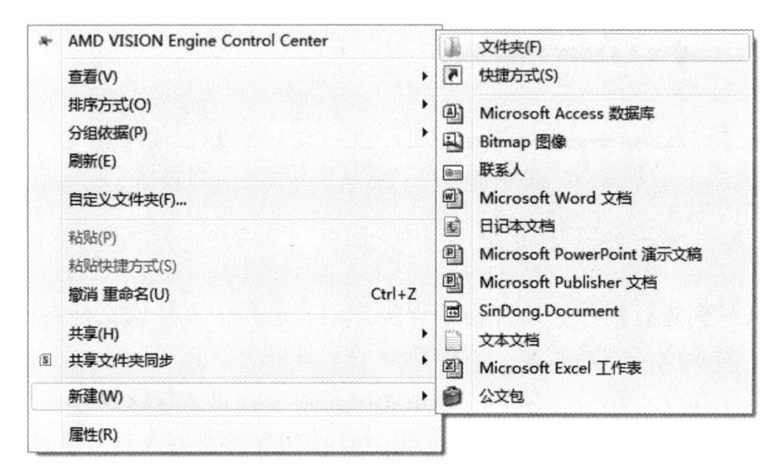

图 3-28 “快捷菜单”中的“新建”子菜单

8. 创建新的文件

先打开创建新文件的文件夹。

（1）使用菜单命令。执行“文件 | 新建”菜单命令，在弹出的如图 3-27 所示的“新建”子菜单中选择文件类型，窗口工作区中出现默认名称的新文件，且名称处于改写状态；输入新的文件名称，按【Enter】键或鼠标单击其他任何地方即可。

（2）使用快捷菜单命令。在窗口工作区中空白处单击右键，在弹出的快捷菜单中选择“新建”命令，如图 3-28 所示。在弹出的子菜单中选择文件类型，窗口工作区中出现默认名称的新文件且名称处于改写状态；输入新的文件名称，按【Enter】键或鼠标单击其他任何地方即可。

9. 创建文件的快捷方式

为一个文件创建快捷方式后，就可以使用该快捷方式打开或运行程序。创建文件快捷方式也可以使用“菜单”命令或使用“快捷菜单”命令，它们的步骤基本上相同，只是“菜单”命令通过执行“文件 | 新建”菜单命令打开“创建快捷方式”对话框；“快捷菜单”命令通过在窗口工作区中空白处单击右键，在弹出的快捷菜单中选择“新建”命令打开“创建快捷方式”对话框。我们介绍一种，步骤如下：

（1）打开创建文件快捷方式的文件夹。

（2）执行“文件 | 新建 | 快捷方式” 命令，打开如图 3-29 所示的“创建快捷方式”对话框。

图 3-29“创建快捷方式”对话框

（3）在“请键入对象的位置”文本框中，输入要创建快捷方式的文件的路径和名称，或通过“浏览”按钮选择文件。

（4）选定文件后，单击“下一步”按钮，输入快捷方式的名称，单击“完成”按钮。

通常，文件的快捷方式都是放在桌面上，便于用户快速打开文件或应用程序。要将快捷方式创建到桌面上方法更简单：选中对象，使用前面所讲的“发送到 | 桌面快捷方式”方法，即可在桌面上创建所选中对象的快捷方式。

10. 更改文件或文件夹的名称

一次只能对一个文件或文件夹改名。先选中需要改名的文件或文件夹。

（1）使用菜单命令。执行“文件 | 重命名”菜单命令，使名称处于改写状态，输入新的名称，之后按【Enter】键或鼠标单击其他任何地方即可。

（2）使用快捷菜单命令。指向被选中的文件或文件夹，单击右键，在弹出的快捷菜单中选择“重命名”命令，使名称处于改写状态；输入新的名称，之后按【Enter】键或鼠标单击其他任何地方即可。

（3）指向被选中的文件或文件夹的名称处单击，使名称处于改写状态；输入新的名称，然后按【Enter】键或鼠标单击其他任何地方即可。

11. 查看或修改文件或文件夹的属性

（1）选定要查看或修改属性的文件或文件夹。

（2）执行“文件 | 属性”菜单命令，或指向被选中的文件或文件夹单击右键，在弹出的快捷菜单中选择“属性”命令，打开如图 3-30 所示的“属性”对话框。

（3）在“常规”选项卡中，用户可以查看该文件的以下信息：文件名、文件类型、打开方式、位置、大小、占用空间、创建时间、修改时间、访问时间和属性等。

（4）可在“属性”栏中修改该文件的属性。文件属性一般包括“只读”“隐藏”和“存档”3 种。属性名前的框中如果有“√”标记，表示该文件具有此属性，否则不具有。

（5）查看或修改结束后，按“确定”按钮。

图 3-30 文件“属性”对话框

3.3.5 文件的查找

当要查找一个或一批文件或文件夹时，可使用文件“搜索”功能，设置搜索条件，查找所需的文件。

打开“计算机”窗口，选择搜索范围（磁盘或文件夹），在搜索栏内输入要搜索的文件或文件夹名称，如图 3-31 所示。* 号作为通配符，代替任意的字符串。还可以设置搜索条件，如文件修改时间、大小等。

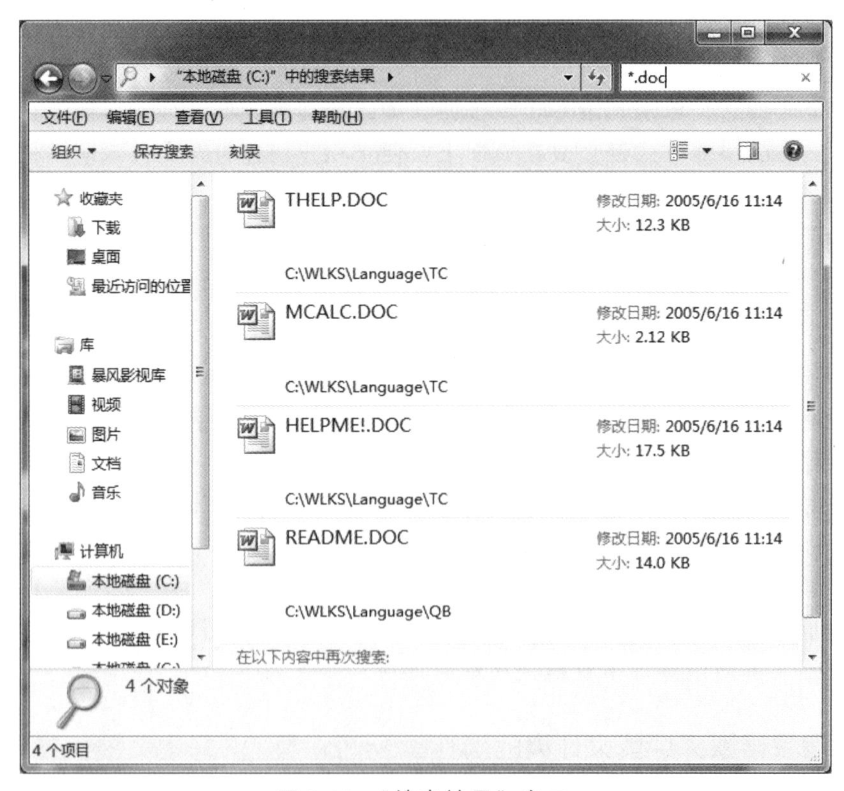

图 3-31 “搜索结果”窗口

本章小结

操作系统是计算机中最重要的系统软件，是整个计算机系统的控制和管理中心。操作系统已成为现代计算机中不可缺少的部分，而且操作系统的性能很大程度上直接决定了整个计算机系统的性能。在本章中，我们首先介绍了操作系统的基本原理和主要功能以及目前流行的几种操作系统的特点，然后介绍了 Windows 7 操作系统的功能与使用方法。希望通过本章学习，读者能了解计算机操作系统的基本知识、基本概念，掌握 Windows 7 的基本操作。

思考题

1. 什么是操作系统？操作系统的功能有哪些？
2. 操作系统主要分为哪几类？常用的操作系统有哪些？
3. 描述 Windows 操作系统的发展，有哪些经典的 Windows 操作系统版本？
4. 简述 Windows 7 中窗口和对话框的区别。
5. Windows 7 对文件如何进行管理？
6. Windows 7 中文件的操作主要包含哪些？如何操作？

第 4 章　计算机网络基础

本章学习要点：

- 计算机网络基础知识；
- 浏览器的使用和计算机网络资源的使用；
- 电子邮件系统的基础知识；
- 电子邮件系统的使用；
- 电子商务、物联网与云计算的基础知识。

20 世纪 90 年代以后，随着计算机的日益普及，以 Internet 为代表的计算机网络在全世界范围内迅猛发展，网络应用逐渐渗透到大众媒体、经济贸易、军事指挥、教育科研、办公自动化、娱乐以及日常生活等各个技术领域和社会的各个方面，从网上聊天、网上购物，到网上办公以及 E—mail 信息传递，我们无处不受 Internet 的影响。一个国家的计算机网络发展水平已成为衡量其综合国力和现代化程度的重要标志之一。

读者通过本章的学习，可以掌握计算机网络基础知识、计算机局域网基本概念、Internet 基础知识及基本应用、电子商务以及物联网与云计算的基础知识。

4.1　计算机网络基础概述

计算机网络是当今计算机科学与工程中迅速发展的新兴技术之一，也是计算机应用中一个空前活跃的领域。为了更好地掌握计算机网络的应用，应先了解计算机网络的基本知识。

4.1.1　计算机网络的概念

计算机网络是通信技术和计算机技术高速发展、相互结合的产物，它代表着计算机系统发展的重要方向，是信息社会最重要的基础设施，并将在 21 世纪的网络时代中进一步发展成为一切信息技术的核心。

计算机网络的定义随网络技术的更新可从不同的角度给以描述，国内较流行的定义是：计算机网络是将地理位置不同的具有独立功能的多台计算机系统及其外部设备，通过通信设备和线路连接起来，在网络操作系统、网络管理软件及网络通信协议的管理和协调下，实现资源共享和信息交流的系统。

计算机网络的目的在于实现资源共享和信息交流。资源共享指的是所有网内用户均能享受网内的计算机系统中的全部或部分资源，使网络中的资源互通有无、分工协作，从而提高系统资源的利用率。这里的资源包括软件资源和硬件资源，如软件、数据、网络存储、网络打印机、网络计算等。信息交流以交互方式进行，主要有网页、电子邮件、即时通信、视频点播等形式。

4.1.2　计算机网络的形成与发展

1. 计算机网络的形成

1946 年世界上第一台电子数字计算机 ENIAC 在美国诞生；在 20 世纪 50 年代中期，由于军事方面的需要，美国利用计算机技术建立了半自动化的地面防空系统（Semi-Automatic Ground Environment，SAGE），它将远程距离的雷达信息和其他测控设备的信息经远程通信线路汇集到一台 IBM 计算机上进行集中处理与控制，开始了计算机技术与通信技术相结合的尝试，这是计算机网络的雏形。

1969 年，美国国防部高级研究计划署（ARPA）组织建立了世界上第一个分组交换网 ARPANET，这是一个只有 4 个节点的存储转发方式的分组交换广域网，它就是现在 Internet 的前身。

美国多所大学经过共同努力，不断对 ARPANET 的基本技术进行完善，开发出了基于 TCP/IP 协议的互联网技术。Internet 意译就是网际网，即是由局域网连成的网。互联网最先应用于科研机构里，在多间机构的共同投资下，互联网的应用范围不断扩展，逐渐发展到现在的规模。

2. 计算机网络的发展

计算机网络出现的时间并不长，但发展速度很快。计算机网络的产生和演变过程经历了从简单到复杂、从低级到高级、从单机系统到多机系统的发展过程，发展到现在大体经历了 4 个阶段。

1）第一代计算机网络——面向终端的远程联机系统

20 世纪 60 年代中期之前的第一代计算机网络，是以单个计算机为中心的远程联机系统，如图 4-1 所示。系统中除了一台中心计算机，其余都是不具备自主处理功能的终端。各个用户在通信软件的控制下，在具有特殊的编辑和会话功能的终端上，分时轮流地使用中心计算机系统的资源。

典型应用是由一台计算机和全美范围内 2000 多个终端组成的飞机订票系统。终端是一台计算机的外部设备，包括显示器和键盘，无 CPU 和内存。

随着远程终端的增多，在主机前增加了前端机（FEP）来完成通信、信息压缩、代码转换等工作。当时，人们把计算机网络定义为“以传输信息为目的而连接起来，实现远程信息处理或进一步达到资源共享的系统”，但这样的通信系统已具备了网络的雏形。

这一阶段的特征是计算机与终端互连，实现远程访问。各终端用户只能共享一台主机中的软件、硬件资源，不提供相互的资源共享。网络功能以数据通信为主。

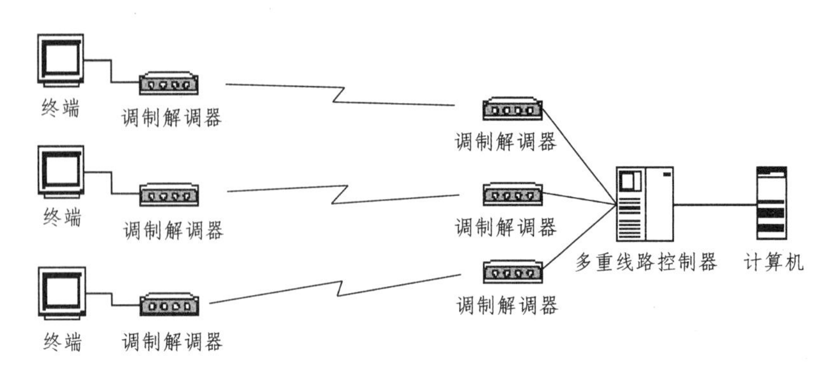

图 4-1 面向终端的远程联机系统

2）第二代计算机网络——共享资源的计算机网络

第二代计算机网络兴起于 20 世纪 60 年代后期，是以多个主机通过通信线路互联起来为用户提供服务，典型代表是美国国防部高级研究计划局协助开发的 ARPANET。1968 年 12 月，美国国防部高级研究计划署（ARPA，Advanced Research Projects Agency）的计算机分组交换网 ARPANET 投入运行。ARPANET 连接了美国加州大学洛杉矶分校、加州大学圣巴巴拉分校、斯坦福大学和犹他大学 4 个节点的计算机，主机之间不是直接用线路相连，而是由接口报文处理机（IMP）转接后互联的。IMP 和它们之间互联的通信线路一起负责主机间的通信任务，构成了通信子网。通信子网互联的主机负责运行程序，提供资源共享，组成了资源子网。这个时期，网络概念为“以能够相互共享资源为目的互联起来的具有独立功能的计算机之集合体”，形成了计算机网络的基本概念。

第二代计算机网络中，多台计算机系统通过通信子网构成一个有机的整体，既分散又统一，从而使整个系统性能大大提高。第二代计算机网络的特点是网络上的用户可以共享整个网络上所有的软件、硬件资源。

3）第三代计算机网络——标准化的计算机网络

20 世纪 70 年代末至 90 年代的第三代计算机网络，是具有统一的网络体系结构并遵循国际标准的开放式和标准化的网络。

ARPANET 兴起后，计算机网络发展迅猛，各大计算机公司相继推出自己的网络体系结构及实现这些结构的软硬件产品。由于没有统一的标准，不同厂商的产品之间互联很困难，人们迫切需要一种开放的标准化的实用网络环境，这样应运而生了两种国际通用的最重要的体系结构，即 TCP/IP 网络体系结构和国际标准化组织（International Standard Organization，ISO）的开放系统互联（Open System Interconnect，OSI）体系结构。

4）第四代计算机网络——国际化的计算机网络

20 世纪 90 年代末至今的第四代计算机网络，随着数字通信技术的发展，多媒体技术也日益发展，现代的计算机网络可以实现语音、数据、图像等信息的传送。

由于局域网技术发展成熟，出现光纤及高速网络技术，形成多媒体网络、智能网络，整个网络就像一个对用户透明的大的计算机系统。目前，全球以美国为核心的高速计算机互联网络即 Internet 已经形成，Internet 已经成为人类最重要的、最大的知识宝库。而美国政府又分别于 1996 年和 1997 年开始研究发展更加快速可靠的互联网 2（Internet 2）和下一代互联网（Next Generation Internet）。可以说，网络互联和高速计算机网络正成为最新一代的计算机网络的发展方向。

3. 计算机网络的发展趋势

下一代计算机网络是因特网、移动通信网络、固定电话通信网络的融合，IP 网络和光网络的融合；是可以提供包括语音、图像和视频等各种业务的综合开放的网络构架；是业务驱动、业务与呼叫控制分离、呼叫与承载分离的网络；是基于统一协议的、基于分组的网络。

未来网络的发展有三种基本的技术趋势：一是朝着低成本微机所带来的分布式计算和智能化方向发展，即 Client/Server（客户/服务器）结构；二是向适应多媒体通信、移动通信结构发展；三是网络结构适应网络互联，扩大规模以至于建立全球网络。

4.1.3 计算机网络的组成与功能

计算机网络是一个非常复杂的系统，网络的组成根据目的、规模、结构、应用范围以及采用的技术不同而不尽相同。

按数据通信和数据处理的功能来划分，计算机网络由外层资源子网和内层通信子网组成；按照网络的物理组成来划分，计算机网络由若干计算机（服务器、客户机）及各种通信设备通过通信线路连接组成。

1. 计算机网络的逻辑组成

计算机网络要完成数据处理和数据通信两大基本功能，因此从逻辑功能上可将计算机网络分为两个部分：资源子网，即负责数据处理的计算机与终端；通信子网，即负责数据通信的通信控制处理机与通信链路，如图 4-2 所示。

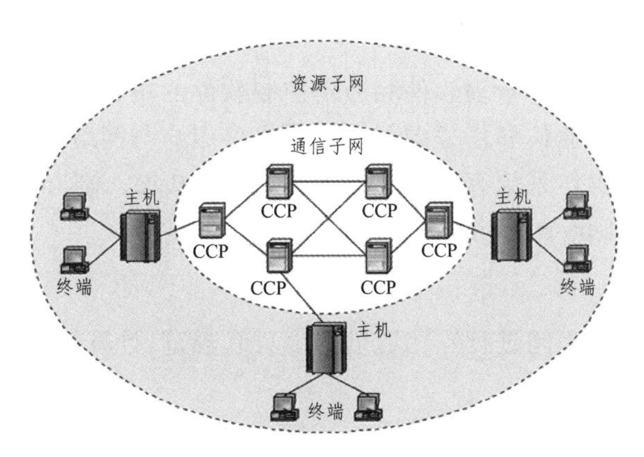

图 4-2 计算机网络的逻辑组成

资源子网由网络中所有主机、终端、联网外设、各种软件资源与信息资源等组成，提供资源共享所需的硬件、软件和数据等资源，提供访问计算机网络和处理数据的能力。

通信子网由通信控制处理机、通信线路、信号变换设备及其他通信设备组成，完成数据的传输、交换以及通信控制，为计算机网络的通信功能提供服务。

计算机网络还应具有功能完善的软件系统，支持数据处理和资源共享功能。同时为了在网络各个单元之间能够进行正确的数据通信，通信双方必须遵守一致的规则或约定，如数据传输格式、传输速度、传输标志、正确性验证、错误纠正等，这些规则或约定称为网络协议。

2. 计算机网络的物理组成

计算机网络由网络硬件和网络软件两部分组成。网络硬件对网络的性能起决定性的作用，是网络运行的载体；网络软件是支持网络运行、提高效益和开发网络资源的工具。

1）服务器

服务器是一台高性能计算机，用于网络管理、运行应用程序、处理各网络工作站成员的信息请求，是整个网络系统的核心。根据其作用的不同，分为文件服务器、应用程序服务器、通信服务器和数据库服务器等。

2）工作站

连入网络中的由服务器进行管理和提供服务的任何计算机都属于工作站，其性能一般低于服务器。个人计算机接入 Internet 后，在获取 Internet 服务的同时，其本身就成为一台 Internet 网上的工作站。工作站也称“客户机”或“节点”，它的接入和离开对网络系统不会产生影响。

3）通信设备及通信线路

通信设备指网络互联设备，包括路由器、交换机、集线器、调制解调器以及网络适配卡等；通信线路指各种传输介质及其连接部件，包括光缆、双绞线、电话线、微波、红外线等；通信设备及通信线路的主要作用是负责控制数据的发送、传输接收或转发。

4）网络操作系统

网络操作系统是网络系统管理软件和通信控制软件的集合，负责整个网络的软件、硬件资源的管理，以及网络通信和任务的调度，并提供用户与网络之间的接口。

常用的计算机网络操作系统有：UNIX、Novell NetWare、Windows NT、Windows 2000 Server、Windows 2003 Server、Linux 等。

5）网络协议

网络协议是网络设备之间进行互相通信的语言和规范，计算机系统之间进行信息交换，必须遵循统一的网络协议。

6）网络管理软件和应用软件

网络管理软件用于监视和控制网络的运行。网络应用软件是人们为了更好地利用计算机网络而编制和运行的应用程序，用于应用和获取网络上的共享资源和各种服务。

3. 计算机网络的功能

尽管各种计算机网络采用的通信介质和互联设备以及具体用途有所不同，但通常都具有以下 5 种功能：

1）交换信息

交换信息是计算机网络最基本的功能，也是其他功能实现的基础。网络系统中的计算机之间能快速、可靠地相互交换信息，使分散在不同地理位置的业务部门和生产部门的信息得到统一，有利于集中控制和管理。交换的信息不仅可以是文本信息，还可以是图形、图像、声音等多媒体信息。

2）资源共享

“资源”指的是网络中所有的软件、硬件和数据。“共享”指的是网络中的用户都能够部分或全部地享用这些资源。网络系统中的计算机之间不仅可以共享计算机硬件和软件资源，还可以共享数据库、文件等各种信息资源。通过资源共享，可以使分散资源的利用率大大提高，避免了重复投资，降低了使用成本。

3）分布处理

把复杂的数据分布到网络中的不同计算机上进行存储，把复杂的计算分布到网络中的不同计算机上进行处理，使复杂的数据能够以最有效的方式组织和使用，使复杂的计算能够以最有效的方式完成。对解决复杂问题来讲，多台计算机联合使用并构成高性能的计算机体系，这种协同工作、并行处理要比单独购置高性能的大型计算机便宜得多。

4）负载均衡

根据网络上计算机资源的忙碌与空闲状况，合理地对它们进行调整与分配，以达到充分、高效地使用网络资源的目的。

5）提高可靠性

网络中的计算机一旦出现故障，可将其任务转移到网络中的其他计算机上，使工作正常进行，避免了单机情况下一台计算机出现故障整个系统瘫痪的局面。

4.1.4　计算机网络的分类

计算机网络种类繁多，按照不同的分类标准，可以有多种分类方法。例如：按网络拓扑结构，可分为总线型网、星型网、树型网、环型网等；按网络规模和覆盖范围，可分为局域网、城域网和广域网；按通信介质，可分为双绞线网、同轴电缆网、光纤网和无线卫星网等；按信号频带占用方式，可分为基带网和宽带网。

1. 按照网络的规模及覆盖范围分类

1）局域网

局域网（Local Area Network，LAN）网络规模较小，如图 4-3 所示，其覆盖范围一般在方圆几千米内。常指一间房间、一栋建筑物内的网络，或者是一个单位内部几栋楼间的网络。因为距离短，一般用同轴电缆、双绞线等传输介质连接而成。局域网的信息传输速率较快，一般在 4 Mbps ~ 2 Gbps 之间，bps 表示每秒传输的二进制位数。

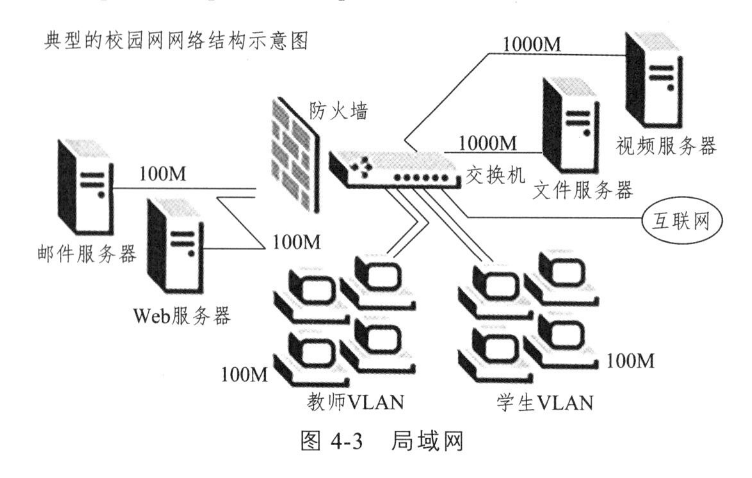

图 4-3 局域网

2）广域网

广域网（Wide Area Network，WAN）的覆盖范围很大，一般为几十千米以上的计算机网络，为多个城域网的互联（如 ChinaNET，中国公用计算机网），甚至是全世界各个国家之间网络的互联（如 Internet，因特网）。常借用传统的公共通信网，如电话网、电报网来实现。随着计算机网络在社会经济生活中变得日益重要和卫星通信、光纤通信技术的发展，网络运营商已经专门为计算机互联网开设信道，为广域网的建设提供了更好的硬件条件。

3）城域网

城域网（Metropolis Area Network，MAN）规模介于局域网和广域网之间，如图 4-4 所示，通常局限在一座城市的范围内。联网距离为 10 ~ 100 km。传输速率与广域网相同。

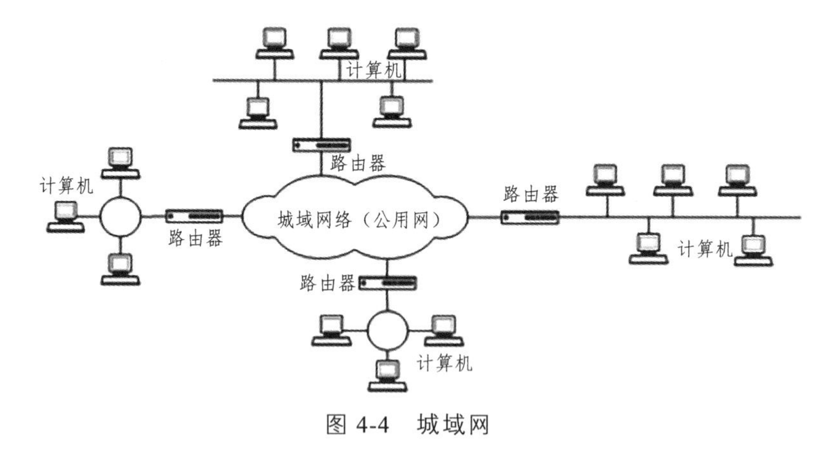

图 4-4 城域网

2. 按网络的拓扑结构分类

计算机网络拓扑结构（Network Topology）是指网络中的通信链路和节点（计算机或网络设备）的几何排序或物理布局图形。网络的拓扑结构对整个网络的设计、功能、可靠性、费用等方面有着重要的影响。选用何种类型的网络拓扑结构，要依据实际需要而定。计算机网络通常有以下几种拓扑结构。

1）总线型网络

总线型（Bus Topology）是由各节点计算机“连接”在一条被称为“总线”的公共线路上而构成，如图4-5所示。在局域网中，总线上各节点计算机地位相等，无中心节点，属于分布式控制。总线信道是一种广播式信道，可采用相应的网络协议（争用技术）来控制总线上各节点计算机发送信息和接收信息。总线型网络具有结构简单、扩充容易、可靠性较高等优点，但其缺点是介质的故障会导致网络瘫痪，访问控制复杂、受总线长度限制而延伸的范围小等。

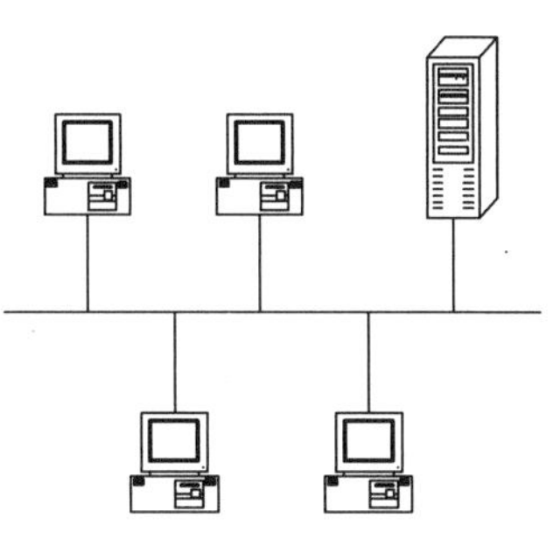

图4-5 总线型网络

2）星型网络

星型（Star Topology）也叫集中式网络，是由一个中心节点和多个与之相连的计算机从节点组成，如图4-6所示。根据主节点性质和作用的不同，星型网络还可以分为两类：一类的中心主节点是一个功能很强的计算机，具有数据处理和转接的双重功能，它与各自连接到该中心计算机的节点计算机（或终端）组成星型网络。另一类的中心主节点是由交换机或集线器等只具有转接功能的设备担任，它沟通各节点计算机或终端之间的联系，为它们转接信息。星型网络具有结构简单、便于管理、易于维护和扩展等优点，但其缺点是可靠性差（中心节点故障时整个网络瘫痪）。星型网络是目前计算机局域网最常使用的结构。

由多个层次的星型结构纵向连接起来的结构称为树型（Tree Topology）网络，如图4-7所示。树的每个节点都是计算机或转接设备，一般来说，越靠近树的根部，节点设备的性能就越好。

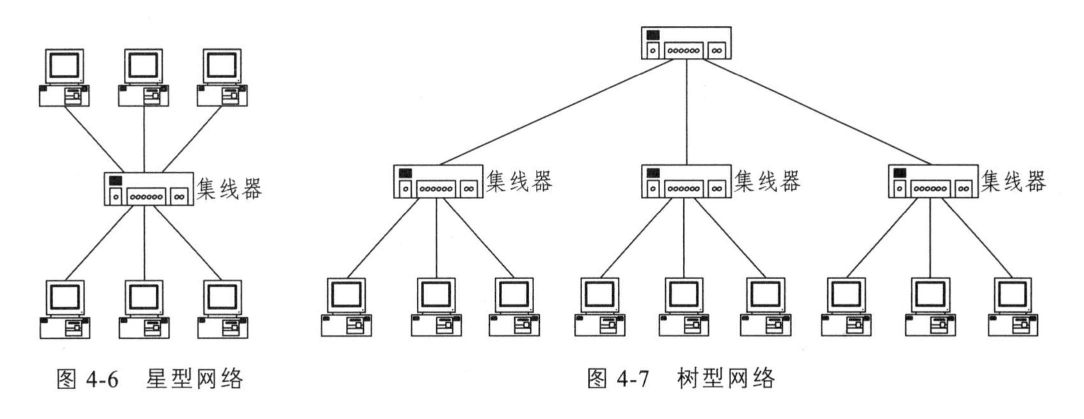

图4-6 星型网络

图4-7 树型网络

3）环形网络

环形（Ring Topology）网络中，各计算机设备通过通信介质以环型的方式连接起来，形成一个封闭的环路，如图4-8所示。在环路中，信息是按一定方向从一个节点传输到下一个节点，形成一个闭合环流。环型信道也是一条广播式信道，可采用令牌控制方式协调各节点计算机发送信息和接收信息。环型网络具有路径选择简单（环内信息流向固定）、控制软件简单、不容易扩充、节点多时响应时间长等特点。

4）网状网络

网状（Mesh Topology）网络也叫分布式网络，分为全网格型和部分网格型结构，它是由分布在不同地点的计算机系统互相连接而成，如图 4-9 所示。网中无中心主机，网上的每个节点都有多条（至少两条以上）线路与其他节点相连，从而增加了迂回道路。网状网络的通信子网是一个封闭式结构，通信功能分布在各个节点机上。网状网络具有可靠性高、节点共享资源容易、可改善线路的信息流量分配及均衡负荷、可选择最佳路径、传输延时小等优点，但也存在控制和管理复杂、软件复杂、布线工程量大、建设成本高等缺点，通常用于大型网络的主干部分。

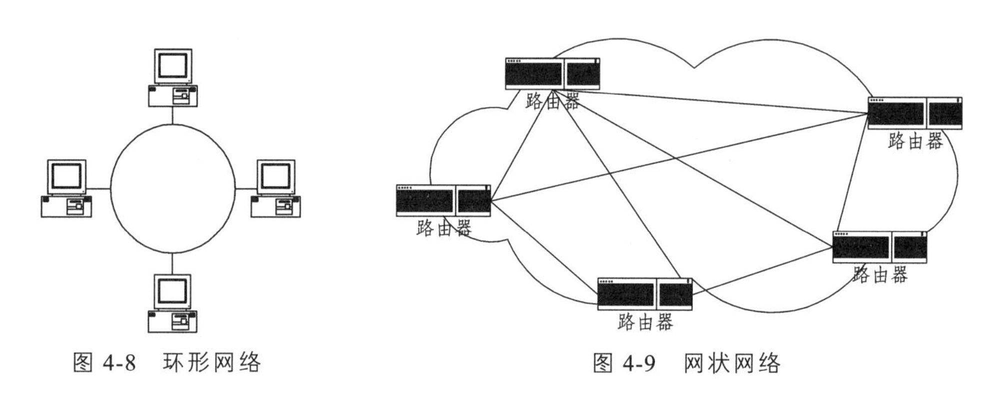

图 4-8 环形网络　　图 4-9 网状网络

4.2 局域网基础知识

局域网（LAN）是指在一个较小地理范围内将各种计算机网络设备连在一起形成的通信网络，可以包含一个或多个子网，通常局限在几千米的范围之内。计算机局域网是 20 世纪 70 年代以后随着微型计算机以及分布式处理及控制技术和通信设备的发展而发展起来的一个网络领域，是目前计算机网络研究和应用的一个热点，通过它可充分利用企业或部门现有的硬件资源，提高工作效率，节约上网开支。

计算机局域网技术对计算机信息系统的发展有很大影响。它不仅以中小型计算机信息系统的形成广泛应用于办公自动化、工厂自动化、信息处理化以及金融、外贸、交通、商业、军事、教育等部门，而且随着通信技术的发展，对将来的大型计算机信息系统的结构也会产生一定的影响。

局域网最基本的技术包括拓扑结构、传输技术（传输介质及协议）和介质访问控制技术。它们共同确定信息的传输形式、速率和效率、信道容量以及网络应用服务类型等。

4.2.1 局域网的特点

局域网具有如下特点。

（1）局域网分布于较小的地理范围内，往往用于某一群体，如一个工厂、学校、企事业单位、建筑物甚至一个房间内，用户可以在局部范围内移动，距离的改变一般不大。

（2）局域网一般不对外提供服务，保密性较好，且便于管理。

（3）局域网的网速较快。由于局域网所用通信线路较短，故可选用高性能的介质作通信线路，使线路有较宽的频带，这样就可以提高通信速率。现在通常采用 100 Mbps 的传输速率到达用户端口，1 000 Mbps 的传输速率用于骨干的网络链接部分。

（4）局域网投资较少，组建方便，结构简单，易于更新扩充，使用灵活，可靠性高。

4.2.2 局域网的类型

局域网有多种类型，如以太网（Ethernet）、令牌环网（Token Ring）、FDDI（光纤分布式数据接口）网、ATM（异步传输模式）网等。

1. ATM 网

ATM 网络技术是 20 世纪 90 年代初开始发展的，是一种很有特色、有发展前途和应用价值的新型网络技术，它最主要的特点是高带宽和适用于多媒体通信。

2. 以太网

以太网是以载波侦听多路访问/冲突检测（CSMA/CD）方式工作的典型网络。由于以太网的工业标准是由 DEC、Intel 和 Xerox 三家公司合作制定的，所以又称为 DIX 规范。以太网技术发展很快，出现了多种形式的以太网，目前已成为应用最广泛的局域网技术。

传统以太网的数据传输速率为 10 Mbps，多站点共享总线结构。20 世纪 90 年代初，随着计算机性能的提高及通信量的剧增，传统局域网已经越来越超出了自身的负荷，交换式以太网技术和快速以太网技术应运而生，大大提高了局域网的性能。与共享媒体的局域网拓扑结构相比，网络交换机能显著地增加带宽，而快速以太网的数据传输速率也由传统的 10 Mbps 提升到 100 Mbps。各种各样的应用基于局域网不断展开，而应用对局域网的带宽需求是无止境的。

继交换以太网和快速以太网技术以后，业界在 1994 年又提出了千兆位以太网的设想，并且在 1998 年上半年建立了在光纤和短程铜线介质上运行的千兆位以太网技术标准，目前已普及。2002 年 6 月万兆以太网技术正式发布，它提供了更丰富的带宽和处理能力，并保持了以太网一贯的兼容性和简单易用、升级容易的特点，目前已经得到广泛的应用，相信不久的将来将成为市场的主流。

3. 无线局域网

伴随着有线网络的广泛应用，以快捷高效、组网灵活为优势的无线网络技术也在飞速发展。无线局域网是计算机网络与无线通信技术相结合的产物。通俗地说，无线局域网（WLAN ，Wireless local-area network）就是在不采用传统缆线的同时，提供以太网或者令牌网络的功能。

无线局域网利用射频（Radio Frequency：RF）的技术，通过电磁波在空气中发送和接收数据，取代旧式碍手碍脚的双绞铜线（Coaxial）所构成的局域网络。无线局域网 IEEE802.11g 标准的数据传输速率现在已经能够达到 54 Mbps，而传输速率高达 320 Mbps 的新标准 IEEE802.11 n 草案也在制订中。

无线局域网是对有线联网方式的一种补充和扩展，使网上的计算机具有可移动性，能快速方便地解决使用有线方式不易实现的网络联通问题。与有线网络相比，无线局域网具有安装便捷、使用灵活、经济节约、易于扩展的优点，可达到“信息随身化、便利走天下”的理想境界。

4.2.3 局域网的构建

目前常见的局域网是通过交换机连接的星型结构以太网，这种结构性能稳定、成本低、易于维护与扩展。计算机连接到局域网必须为计算机安装网卡并对网卡进行设置，主要工作包括硬件系统的安装和软件系统的设置两方面。

1. 硬件系统的安装

1）安装网卡

网络接口卡（Network Interface Card，NIC）简称网卡，又称网络适配器。它是构成网络的基本部件，是局域网中连接计算机与通信子网的关键设备，它负责将数据从计算机传输到传输介质或由传输介质传输到计算机，在计算机和传输介质之间提供数据传输功能。

首先确定要联网的计算机有连接所需的以太网接口，目前大多数计算机的主板上都集成了网卡，若没有则须添加独立网卡，如图 4-10 所示。现在应用最普遍的是 10/100 Mbps 自适应网卡，插在计算机主板上的插槽内，网卡上的 RJ-45 接口通过双绞线与其他计算机或交换机相连。

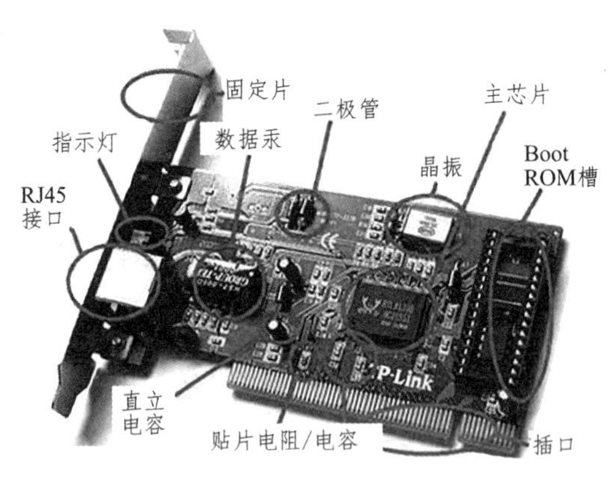

图 4-10 网卡

安装好网卡后，由于 Windows 7 已集成常用的网卡驱动程序，Windows 7 系统自动检测网卡，并自动安装网卡的驱动程序。否则，可以打开“控制面板”，选择“添加/删除硬件”，利用向导将网卡添加到系统中，必要时还要使用网卡附带的驱动盘安装驱动程序。

2）制作双绞线

双绞线（Twisted Pair wire）是目前局域网中最常用的一种传输介质。它由两根相互绝缘的导线按照一定的规格以螺旋形式相互缠绕在一起而成，每根线的绝缘层使用不同的颜色，组建局域网络所用的双绞线电缆一般由 4 对线（即 8 根线）组成。

制作双绞线时需注意：每根双绞线的长度不能超过 100 m。如果双绞线是连接计算机到交换机，则两端的水晶头均按 TIA/EIA-568A 标准线序（如图 4-11 所示）或 TIA/EIA-568B 标准线序（如图 4-12 所示）制作，俗称直通线。如果双绞线是直接连接两台计算机的，则两端水晶头一头按 TIA/EIA-568A 标准制作，而另一边按 TIA/EIA-568B 标准制作，俗称交错线或对错线。

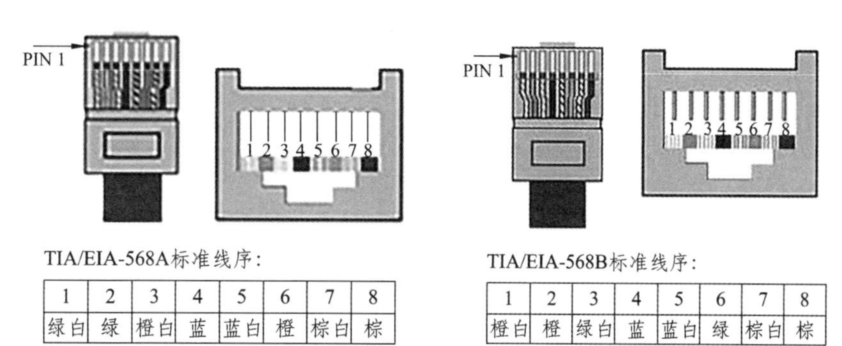

TIA/EIA-568A标准线序：

1	2	3	4	5	6	7	8
绿白	绿	橙白	蓝	蓝白	橙	棕白	棕

TIA/EIA-568B标准线序：

1	2	3	4	5	6	7	8
橙白	橙	绿白	蓝	蓝白	绿	棕白	棕

图 4-11　TIA/EIA-568A 标准线序　　图 4-12　TIA/EIA-568B 标准线序

3）网络连接

当把网卡安装到计算机上且制作好网线后，还需要把制作好的网线连接到网卡或交换机上。其操作方法很简单，只要将双绞线的 RJ-45 接头直接插入网卡或交换机的接口即可。

2. 软件系统的安装设置

硬件设备安装完成后，打开“设备管理器”，如图 4-13 所示，若网卡工作正常，则在“网络适配器”中能看到网卡的图标。

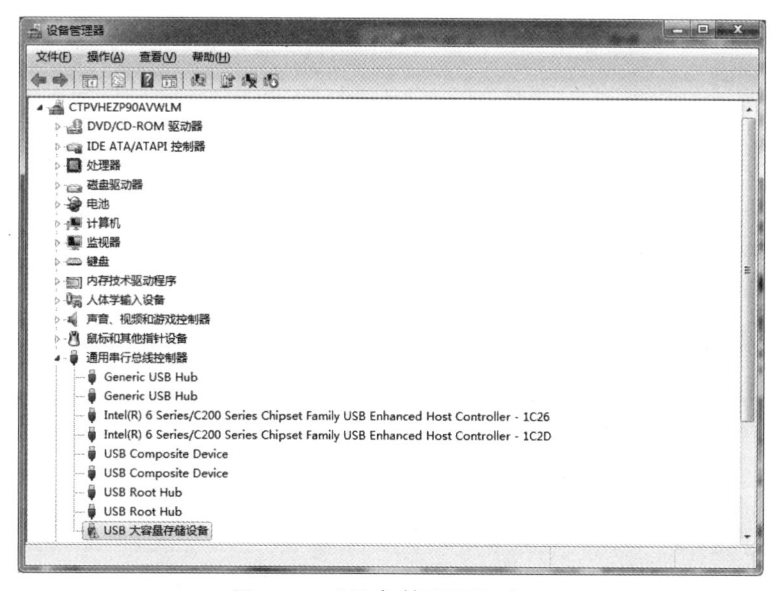

图 4-13　“设备管理器”窗口

注意：如果网卡驱动程序与网卡不匹配或网卡被停用，就会在网卡图标上显示黄色的“!”。

在计算机中安装了网络适配器硬件设备以及驱动程序后，用户还需要进行网络创建最重要的设置，即配置网络协议。对于 Windows 7 操作系统来说，在安装操作系统的过程中，安装向导会自动完成 Microsoft 网络客户端、Microsoft 网络的文件和打印机共享、QoS 数据包计划程序和 Internet 协议（TCP/IP）组件的添加。

为了使接入网络的众多计算机主机在通信时能够相互识别，需要为网络中的每一台主机分配一个唯一的 IP 地址。配置网络协议的具体操作步骤如下：

（1）单击“开始”|“设置”|“控制面板”命令，打开“控制面板”窗口。

（2）在“控制面板”窗口中选择“网络和共享中心”类别并双击，打开后单击“更改适配器设置”，打开“网络连接”对话框，如图 4-14 所示。

图 4-14 “网络连接”窗口

（3）选中“本地连接”图标，双击弹出“本地连接 属性”对话框，如图 4-15 所示。

（4）在“本地连接 属性”对话框中，选择“Microsoft 网络的文件和打印机共享”复选框，网络上其他计算机才能使用本机的文件和打印机。

（5）在“本地连接 属性”对话框中，选择“Internet 协议版本 4（TCP/IPv4）”项，并单击“属性”按钮，将打开如图 4-16 所示的对话框，该对话框在默认时显示“常规”选项卡。

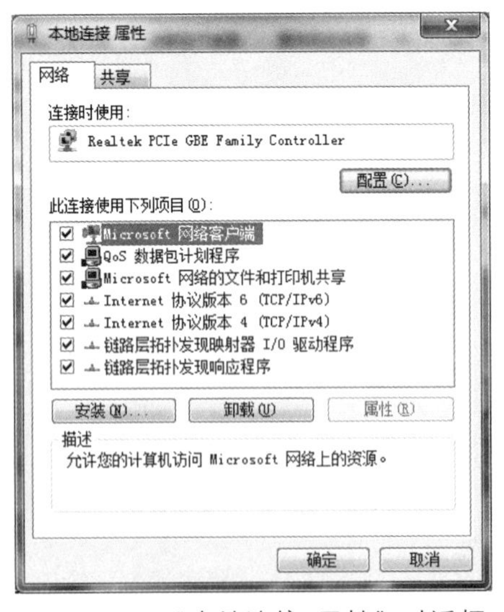

图 4-15 “本地连接 属性”对话框

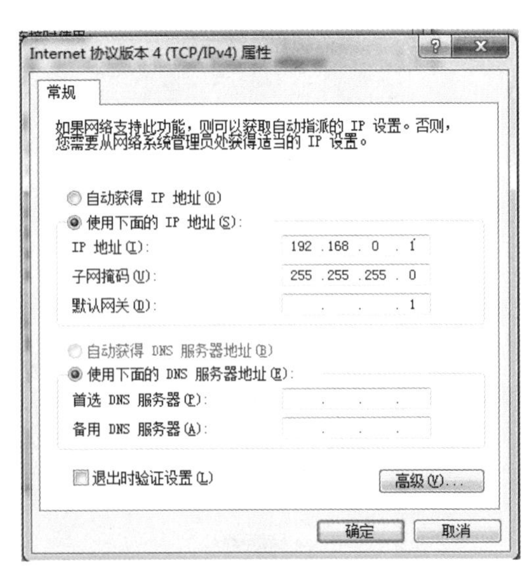

图 4-16 “常规”选项卡

（6）如果局域网内没有专用的 DHCP 服务器为客户机分配动态 IP 地址，用户必须根据系统管理员的要求手动设置一个 IP 地址。例如，用户可以输入一个常用的局域网 IP 地址 192.168.0.1，子网掩码 255.255.255.0。

按照上述步骤对网络中其他计算机进行 TCP/IP 协议的设置，IP 地址也应设置为 192.168.0.xxx，即所有的 IP 地址必须在一个网段中，xxx 的范围是 1 ~ 254。需要注意的是，局域网内的计算机的 IP 地址不能重复。

3. 标识计算机和工作组

工作组（Work Group）就是将不同的计算机按功能分别列入不同的组中，以方便管理。局域网内的每台计算机在同一工作组都有唯一的计算机名，以便被网络识别。

标识计算机名和工作组的具体操作步骤如下：

（1）单击“开始”|“控制面板”，打开“控制面板”窗口。

（2）选择并双击“系统”图标，单击“高级系统设置”命令，打开“系统属性”对话框。

（3）选择“计算机名”选项卡，即可查看计算机名和工作组名，如图 4-17 所示。

（4）如需更改计算机的网络标识和工作组，可单击“更改”按钮，打开“计算机名称更改”对话框进行更改，计算机在同一个工作组中，局域网中浏览时“网上邻居”会将其放在同一窗口，便于网络用户浏览和查询，实现资源的共享。

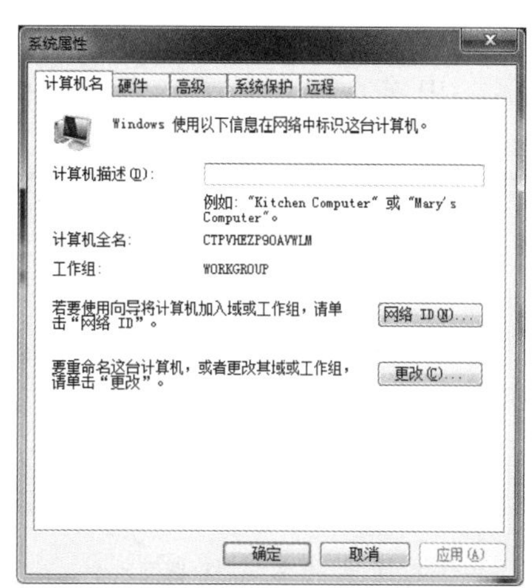

图 4-17　“系统属性”对话框

4.2.4　局域网的应用

局域网的主要功能是资源共享，局域网环境搭建完成后，就可通过网络实现资源共享和通信的目的，如磁盘共享、文件夹共享、打印机共享和网络会议等功能。

1. 设置共享资源

1）设置共享文件夹

打开“我的电脑”或“资源管理器”，找到要设置成共享资源（或取消共享）的文件夹（如：“学习资料”文件夹），在该文件夹上右击，在弹出的快捷菜单中选择“属性”选项。这时屏幕上出现如图 4-18 所示的“学习资料属性”文件夹对话框。

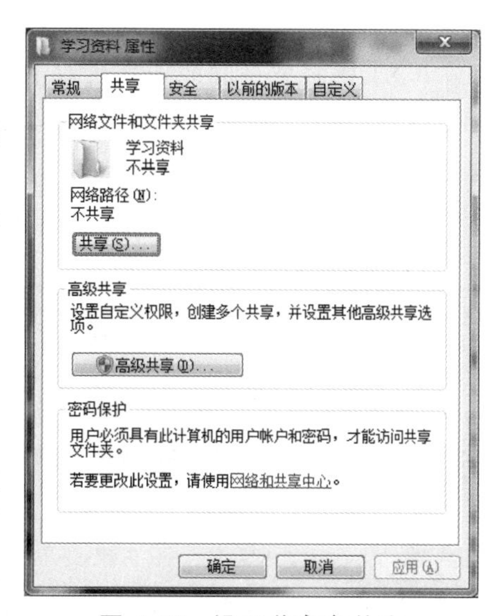

图 4-18　设置共享文件夹

选择“高级共享”选项卡，弹出“高级共享”对话框，选择“共享此文件夹”，并设置“共享名”。点击“确定”按钮，即可将“学习资料”设为共享文件夹。

2）设置打印机共享

如果你的计算机安装了一台打印机，并且希望将此打印机在局域网中进行共享，可按照如下步骤操作。

（1）点击“开始”按钮，选择“设备和打印机”命令，打开此窗口。

（2）在“打印机与传真”窗口用鼠标右键点击你要共享的打印机，在弹出的快捷菜单中选择“共享”。如图4-19所示。

（3）在打开的“打印机属性”对话框中选择“共享这台打印机”，在“共享名”中输入一个名字，点击“确定”按钮，完成打印机共享设置。

至此，打印机已被设置成共享，当同一局域网中的其他用户要使用此打印机时，只需要在他自己的计算机上按提示“安装网络打印机”后，便可与你共同使用此打印机。

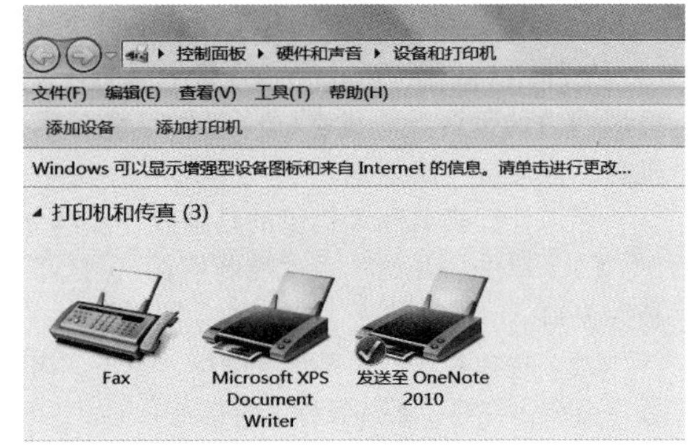

图4-19 打印机属性选项

2. 访问共享资源

1）访问共享文件夹

通过网上邻居访问局域网资源，实现用户对网络资源的共享，发挥网络资源的共享优势，是用户经常用到的。下面通过实例来讲解通过网上邻居访问局域网资源的方法。

（1）鼠标双击桌面“网络”图标查看网络资源。如图4-20所示。

（2）选择要访问的计算机双击打开，此计算机共享的资源就会出现在窗口中，用户就可以访问其共享的资源了。如图4-21所示。

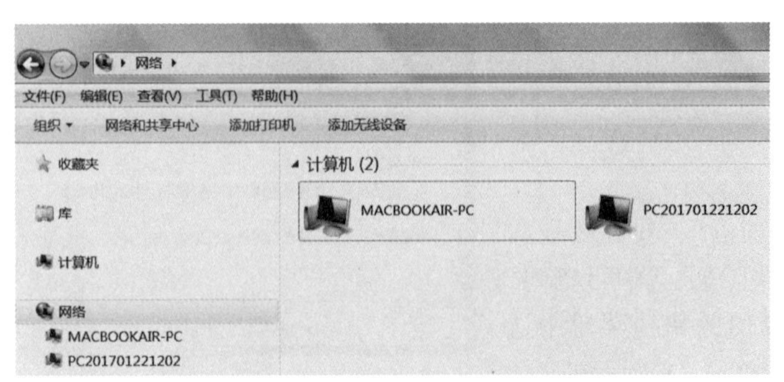

图4-20 在桌面点击“网络”图标查看网络资源

图4-21 访问共享计算机的网络资源

2）安装网络共享打印机

打印机在局域网中设置为共享后，要让能够共享此设备的其他用户也能够使用打印机，还要在其他用户的“设备和打印机”中进行安装。

（1）点击“开始”按钮，选择“设备和打印机”命令，选择“添加打印机”。如图4-22所示。

（2）在“添加打印机”向导对话框中，选择“添加网络、无线或Blue tooth打印机”，然后点击“下一步”。如图4-23所示。

（3）找到网络打印机所在的位置，点击“下一步”。如图4-24所示。

图4-22 添加网络打印机选项

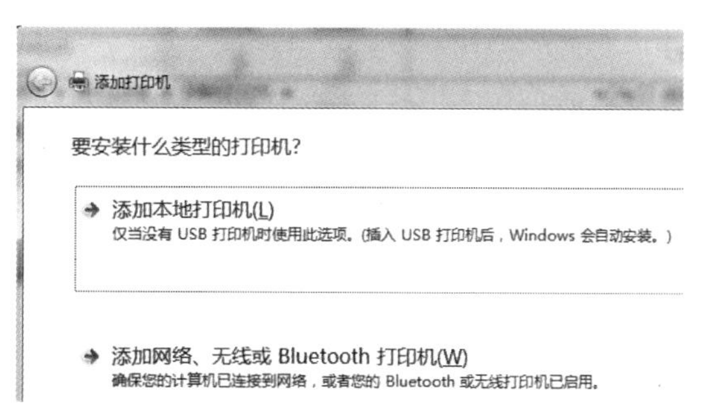

图4-23 添加网络打印机

图4-24 选择要进行共享的网络打印机

（4）系统会自动添加打印机的驱动程序，安装成功后，可选择“设置默认打印机”对话框，点击完成。

（5）点击“完成”，网络打印机安装完毕。

再次点击“开始”按钮，选择“设备和打印机”命令，选择“添加打印机”时，会发现安装的网络打印机。在网络打印机上面单击右键，可将其设置成默认打印机。

4.3 Internet基础知识

Internet是目前世界上应用范围最广、覆盖面最大的开放式计算机广域网络。Internet使用TCP/IP协议，将全世界不同国家、不同地区、不同部门和结构的不同类型的计算机、局域网、广域网、国家主干网，通过网络互联设备互联而成，它又称为“计算机网络的网络”。

4.3.1 Internet的发展历史

Internet 是由 Interconnection 和 Network 两个词组合而成，通常译为“因特网”或“国际互联网”。今天 Internet 已深入社会生活的各个方面，Internet 上每个成员与网上其他成员友好和睦地进行数据交换，实现全球信息资源的共享，如网上信息浏览与查询、文件传输、网上聊天、电子商务以及电子邮件等。

20 世纪 60 年代末正处于冷战时期，当时的美国国防为了保证美国本土防卫力量和海外防御武装在受到苏联第一次核打击以后仍然具有一定的生存和反击能力，认为有必要设计出一种分散的指挥系统：它由一个个分散的指挥点组成，当部分指挥点被摧毁后，其他点仍能正常工作，并且这些点之间能够绕过那些已被摧毁的指挥点而继续保持联系。为此，美国国防部高级研究计划署（ARPA）建设了一个军用网，叫作“阿帕网”（ARPAnet）。阿帕网于 1969 年正式启用，当时仅连接了 4 台计算机，供科学家们进行计算机联网实验用。这就是因特网的前身。

到 70 年代，ARPAnet 已经有了好几十个计算机网络，但是每个网络只能在网络内部的计算机之间互联通信，不同计算机网络之间仍然不能互通。为此，ARPA 又设立了新的研究项目，支持学术界和工业界进行有关的研究。研究的主要内容就是想用一种新的方法将不同的计算机局域网互联，形成“互联网”。研究人员称之为“internetwork”，简称“Internet”。这个名词就一直沿用到现在。

在研究实现互联的过程中，计算机软件起了主要的作用。1974 年，出现了连接分组网络的协议，其中就包括了 TCP/IP——著名的网际互联协议 IP 和传输控制协议 TCP。这两个协议相互配合，其中，IP 是基本的通信协议，TCP 是帮助 IP 实现可靠传输的协议。

TCP/IP 有一个非常重要的特点，就是开放性，即 TCP/IP 的规范和 Internet 的技术都是公开的，目的就是使任何厂家生产的计算机都能相互通信，使 Internet 成为一个开放的系统。这正是后来 Internet 得到飞速发展的重要原因。

ARPA 在 1982 年接受了 TCP/IP，选定 Internet 为主要的计算机通信系统，并把其他的军用计算机网络都转换到 TCP/IP。1983 年，ARPAnet 分成两部分：一部分军用，称为 MILNET；另一部分仍称 ARPAnet，供民用。

1986 年，美国国家科学基金组织（NSF）将分布在美国各地的 5 个为科研教育服务的超级计算机中心互联，并支持地区网络，形成 NSFnet。1988 年，NSFnet 替代 ARPAnet 成为 Internet 的主干网。NSFnet 主干网利用了在 ARPAnet 中已证明是非常成功的 TCP/IP 技术，准许各大学、政府或私人科研机构的网络加入。1989 年，ARPAnet 解散，Internet 从军用转向民用。

Internet 的发展引起了商家的极大兴趣。1992 年，美国 IBM、MCI、MERIT 三家公司联合组建了一个高级网络服务公司（ANS），建立了一个新的网络，叫作 ANSnet，成为 Internet 的另一个主干网。它与 NSFnet 不同，NSFnet 是由国家出资建立的，而 ANSnet 则是 ANS 公司所有，从而使 Internet 开始走向商业化。

1995 年 4 月 30 日，NSFnet 正式宣布停止运作。而此时 Internet 的骨干网已经覆盖了全球 91 个国家，主机已超过 400 万台。

自 1983 年 Internet 建立以后，加入 Internet 的用户、计算机和网络就以指数形式增长。1985 年底，Internet 中的网络约有 100 个，主机约有 2 000 台；1990 年底，网络数已有 2000 个，主机 31 万台；到 1997 年底，网络数已超过 15 万个，主机则超过 1600 万台。

同样，以美国 Internet 为中心的网络互联也迅速向全球扩展，加拿大、英国、法国、德国、澳大利亚、日本和北欧诸国先后加入 Internet。到 1992 年初，全世界有 45 个国家加入 Internet；到 1998 年，与 Internet 互联的国家已超过 170 个，用户数超过了 6000 万。

今天，Internet 已经成为世界上规模最大和增长速度最快的计算机网络，没有人能够准确统计 Internet 上究竟连接了多少台计算机、有多少个用户。Internet 的应用已渗透到了各个领域，从学术研究到股票交易、从学校教育到娱乐游戏、从联机信息检索到在线居家购物等，都有长足的进步。

4.3.2 Internet 在中国的发展

1987 年 9 月 14 日，北京计算机应用技术研究所钱天白教授发出了中国第一封电子邮件："Across the Great Wall we can reach every corner in the world."（"越过长城，走向世界"），揭开了中国人使用互联网的序幕。

1988 年，中国科学院高能物理研究所采用 X.25 协议，使该单位的 DECnet 成为西欧中心 DECnet 的延伸，实现了计算机国际远程联网以及与欧洲和北美地区的电子邮件通信。1989 年 11 月，中关村地区教育与科研示范网络（简称 NCFC）正式启动，由中国科学院主持，联合北京大学、清华大学共同实施。1992 年 12 月底，清华大学校园网（TUNET）建成并投入使用，是中国第一个采用 TCP/IP 体系结构的校园网。1993 年 3 月 2 日，中国科学院高能物理研究所接入美国斯坦福线性加速器中心（SLAC）的 64 Kbps 专线正式开通。这条专线仍是中国部分连入 Internet 的第一根专线。1994 年 4 月 20 日，NCFC 工程连入 Internet 的 64 Kbps 国际专线开通，实现了与 Internet 的全功能连接。从此中国被国际上正式承认为真正拥有全功能 Internet 的第 77 个国家。

1990 年 11 月 28 日，钱天白教授代表中国正式在 SRI-NIC（Stanford Research Institute' s Network Information Center）注册登记了中国的顶级域名.cn，从此中国的网络有了自己的身份标识。1993 年 4 月，中国科学院计算机网络信息中心召集在京部分网络专家调查了各国的域名体系，提出并确定了中国的域名体系。 1994 年 5 月 21 日，中国科学院计算机网络信息中心完成了中国国家顶级域名（cn）服务器的设置，改变了中国的 cn 顶级域名服务器一直放在国外的历史。

当前我国计算机信息网络与 Internet 联网的，除主要有信息产业部的中国公用计算机互联网络（Chinanet）、国家教委的中国教育和科研计算机网（CERnet）、中科院的中国科学技术计算机网（CASnet）和信息产业部的中国金桥互联网（Chinagb 或 GBnet）等 4 个国家级的网络互联单位外，还建成了中国联通互联网（UNINET）、中国网通公用互联网（网通控股—CNCNET）、宽带中国 CHINA 169 网（网通集团）、中国国际经济贸易互联网（CIETNET）、中国移动互联网（CMNET）。

目前，中国 Internet 用户主要由科研领域、商业领域、国防领域、教育领域、政府机构、个人用户等组成。据中国互联网信息中心最新统计，截至 2018 年 6 月，我国网民规模为 8.02 亿，互联网普及率达 57.7%，其中手机网民规模达 7.88 亿；中国国际出口带宽为 8 826 302 Mbps，中国网站数量达 544 万个（不包含 EDU.CN 下网站）。出行、环保、金融、医疗、家电等行业与互联网融合程度加深，即时通信用户规模达到 7.56 亿，网络新闻用户规模达到 6.63 亿，网络购物用户规模达到 5.69 亿，网上外卖用户规模达到 3.64 亿，网络支付用户规模达到 5.69 亿，互联网服务呈现智慧化和精细化特点。

4.3.3 Internet 的用途

Internet 上的各种信息资源组成了世界上最大的信息资源库，经过多年的发展，Internet 已渗透到人类生活的各个方面，影响和改变着人们的工作和生活。下面简要介绍其用途。

1. 科研与教育

Internet 被认为是 20 世纪以来最重要的科研工具。科学家们使用在 Internet 中建立和连接的各类大型和专业数据库，进行文件存储及检索，互相交流学术思想，通过 Internet 进行广泛的国际合作研究。远程教育与虚拟课堂是在 Internet 上出现的一种新型的教学方式，它不受地域、时间的限制，不需要专用的教室和教师，内容广泛，特别是可以方便地获得最新的教学资料，因而备受欢迎。通过 Internet 中的虚拟图书馆，人们可以享用世界各地的馆藏图书、期刊、音像制品和相关的文献资料。

2. 电子新闻与出版

近几年来，随着 Internet 的发展，电子新闻作为一种新的新闻发布方式，取得了突飞猛进的发展。与传统的报刊相比，电子新闻具有突出的优点：更强的时效性，更短的出版周期，更加经济，加工处理更方便，表现形式丰富及交互性强等。读者可以当天在电子报刊上读到第二天才能在报纸上的出现信息，而且其内容可以是文字、表格图片和照片，甚至可以带有图像、动画和声音等多媒体信息。

3. 商业活动

Internet 在商业活动中越来越活跃，并成为不可缺少的一部分。如，电子广告价格便宜、更改方便、宣传范围广、形式生动活泼，而且全天候开放，没有播出时间限制，具有良好前景。“网络商店”“电子购物”等以计算机网络为传媒的电子贸易相继而起，逐渐形成一个巨大的电子市场；电子银行是机构完全虚拟化的银行，顾客足不出户就可以办理存款、转账、付款等业务。

此外，Internet 在商业活动中的应用还延伸到电子数据互换（EDI）、产品售后服务、电子展览会、股票债务处理等领域。

4.3.4 TCP/IP 体系结构

计算机网络是一个复杂的计算机及通信系统的集合，在其发展过程中逐步形成了一些公认的通用建立网络体系的模式，称之为网络体系结构（Network Architecture）。计算机网络体系结构从整体角度抽象地定义了计算机网络的构成及各个网络部件之间的逻辑关系和功能，给出了计算机网络协调工作的方法和必须遵守的规则。

世界上著名的体系结构有 IBM 的 SNA，DEC 公司 DNA，国际标准化组织 ISO 制定的开放系统互联参考模型 OSI，还有 Internet 上非常流行的 TCP/IP 等。

1. 网络协议

在计算机网络中，相互通信的双方处在不同的地理位置，要使网络上的两个进程之间相互通信，就要都遵循双方事先约定好的交换规则，即要通过交换信息来协调它们的动作和达到同步。我们把计算机网络中为进行数据传输而建立的一系列规则、标准或约定称为网络协议（Protocol）。

网络协议主要由语义、语法和时序三要素构成。

（1）语义是为协调通信完成某些动作或操作而规定的控制和应答信息，如规定通信双方要发出的控制信息、执行的动作和返回的应答等。

（2）语法规定通信双方彼此应该如何操作，确定协议元素的格式，如数据和控制信息的格式或结构、编码及信号电平等。

（3）时序（也称为时、同步）是对事件实现顺序的详细说明，指出事件的顺序和速率匹配等。

2. TCP/IP 协议的基本概念

1972 年，全世界计算机业和通信业的专家学者在美国华盛顿举行了第一届国际计算机通信会议，就在不同的计算机网络之间进行通信达成协议，会议决定成立 Internet 工作组，负责建立一种能保证计算机之间进行通信的标准规范，即“通信协议”；1973 年，美国国防部也开始研究如何实现各种不同网络之间的互联问题。

1974 年，IP 和 TCP 问世，合称 TCP/IP 协议。这两个协议定义了一种在计算机网络间传送报文（文件或命令）的方法。随后，美国国防部决定向全世界无条件地免费提供 TCP/IP 协议，即向全世界公布解决计算机网络之间通信的核心技术，TCP/IP 协议核心技术的公开最终导致了 Internet 的大发展。

TCP/IP 协议（Transfer Control Protocol/Internet Protocol）称为传输控制/网际协议，又称为网络通信协议，这个协议是 Internet 国际互联网络的基础。TCP/IP 是网络中使用的基本的通信协议。虽然从名字上看 TCP/IP 包括传输控制协议（TCP）和网际协议（IP）两个协议，但 TCP/IP 实际上是一组协议，它包括上百个各种功能协议，如远程登录、文件传输和电子邮件等，而 TCP 协议和 IP 协议是保证数据完整传输的两个基本的重要协议。通常说 TCP/IP 是 Internet 协议族，而不单单是 TCP 和 IP。

TCP/IP 协议的基本传输单位是数据包（Datagram）。TCP 协议负责把数据分成若干个数据包，并给每个数据包加上包头；IP 协议在每个包头上再加上接收端主机地址，这样数据可以找到自己要去的地方。如果传输过程中出现数据丢失、数据失真等情况，TCP 协议会自动要求数据重新传输，并重新组包。总之，IP 协议保证数据的传输，TCP 协议保证数据传输的质量。

3. IP 地址

1）IP 地址的基本概念

在以 TCP/IP 为通信协议的网络中，每一台连接网络的计算机、网络设备都称为“主机”（Host），在 Internet 上，这些主机也称为“节点”。在 Internet 上数千万台节点如何依靠 TCP/IP 协议在全球范围内实现不同硬件结构、不同操作系统、不同网络系统的互联呢？

接入 Internet 的计算机与在现实生活中确定某个人身份的方式相类似：一是从硬件方面，每个人都有与生俱来的、世界唯一的生理特征（如眼底视网膜、指纹、DNA 等）；二是从软件方面，即给每个人都规定一种身份、由一个特殊部门颁发世界唯一的证件（如护照、身份证等）。

Internet 中识别某一台计算机也是这样：一是网卡生产厂家在制作时已经在每一块网卡上都烧录了世界唯一的物理地址（MAC 地址）；二是通过为每一台计算机分配一个世界唯一的地址，从而人为地将一般计算机的身份变得特殊化。

目前使用的 TCP/IP 协议为 IPv4（TCP/IP 协议第 4 版），IP 协议要求所有接入 Internet 的网络节点要有一个统一规定格式的地址，简称 IP 地址。由于物理地址使用起来不方便，在网络中，每一个节点都依靠同一授权机构分配的唯一的 IP 地址互相区分并相互联系。IP 地址是一个 32 位二进制数的地址，由 4 个字节（8 位构成一个字节）组成，不但用于标识 TCP/IP 的主机地址，而且隐含网络间的路径信息。

为了方便人们的理解和简化记忆，实际使用 IP 地址时，将组成 IP 地址的二进制数记为 4 个十进制（0～255）的形式，中间使用英文符号“.”分开不同的字节。例如，采用 32 位二进制形式的 IP 地址 11011010 11000010 11100000 00110011，转换为十进制表示形式则为 218.194.224.51。

2）IP 地址的分类

为了便于寻址以及层次化构造网络，IP 地址也采用分层结构，每个 IP 地址由网络地址和主机地址两部分组成。其中，网络地址用来标识一个逻辑网络，即计算机所属的物理网络；主机地址用来标识物理网络中的一台主机。

IP 地址是一个 32 位二进制数的地址，理论上讲，有大约 40 亿（2 的 32 次方）个可能的地址组合，这似乎是一个很大的地址空间。实际上，根据网络地址和主机地址的不同位数规则，将 IP 地址分为 A、B、C 三类基本类型和 D、E 二类特殊用途类型。由于历史原因和技术发展的差异，A 类地址和 B 类地址几乎分配殆尽，目前能够供全球各国各组织分配的只有 C 类地址。所以说 IP 地址是一种非常重要的网络资源。

IP 地址根据网络号范围的不同可分为 A 类、B 类、C 类、D 类和 E 类。

A 类 IP 地址采用 1 字节表示网络号，3 字节表示主机号，可使用 126 个不同的大型网络，每个网络拥有 16774214 台主机，IP 范围为 1.0.0.0～126.255.255.255。

B 类 IP 地址采用 2 字节表示网络号，2 字节表示主机号，可使用 16384 个不同的中型网络，每个网络拥有 65534 台主机，IP 范围为 128.0.0.0～191.255.255.255。

C 类 IP 地址采用 3 字节表示网络号，1 字节表示主机号，一般用于规模较小的本地网络，如校园网等。可使用 2097152 个不同的网络，每个网络可拥有 254 台主机，IP 范围为 192.0.0.0～223.255.255.255。

D 类和 E 类 IP 地址用于特殊的目的。D 类地址范围为 224.0.0.0 ~ 239.255.255.255，主要留给 Internet 体系结构委员会（Internet Architecture Board，IAB）使用。E 类 IP 地址范围为 240.0.0.0 ~ 255.255.255.255，是一个用于实验的地址范围，并不用于实际的网络。

4. 域名系统

用户与 Internet 上某个主机通信时，显然不愿意使用很难记忆的长达 32 位的二进制主机地址，即使转换成点分十进制 IP 地址也不便记忆，因此在 Internet 上使用一种字符型标识来表示主机地址，这串字符就称为域名（Domain Name）。例如，IP 地址 119.75.213.51 指向百度搜索引擎的主页地址，同样，域名 www.baidu.com 也指向百度搜索引擎的主页地址。国际化域名与 IP 地址相比，更加直观、方便记忆。IP 地址相当于一个人的身份证号，域名则相当于一个人的户籍姓名，一个域名对应一个 IP 地址。

由于 Internet 在低层是依靠 IP 地址来定位主机的，因此，需要在主机的名字和 IP 地址之间建立一种映射或转换的机制，提供这种机制的系统称为域名系统（Domain Naming System，DNS）。域名地址在 Internet 实际运行时由专用的 DNS 服务器转换为 IP 地址，DNS 提供的应用服务称为域名服务。

DNS 域名系统是一个以分级的、基于域的命名机制为核心的分布式命名数据库系统。Internet 主机域名由几级组成，各级间由圆点“.”隔开，排列原则是低层的子域名在前面，而所属的高层域名在后面，格式为：

主机名.n 级域名.…….二级域名.一级域名

例如，以下主机域名表示的是黔南民族师范学院计算机科学系的主机：

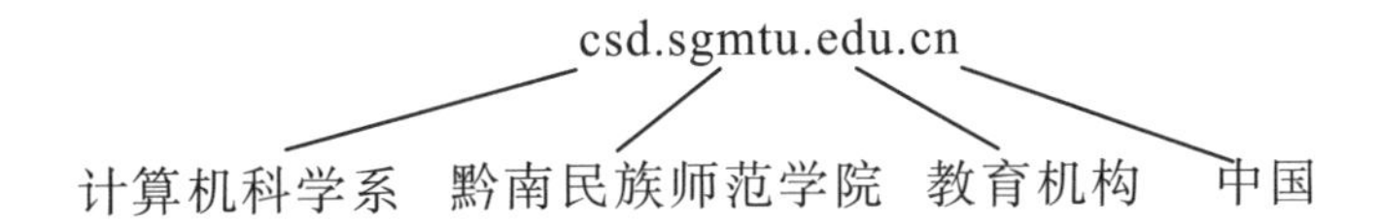

域名末尾部分为一级域名，代表某个国家、地区或大型机构的节点；倒数第二部分为二级域名，代表部门系统或隶属一级区域的下级机构；再往前为三级及其以上的域名，是本系统、单位名称；最前面的主机名是计算机的名称。较长的域名表示为了唯一地标识一个主机需要经过更多的节点层次，与日常通信地址的国家、省、市、区很相似。所有顶级域名都由 InterNIC（国际 Internet 信息中心）控制，根据各级域名所代表含义的不同，可以分为地理性域名和机构性域名，掌握它们的命名规律，可以方便地判断一个域名和地址名称的含义及该用户所属网络的层次。表 4-1 给出了标识机构性质的组织性域名的标准。表 4-2 给出了部分地理性域名的代码。

表 4-1　组织性顶级域名的标准

域名	含义	域名	含义
com	商业机构	mil	军事部门
edu	教育机构	net	网络服务提供者
gov	政府机构	org	非盈利组织
art	文化活动单位	firm	公司、企业
int	国际机构（主要指北约组织）	info	提供信息服务单位

表 4-2 地理性顶级域名的标准（部分）

代码	国家或地区	代码	国家或地区	代码	国家或地区
au	澳大利亚	ca	加拿大	mo	澳门
us	美国	fr	法国	tw	台湾
ie	爱尔兰	de	德国	jp	日本
nl	荷兰	cn	中国	sg	新加坡
es	西班牙	tw	台湾	in	印度
uk	英国	hk	香港	ru	俄罗斯联邦

通常见到的许多域名地址从右往左数的第二部分才是表 4-1 中给出的标识机构性质的部分。这时，域名地址的右边第一部分是域名的国别代码。如贵州省黔南民族师范学院 Web 服务器的域名是 www.sgmtu.edu.cn，其中 www 指主机名，sgmtu 代表学校名称，edu 表示教育机构，cn 代表中国。

大多数美国以外的域名地址中都有国别代码，美国的机构则直接使用顶级域名。

我国顶级域名 cn 由 CNNIC（中国互联网信息中心）负责管理，在 cn 顶级域名下，可直接申请注册二级域名或由经国家认证的域名注册服务机构注册二级域名。我国将二级域名按照行业类别或行政区域来划分。行业类别采用国际机构性质的组织性域名，行政区域二级域名适用于各省、自治区、直辖市，共 34 个，采用省市名的简称，如 bj 为北京市，sh 为上海市，gz 为贵州省等。

5. 下一代的因特网协议 IPv6

IPv6 是 Internet Protocol Version 6 的缩写，它是 IETF（Internet Engineering Task Force，互联网工程任务组）设计的用于替代现行版本 IP 协议（IPv4）的下一代 IP 协议。

目前我们使用的第二代互联网 IPv4 技术，核心技术属于美国。它的最大问题是网络地址资源有限，从理论上讲，编址 1600 万个网络、40 亿台主机。但采用 A、B、C 三类编址方式后，可用的网络地址和主机地址的数目大打折扣，以至目前的 IP 地址近乎枯竭。其中北美占有 3/4，约 30 亿个，而人口最多的亚洲只有不到 4 亿个，中国只有 3 千多万个，只相当于美国麻省理工学院的数量。地址不足，严重地制约了我国及其他国家互联网的应用和发展。为了解决因特网中存在的问题，国际网络专家推出了 IPv6（TCP/IP 协议第 6 版）网络协议，它具有以下特点：

（1）IPv6 地址长度为 128 比特，地址空间增大了 2^{96} 倍。

（2）灵活的 IP 报文头部格式。使用一系列固定格式的扩展头部取代了 IPv4 中可变长度的选项字段。IPv6 中选项部分的出现方式也有所变化，使路由器可以简单路过选项而不做任何处理，加快了报文处理速度。

（3）IPv6 简化了报文头部格式，字段只有 7 个，加快了报文转发，提高了吞吐量。

（4）提高安全性。身份认证和隐私权是 IPV6 的关键特性。

（5）支持更多的服务类型。

（6）允许协议继续演变，增加新的功能，使之适应未来技术的发展。

4.4 Internet 的接入

随着通信技术的发展，Internet 网络覆盖全球，其各级主干网由光纤铺设而成，用户可利用各种接入方式接入 Internet。现 Internet 的接入技术发展非常迅速，各种新颖的接入技术不断出现，接入方式由过去单一的电话拨号方式，发展到现在多样的有线和无线接入方式，更新更快的接入方式仍在继续地被研究和开发。

4.4.1 ISP 的概念

互联网服务提供商（Internet Service Provider，ISP），即向广大用户综合提供互联网接入业务、信息业务和增值业务的运营商。ISP 是经国家主管部门批准的正式运营企业，享受国家法律保护。

ISP 是用户接入 Internet 的入口点，它不仅为用户提供 Internet 接入服务，也为用户提供各类信息服务。一般情况下，个人或企事业单位无论用什么样的方式接入 Internet，都必须要向提供接入服务的 ISP 提出申请，也就是说要找一个信息高速公路的入口。一旦与 ISP 联通，要浏览什么网站、使用什么服务都由用户自己决定。

从用户的角度看，ISP 位于 Internet 的边缘，用户通过某种通信线路连接到 ISP，再通过 ISP 的连接通道接入 Internet。

国内在电信重组之后，中国网通并入中国联通，剥除中国联通 CDMA，组成新联通；中国铁通并入中国移动组成新移动；中国联通 CDMA 并入中国电信组成新电信。目前，主要的商业性基础互联网服务运营商有中国电信（CHINANET 中国公用计算机互联网）、中国联通（CNCNET 中国联通计算机互联网）、中国移动（CMNET 中国移动互联网），还有由国家投资建设的公益网，如科技部主管的中国科技网（CSTNET）和教育部负责管理中国教育科研网（CERNET）。

4.4.2 Internet 的接入方式

Internet 的接入方式，首先涉及一个带宽问题，随着互联网技术的不断发展和完善，目前国内常见的有以下几种接入方式可选择。

1. ADSL 方式接入

非对称数字用户线路（Asymmetrical Digital Subscriber Line ，ADSL）是一种能够通过普通电话线提供宽带数据业务的技术，也是目前发展速度极快的一种接入技术。ADSL 素有“网络快车”之美誉，因其下行速率高、频带宽、性能优、安装方便、不需交纳电话费等特点而深受广大用户喜爱。ADSL 的最大特点是不需要改造信号传输线路，完全可以利用普通铜质电话线作为传输介质，配上专用的 Modem 即可实现数据高速传输，且不影响电话的使用。ADSL 支持上行速率 640 Kbps ~ 1 Mbps，下行速率 1 Mbps ~ 8 Mbps，其有效的传输距离在 3 ~ 5 km 范围以内。在 ADSL 接入方案中，每个用户都有单独的一条线路与 ADSL 局端相连，它的结构可以看作是星形结构，数据传输带宽是由每一个用户独享的。

另外，最新的 VDSL2 技术可以达到上、下行各 100 Mbit/s 的速率。特点是速率稳定、带宽独享、语音数据不干扰等。适用于家庭、个人等用户的大多数网络应用需求，满足上网宽带业务包括 IPTV、视频点播（VOD）、远程教学、可视电话、多媒体检索、LAN 互联等。

2. 小区宽带接入（局域网接入）

小区宽带接入是一种光纤接入方式，网络运营商 ISP 引光纤到小区，一般带宽是 100 Mbit/s，在小区内部组建局域网，小区用户共享这条光纤的带宽，即 FTTX + LAN 方式。与 ADSL 相比，ADSL 宽带是独享的，速度比较稳定，小区的共享光纤接入带宽是被小区用户共享的，如果小区同时上网的用户过多，或者有时个人流量特大，就会影响上网速度。

3. Cable-Modem 接入方式

Cable-Modem（线缆调制解调器）是近几年开始使用的一种超高速 Modem，它利用现成的有线电视（CATV）网进行数据传输，已是比较成熟的一种技术。随着有线电视网的发展壮大和人们生活质量的不断提高，通过 Cable Modem，利用有线电视网访问 Internet 已成为越来越受业界关注的一种高速接入方式。

Cable Modem 连接方式可分为两种，即对称速率型和非对称速率型。前者的 Data Upload（数据上传）速率和 Data Download（数据下载）速率相同，都为 500 Kbps ~ 2 Mbps；后者的数据上传速率为 500 Kbps ~ 10 Mbps，数据下载速率为 2 Mbps ~ 40 Mbps。

4. 专线连接方式

对于政府单位、某些规模比较大的企业或高等院校，往往有很多员工需要同时访问 Internet，而且经常需要通过 Internet 传送大量的数据。对于这样的一些单位，最好的办法是选择与 Internet 进行专线连接。专线连接可以把企业内部的局域网连接，通过公用数字数据网（DDN）、光纤等多种接入方式专线接入 Internet，并且可以获得固定 IP 地址。

5. 无线接入方式

无线接入是指从用户终端到网络交换节点采用或部分采用无线手段的接入技术。接入方式可分为基于 802.11 无线局域网技术和基于移动通信的 Blue Tooth、GSM/CDMA 技术。进入 21 世纪后，无线接入 Internet 已经成为接入方式的一个热点。

4.5 Internet 的基本应用

Internet 是一个建立在网络互联基础上的巨大的、开放的全球性网络，是现代通信技术与计算机技术结合的产物，它的基本功能可以概括为网络通信与交流、信息发布与获取、文件传输和远程登录 4 个方面，并由此产生了许多服务形式及种类。目前，Internet 已在世界范围内得到广泛普及与应用的服务有：电子邮件服务（E-mail）、即时通信服务、文件传输服务（FTP）、远程登录服务（Telent）、网络信息服务（WWW）等。

4.5.1　WWW 概述

WWW（World Wide Web）的含义是“环球网”“布满世界的蜘蛛网”，俗称万维网、3W 或 Web。它不是独立于 Internet 的另一个网络，而是基于超文本（Hypertext）方式的信息检索服务工具。它将位于全世界不同地点的相关数据信息有机地编织在一起，连接成一个信息网。WWW 提供友好的信息查询接口，组成由节点和超链接组成的、方便用户在 Internet 上搜索和浏览信息的超媒体信息查询服务系统，是互联网所提供服务的一部分。因此，WWW 为用户带来的是世界范围的超级文本服务：只要操纵计算机的鼠标，用户就可以通过 Internet 从全世界任何地方调来所希望得到的文本、图像（包括活动影像）和声音等信息。另外，WWW 还可以提供“传统的”Internet 服务：Telnet（远程登录）、FTP（文件传输）、BBS（电子公告板）等。通过使用 WWW，一个不熟悉网络的人也可以很快成为 Internet 行家。

WWW 的成功在于它制定了一套标准的、易为人们掌握的超文本开发语言 HTML、信息资源的统一定位格式 URL 和超文本传送通信协议 HTTP。

4.5.2　IE 浏览器的使用

用户平时上网的过程中，多数时候都是在使用浏览器浏览网页、访问网站、收发电子邮件。在 Windows 环境下，通常使用微软（Microsoft）公司随操作系统提供的 IE（Internet Explorer）浏览器访问万维网（WWW）。

Windows Internet Explorer（旧称 Microsoft Internet Explorer，简称 IE，俗称“网络探索者”），是微软公司推出的一款网页浏览器。浏览器的种类有几十种，常见的有 Mozilla-Firefox（火狐浏览器）、opera、Tencent Traveler（腾讯 TT）、360 浏览器、百度浏览器等。

据有关统计数据显示，Internet Explorer 的市场占有率超过 70%，是使用最广泛的网页浏览器。目前最新版本是 Internet Explorer 11，此版本在速度、标准支持和界面上均有很大的改善。在其他操作系统的 Internet Explorer 包括前称 Pocket Internet Explorer 的 Internet Explorer Mobile，用在 Windows Phone 及 Windows Mobile 上。

1. IE 浏览器的启动

启动 IE 的方法有多种，常用以下三种方法：

- 双击桌面上“Internet　Explorer”图标，启动 IE 浏览器。
- 选择“开始” | “所有程序” | “Internet Explorer”，启动 IE 浏览器。
- 单击任务栏上“快速启动”工具栏中的按钮，启动 IE 浏览器。

IE 启动后，在 IE 窗口中自动打开主页设置的站点。

2. IE 窗口的组成

IE 窗口与 Windows 环境下其他窗口的格式相类似，主要由标题栏、菜单栏、工具栏、地址栏、链接工具栏、主窗口和状态栏等组成。

标题栏：位于 IE 工作窗口的顶部，用来显示当前正在浏览的网页名称或当前浏览网页的地址，方便用户了解 Web 页面的主要内容。

菜单栏：位于标题栏下面，显示可以使用的所有菜单命令。

工具栏：位于菜单栏下面，存放着用户在浏览 Web 页时常用的工具按钮，使用户可以不用打开菜单，而是单击相应的按钮来快捷地执行命令。

地址栏：位于工具栏的下方，显示正在浏览的文档地址和输入希望浏览的 Web 地址，输入地址后按 Enter 键或者单击“转到”按钮，就可以访问相应的 Web 页。用户还可以通过地址栏上的下拉列表框直接选择曾经访问过的 Web 地址，进而访问该 Web 页。

浏览区：用户查看网页的地方，用于显示当前访问的内容。

状态栏：位于 IE 窗口的底部，显示当前用户正在浏览的网页下载状态、下载进度和区域属性。

3. IE 的使用方法与技巧

Internet 节点地址通常以协议名开头，后面接负责维护该节点的组织的名称。后缀用于标识该组织的类型。如果地址指向特定的网页，像端口名、网页存放目录以及网页文件名称这样的附加信息，也将包括在 Internet 地址内。使用 HTML（超文本标记语言）编写的 Web 页，通常以. htm 或. html 扩展名结尾。

地址栏是输入和显示网页地址的地方。打开指定主页最简单的方法是，直接在“地址”栏中输入节点的 Internet 地址，输入完地址后按回车键。在输入地址时，一般不必输入“http://”前缀。打开 IE 浏览器，在地址栏输入 www.sgmtu.edu.cn，然后按回车键，黔南民族师范学院校园网的首页将在浏览区显示，如图 4-25 所示。

图 4-25 黔南民族师范学院校园网首页

在网上浏览信息是通过超链接来实现的，所要做的只是简单地移动鼠标指针并决定是否单击相应链接。由每一个超级链接（文字或者图像）的标题文字或是图像旁边的文字说明，可以知道它所代表的网页的内容，通过这些简单描述就可以确定是否打开相应的网页进行浏览。下面开始一次最简单的漫游。

浏览 IE 浏览器上的文章标题，选择自己感兴趣的标题文字，将鼠标指向该文字，当鼠标指针变成小手形状“☝”时单击，即可通过标题文字的超级链接打开新窗口浏览标题相关的详细信息。

将光标指向打开的新网页中的某一幅图像或者文字时，如果看到鼠标指针又变成了手形，表明此处还是一个超级链接。在上面单击，就会转到相应的网页。

下面介绍使用浏览器时频繁使用的 5 个导航按钮（如图 4-26 所示）及常用的技巧。

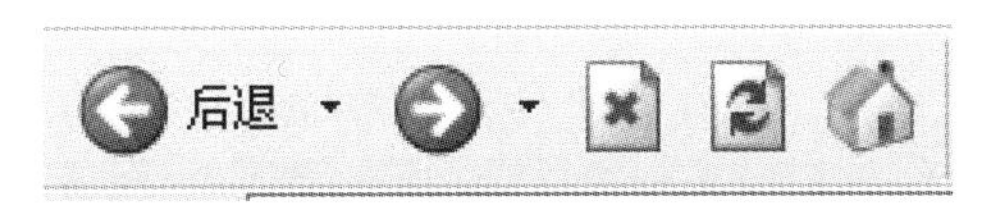

图 4-26　IE 导航按钮

1）“后退”按钮

刚开始打开浏览器时，工具栏上的“后退”和“前进”按钮都呈灰色的不可用状态。当单击某个超级链接打开一个新的网页时，“后退”按钮就会变成深色可用状态，记录了曾经访问过的网页。如果需要查看刚才浏览过的网页，这时单击“后退”按钮，就可以返回刚才访问过的网页继续浏览。

2）“前进”按钮

单击“后退”按钮后，可以发现“前进”按钮也由灰变深，此时如果单击“前进”按钮，就可返回单击“后退”按钮前访问的网页。

3）“刷新”按钮

如果想浏览停止载入的网页或更新较早浏览的网页信息，可通过单击“刷新”按钮来实现网页的重新载入或信息更新。

4）“停止”按钮

在浏览的过程中，可能会因通信线路太忙或出现故障而导致一个网页过了很长时间还没有完全显示，那么可以通过单击“停止”按钮来停止对当前网页的载入。

5）“主页”按钮

在 IE 浏览器中，主页是指每次打开浏览器时所看到的起始页面，系统安装后默认的主页是“http://www.microsoft.com/china/ ”，在浏览其他信息过程中，单击此按钮即可返回该页面。

6）使用收藏夹

用户可以将喜爱的网页添加到收藏夹中保存，以后就可以通过收藏夹快速访问用户喜欢的 Web 页或站点。

（1）将某个 Web 页添加到收藏夹的方法如下：

① 打开要添加到收藏夹列表的 Web 页。

② 选择“收藏”|“添加到收藏夹”命令，打开“添加到收藏夹”对话框，如图 4-27 所示。

③ 在“创建到”旁边的“名称”文本框中选择存放的路径，单击“确定”按钮退出，就完成了收藏夹的添加。

图 4-27 添加到收藏夹

④ 在添加收藏夹时，勾选“允许脱机使用”选项，然后点击旁边的“自定义”按钮，在出现的向导窗口中不断按“下一步”按钮直到完成，网络连接断开后，选择“文件”|“脱机工作”，再打开收藏夹中相关网页就能实现脱机浏览了。上网后在浏览器的菜单栏中选择“工具”|“同步”命令并选择需要同步的项目，再单击“同步”按钮就会把所选择的网页下载到硬盘。

（2）整理收藏夹。

当收藏的 Web 页不断增加时，用户可以将它们组织到已有的文件夹中或创建新的文件夹来组织收藏的项目，也可以将不需要收藏的网页进行删除。具体操作步骤如下：

① 选择“收藏”|“整理收藏夹”命令，打开“整理收藏夹”对话框，如图 4-28 所示。

② 单击“创建文件夹”按钮，键入文件夹的名称，最后按回车键。

③ 将列表中的快捷方式拖放到合适的文件夹中。如果因为快捷方式或文件夹太多而导致无法拖动，可以先选择要移动的网页，然后单击“移至文件夹”按钮，在弹出的“浏览文件夹”对话框中选择合适的文件夹，最后单击“确定”按钮即可。

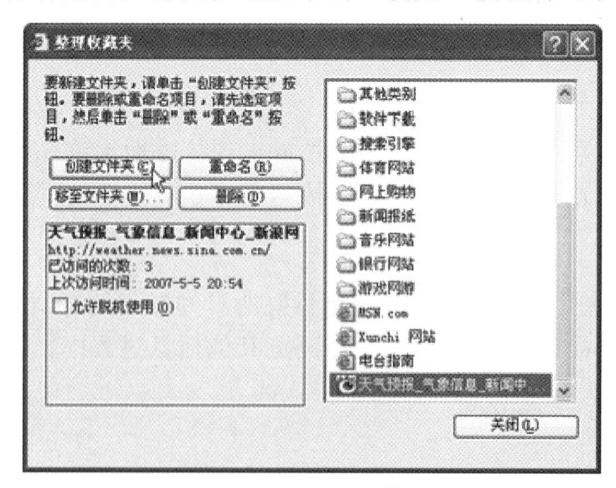

图 4-28 整理收藏夹

④ 选择要删除的网页，然后单击“删除”按钮。

7）网页信息的保存

在浏览网页信息的过程中，用户经常会被一些网页的内容所吸引，发现很多有用的信息，一定想把它们保存下来以便日后参考，或不进入 Web 节点直接查看这些信息，或与其他用户分享。此时用户可将浏览的 Web 页面、文本信息或图片图形信息保存在自己的计算机中，以便在日后参考或在脱机状态下使用。

操作步骤如下：

① 打开 IE 浏览器窗口，在地址栏中输入 http://www.edu.cn/ ，打开“中国教育和科研计算机网”首页。

② 选择“文件”|“另存为”命令，出现“保存网页”对话框，如图 4-29 所示。

图 4-29 “保存网页”对话框

③ 选择用于保存网页的文件夹，如“我的文档”。

④ 在“文件名”文本框中输入保存该网页的名称，选择保存的类型后单击“保存”按钮。网页的保存类型通常有 4 种，分别为：

- 网页（全部），保存文件类型为*.htm 和*.html。按这种方式保存后会在保存的目录下生成一个 html 文件和一个文件夹，其中包含网页的全部信息。
- Web 档案（单一文件），保存文件类型为*.mht。按这种方式保存后只会存在单一文件，该文件包含网页的全部信息。它比前一种保存方式更易管理。
- 网页（仅 HTML 文档），保存文件类型为*.htm 和*.html。按这种方式保存的效果同第一种方式差不多，唯一不同的是它不包含网页中的图片信息，只有文字信息。
- 文本文件，保存文件类型为*.txt。按这种方式保存后会生成一个单一的文本文件，不仅不包含网页中的图片信息，同时网页中文字的特殊效果也不存在。

⑤ 如果需要保存的是网页上的部分文本信息，可以先选择要保存的文字信息，然后选择“编辑”|“复制”命令，打开计算机中的文本编辑软件（如写字板、WORD 等）后将内容“粘贴”到编辑的文档中，再进行保存。

⑥ 如果需要保存的是网页上的图像信息，可以先将光标移动到要保存的图像上，在出现的图像左上角的“图像”工具栏（见图 4-30）上，选择“保存”按钮；或在图像上右击，在弹出的快捷菜单中选择“另存为”命令，如图 4-31 所示。

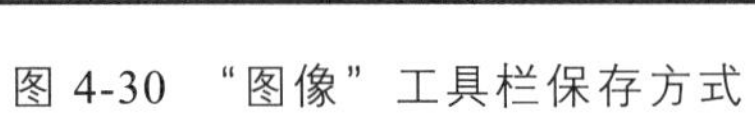
图 4-30 “图像”工具栏保存方式

图 4-31 右键菜单图像保存方式

8）网页信息的检索

随着 Internet 的迅速发展，网上的 Web 站点越来越多，在如此浩瀚的信息海洋中提取自己感兴趣的内容简直犹如大海捞针。因此，各种各样的搜索引擎也相应地纷纷出现，它们在提供搜索工具的同时，也为用户提供不同的分类主题目录，以方便广大用户在 Internet 上快速查找信息。对于中文站点，中国大陆、中国香港、中国台湾、中国澳门，以及美国和新加坡等地都有中文搜索引擎，用户可以根据自己的需要选择中文搜索引擎。

对于初学者来说，了解一个速度较快、自己比较欣赏并且带有主题目录的中文搜索引擎，将会大大方便自己搜索 Internet 信息。

百度，全球最大的中文搜索引擎、最大的中文网站，以其易用、快速的特性深受广大网友喜爱。百度搜索引擎的 Web 地址是 http://www.baidu.com，在地址栏中输入该地址并单击“转到”按钮，就可以进入搜索引擎网页了，如图 4-32 所示。

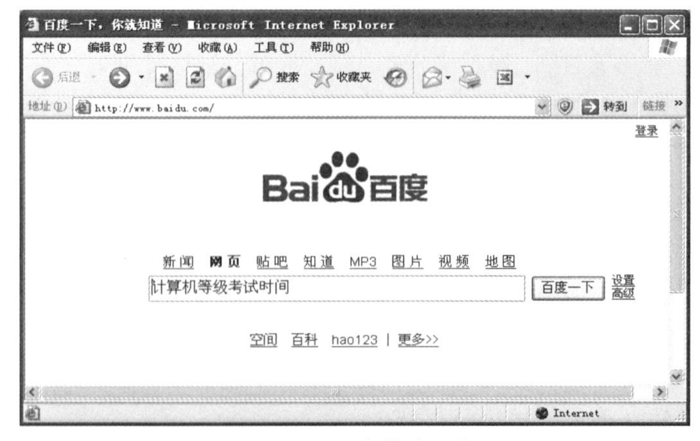

图 4-32 百度搜索引擎

百度搜索引擎主页上有一个搜索栏（即搜索引擎）和 8 个常用搜索功能链接，用户可以根据需要在百度主页中选择搜索“新闻”“网页”“贴吧”“知道”“图片”“MP3”“视频”“地图”。如果要开始进行特定主题的搜索，在搜索引擎的文本框中输入关键字，多个关键字之间可以使用空格符分开。例如：输入一个字段“计算机等级考试时间”，并单击“百度一下”按钮或按 Enter 键，搜索引擎即开始进行搜索，系统将查找符合查询条件的内容目录，并显示出来，供用户参考，如图 4-33 所示。

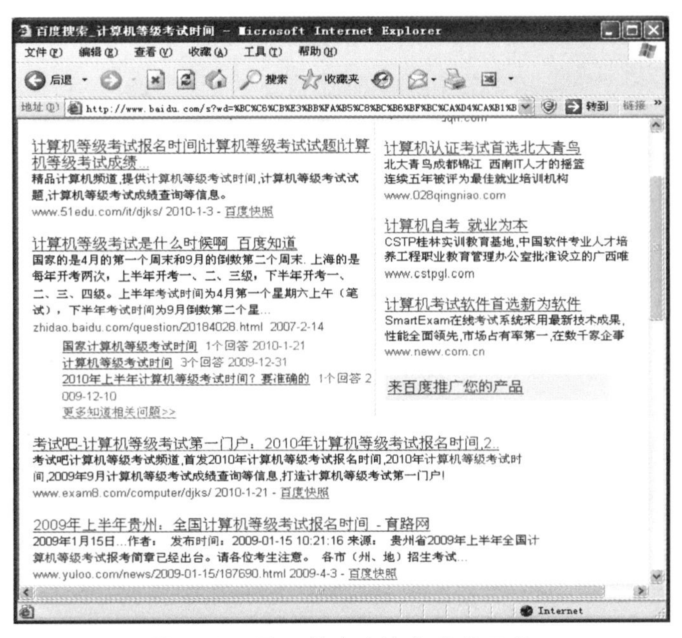

图 4-33　显示符合查询条件的目录

如果用户希望搜索引擎查找的信息更为精确，可单击百度主页上的“设置高级”超级链接，这样用户可以对要查找的内容进行更为详细的查询条件设置。

除百度之外，还有许多中文搜索引擎，如中文雅虎（www.yahoo.com.cn）、新浪（www.sina.com.cn）、网易（www.163.com）等，都可以为用户提供详细而周到的搜索服务。

9）中文科技期刊的检索

维普资讯公司推出的《中文科技期刊数据库》（全文版）（简称中刊库）是一个功能强大的中文科技期刊检索系统，是经国家新闻出版总署批准的大型连续电子出版物，收录中文期刊 12 000 余种，全文 2 300 余万篇，引文 3 000 余万条，分三个版本（全文版、文摘版、引文版）和 8 个专辑（社会科学、自然科学、工程技术、农业科学、医药卫生、经济管理、教育科学、图书情报）定期出版，拥有高等院校、中等学校、职业学校、公共图书馆、研究机构、政府部门、企业、医院等各类用户 5 000 多家，覆盖海内外数千万用户。

维普资讯网（http://www.cqvip.com）提供的检索方式有两种：适用于大众用户的简单检索和适用于专业检索用户的高级检索。

登录黔南民族师范学院校园网校园网首页（http://www.sgmtu.edu.cn），选择打开“图书馆”栏目，在“数据资源”中选择打开“维普数据库”，即可进入中文科技期刊数据库的镜像站点，如图 4-34 所示。

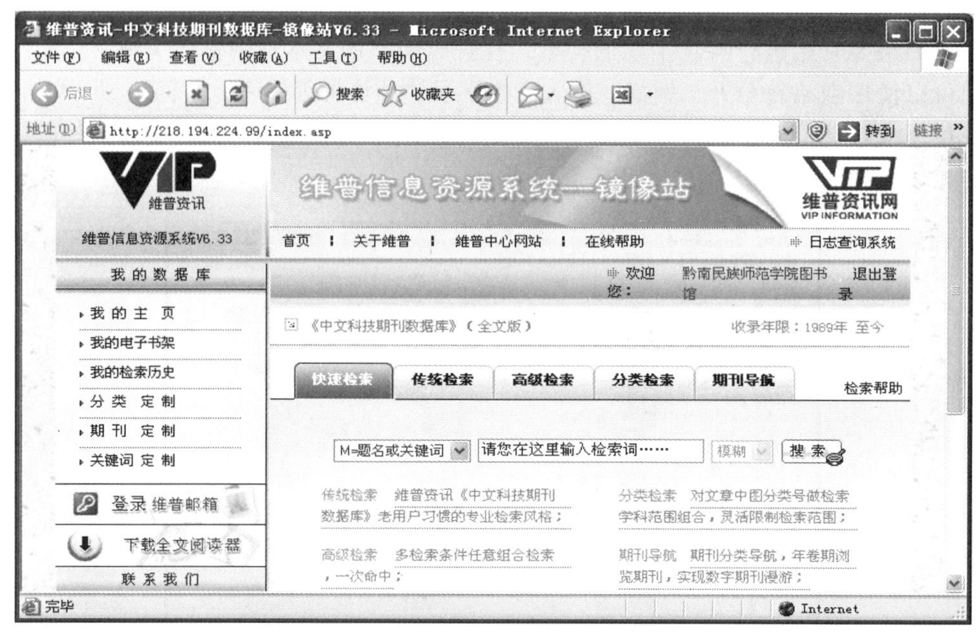

图 4-34 中文科技期刊数据库的镜像站点

在中文科技期刊数据库镜像站点“快速检索”栏目的“检索项”中输入“计算机应用基础”，单击“搜索”按钮，就可以检索到名称中带有“计算机应用基础”关键词的文章，如图 4-35 所示。

选择列表中预查看的文章，如“浅谈《计算机应用基础》教学中非智力因素的作用”，可打开论文题录细阅格式页面，察看论文相关信息并可下载全文。

维普资讯-中文科技期刊数据库检索 - Microsoft Internet Explorer

文件(F) 编辑(E) 查看(V) 收藏(A) 工具(T) 帮助(H)

地址(D) http://218.194.224.99/Visitnew.asp

序号	题名	作者	出处
2	高职《计算机应用基础》教学改革实践 全文快照	钟萍 谭咏梅	现代计算机：下半月版-2009年10期
3	浅谈《计算机应用基础》教学中非智力因素的作用 全文快照	李荣欣	科技资讯-2009年31期
4	中等职业学校《计算机应用基础》课程教学改革初探 全文快照	陈天齐	现代企业文化-2009年32期
5	高职计算机应用基础课程教学探讨 全文快照	刘斌	郑州铁路职业技术学院学报-2009年3期
6	浅谈高职计算机应用基础课程教学改革 全文快照	魏华	新西部：下半月-2009年10期
7	浅谈计算机应用基础“以证代考”之改革 全文快照	郑忠秀 田涛	办公自动化：综合月刊-2009年10期
8	我院计算机应用基础课教学改革的探索与实践 全文快照	常淑凤	办公自动化：综合月刊-2009年10期
9	学生合作学习能力养成探究——以中等职业学校《计算机应用基础》课堂教学为例 全文快照	赖月芳	中国教育技术装备-2009年26期
10	基于就业能力的高职计算机应用基础教学改革探索 全文快照	罗祖玲	教育与职业-2009年30期
11	高职院校《计算机应用基础》课程教学改革思考 全文快照	颜玲平 颜谦和	福建电脑-2009年10期
12	任务驱动教学法在计算机应用基础课程教学中的应用研究 全文快照	屈琴	中国教育信息化：基础教育-2009年10期
13	高职计算机应用基础课的双模块群模式和差异化教学 全文快照	王军平	科技信息-2009年26期

完毕 Internet

图 4-35 “计算机应用基础”相关的论文

10）下载资料

下载资料通常是指将因特网上某个指定服务器上的一个文件或一组文件，通过网络完整地传送并保存到用户的计算机上，这些文件可以是计算机程序、游戏，也可以是由文字、声音或图像组成的任何类型的数据文件。

（1）使用浏览器下载软件（HTTP方式）。

用浏览器下载是最简单的一种下载方式。在网页上有超级链接，当单击了普通链接之后，立即在浏览器中打开连接文件。以下载腾讯QQ软件为例，操作步骤如下：

① 打开IE浏览器窗口并输入地址“http://www.onlinedown.net/index.htm”，登录华军软件主力网站。

② 在网页中选择并单击需要下载的文件，如“装机必备软件”中“腾讯QQ”，打开“腾讯QQ 2009”下载页面。

③ 在下载网页的“腾讯QQ2009下载地址”选项中选择下载方式并单击“下载”按钮。

④ 为保证文件下载速度，在打开的网页中选择并单击用户接入的ISP服务商通道下载文件。

⑤ 在如图4-36所示的“文件下载”对话框中选择下载方式：运行程序还是保存文件。

注：运行程序是指将文件下载到本地临时文件夹后并运行，保存文件是指将文件下载到本地磁盘指定的文件夹中，用户自行运行。

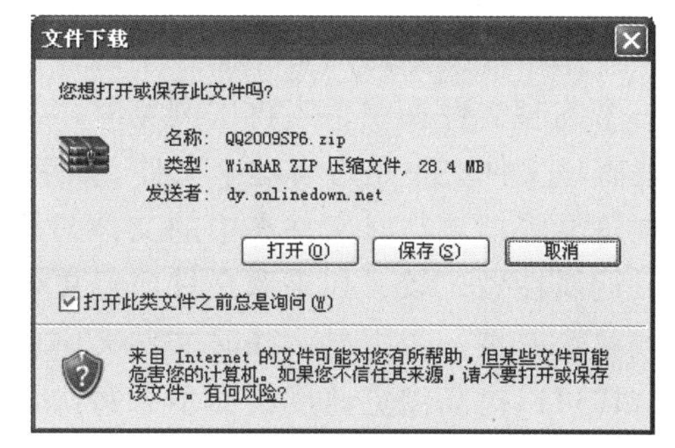

图4-36 “文件下载”对话框

（2）利用工具下载。

使用浏览器下载过程中，如果出现网络断线的情况，就要重新下载。断点续传是解决下载时网络断线问题的一种办法。断点续传指的是在下载或上传时，将下载或上传任务（一个文件或一个压缩包）人为地划分为几个部分，每一个部分采用一个线程进行上传或下载，如果碰到网络故障，可以从已经上传或下载的部分开始继续上传下载尚未上传下载的部分，而没有必要从头开始上传下载，既可以节省时间，又可以提高速度。

现在的浏览器一般都不支持断点续传，但是有一些专门用来下载的工具可以实现，如网络蚂蚁（NetAnts）、网际快车（FlashGet）等。这些工具不但具有断点续传的功能，它们还使用“多线程”的方法来提高下载速度。除此以外，网络技术的飞速发展还产生了许多优秀的下载技术，如P2P、BT等，也产生了许多相应的下载工具，如迅雷（Thunder）、电驴（easyMule）等。

4. Internet属性的设置

一般情况下，用户在建立“连接”以后，基本上不需要什么配置就可以上网浏览了。但是浏览器的默认配置并非对每一个用户都适用，利用“Internet属性”的设置可以根据不同用户的不同需要，对上网的环境和条件进行个性化设置。

1）设置IE访问的默认主页

系统在启动IE浏览器的同时打开默认主页。如果用户对某一个站点的访问特别频繁，可以将这个站点设置为主页。这样，以后每次启动IE浏览器时，IE浏览器会首先访问用户设定的主页内容，或者在单击工具栏的“主页”按钮时立即显示。

例如，将中国教育和科研计算机网设置为主页的操作步骤如下：

（1）打开 IE 浏览器窗口，单击“工具”|“Internet 选项”，打开“Internet 选项”对话框，如图 4-37 所示。

（2）单击“常规”选项卡，在主页地址中输入“http://www.edu.cn”，单击“确定”即可将中国教育和科研计算机网设置为 IE 的主页，通过 IE 在网上找到要设置为主页的 Web 页。

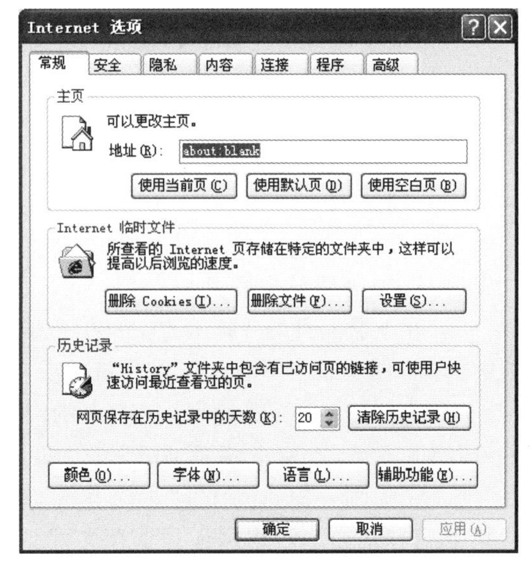

图 4-37 “Internet 选项”对话框

2）配置临时文件夹

用户所浏览的网页存储在本地计算机中的一个临时文件夹中，当再次浏览时，浏览器会检查该文件夹中是否有这个文件，如果有的话，浏览器将把该临时文件夹中的文件与源文件的日期属性做比较，如果源文件已经更新，则下载整个网页，否则显示临时文件夹中的网页。这样可以提高浏览速度，而不必每次访问同一个网页时都重新下载。

3）设置历史记录保存天数以及清除历史记录

用户使用 IE 浏览网页时，都会将大量信息保存记录在用户计算机的磁盘上，形成“历史记录”。设置适合的历史记录保存天数，与 IE 工具栏中“历史”按钮相配合，用户可以方便、快捷的访问已查看过的网页，提高浏览速度和工作效率。

如果用户不希望其他人查看自己所访问和浏览的信息，可以利用“清除历史记录”按钮，删除保存记录在用户计算机的磁盘上的历史记录信息。

4.5.3 电子邮件的使用

电子邮件（E-mail）是用户或用户组之间通过计算机网络收发信息的服务，它利用计算机的存储、转发原理，克服时间、地理上的差距，通过计算机终端和通信网络进行文字、声音、图像等多种类型的信息传送。目前电子邮件已成为 Internet 用户之间快速、简便、可靠且成本低廉的现代通信手段，也是 Internet 上使用最广泛、最受欢迎的服务之一。与传统的邮件相比，它除了具备快速、经济的特点外，其对多媒体的支持和群发功能更显示出卓越的性能。

要享有电子邮件服务，首先用户必须拥有自己的电子信箱，一般又称为电子邮件地址（E-mail Address），即在 Internet 上电子邮件信箱的地址。电子信箱是提供电子邮件服务的机构为用户建立的，实际上是该机构在与 Internet 联网的计算机上为用户分配的一个专门用于存放往来邮件的磁盘存储区域，这个区域是由电子邮件系统管理的。而邮件的处理则可以通过提供邮箱的网站上的专用程序完成，也可以使用如 Outlook Express（简称 OE）这样的通用工具来完成。

收发电子邮件要使用 SMTP（简单邮件传送协议）和 POP3（邮件接收协议）。用户的计算机上运行电子邮件的客户程序，如 Outlook，Internet 服务提供商的邮件服务器上运行 SMTP 服务程序和 POP3 服务程序，用户通过建立客户程序与服务程序之间的连接来收发电子邮件。用户通过 SMTP 服务器发送电子邮件，通过 POP3 服务器接收邮件。

1. E-mail 的格式

E-mail 地址具有统一的标准格式：用户名@邮箱所在主机的域名。

- 用户名是收信人自己定义的字符串标识符，在邮箱所在计算机中必须是唯一的。
- @可以读成“at”，也就是“在”的意思。
- 邮箱所在主机的域名是指提供电子邮件服务的计算机的域名，这个域名在整个因特网内必须是唯一的。

整个 E-mail 地址可理解为网络中某台主机上的某个用户的地址。由于提供 E-mail 服务的主机域名在因特网上是唯一的，而每一个邮箱名在该主机中也是唯一的，因此在因特网上的每一个电子邮件地址都具有唯一性，这一点对保证电子邮件能够在整个因特网范围内的准确交付是十分重要的。

2. 申请邮箱

Internet 上提供有许多电子邮件服务的网站，如网易（www.163.com）、亿邮网（www.eyou.com）、新浪网（www.sina.com.cn）等，用户可以根据需要选择收费邮箱或免费邮箱服务，申请时根据网站上的提示操作进行用户名的注册，按照网络服务商的规定进行使用。

现在提供邮箱服务的网站，几乎也都提供 Web 界面的邮件收发方式，这方便了需要在公共场所收发邮件的用户。如果用户拥有固定计算机上网，可以方便地使用电子邮件客户程序收发邮件，如 Outlook Express、Foxmail 等。

一般申请收费与申请免费邮箱的步骤是大体相似的，只是多个交费的过程，还提供了一些附加的服务功能。下面简略地说明申请邮箱的步骤。

（1）连接到 Internet 上。

（2）登录到提供电子邮箱服务的网站上，选择申请或注册邮箱。

（3）输入申请邮箱的账号名称。

（4）接受或同意服务条款。

（5）按“登记资料页面”的要求，输入相关个人资料。

（6）单击“提交”按钮。

（7）系统接受申请，注册成功。

下面以申请网易 126 免费邮箱为例，介绍申请个人免费电子邮箱的方法。

（1）打开 IE 浏览器窗口，输入“http://mail. 126.com”，如图 4-38 所示，打开“126 网易免费邮”主页，单击“立即注册”。

（2）在打开的“网易邮箱-注册新用户”窗口中根据 ISP 规定输入用户名、密码等信息，单击“创建账号”按钮完成注册。

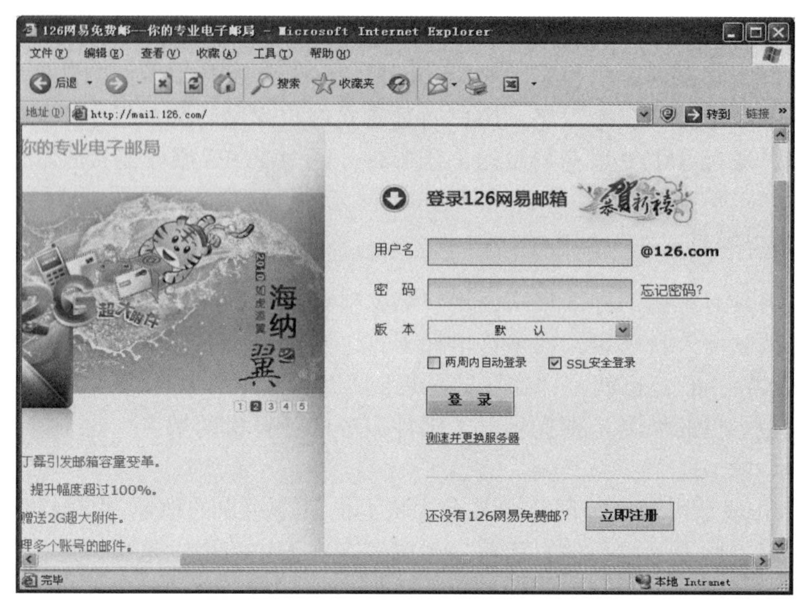

图 4-38 “网易 126 免费邮”主页

注：申请邮箱的过程中，尽量不要泄漏用户的详细地址、电话号码、身份证号等个人隐私。

3. 在网页中收发电子邮件

电子邮件的发送需要指明收件人的电子邮箱地址、邮件主题和正文，如邮件中含有文档、声音等文件，须将文件以附件的形式发送。操作步骤如下：

（1）以 Web 方式收发电子邮件，打开“http://mail.126.com”窗口，输入已注册成功的用户名和密码登录申请的邮箱，单击“写信”按钮，打开“电子邮件编辑”窗口，如图 4-39 所示。

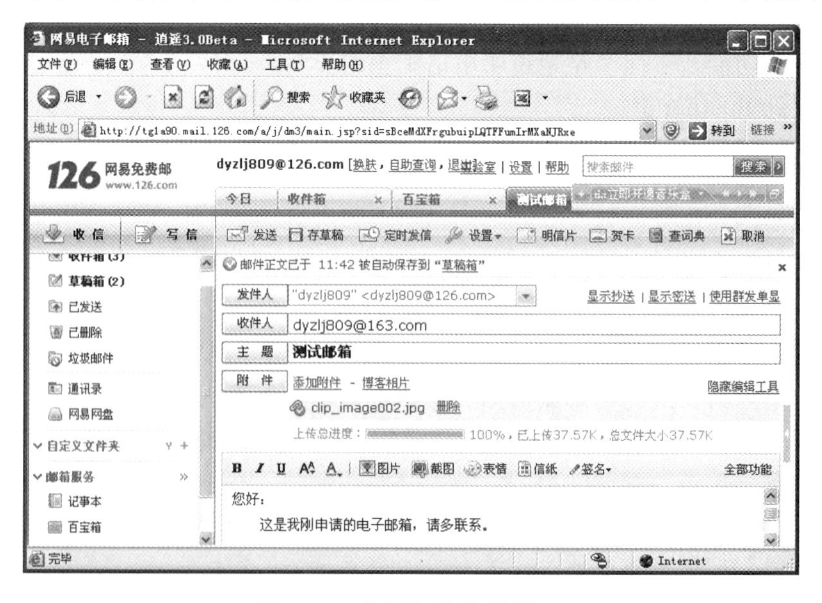

图 4-39 电子邮件编辑页面

（2）在“收件人”文本框中输入接收人的电子邮箱地址，然后写好信件主题、信件内容，如需发送文档或图像等文件，单击“添加附件”按钮，在打开的上传窗口选择传送的文件并确定，最后单击“发送”按钮。

注：126 免费邮提供附件支持高达 3 G。当使用浏览器或者客户端软件发信时，一封信可以粘贴 3 G 的附件，同样也可以接受来自别人发送给您的 3 G 的附件。

4. 使用邮件客户端软件收发电子邮件

1）使用 Outlook Express 2010 收发邮件

Outlook Express 是 Microsoft（微软）开发的一种电子邮件系统，是目前常用的电子邮件客户端软件，主要用于邮件的收发。单击桌面上 Outlook Express 图标或执行“开始”|“程序”|Outlook Express 命令，即可启动 Outlook Express，如图 4-40 所示。

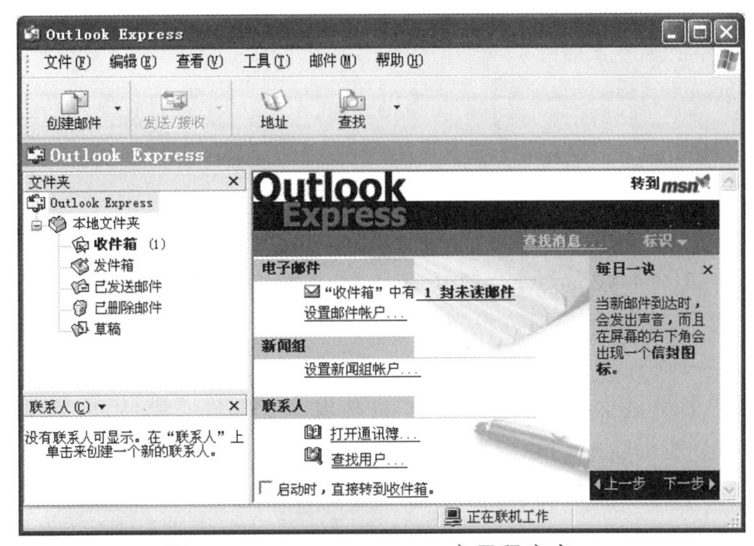

图 4-40　Outlook Express 应用程序窗口

（1）设置账户。Outlook Express 2010 在第一次使用前，必须先做账户的初始设置，其操作步骤如下：

① 在桌面或任务栏双击 Outlook Express 图标，启动 Outlook Express 邮件客户端软件，其界面如图 4-40 所示。

② 单击“工具”|“账户”命令，打开“Internet 账号”对话框，单击“添加”按钮，选择“邮件”选项，出现“Internet 连接向导”对话框。

③ 在“显示名称”文本框中输入用户名（由英文字母、数字等组成），如 dyzlj809，在发送邮件时，这个名字将作为“发件人”项。

④ 单击“下一步”按钮，在新的“Internet 连接向导”对话框中，输入电子邮件地址，如 dyzlj809@126.com。

⑤ 单击“下一步”按钮。分别输入发送和接收电子邮件服务器名，如图 4-41 所示。在“Internet 连接向导”对话框中选择邮件服务器的类型是 POP3 或 IMAP。接下来填写 POP3（接收）服务器名和 SMTP 服务器名（发送），这要根据自己的邮件来确定 POP3 和 SMTP

两服务器的名称（邮箱提供商的网页上，均可查出 POP3 和 SMTP 服务器的地址）。如邮件地址是 dyzlj809@126.com，那么接收邮件（POP3）服务器栏中填写 pop.126.com，发送邮件服务器（SMTP）栏中填写 smtp.126.com。接着单击“下一步”按钮。

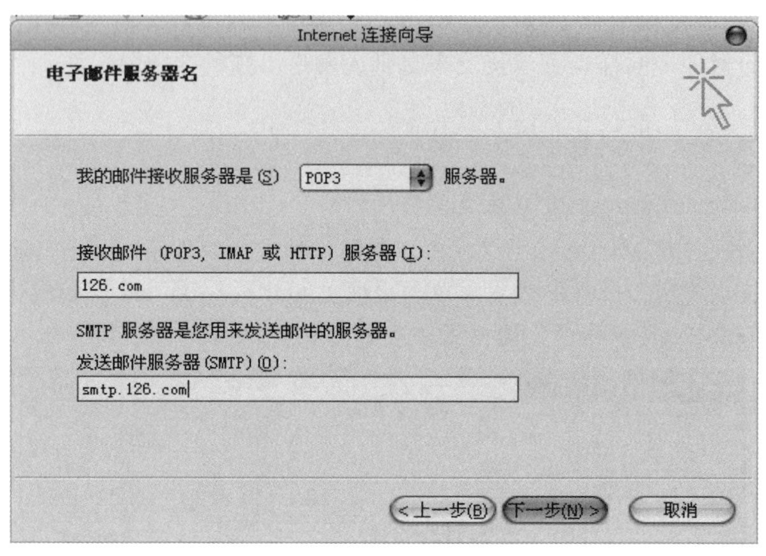

图 4-41　设置电子邮件服务器

⑥ 在弹出的如图 4-42 所示的“Internet Mail 登录”对话框中，填入邮件登录的密码，单击“下一步”按钮，弹出“设置完成”对话框，单击“完成”按钮后即可完成账号设置。

所设置的账户名字显示在对话框中，并自动设为“邮件（默认）”类型。如图 4-43 所示。至此，Outlook 使用前的初始设置账户工作已完成。

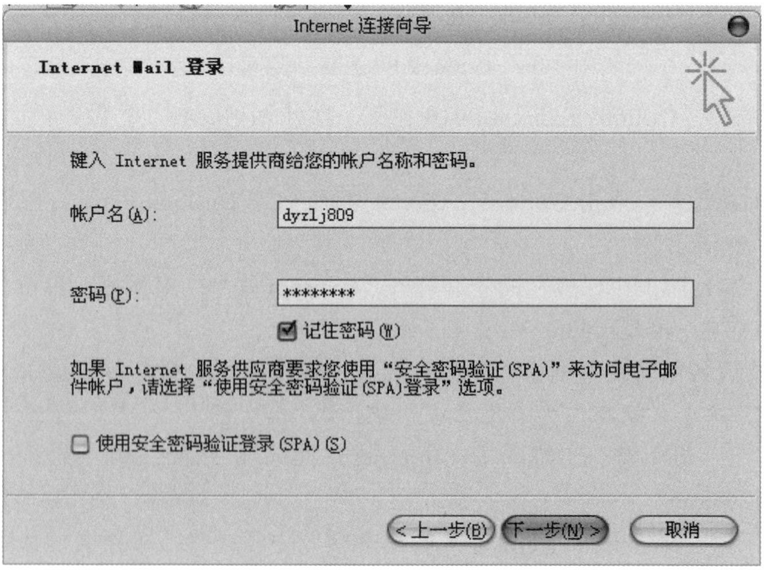

图 4-42　设置 Internet Mail 登录

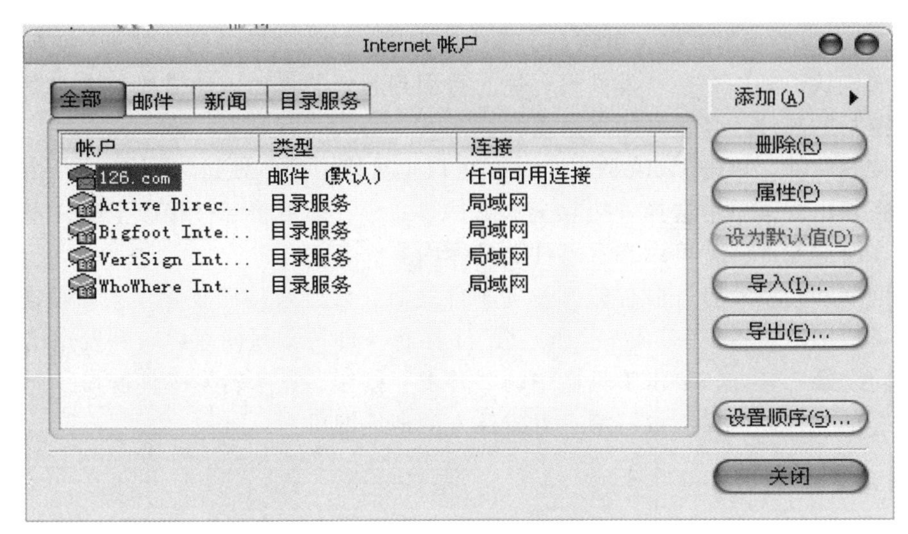

图 4-43　添加 Internet 账户后的显示结果

（2）撰写、发送邮件。上述设置完成后，就可以用 Outlook 进行邮件发送，其操作步骤如下：

① 填写地址。单击 Outlook Express 窗口工具栏中的“创建邮件”图标，在弹出的“新邮件”窗口中，依次输入收件人、抄送、主题等项目（当同一邮件发送多人时，在抄送栏内填入第二、第三……邮件地址，中间用逗号隔开），如图 4-44 所示。

② 在内容文本栏中输入信件的内容，如“这是一封测试信件”。

③ 添加邮件。如果信件内容需添加文档、图片、文件，则可以利用添加附件的方法加以解决。单击工具栏中回形针状的图标，或打开“插入” | “附件”命令，浏览本地磁盘或局域网，选择所需的附件文档，单击“附件”按钮，附件文档就会自动粘贴到“附件”栏内。如果添加多个附件，只需重复此步骤即可。

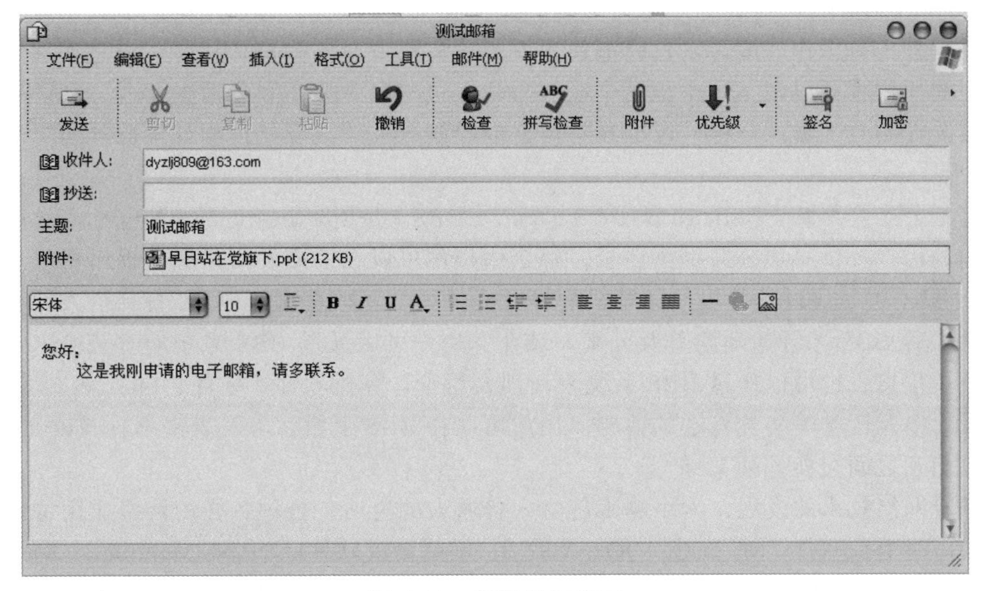

图 4-44　邮件撰写窗口

④ 发送。内容和附件准备就绪后，单击“发送”按钮。此处的“发送”实际相当于对以上操作的确认，邮件存在“发件箱”里。待回到起始的界面，还需要单击“发送/接收”按钮，所撰写的邮件才真正开始发送出去。

（3）接收邮件。单击 Outlook Express 窗口工具栏中的“发送/接收地址”按钮旁下三角图标，在弹出的菜单中选择“接收全部邮件”命令，即可将邮件接收至收件箱中。在收件箱中单击所选邮件，就可以查看邮件的具体内容。

（4）回复和转发。打开收件箱阅读完邮件之后，可以直接回复发信人。单击 Outlook 主窗口工具栏中的“答复”（或“全部答复”）图标，即可撰写回复内容并发送出去。如果要将信件转发给第三方，单击工具栏中的“转发”按钮，显示转发邮件窗口，此时邮件的标题和内容已经存在，只需填写第三方收件人的地址即可。

2）管理通信簿

通信簿相当于一个电子名片夹，用以保存经常与本人有邮件往来的用户信息，可以用几种方式登记这些信息。

（1）单击 Outlook Express 窗口工具栏中的“地址”按钮，打开通信簿窗口。单击“新建”按钮，选中“联系人”选项，在弹出的“属性”对话框中，输入该联系人的各项信息。

（2）在正在撰写或阅读的邮件窗口中右击发件人地址，弹出快捷菜单，单击“将发件人添加到通信簿中”命令选项。撰写邮件时，如果对方信息存在于通信簿中，单击撰写邮件窗口中的收件人图标，显示“选择收件人”的对话框，从左边的“通信簿”中查找到收件人地址，单击“收件人”按钮将其选择到右边的“邮件收件人”的列表框中，如为一信多递，可以连续操作，之后按“确定”按钮，回到撰写邮件窗口。

4.5.4 其他网络应用

Telnet 是 Internet 远程登录服务的标准协议和主要方式，它为用户提供了在本地计算机上完成远程主机工作的能力。在终端使用者的计算机上使用 telnet 程序，用它连接到服务器。终端使用者可以在 telnet 程序中输入命令，这些命令会在服务器上运行，就像直接在服务器的控制台上输入一样。可以在本地就能控制服务器，享受远程计算机本地终端同样的权力。

电子公告牌系统（Bulletin Board System ，BBS）是 Internet 上的一种电子信息服务系统。它为用户提供一块公共电子白板，每个用户都可以在上面发布信息或提出看法。早期的 BBS 只不过是通过计算机给计算机爱好者提供一个互相交流的地方，直到个人计算机开始普及之后 BBS 才开始渐渐普及开来。现在，用户可以通过 BBS 系统随时获取国际最新的软件及信息，也可以通过 BBS 系统来和别人讨论计算机软件、硬件、Internet、多媒体、程序设计以及医学等各种有趣的话题。用户可以在 BBS 上留言、发表文章、阅读文章等，还可以相互之间交换各种文件。

随着网络技术的发展，网络越来越融入普通人的生活，各种各样的网络应用也应运而生，如即时通信软件（如 ICQ、QQ、MSN）、网络会议软件（如 NetMeeting）、网络电话（如 SKYPE）、网上银行、网上学校、网上购物、网上电视、网络游戏等。总而言之，网络在人们的生活中充当的角色越来越重要，日常的传统应用也逐渐在网上实现。

4.6　电子商务

电子商务（Electronic Commerce），通常是指是在全球各地广泛的商业贸易活动中，在因特网开放的网络环境下，基于浏览器/服务器应用方式，买卖双方不见面地进行各种商贸活动，实现消费者的网上购物、商户之间的网上交易和在线电子支付以及各种商务活动、交易活动、金融活动和相关的综合服务活动的一种新型的商业运营模式。

4.6.1　电子商务简介

近年来随着计算机的日益普及和互联网的迅速发展，一种新的企业把所有的商业活动和贸易往来采用电子化手段，在网络环境平台下实现网上购物、网上交易以及在线电子支付的各种商务活动。

1. 电子商务的定义

电子商务是与传统的商务形式相对应的概念，是一种新型的商业模式，通俗地讲，以计算机网络为手段从事的商业商务活动都是电子商务。从宏观角度讲，电子商务是利用计算机网络和信息技术的一次创新，旨在通过电子手段建立起一种新的经济秩序，它不仅涉及商务活动本身，也涉及各种具有商业活动能力的诸如金融、税务、法律和教育等其他社会层面；从微观角度讲，电子商务是指各种具有商业活动能力的实体（如企业、政府机构、个人消费者等）利用计算机和其他信息技术手段进行的各项商业活动。

2. 电子商务的优势

（1）覆盖面广。

国际互联网已经遍及全球的各个角落，在这样一个巨大的网络平台下，用户仅通过或手机就可以接到互联网的任一个网站，就可以与众多商家建立联系，进行快速、便利的交易活动。

（2）营业时间长。

传统的商业一向摆脱不了营业时间、地区时差以及地域距离的限制，而电子商务企业能够真正做到全天候营业，不仅可以获得更大的商业机会，而且可以给更多的客户和商家带来采购的便利。

（3）运营成本低。

通过建立网站、使用电子邮件、电子公告牌、网上会议等联络方式，可以大幅度节省通信费用；各环节可以尽量消除资料的重复录入，优化作业流程，从而相应降低运营费用。

（4）功能齐全、服务周到。

电子商务始终采用各种先进的技术手段，实现不同层次的商务目标，如网上发布商情、在线洽谈、建立虚拟商场等；同上下游的企业建立供应链管理，提高效率，减少库存；实时完成在线支付；实现文件安全传送；进行身份认证等；更突出的是，可以根据不同客户的个性化需求，提高有针对性的服务，实现全程营销。

（5）交易方便灵活。

人们只要具计算机或智能手机，只要能够登录到互联网，就能够使用 Web 浏览器访问相应的商务网站，查找各地的商品目录，选到所需商品，通过交易平台轻松地完成网上交易。

（6）提升企业竞争力。

商场如战场，不论是大型企业还是中小型企业，不论是在国际市场，还是在国内、本地区内，都面临着日益激烈的商业竞争。通过电子商务，企业可以提高自身的核心竞争力，商家可以在更短的时间内捕捉市场商机、迅速做出科学决策，从而有效降低企业运营成本、整体提升企业的竞争力。

4.6.2 电子商务分类与应用

电子商务分类方式有很多，常见有：按照交易对象分类、按照支付方式分类、按照使用网络的类型分类、按开展电子交易的地理范围分类等。

1. 电子商务的分类

1）按照交易对象分类

（1）企业对企业的电子商务（B to B）。

企业对企业的电子商务（B to B）指进行电子商务交易的供需双方都是商家（或企业、公司），她（他）们使用 Internet 的技术或各种商务网络平台，完成商务交易的过程。这些过程包括：发布供求信息，订货及确认订货，支付过程及票据的签发、传送和接收，确定配送方案并监控配送过程等。有时写作 B to B，但为了简便干脆用其谐音 B2B（2 即 to）。如买麦网、阿里巴巴、中国制造网、慧聪网、环球资源网等。

（2）企业对消费者之间的电子商务（B to C）。

B2C 模式是我国最早产生的电子商务模式，是一种网上零售模式。通过互联网网站，企业为消费者提供一个网上购物商店，消费者通过网络在网上购物、在网上支付。由于这种模式节省了客户和企业的时间和空间，交流非常便捷，使双方打破地域国界的限制，大大提高了交易效率。如卓越网、京东商城、当当网等网站。

（3）消费者与消费者之间的电子商务（C to C）。

C2C 同 B2B、B2C 一样，都是电子商务的几种模式之一，不同的是 C2C 是用户对用户的模式。C2C 商务平台就是通过为买卖双方提供一个在线交易平台，使卖方可以主动提供商品上网拍卖，而买方可以自行选择商品进行竞价。如拍拍网、淘宝网等网站。

（4）企业对职业经理人之间的电子商务（B to M）。

B2 M 是一种全新的电子商务模式。这种电子商务相对于以上三种有着本质的不同，其根本的区别在于目标客户群的性质不同，前三者的目标客户群都是作为一种消费者的身份出现，而 B2 M 所针对的客户群是该企业或者该产品的销售者或者为其工作者，而不是最终消费者。企业通过网络平台发布该企业的产品或者服务，职业经理人通过网络获取该企业的产品或者服务信息，并且为该企业提供产品销售或者提供企业服务，企业通过经理人的服务达到销售产品或者获得服务的目的。职业经理人通过为企业提供服务而获取佣金。

2）按照支付方式分类

（1）非支付性电子商务。不进行网上支付和货物运送的电子商务。其内容包括信息查询、商情发布、在线谈判、电子合同文本的形成等，但是不包括银行支付。这种形式只有物质流、信息流，没有资金的流动。

（2）支付性电子商务。实际进行网上支付和货物运送的电子商务。其内容除包括非支付性电子商务的全部内容外，还包括银行支付、交割活动以及供货方的货物运送活动。这里包含了物质流、信息流、也有资金的流动。

3）按照使用网络的类型分类

（1）EDI 电子商务。基于电子数据交换（Electronic Data Interchange）环境下的电子商务系统 。

（2）Internet 电子商务。采用计算机网络技术、通信技术、多媒体技术、数据库技术，在全球互联网环境下，实现网上营销、购物等的电子商务系统。

（3）Intranet/Extranet 电子商务。指的是利用 Internet 技术组成的企业内部网（Intranet）与企业外部网（Extranet）网络环境实现企业部门内部之间、企业与企业之间、企业与合作伙伴及客户之间的授权内数据共享和数据交换，并将每一个各自独立的网络通过互联延伸形成共享的企业资源，方便地查询关联企业的相关数据的电子商务系统。

4）按开展电子交易的地理范围分类

（1）本地电子商务。通常是指利用本城市内或本地区内的信息网络实现的电子商务活动，交易的地域范围较小。

（2）远程国内电子商务。在本国范围内进行的网上电子交易活动，其交易的地域范围较大。

（3）全球电子商务。全世界范围内进行的电子交易活动，参加电子交易的各方通过网络进行贸易。

2. 电子商务的应用

（1）网上订购。电子商务通过电子邮件的交互传送实现客户在网上的订购。

（2）服务传递。电子商务通过服务传递系统将客户订购的商品尽快地传递到已订货付款的客户手中。

（3）咨询洽谈。电子商务使企业可以借助实时的电子邮件、新闻组（News Group）和实时讨论组（Chat）来了解市场和商品信息、洽谈交易事务。

（4）网上支付。网上支付是电子商务交易过程中的重要环节，客户和商家之间可采用信用卡、电子支票和电子现金等多种电子支付方式进行网上支付。采用网上电子支付的方式节省了交易的成本。

（5）广告宣传。电子商务使企业可以通过自己的 Web 服务器、网络主页（Home Page）

和电子邮件（E-mail）在全球范围内做广告宣传，在 Internet 上宣传企业形象和发布各种商品信息，客户用浏览器可以迅速找到所需的商品信息。

（6）意见征询。电子商务能十分方便地采用网页上的“选择”“填空”等格式文件，来收集用户对销售商品或服务的反馈意见，使企业的市场运营能形成一个快速有效的信息回路。

（7）交易管理。电子商务的交易管理系统可以对网上交易活动全过程中的人、财、物、客户及本企业内部的各方面进行协调和管理。

4.7 物联网与云计算

近几年来物联网技术受到了人们的广泛关注，“物联网”被称为继计算机、互联网之后，世界信息产业的第三次浪潮。计算机互联网可以把世界上不同角落、不同国家的人们通过计算机紧密地联系在一起，而采用感知识别技术的物联网也可以把世界上所有不同国家、地区的物品联系在一起，形成一个全球性物物相互联系的智能社会。

4.7.1 物联网技术

从“智慧地球”的理念到“感知中国”的提出，随着全球一体化、工业自动化和信息化进程的不断深入，物联网（Internet of Things，IOT）悄然来临。什么是物联网？虽然物联网技术已经引起国内外学术界、工业界和新闻媒体的高度重视，但当前对物联网的定义、内在原理、体系结构、关键技术、应用前景等都还在进行着热烈的讨论。为了尽量准确地表达物联网内涵，需要比较全面地分析其实质性技术要素，以便给出一个较为客观的诠释。

1. 物联网概念的提出

物联网概念最早出现于比尔·盖茨 1995 年出版的《未来之路》一书。该书提出了“物-物”相连的物联网雏形，只是当时受限于无线网络、硬件及传感器设备的发展，并未引起世人的重视。

物联网指通过信息传感设备，按照约定的协议，把任何物品与互联网连接起来，进行信息交换和通信，以实现智能化识别、定位、跟踪、监控和管理的一种网络。它是在互联网基础上延伸和扩展的网络。

物联网的概念有狭义和广义之分。狭义物联网即“联物”，基于物与物间通信，实现“万物网络化”。广义物联网即“融物”，是物理世界与信息世界的完整融合，形成现实环境的完全信息化，实现“网络泛在化”，并因此改变人类对物理环境的理解和交互方式。

1998 年，美国麻省理工学院（MIT）创造性地提出了当时被称为 EPC（Electronic Product Code）系统的“物联网”构想。1999 年，美国“Auto-ID 实验室”首先提出“物联网”的概念，主要是建立在物品编码、射频识别（Radio Frequency Identification，RFID）技术和互联网的基础上。这时对物联网的定义很简单，主要是指把所有物品通过射频识别等信息传感设备与互联网连接起来，实现智能化识别和管理。也就是说，物联网是指各类传感器和现有的互联网相互衔接的一种技术。

2010 年初，我国正式成立了传感（物联）网技术产业联盟。同时，工信部也宣布将牵头成立一个全国推进物联网的部际领导协调小组，以加快物联网产业化进程。2010 年 3 月 2 日，上海物联网中心正式揭牌。更为重要的是，温家宝总理在《2010 年政府工作报告》中明确提出："今年要大力培育战略性新兴产业；要大力发展新能源、新材料、节能环保、生物医药、信息网络和高端制造产业；积极推进新能源汽车、电信网、广播电视网和互联网的三网融合取得实质性进展，加快物联网的研发应用；加大对战略性新兴产业的投入和政策支持。"

2. 物联网的特点

目前，物联网的精确定义并未统一。关于物联网（IOT）的比较准确的定义是：物联网是通过各种信息传感设备及系统（传感器、射频识别系统、红外感应器、激光扫描器等）、条码与二维码、全球定位系统，按约定的通信协议，将物与物、人与物、人与人连接起来，通过各种接入网、互联网进行信息交换，以实现智能化识别、定位、跟踪、监控和管理的一种信息网络。这个定义的核心是，物联网的主要特征是每一个物件都可以寻址，每一个物件都可以控制，每一个物件都可以通信。

（1）物联网是针对具有全面感知能力的物体及人的互联集合。两个或两个以上物体如果能交换信息，即可称为物联。要使物体具有感知能力，需要在物品上安装不同类型的识别装置，如电子标签、条码与二维码等，或通过传感器、红外感应器等感知其存在。同时，这一概念也排除了网络系统中的主从关系，能够自组织。

（2）物联必须遵循约定的通信协议，并通过相应的软、硬件实现。互联的物品要互相交换信息，就需要实现不同系统中的实体的通信。为了成功的通信，它们必须遵守相关的通信协议，同时需要相应的软件、硬件来实现这些规则，并可以通过现有的各种接入网与互联网进行信息交换。

（3）物联网可以实现对各种物品（包括人）进行智能化识别、定位、跟踪、监控和管理等功能。这也是组建物联网的目的。

总之，物联网是指通过接口与各种无线接入网相连，进而联入互联网，从而给物体赋予智能，可以实现人与物体的沟通和对话，也可以实现物体与物体相互间的沟通和对话，即对物体具有全面感知能力，对数据具有可靠传送和智能处理能力的连接物与物的信息网络。

3. 物联网的基本属性

总结目前对物联网概念的表述，可以将其核心要素归纳为"感知、传输、智能、控制"8 个字。也就是说，物联网具有以下 4 个重要属性。

（1）全面感知。利用 RFID、传感器、二维码等智能感知设备，可随时随地感知、获取物体的信息。

（2）可靠传输。通过各种信息网络与计算机网络的融合，将物体的信息实时准确地传送到目的地。

（3）智能处理。利用数据融合及处理、云计算等各种计算技术，对海量的分布式数据信息进行分析、融合和处理，向用户提供信息服务。

（4）自动控制。利用模糊识别等智能控制技术对物体实施智能化控制和利用，最终形成物理、数字、虚拟世界和社会共生互动的智能社会。

4. 物联网的体系结构

物联网作为新兴的信息网络技术，将会对IT产业发展起到巨大的推动作用。然而，由于物联网尚处在起步阶段，还没有一个广泛认同的体系结构。在公开发表物联网应用系统的同时，很多研究人员也提出了若干物联网体系结构。例如物品万维网（Web of Things，WoT）的体系结构，它定义了一种面向应用的物联网，把万维网服务嵌入到体系中，可以采用简单的万维网服务形式使用物联网。这是一个以用户为中心的物联网体系结构，试图把互联网中成功的、面向信息获取的万维网结构移植到物联网上，用于物联网的信息发布、检索和获取。当前，较具代表性的物联网架构有欧美支持的EPC Global物联网体系架构和日本的Ubiquitous ID（UID）物联网系统等。我国也积极参与了物联网体系结构的研究，正在积极制订符合社会发展实际情况的物联网标准和架构。

物联网概念的问世，打破了传统的思维模式。在物联网概念提出之前，一直是将物理基础设施和IT基础设施分开：一方面是机场、公路、建筑物，而另一方面是数据中心、个人计算机、宽带等。在物联网时代，将把钢筋混凝土、电缆与芯片、宽带整合为统一的基础设施。这种意义上的基础设施就像是一块新的地球工地，世界在它上面运转，包括经济管理、生产运行、社会管理以及个人生活等。研究物联网的体系结构，首先需要明确架构物联网体系结构的基本原则，以便在已有物联网体系结构的基础之上，形成参考标准。

4.7.2 物联网系统的基本组成

计算机互联网可以把世界上不同角落、不同国家的人们通过计算机紧密地联系在一起，而采用感知识别技术的物联网也可以把世界上所有不同国家、地区的物品联系在一起，彼此之间可以互相“交流”数据信息，从而形成一个全球性物物相互联系的智能社会。

从不同的角度看，物联网会有多种类型，不同类型的物联网，其软硬件平台组成也会有所不同。从其系统组成来看，可以把它分为软件平台和硬件平台两大系统。

1. 物联网硬件平台组成

物联网是以数据为中心的面向应用的网络，主要完成信息感知、数据处理、数据回传以及决策支持等功能，其硬件平台可由传感网、核心承载网和信息服务系统等几个大的部分组成。其中，传感网包括感知节点（数据采集、控制）和末梢网络（汇聚节点、接入网关等）；核心承载网为物联网业务的基础通信网络；信息服务系统硬件设施主要负责信息的处理和决策支持。

1）感知节点

感知节点由各种类型的采集和控制模块组成，如温度传感器、声音传感器、振动传感器、压力传感器、RFID 读写器、二维码识读器等，完成物联网应用的数据采集和设备控制等功能。

感知节点的组成包括 4 个基本单元：传感单元（由传感器和模数转换功能模块组成，如 RFID、二维码识读设备、温感设备）、处理单元（由嵌入式系统构成，包括 CPU 微处理器、存储器、嵌入式操作系统等）、通信单元（由无线通信模块组成，实现末梢节点间以及它们与汇聚节点间的通信）以及电源/供电部分。感知节点综合了传感器技术、嵌入式计算技术、智能组网技术及无线通信技术、分布式信息处理技术等，能够通过各类集成化的微型传感器协作地实时监测、感知和采集各种环境或监测对象的信息，通过嵌入式系统对信息进行处理，并通过随机自组织无线通信网络以多跳中继方式将所感知信息传送到接入层的基站节点和接入网关，最终到达信息应用服务系统。

2）末梢网络

末梢网络即接入网络，包括汇聚节点、接入网关等，完成应用末梢感知节点的组网控制和数据汇聚，或完成向感知节点发送数据的转发等功能。也就是在感知节点之间组网之后，如果感知节点需要上传数据，则将数据发送给汇聚节点（基站），汇聚节点收到数据后，通过接入网关完成和承载网络的连接；当用户应用系统需要下发控制信息时，接入网关接收到承载网络的数据后，由汇聚节点将数据发送给感知节点，完成感知节点与承载网络之间的数据转发和交互功能。

感知节点与末梢网络承担物联网的信息采集和控制任务，构成传感网，实现传感网的功能。

3）核心承载网

核心承载网可以有很多种，主要承担接入网与信息服务系统之间的数据通信任务。根据具体应用需要，承载网可以是公共通信网，如 2G、3G、4G 移动通信网，WiFi，WiMAX，互联网，以及企业专用网，甚至是新建的专用于物联网的通信网。

4）信息服务系统硬件设施

物联网信息服务系统硬件设施由各种应用服务器（包括数据库服务器）组成，还包括用户设备（如 PC、手机）、客户端等，主要用于对采集数据的融合/汇聚、转换、分析，以及对用户呈现的适配和事件的触发等。对于信息采集，由于从感知节点获取的是大量的原始数据，这些原始数据对于用户来说只有经过转换、筛选、分析处理后才有实际价值。对这些有实际价值的信息，由服务器根据用户端设备进行信息呈现的适配，并根据用户的设置触发相关的通知信息；当需要对末端节点进行控制时，信息服务系统硬件设施生成控制指令并发送，以进行控制。针对不同的应用将设置不同的应用服务器。

2. 物联网软件平台组成

在构建一个信息网络时，硬件往往被作为主要因素来考虑，软件仅在事后才考虑。现在人们已不再这样认为了。网络软件目前是高度结构化、层次化的，物联网系统也是这样，既包括硬件平台也包括软件平台系统，软件平台是物联网的神经系统。不同类型的物联网，其用途是不同的，其软件系统平台也是不同的，但软件系统的实现技术与硬件平台密切相关。相对硬件技术而言，软件平台开发及实现更具有特色。一般来说，物联网软件平台建立在分层的通信协议体系之上，通常包括数据感知系统软件、中间件系统软件、网络操作系统（包括嵌入式系统）以及物联网管理和信息中心（包括机构物联网管理中心、国家物联网管理中心、国际物联网管理中心及其信息中心）的管理信息系统（Management Information System，MIS）等。

1）数据感知系统软件

数据感知系统软件主要完成物品的识别和物品 EPC 码的采集和处理，主要由企业生产的物品、物品电子标签、传感器、读写器、控制器、物品代码（EPC）等部分组成。存储有 EPC 码的电子标签在经过读写器的感应区域时，其中的物品 EPC 码会自动被读写器捕获，从而实现 EPC 信息采集的自动化，所采集的数据交由上位机信息采集软件进行进一步处理，如数据校对、数据过滤、数据完整性检查等，这些经过整理的数据可以为物联网中间件、应用管理系统使用。对于物品电子标签，国际上多采用 EPC 标签，用 PML 语言来标记每一个实体和物品。

2）物联网中间件系统软件

中间件是位于数据感知设施（读写器）与后台应用软件之间的一种应用系统软件。中间件具有两个关键特征：一是为系统应用提供平台服务，这是一个基本条件；二是需要连接到网络操作系统，并且保持运行工作状态。中间件为物联网应用提供一系列计算和数据处理功能，主要任务是对感知系统采集的数据进行捕获、过滤、汇聚、计算，数据校对、解调、数据传送、数据存储和任务管理，减少从感知系统向应用系统中心传送的数据量。同时，中间件还可以提供与其他 RFID 支撑软件系统进行互操作等功能。引入中间件，使得原先后台应用软件系统与读写器之间非标准的、非开放的通信接口，变成了后台应用软件系统与中间件之间、读写器与中间件之间的标准的、开放的通信接口。

3. 物联网的功能模块

一般，物联网中间件系统包含有读写器接口、事件管理器、应用程序接口、目标信息服务和对象名解析服务等功能模块。

1）读写器接口

物联网中间件必须优先为各种形式的读写器提供集成功能。协议处理器确保中间件能够通过各种网络通信方案连接到 RFID 读写器。RFID 读写器与其应用程序间通过普通接口相互作用的标准，大多数采用由 EPC-global 组织制定的标准。

2）事件管理器

事件管理器用来对读写器接口的 RFID 数据进行过滤、汇聚和排序操作，并通告数据与外部系统相关联的内容。

3）应用程序接口

应用程序接口是应用程序系统控制读写器的一种接口；此外，需要中间件能够支持各种标准的协议（例如，支持RFID以及配套设备的信息交互和管理），同时还要屏蔽前段的复杂性，尤其是前段硬件（如RFID读写器等）的复杂性。

4）目标信息服务

目标信息服务由两部分组成：一是目标存储库，用于存储与标签物品有关的信息，使之能用于以后查询；另一个是拥有为提供由目标存储库管理的信息接口的服务引擎。

5）对象名解析服务

对象名解析服务（ONS）是一种目录服务，主要是将每个带标签物品所分配的唯一编码，与一个或者多个拥有关于物品更多信息的目标信息服务的网络定位地址进行匹配。

4. 物联网使用的网络操作系统

物联网通过互联网实现物理世界中的任何物品的互联，在任何地方、任何时间可识别任何物品，使物品成为附有动态信息的“智能产品”，并使物品信息流和物流完全同步，从而为物品信息共享提供一个高效、快捷的网络通信及云计算平台。

5. 物联网信息管理系统

物联网也要管理，类似于互联网上的网络管理。目前，物联网大多数是基于SNMP建设的管理系统，这与一般的网络管理类似，提供对象名解析服务（ONS）是重要的。ONS类似于互联网的DNS，要有授权，并且有一定的组成架构。它能把每一种物品的编码进行解析，再通过URL服务获得相关物品的进一步信息。

物联网管理机构（包括企业物联网信息管理中心、国家物联网信息管理中心以及国际物联网信息管理中心）的信息管理系统软件：企业物联网信息管理中心负责管理本地物联网，它是最基本的物联网信息服务管理中心，为本地用户单位提供管理、规划及解析服务。国家物联网信息管理中心负责制定和发布国家总体标准，负责与国际物联网互联，并且对现场物联网管理中心进行管理。国际物联网信息管理中心负责制定和发布国际框架性物联网标准，负责与各个国家的物联网互联，并且对各个国家物联网信息管理中心进行协调、指导、管理等工作。

4.7.3　物联网的应用

1. 地理信息系统应用

地理信息系统（GIS，Geographic Information System）是以采集、存储、管理、分析、描述和应用整个或部分地球表面（包括大气层在内）与空间和地理分布有关数据的计算机系统。它能够提供地图可视化查询和定位，更能够通过空间分析，寻找到不同的地理因素之间的内在联系，从而帮助决策者在更加全面、系统地把握信息的基础上进行科学的决策。

2. 家庭生活中应用

1）智能运动鞋

Nike + 智能运动鞋通过嵌入鞋内的感知设备采集跑步数据，再透过无线数据传输发送到用户的移动设备中，呈现出在以往的训练或运动中完全无法获知的数据信息。此外，根据训练者每天想要完成的训练强度和训练计划，该程序可以灵活制定训练目标，再通过展示功能在社交网络平台上分享每一天的训练和挑战成果。如图 4-45 所示。

2）XBox360 Kinect

通过游戏软件达到健身目的，利用 3D 体感摄像技术捕捉玩家动作，它可以通过像摄像头一样的感应器，接收玩家的动作和语音信息，从而完成游戏的转换。体感器突破了传统意义上的游戏模式，让玩家可以丢掉手中的游戏控制手柄。用户在玩游戏时，除了要动手，还要动手臂、脚、膝盖、腰甚至臀部。进行游戏时，Kinect 会根据数据建立玩家的数位骨架。所以当用户向左、向右移动或跳跃时，感应器会处理玩家的动作，然后转换成游戏的动作。如图 4-46 所示。

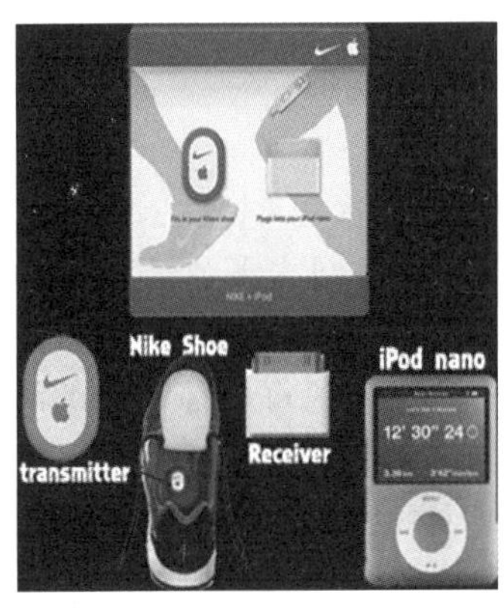

图 4-45 Nike+智能运动鞋

图 4-46 XBox36 Kinect

3. 工业应用

1）仓储管理

目前 RFID 技术正在为供应链领域带来一场巨大的变革，以识别距离远、快速、不易损坏、容量大等条码无法比拟的优势，简化繁杂的工作流程，有效改善供应链的效率和透明度。托盘是供应链中最基础也是最主要的货物单元，它已经广泛应用于生产、仓储、物流、零售等各个供应链环节。

2）物流管理

随着电信行业的转型和国家政府对物流信息化的推进，物流信息化行业市场日趋成熟。面对物流企业需求多样化、灵活多变、快速响应等需求，传统的物流行业业务系统对客户关系管理、车辆调度、定位、跟踪等工作很难做到定向有效。

随各种信息化技术的成熟与广泛应用，数字物流解决方案基于无线网络、移动终端、PC 终端的应用托管和平台服务，为物流相关企业提供语音、数据与多媒体应用相结合的“一站式”综合信息化服务。如图 4-47 所示。

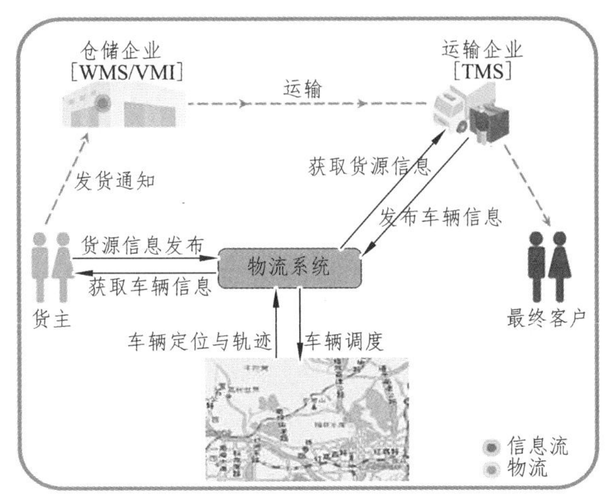

图 4-47　物流管理系统

4. 医学应用系统

医学物联网中的“物”，就是各种与医学服务活动相关的事物，如健康人、亚健康人、病人、医生、护士、医疗器械、检查设备、药品，等等。医学物联网中的“联”，即信息交互连接，把上述“事物”产生的相关信息交互、传输和共享。医学物联网中的“网”是通过把“物”有机地连成一张“网”，就可感知医学服务对象、各种数据的交换和无缝连接，达到对医疗卫生保健服务的实时动态监控、连续跟踪管理和精准的医疗健康决策。

数字医疗解决方案致力于为运营商打造个人健康管理的服务平台，为终端用户和医疗机构之间搭建起沟通的桥梁。平台的一侧整合现有的医疗资源，提供专业医疗健康服务；另一侧是终端用户，他们可以灵活地通过无线或有线的方式接入，实时获得各种医疗服务。

运营商充分利用其网络资源和社会影响力，支撑该平台的运营。通过信息化手段，该平台将支撑起丰富多样、跨地域、实时的医疗健康服务，如慢性病管理、紧急救助、孕婴保健、区域医疗等，从而优化医疗资源布局，缓解“看病难、看病贵”的问题，推动从治疗到预防的医疗模式转变。如图 4-48、如图 4-49 所示。

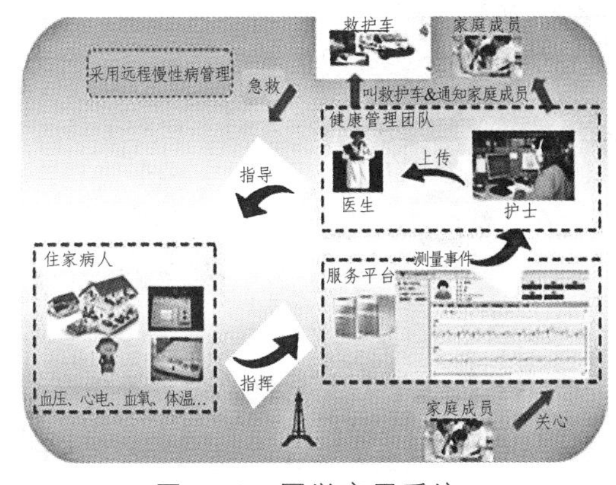

图 4-48　医学应用系统

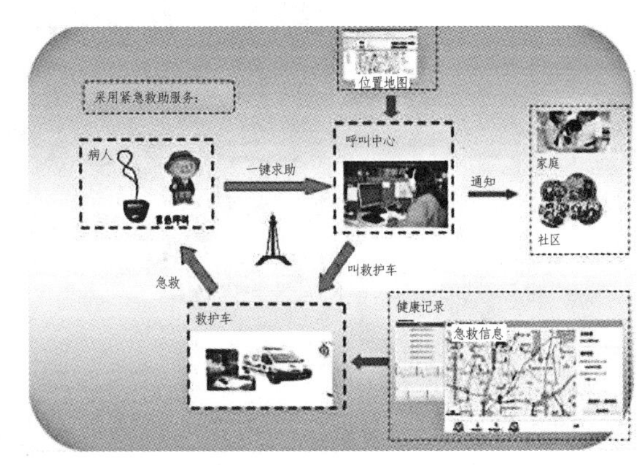

图 4-49　医学应用系统

5. 智慧水务

智慧水务是指借助水智能系统形成的水务管理模式。在常规的水处理/管理技术基础之上，借助信息控制融合系统，对自来水、污水等各种水处理设施的运行数据进行一元化管理，从而提高城市整体的水循环经营效率。作为智慧城市试点的武汉，在污水处理行业也运用了基于物联网的污水处理综合运营管理平台，依托云计算技术，构建、利用互联网，将各种广域异构计算资源整合，以形成一个抽象的、虚拟的和可动态扩展的计算资源池，再通过互联网向用户按需提供计算能力、存储能力、软件平台和应用软件等服务。系统可以对污水处理企业的进、产、排三个主要环节进行监控，将下属提升泵站和污水处理厂的水量、水位、水质、电耗、药耗、设备状态等信息，通过云计算平台进行收集、整合、分析和处理，建立各个环节的相互规约模型，分析生产环节水、电、药的消耗与处理水、排水、生产、排放之间的隐含关系，找出污水处理厂的优化生产过程管理方案，实现对污水处理企业生产过程的实时控制与精细化管理，达到规范管理、节能降耗、减员增效的目的。

6. 安全管理

随着识别技术的发展，人们对智能化系统的要求在不断提高。采用先进的 RFID 射频识别技术，对进出单位大门、危险区域的人员和车辆实现自动读卡识别。只要身上带卡就可以实现免掏卡自动识别、自动开门，把卡放车上可以自动开启道闸。同时还可以支持自动人数（车辆数）统计、行动轨迹跟踪和定位。如图 4-50 所示。

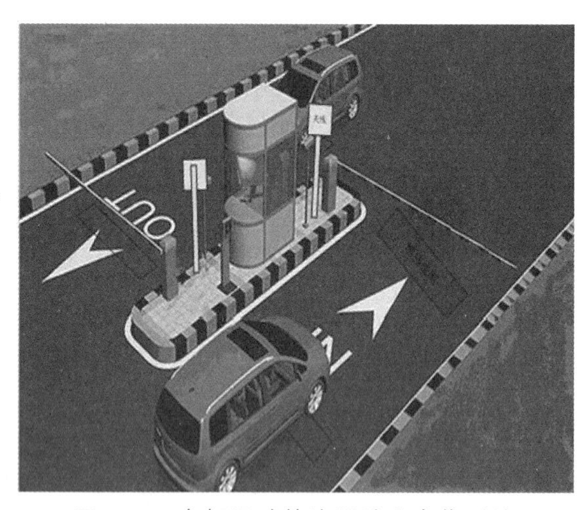

图 4-50 车辆运动轨迹跟踪和定位系统

7. 环境保护

物联网与环保设备的融合，能够实现对生活环境中各种污染源及污染治理各环节关键指标的实时监控。在重点排污企业排污区域安装无线传感设备，可以实时监测企业排污数据，及时发现污染源，防止突发性环境污染事故发生。

8. 政务热线

政务热线是政府集中联络服务中心。通过政务热线，可以将公众对政府各部门的服务请求进行集中统一的受理和回复。可以通过语音、视频、WEB、WAP、短/彩信、传真、邮件等多种途径为公众用户提供服务，实现从窗口式服务向电子化服务的转变，为用户创造良好的服务体验，提升政府部门的公众形象。如图 4-51 所示。

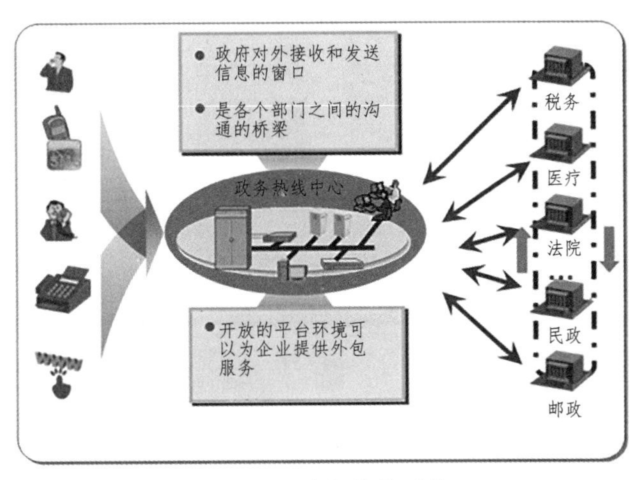

图 4-51 政务热线系统

9. 政府应急平台

政府应急平台综合应用 Internet、无线集群、GIS、卫星通信、无线通信、音/视频、快速网间数据交换、决策支持等多种技术；调用、组织多部门、多行业、多层次的已有系统和信息资源，实现对突发事件处置全过程的跟踪、指挥；保障对相关数据采集、危机判定、决策分析、命令部属、实时沟通、联动指挥、现场支持等各项应急业务的响应，快速、及时、准确地收集到应急信息，为政府的科学决策提供有效的信息支持。如图 4-52 所示。

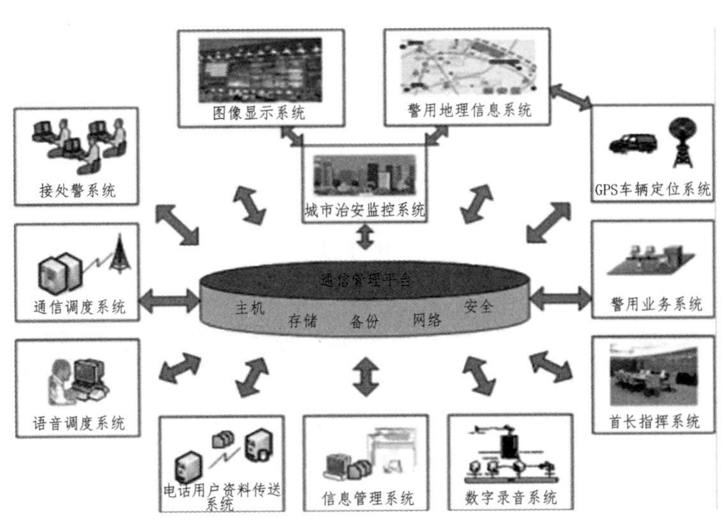

图 4-52 政府应急平台

10. 电子政务

电子政务是政府机构应用现代信息和通信技术，将管理和服务通过网络技术进行集成，在互联网和无线网络上实现政府组织结构和工作流程的优化重组，超越时间、空间与部门分隔的限制，全方位地向社会提供优质、规范、透明、符合国际水准的管理和服务。如图4-53所示。

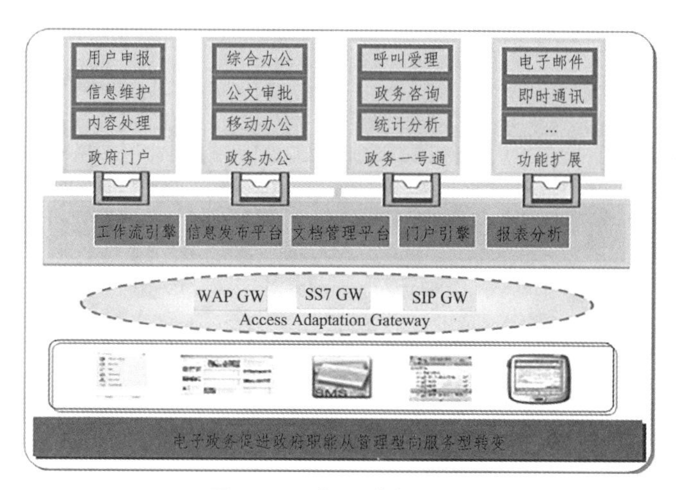

图 4-53 电子政务系统

4.7.4 云计算

随着互联网时代信息与数据的快速增长，有大规模、海量的数据需要处理。为了节省成本和实现系统的可扩展性，云计算（Cloud Computing）的概念应运而生。

云计算是一个美好的网络应用模型，由Google首先提出。云计算最基本的概念，是通过网络将庞大的计算处理程序自动分拆成无数个较小的子程序，再交由多个服务器所组成的庞大系统，经搜索、计算分析之后将处理结果回传给用户。通过云计算技术，网络服务提供者可以在数秒之内，处理数以千万计甚至数以亿计的数据，达到与超级计算机具有同样强大效能的网络服务。

云计算是分布式计算技术的一种，可以从狭义和广义两个角度理解。狭义的云计算是指IT基础设施的交付使用模式，指通过网络需要、易扩展的方式获得所需的资源；广义的云计算是指服务的交付和使用模式，通过网络以按需、易扩展的方式获得所需的服务。这种服务可以是与IT软件、互联网相关的，也可以是任意其他的服务，它具有超大规模、虚拟化、可靠安全等独特功效。云计算的核心是要提供服务。例如，Microsoft的云计算有三个典型特点：软件+服务、平台战略和自由选择。未来的互联网世界将会是“云+端”的组合，用户可以便捷地使用各种终端设备访问云端中的数据和应用，这些设备可以是便携式计算机和手机，甚至是电视等大家熟悉的各种电子产品；同时，用户在使用各种设备访问云中服务时，得到的是完全相同的无缝体验。

物联网的发展需要“软件即服务”“平台即服务”及按需计算等云计算模式的支撑，并成为云计算式物联网应用发展的基石。其原因有两个：一是云计算具有超强的数据处理和存储能力；二是由于物联网无处不在的数据采集，需要大范围的支撑平台以满足其规模需求。云计算以如下几种方式支撑物联网的应用发展。

1. 单中心-多终端应用模式

在单中心-多终端应用模式中，分布范围较小的各物联网终端（传感器、摄像头或 3 G 手机等），把云中心或部分云中心作为数据/处理中心，终端所获得的信息和数据统一由云中心处理和存储，云中心提供统一界面给使用者操作或查看。单中心-多终端应用目前已比较成熟，如小区及家庭的监控、对某一高速路段的监测、某些公共设施的保护等。单中心-多终端应用模式的云中心，可以提供海量存储和统一界面、分级管理等服务，这类云计算中心一般以私有云居多。

2. 多中心-多终端应用模式

多中心-多终端应用模式主要用于区域跨度较大的企业和单位。例如，一个跨多地区或者多国家的企业，因其分公司或者分厂较多，要对其各公司或工厂的生产流程进行监控、对相关的产品进行质量跟踪，等等。当有些数据或者信息需要及时甚至实时地给各个终端用户共享时，也可以采取这种模式。例如，假若某气象预测中心探测到某地 30 min 后将发生重大气象灾害，只需通过以云计算为支撑的物联网途径，用几十秒的时间就能将预报信息发出。这种应用模式的前提是云计算中心必须包含公共云和私有云，并且它们之间的互联没有障碍。

3. 信息与应用分层处理、海量终端的应用模式

这种应用模式主要是针对用户范围广、信息及数据种类多、安全性要求高等特征来实现的物联网。根据应用模式和具体场景，对各种信息、数据进行分类、分层处理，然后选择相关的途径提供给相应的终端。例如，对需要大数据量传送但是安全性要求不高的数据，如视频数据、游戏数据等，可以采取本地云中心处理或存储的方式；对于计算要求高、数据量不大的，可以放在专门负责高端运算的云中心；而对于数据安全要求非常高的信息和数据，则可以由具有灾备中心的云中心处理。

实现云计算的关键技术是虚拟化技术。通过虚拟化技术，单个服务器可以支持多个虚拟机运行多个操作系统和应用，从而提高服务器的利用率。虚拟机技术的核心是 Hypervisor（虚拟机监控程序）。Hypervisor 在虚拟机和底层硬件之间建立一个抽象层，它可以拦截操作系统对硬件的调用，为驻留在其上的操作系统提供虚拟的 CPU 和内存。实现云计算还面临诸多挑战：现有云计算系统的部署相对分散，只能在各自内部实现虚拟机自动分配、管理和容错等；云计算系统之间的交互还没有统一标准；关于云计算系统的标准化还存在一系列亟待解决的问题。然而，云计算一经提出，便受到了产业界和学术界的广泛关注。目前，国外已经有多个云计算的科学研究项目，比较有名的是 Scientific Cloud 和 Open Nebula 项目。产业界也在投入巨资部署各自的云计算系统，参与者主要有 Google、Amazon、IBM、Microsoft 等。国内关于云计算的研究也已起步，并在计算机系统虚拟化基础理论与方法研究方面取得了阶段性成就。

本章小结

计算机网络是现代计算机技术与通信技术密切结合的产物，计算机网络经历了由简单到复杂、由低级到高级的发展过程。计算机网络类型按照计算机网络覆盖区域大小可划分为局域网、城域网、和广域网。其拓扑图结构主要有星型结构、环形结构、总线结构、树型结构、网状结构等。TCP 和 IP 协议在计算机网络体系结构中占有非常重要的地位，它将网络体系结构分为网络接口层、互联层、传输层和应用层。

局域网是指在某一区域内由多台计算机互联成的计算机组。局域网可以实现文件管理、应用软件共享、打印机共享、工作组内的日程安排、电子邮件和传真通信服务等功能。局域网由网络硬件、网络传输介质以及网络软件所组成。

Internet Explorer 是美国微软公司推出的一款网页浏览器。它提供了直观、方便、友好的用户界面，通过它可以从 Web 服务器上搜索需要的信息、浏览 Web 网页、下载、收发电子邮件、上传网页等。电子邮件是一种用电子手段提供信息交换的通信方式，它可以是文字、图像、声音等多种形式。

电子商务是基于浏览器/服务器应用方式，买卖双方不见面地进行各种商贸活动，实现消费者的网上购物、商户之间的网上交易和在线电子支付以及各种商务活动、交易活动、金融活动和相关的综合服务活动的一种新型的商业运营模式。电子商务的优势明显，应用广泛。

物联网是采用感知识别技术以数据为中心的面向应用的网络，通过接口与各种无线接入网相连，进而联入互联网，主要完成信息感知、数据处理、数据回传以及决策支持等功能。其应用广泛。

习　题

一、选择题

1. 互联网（Internet）属于（　　）。

   A. 局域网　　B. 校园网

   C. 城域网　　D. 广域网

2. 在局域网中的各个节点，计算机都应在主机扩展槽中插有网卡，网卡的正式名称是（　　）。

   A. 终端匹配器　　B. 网络适配器

   C. 集线器　　D. T 形接头

3. 要访问局域网中某计算机中的共享文件，可以在“资源管理器”窗口的地址栏中输入（　　）。

   A. \\计算机名　　B. \计算机名

   C. //计算机名　　D. /计算机名

4. TCP/IP 协议是指（　　）。

A. 文件传输协议/远程登录协议　　B. 传输控制协议/因特网互联协议
C. 邮件传输协议/远程登录协议　　D. 文件传输协议/邮件传输协议

5. 以下因特网应用中，(　　) 是将信息检索和超文本技术融合而成的。
A. 文本传输 FTP　　B. 网页浏览
C. 电子公告牌系统 BBS　　D. 电子邮件 E-mail

6. 以下哪个电子邮件的格式不正确？(　　)
A. jsjyyjc@126.com　　B. jsjyy_jc@126.com
C. jsjyy$jc@126.com　　D. jsjyyjc123@126.com

7. 一个用户想使用电子信函（电子邮件）功能，应当（　　）。
A. 通过电话得到一个电子邮局的服务支持
B. 使自己的计算机通过网络得到网上一个 E-mail 服务器支持
C. 把自己的计算机通过网络与附近的一个邮局连起来
D. 向附近的一个邮局申请，办理并建立一个自己专用的信箱

8. 在使用搜索引擎进行搜索时，以下说法正确的是（　　）。
A. 英文字母严格区分大小写
B. 不能在结果中再搜索
C. 多个关键词之间只需用空格分开，搜索内容将包括每个关键词
D. 以上说法都正确

9. 从 www.gznu.edu.cn 可以看出，它是中国的一个（　　）的站点。
A. 政府部门　　B. 教育部门
C. 军事部门　　D. 商业机构

二、简答题

1. 什么是计算机网络？计算机网络拓扑结构分为哪几类？
2. 计算机网络的用途有哪些？
3. 计算机网络的分类有哪些？
4. 如何理解计算机网络、局域网、Internet 之间的联系与区别？
5. 电子商务的应用有如哪些？
6. 物联网的基本属性有哪些？
7. 物联网的应用有哪些？
8. 什么是云计算？

三、给授课教师发送电子邮件，汇报自己学习计算机基础的心得体会。

第5章 数据库技术基础

本章要点：

- 计算机数据管理的发展；
- 数据库系统的基本概念；
- 数据库系统体系结构；
- 数据模型；
- 关系代数；
- 数据库设计基础；
- SQL 语句基础；
- Access 数据库设计。

数据库是数据管理的最新技术，是计算机科学的重要分支，是当今信息技术的基础。对于一个国家来说，数据库的建设规模、数据库信息量的大小和使用频度，已成为衡量该国信息化程度的重要指标。因此，数据库课程不仅是计算机专业、信息管理专业的重要课程，也是很多非计算机专业的选修课程。通过课程的学习，以便具有分析系统、组织数据、处理加工数据、提取信息等能力。

本章介绍数据库的基础知识，包括计算机数据管理的发展、数据库系统基本概念、数据模型、关系代数及关系运算、数据库设计基础等。同时，介绍 Office 2010 套件之一——中小关系型数据库 Access 2010 的基本应用。

5.1 数据库基本概念

在利用 Access 2010 进行数据库设计之前，必须掌握数据库的一些基本概念，通过理论指导实践，设计数据库时知道为什么设计、设计的作用是什么。

5.1.1 计算机数据管理的发展

随着计算机硬件、软件的发展，数据管理技术的发展经历了 3 个阶段：人工管理阶段、文件系统阶段和数据库系统阶段。

20 世纪 50 年代中期以前，计算机主要用于科学计算。当时就硬件而言，外存只有纸带、卡片、磁带。没有磁盘等直接存取的存储设备；就软件而言，没有操作系统，没有数据管理的专门软件。人工管理阶段的主要特点是：数据不能保存、应用程序单独管理数据、数据不能共享、数据没有独立性。

20 世纪 50 年代后，出现了磁盘、磁鼓等直接存取存储设备，操作系统中也已有了专门的数据管理软件，该软件就称为文件系统。文件系统是数据库系统发展的初级阶段，它具有提供简单的数据共享与数据管理的能力，但是它缺少提供完整、统一的管理和数据共享的能力。

20 世纪 60 年代后期，计算机管理的对象规模越来越大，应用越来越广泛。同时硬件的价格不断下降，软件设计成本不断上升。此时文件系统作为数据管理的手段已经不能满足应用的需求，为了解决多用户、多应用共享数据的需求，使得数据尽可能多的为应用服务，数据库技术应运而生，出现了统一管理数据的专门软件系统——数据库管理系统。

数据管理 3 个阶段中的软硬件背景及处理特点，简单概括如表 5-1 所示。

表 5-1　数据管理 3 个阶段的比较

		人工管理阶段	文件管理阶段	数据库系统管理阶段
背景	应用目的	科学计算	科学计算、管理	大规模管理
	硬件背景	无直接存取设备	磁盘、磁鼓	大容量磁盘
	软件背景	无操作系统	有文件系统	有数据库管理系统
	处理方式	批处理	联机实时处理、批处理	分布处理、联机实时处理和批处理
特点	数据管理者	人（程序员）	文件系统	数据库管理系统
	数据面向的对象	某个应用程序	某个应用程序	现实世界
	数据共享程度	无共享，冗余度大	共享性差，冗余度大	共享性大，冗余度小
	数据的独立性	不独立，完全依赖于程序	独立性差	具有高度的物理独立性和一定的逻辑独立性
	数据的结构化	无结构	记录内有结构，整体无结构	整体结构化．用数据模型描述
	数据控制能力	由应用程序控制	由应用程序控制	由 DBMS 提供数据安全性、完整性、并发控制和恢复等功能

5.1.2　数据库系统的基本概念

1. 数　据

描述事物的符号记录称为数据（data）。数据有多种表现形式，可以是数字，也可以是文字、声音、图形、图像等。数据库系统中的数据有长期持久的作用，它们被称为持久性数据，而把一般存放在计算机内存中的数据称为临时性数据。

数据具有一定的结构，有型（Type）与值（Value）两个概念。“型”就是数据的类型，如整型、实型、字符型等。“值”给出符合给定型的值，如整型值 20，实型值 2.35，字符型值“k”等。

2. 数据库

数据库（DataBase，简称 DB）是指长期存储在计算机内的、有组织的、可共享的数据集合。

数据库中的数据按一定的数据模型组织、描述和存储，具有较小的冗余度、较高的数据独立性和易扩展性，并可以为各种用户（应用程序）共享。通俗的理解，数据库就是存放数据的仓库，只不过，数据库存放数据是按数据所提供的数据模式存放的。

数据库中的数据具有“集成”与“共享”两大特点。

3. 数据库管理系统

数据库管理系统（DataBase Management System，简称 DBMS）是数据库的机构，它是一个系统软件，负责数据为库中的数据组织、数据操作、数据维护、控制及保护和数据服务等。

目前流行的 DBMS 均为关系数据库系统，例如 Oracle、DB2 和 SQL Sever 等。另外有些小型的数据库，如 Visual FoxPro 和 Access 等。数据库管理系统是数据库系统的核心，它位于用户与操作系统之间，从软件分类的角度来说，属于系统软件。

数据库管理系统的主要功能如图 5-1 所示。

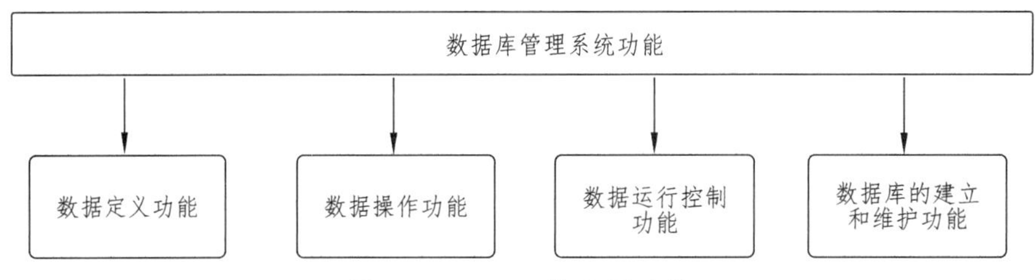

图 5-1 DBMS 的主要功能

（1）数据定义功能：DBMS 提供“数据定义语言 DDL”，用户可以通过它对数据库中的各种对象进行定义，如定义数据库、表、索引等。

（2）数据操作功能：DBMS 提供“数据库操作语言 DML”，用户可以使用 DML 语言实现对数据库的各种基本操作，如查询、更新（包括增加数据、修改数据、删除数据）等操作。

（3）数据库运行控制功能：DBMS 提供“数据库控制语言 DCL”，主要用来保证数据的安全性、完整性、并发性以及故障恢复等。

（4）数据库的建立和维护功能：主要包括数据库的建立和初始化，数据库的备份与恢复，性能监视以及分析功能等。

4. 数据库管理员

由于数据库的共享性，因此对数据库的规划、设计、维护和监视操作等需要有专人管理，这些人就是数据库管理员。

数据库管理员的主要工作如下。

（1）数据库设计：数据库管理员的主要任务之一是做数据库设计，具体地说是进行数据模式的设计。

（2）数据库维护：数据库管理员必须对数据库中的数据安全性、完整性、并发控制及系统恢复、数据定期转存等进行实施与维护。

（3）改善系统性能，提高系统效率：数据库管理员必须随时监视数据库运行状态，不断调整内部结构，使系统保持最佳状态与最高效率。

5. 数据库系统

数据库系统由数据库、数据库管理系统 DBMS（及其开发工具）、计算机硬件平台、软件平台、数据库管理员等几部分组成，这些构成了以数据库管理系统为核心的完整的运行实体，称为数据库系统。

在数据库系统中，硬件、硬件平台和软件平台所包含的内容和说明如表 5-2 所示。

表 5-2　数据库系统

<table>
<tr><td rowspan="5">数据库系统</td><td rowspan="2">硬件平台</td><td>计算机</td><td>它是系统中硬件的基础平台，常用的有微型机、小型机、中型机及巨型机</td></tr>
<tr><td>网络</td><td>数据库系统今后将以建立在网络上为主，而其结构分为客户 / 服务器（C/S）方式与浏览器 / 服务器 （B/S）方式</td></tr>
<tr><td rowspan="3">软件平台</td><td>操作系统</td><td>系统的基础软件平台．常用的有各种 UNIX 与 Windows 两种</td></tr>
<tr><td>数据库系统开发工具</td><td>为开发数据库应用程序所提供的工具，包括过程性设计语言，如 C，C + + 等，也包括可视化开发工具 VB、PB 等．还包括了与 INTERNET 有关的 HTML 及 XML 等</td></tr>
<tr><td>接口软件</td><td>在网络环境下，数据库系统中的数据库与应用程序，数据库与网络间存在着多种接口，需要接口软件进行连接．这蝗接口包括 ODBC、JDBC 等</td></tr>
</table>

6. 数据库应用系统

在数据库系统的基础上，如果使用数据库管理系统（DBMS）软件和数据库开发工具书写出应用程序，用相关的可视化工具开发出应用界面，则构成了数据库应用系统（DataBase Application System，简称 DBAS）。DBAS 由数据库系统、应用软件及应用界面三者组成。因此，DBAS 包括数据库、数据库管理系统、人员（数据库管理员和用户）、硬件平台、软件平台、应用软件、应用界面 7 个部分。

数据库应用系统的层次结构如图 5-2 所示，其中，将应用软件与应用界面合称为应用系统。

在数据库系统、数据库管理系统和数据库三者之间，数据库管理系统是数据库系统的组成部分，数据库是数据库管理系统的管理对象。因此可以说：数据库系统包括数据库管理系统，数据库管理系统包括数据库。

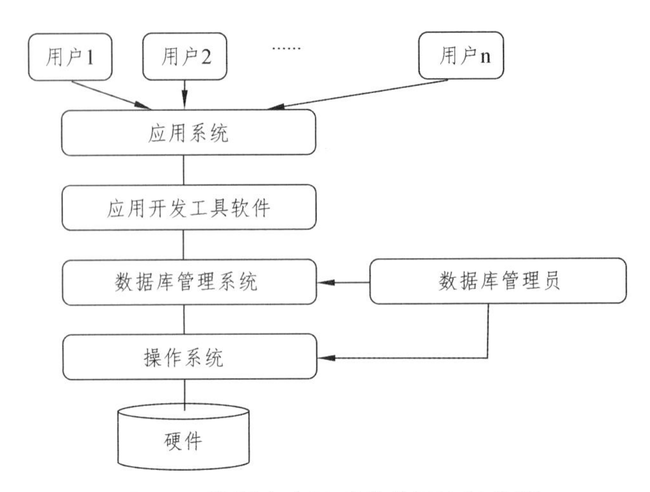

图 5-2　数据库应用系统的层次结构图

与人工管理和文件系统相比，数据库管理阶段具有如下特点。

（1）数据集成性。

数据库系统的数据集成性主要表现在如下几个方面。

① 在数据库系统中采用统一的数据结构方式。

② 在数据库系统中按照多种应用的需要组织全局的统一的数据结构（即数据模式），既要建立全局的数据结构，又要建立数据间的语义联系，从而构成一个内在紧密联系的数据整体。

③ 数据库系统中的数据模式是多个应用共同的、全局的数据结构，而每个应用的数据则是全局结构中的一部分，称为局部结构（即视图）。这种全局与局部相结合的结构模式，构成了数据库数据集成性的主要特征。

（2）数据的共享性高，冗余性低。

数据的集成性使得数据可为多个应用所共享。数据的共享极大地减少了数据冗余性，不仅减少了存储空间，还避免了数据的不一致性。

① 一致性：在系统中同一数据在不同位置的出现应保持相同的值。

② 不一致性：同一数据在系统的不同拷贝处有不同的值

因此，减少冗余性以避免数据的不同出现是保证系统一致性的基础。

（3）数据独立性高。

数据库中数据独立于应用程序且不依赖于应用程序，即数据的逻辑结构、存储结构与存取方式的改变不会影响应用程序。

数据独立性包括数据的物理独立性和数据的逻辑独立性两级。

① 物理独立性，指数据的物理结构的改变，包括存储结构的改变、存储设备的更换、存取方式的改变，不会影响数据库的逻辑结构，也不会引起应用程序的改动。

② 逻辑独立性，指数据库的总体逻辑结构的改变，如改变数据模型、增加新的数据结构、修改数据间的联系等，不会导致相应的应用程序的改变。

（4）数据统一管理与控制。

数据库系统不仅为数据提供了高度的集成环境，也为数据提供了统一的管理手段，主要包括以下 3 个方面。

① 数据的安全性保护：检查数据库访问者，以防止非法访问。
② 数据的完整性检查：检查数据库中数据的正确性，以保证数据的正确。
③ 并发控制：控制多个应用的并发访问所产生的相互干扰，以保证其正确性。

5.1.2 数据库系统体系结构

数据库的产品很多，它们支持不同的数据模型，使用不同的数据库语言，建立在不同的操作系统上，数据的存储结构也各不相同，但体系结构基本上都具有相同的特征，采用“三级模式和两级映射”，这是数据库管理系统内部的系统结构，如图 5-3 所示。

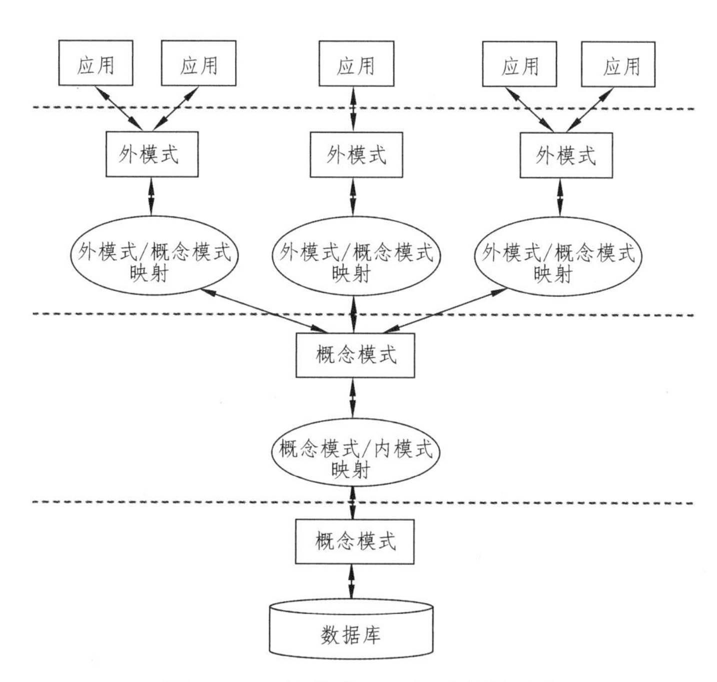

图 5-3 三级模式、两级映射关系表

1. 数据库系统的三级模式结构

数据库系统在其内部分为三级模式，即模式（也称为概念模式）、内模式和外模式。

（1）外模式（External Schema）也称为用户模式，是用户的数据视图，也就是用户所能看见和使用的局部数据的逻辑结构和特征的描述,是与某一应用有关的数据的逻辑表示。外模式通常是模式的子集，一个数据库可以有多个外模式。外模式处于最外层，它反映了用户对数据的要求。

（2）概念模式（Conceptual Schema）也称为模式，是数据库系统中全局数据逻辑结构的描述，全体用户的公共数据视图。概念模式处于中层，它反映了设计者的数据全局逻辑要求。

（3）内模式（Internal Schema）又称为物理模式，是数据物理结构和存储方式的描述，是数据在数据库内部的表示方式。内模式处于最底层，它反映了数据在计算机物理结构中的实际存储形式。

一个数据库只有一个概念模式和一个内模式，有多个外模式。

2. 数据库系统的两级映射

数据库系统在三级模式之间提供了两级映射：外模式/概念模式的映射、概念模式/内模式的映射。

（1）外模式/概念模式的映射：对于每一个外模式，数据库系统都提供一个外模式/概念模式的映射，它定义了该外模式描述的数据局部逻辑结构和概念模式描述的全局逻辑结构之间的对应关系。

当概念模式改变时，只需要修改外模式/概念模式映射即可，外模式可以保持不变。则根据数据的外模式编写的应用程序不必修改，从而保证了数据的逻辑独立性。

（2）概念模式/内模式的映射：数据库只有一个概念模式和一个内模式，所以概念模式/内模式的映射是唯一的，它定义了概念模式描述的全局逻辑结构和内模式描述的存储结构之间的对应关系。

当内模式改变时，只需要改变概念模式/内模式的映射，概念模式可以保持不变，从而应用程序保持不变，保证了数据的物理独立性。

5.1.3 数据模型

现有的数据库系统都是基于某种数据模型而建立的，数据模型是数据库系统的基础，理解数据模型的概念对于学习数据库的理论是至关重要的。

所谓模型，是对现实世界特征的模拟和抽象，如图 5-4 所示。人们对于具体的模型并不陌生，如地图、模型飞机和建筑设计沙盘都是具体的模型。

本节主要讲解数据模型的基本概念、E-R 模型和关系模型。

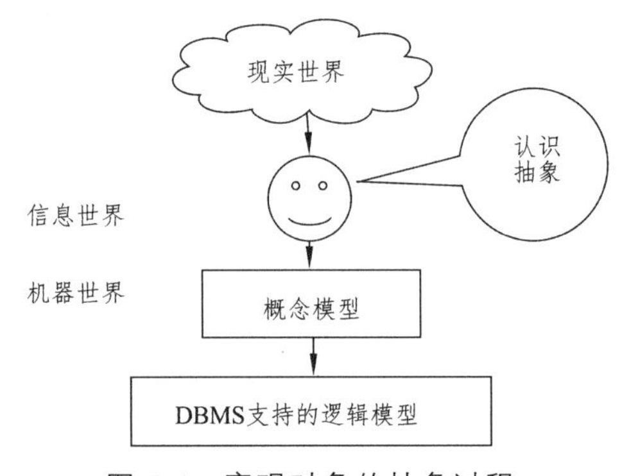

图 5-4 客观对象的抽象过程

1. 数据模型的概念

数据是现实世界符号的抽象，数据模型（Data Model）则是对数据特征的抽象。

通俗来讲，数据模型就是对现实世界的模拟、描述或表示，建立数据模型的目的是建立数据库来处理数据。从事物的客观特性到计算机里的具体表示包括了现实世界、信息世界和机器世界 3 个数据领域。

（1）现实世界就是客观存在的各种事物，是用户需求处理的数据来源。

（2）信息世界是通过抽象对现实世界进行数据库级上的描述所构成的逻辑模型。

（3）机器世界是致力于在计算机物理结构上的描述，是现实世界的需求在计算机中的物理实现，而这种实现是通过逻辑模型转化而来的。

2. 数据模型的类型

数据模型按照不同的应用层次分为以下 3 种类型。

（1）概念数据模型（Conceptual Data Model），简称概念模型，它是一种面向客观世界、面向用户的模型，它与具体的数据库管理系统和具体的计算机平台无关。概念模型着重于对客观世界复杂事物描述及对它们的内在联系的刻画。目前，最常见的概念模型有“实体-联系”模型。

（2）逻辑数据模型（Logic Data Model），也称数据模型，是面向数据库系统的模型，着重于在数据库系统一级的实现。成熟并大量使用的数据模型有层次模型、网状模型、关系模型和面向对象模型等。

（3）物理数据模型（Physical Data Model），也称物理模型，是面向计算机物理实现的模型，此模型给出了数据模型在计算机上物理结构的表示。

3. 数据模型的三要素

数据模型从抽象层次上描述了数据库系统的静态特征、动态行为和约束条件，因此数据模型通常由数据结构、数据操作及数据约束 3 部分组成。

（1）数据结构是所研究的对象类型的集合，是对系统静态特性的描述。数据结构是数据模型的核心，不同的数据结构有不同的操作和约束，人们通常按照数据结构的类型来命名数据模型。例如，层次结构、网状结构和关系结构的数据模型分别命名为层次模型、网状模型和关系模型。

（2）数据操作是相应数据结构上允许执行的操作及操作规则的集合。数据操作是对数据库系统动态特性的描述。

（3）数据的约束条件是一组完整性规则的集合。也就是说，具体的应用数据必须遵循特定的语义约束条件，以保证数据的正确、有效和相容。

4. E-R 模型（实体联系概念模型）

实体联系模型（Entity-ReLationship Model）简称 E-R 模型，是广泛使用的概念模型。它采用了 3 个基本概念：实体、联系和属性。通常首先设计一个 E-R 模型，然后再把它转换成计算机能接收的数据模型。

1）模型的基本概念

实体是指客观存在并且可以相互区别的事物。实体可以是一个实际的事物，例如一本书、一间教室等；实体也可以是一个抽象的事件，例如一场演出、一场比赛等。

属性是指描述实体的特性。例如，一个学生可以用学号、姓名、出生年月等来描述。

联系是指实体之间的对应关系和联系，它反映现实世界事物之间的相互关联。

实体间联系的种类是指一个实体型中可能出现的每一个实体和另一个实体型中多少个具体实体存在联系，可归纳为 3 种类型，见表 5-3。

表 5-3 实体间联系的类型

联系种类	说明	实例	对应图例
一对一（1:1）	实体集 A 中的每一个实体只与实体 B 中的一个实体相联系，反之亦然	一个学校只有一名校长，并且校长不可以在别的学校兼职，校长与学校的关系就是一对一联系	学校 — 校长
一对多（1:n）	实体集 A 中的每一个实体，在实体集 B 中都有多个实体与之对应；反之；在实体 B 中的每一个实体，在实体集 A 中只有一个与之对应	公司的一个部门有多名职员，每一个职员只能在一个部门任职，则部门与职员之间的联系就是一对多的联系	部门 1 — 职员甲、职员乙、职员丙
多对多（n:m）	实体集 A 中的每一个实体，在实体集 B 中都有多个实体与之对应；反之亦然	一个学生可以选多门课程，一门课程可以被多名学生选修，学生和课程的联系就是多对多联系	课程 1、课程 2、课程 3 — 学生 A、学生 B、学生 C

2）E-R 图

E-R 模型可以用图形来表示，称为 E-R 图。E-R 图可以直观地表达出 E-R 模型。在 E-R 图中，我们分别用下面不同的几何图形表示 E-R 模型中的 3 个概念（见表 5-4）与两个连接关系。

表 5-4 几何图形表示 E-R 模型中的 3 个概念

概念	含义	实例
实体集表示法	E-R 图用椭圆形表示实体坐冷板凳，并在矩形内写上实体集的名字	如实体集学生（student）、课程（course），如图 5-5（a）所示
属性表示法	E-R 图用椭圆形表示属性，在椭圆形内写上该属性的名称	如学生属性学号（S#）、姓名（Sn）及年龄（Sa）、如图 5-5（b）所示
联系表示法	E-R 图用菱形表示联系，在菱形内写上联系名	如学生与课程间的联系 SC，如图 5-5（c）所示

ER 图中的实体、属性、联系各基本概念分别用 3 种几何图形表示，如图 5-5 所示。

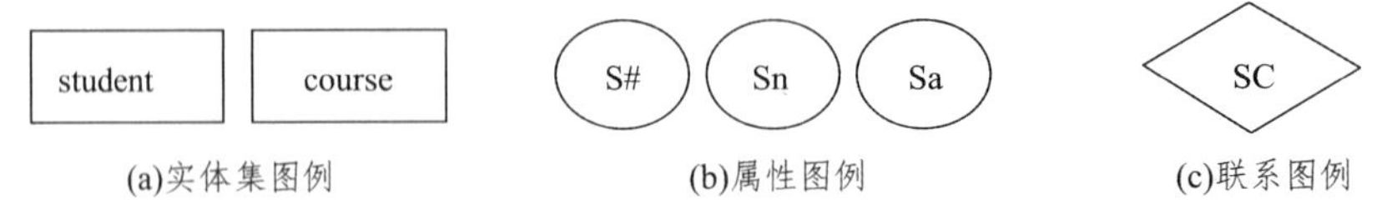

图 5-5 模型的三个基本图例

如实体集 student 有属性 S#（学号）、Sn（学生姓名）及 Sa（学生年龄）；实体集 course

有属性 C#（课程号）、Cn（课程名）及 P#（预修课号），此时它们可用图 5-6（a）连接。

属性也依附于联系，它们之间也有连接关系，因此也可以用无向线段表示。如联系 SC 可与学生的课程成绩属性 G 建立连接并可图 5-6（b）表示。

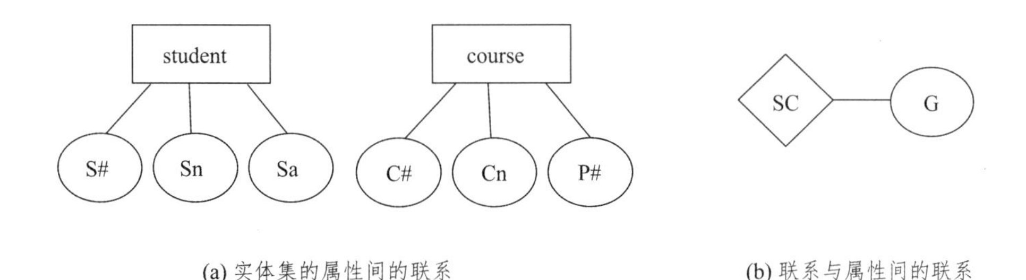

图 5-6

在 E-R 图中，实体集与联系间的连接关系可用连接这两个图形间的无向线段表示。

如实体集 student 与联系 SC 间有联结关系，实体集与 course 与联系 SC 间也有联系，因此它们之间可用无向线段相连，为了刻画函数关系，在线段边上注明其对应函数关系，如 1:1，1:*n*，*n*:*m* 等，构成一个如图 5-7 所示的图。

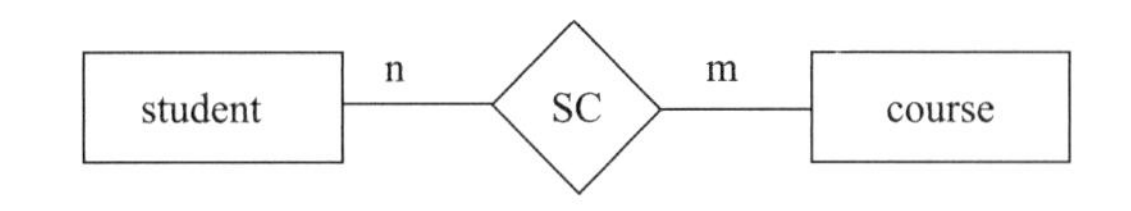

图 5-7　实体集间的联系示意图

如前所述，数据模型通常由数据结构、数据操作及数据约束 3 部分组成。因此，本节在介绍层次模型、网状模型、关系模型时，主要从这 3 方面来展开。

5. 层次模型

用树型结构表示实体及其之间联系的模型称为层次模型，如图 5-8 所示。在层次模型中，节点是实体，树枝是联系，从上到下是一对多的关系。支持层次模型的数据库管理系统称为层次数据库管理系统，其中的数据库称为层次数据库。

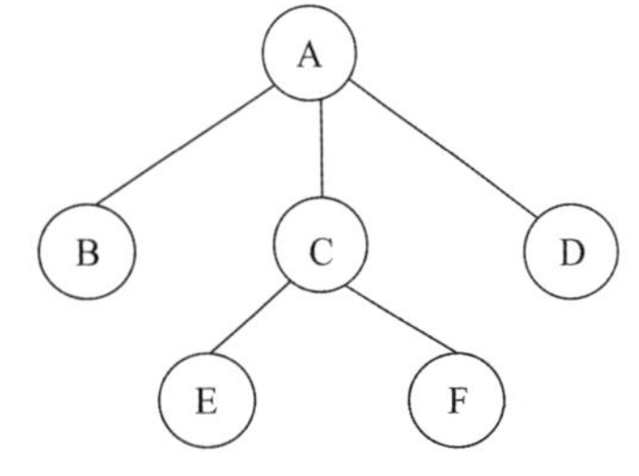

图 5-8　层次模型

层次模型的特点如下：

（1）有且仅有一个无父节点的根节点，它位于最高的层次，即顶端。

（2）根节点以外的子节点，向上有且仅有一个父节点，向下可以有一个或多个子节点。

生活中有很多层次模型的例子，家谱就是其中很有代表性的一个。家族的祖先就是父节点，向下体现一对多的关系。除祖先外的所有家庭成员都可以看作是上级父节点的子节点，向上有且仅有一个父节点，向下有一个或多个子节点。

6. 网状模型

用网状结构表示实体及其之间联系的模型称为网状模型，如图 5-9 所示。可以说，网状模型是层次模型的扩展，表示多个从属关系的层次结构，呈现一种交叉关系。支持网状模型的数据库管理系统称为网状数据库管理系统，其中的数据库称为网状数据库。

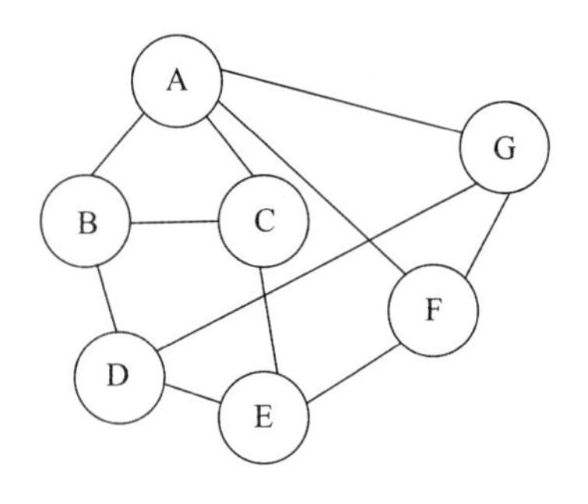

图 5-9 网状模型

网状模型的特点如下：

（1）允许一个或多个节点无父节点。

（2）一个节点可以有多于一个的父节点。

网状模型上的节点就像是连到互联网上的计算机一样，可以在任意两个节点之间建立起一条通路。

7. 关系模型

关系模型（Relation Model）是目前最常用的数据模型之一。关系模型的数据结构非常单一，在关系模型中，现实世界的实体以及实体间的各种联系均用关系（也就是一张二维表格）来表示。

1）关系模型中常用的术语

① 关系：关系模型采用二维表来表示关系，简称表。一个二维表就是一个关系。例如，表 5-5 的二维表就是一个关系。

② 属性：二维表中的列称为属性。例如，表 5-5 中的属性有学号、姓名、系号等。

③ 属性元数：二维表中属性的个数称为属性元数。表 5-5 中的关系属性元数为 5。

④ 值域：每个属性的取值范围。例如，表 5-5 中的年龄属性的值域不能为负数。

⑤ 元组：二维表中的一行称为元组。例如，表 5-5 中的（06001，方铭，01，22，男）就是一个元组。

⑥ 候选码：二维表中能唯一标识元组的属性集。例如，在表 5-5 中，存在两个候选码：学号和姓名（如果没有重名的话）。

⑦ 主码：从候选码中选出来的、可以唯一确定一个元组的属性（或属性集）。例如，表 5-5 中的主码可以是“学号”。

表 5-5 学生登记表

学号	姓名	系号	年龄	性别
06001	方铭	01	22	男
06003	张静	02	22	女
06234	白穆云	03	21	男

2）关系的规范化性质

① 元组个数有限性：二维表中元组的个数是有限的。

② 元组的唯一性：二维表中任意两个元组不能完全相同。

③ 元组的次序无关性：二维表中元组的次序，即行的次序可以任意交换。

④ 元组分量的原子性：二维表中元组的分量是不可分割的基本数据项。

⑤ 属性名唯一性：二维表中不同的属性要有不同的属性名。

⑥ 属性的次序无关性：二维表中属性的次序可以任意交换。

⑦ 分量值域的同一性：二维表属性的分量具有与该属性相同的值域，或者说列是同质的。

满足以上 7 个性质的二维表称为关系，以二维表为基本结构所建立的模型称为关系模型。

3）关系模型的数据操作

关系模型的数据操作是建立在关系上的数据操作，基本操作如下。

① 数据查询：用户可以查询关系数据库中的数据，它包括一个关系内的查询以及多个关系间的查询。

② 数据删除：数据删除的基本单位是一个关系内的元组，它的功能是将指定关系内的元组删除。

③ 数据插入：数据插入仅对一个关系而言，在该关系内插入一个或若干个元组。

④ 数据修改：数据修改是在一个关系中修改指定的元组与属性。

4）关系模型的完整性约束

关系模型中可以有 3 类完整性约束：实体完整性约束、参照完整性约束和用户定义的完整性约束。其中前两种完整性约束是关系模型，由关系数据库系统自动支持。用户定义的完整性约束，是用户使用由关系数据库提供的完整性约束语言来设定写出约束条件，运行时由系统自动检查。

① 实体完整性约束：若属性 M 是关系的主键，则属性 M 的属性值不能为空值。例如，在表 5-5 所示的学生登记表中，主码为“学号”，则“学号”不能取空值。

② 参照完整性约束：用来建立两个实体之间相关属性的约束。例如，有一个关系模式：系（系号，名称，系主任，...），如果对于“学生”表，其“系号”属性参照“系”表中的“系号”属性，则“学生”表中的“系号”属性只能取空值或者“系”表中 “系号”的值。

③ 用户定义的完整性约束：反映了某一具体应用所涉及的数据必须满足的语义要求。例如，在表 5-5 所示的学生登记表中，“性别”属性只允许是“男”或“女”。

5.1.4 关系代数

关系数据库系统的特点之一是，它是建立在数学理论基础之上的，有很多数学理论可以表示关系模型的数据操作，其中最为著名的是关系代数与关系演算。本节将介绍关于关系数据库的理论——关系代数。关系的基本运算分为如下两类。

传统集合运算：并，交，差，笛卡尔积。

专门关系运算：选择，投影，连接。

1. 传统集合运算

（1）并运算（∪）：设关系 R 和 S 有相同的结构，则 R∪S 由属于 R 或属于 S 的元组组成。如图 5-10 所示。

学号	姓名	性别
01	张三	男
02	李四	男

∪

学号	姓名	性别
05	王红	女
06	赵艳	女

=

学号	姓名	性别
01	张三	男
02	李四	男
05	王红	女
06	赵艳	女

图 5-10　并运算（∪）

（2）交运算（∩）：设关系 R 和 S 有相同的结构，则 R∩S 由既属于 R 又属于 S 的元组组成。例如图 5-11 所示。

学号	姓名	性别
01	张三	男
02	李四	男

∩

学号	姓名	性别
01	张三	男
06	赵艳	女

=

学号	姓名	性别
01	张三	男

图 5-11　交运算（∩）

（3）差运算（–）：设关系 R 和 S 有相同的结构，则 R–S 由属于 R 但不属于 S 的元组组成。例图 5-12 所示。

学号	姓名	性别
01	张三	男
02	李四	男

–

学号	姓名	性别
01	张三	男
06	赵艳	女

=

学号	姓名	性别
01	张三	男

图 5-12　差运算（—）

（4）笛卡尔积运算（×）：设 n 元关系 R 和 m 元关系 S，则 R×S 是一个 n×m 元组的集合。注意，R 和 S 关系的结构不必相同。如图 5-13 所示。

课程
数学
英语

×

学号	姓名	性别
01	张三	男
02	李四	男

=

课程	学号	姓名	性别
数学	01	张三	男
数学	02	李四	男
英语	01	张三	男
英语	02	李四	男

图 5-13　笛卡尔积运算（×）

注意，上述运算中所说的关系的结构，是指关系的属性个数（列数）、属性名称和属性的顺序。

2. 专门关系运算

用于查询的 3 个操作无法用传统的集合运算（并、交、差、笛卡尔积）表示，需要引入一些新的运算：选择、投影、连接。

1）投影运算

从关系模式中指定若干个属性组成新的关系，称为投影。对 R 关系进行投影运算的结果记为 $\pi_A(R)$，表示结果集由关系 R 中的 A 属性列构成。

例如，对关系 R 中的“系”属性进行投影运算，记为 $\pi_{系}(R)$，得到无重复元组的新关系 S，如图 5-14 所示。

关系 R

姓名	性别	系
李明	男	新闻
赵刚	男	建筑
张圆	女	通信
王晓	男	电子
李健	男	数学
李文	男	建筑

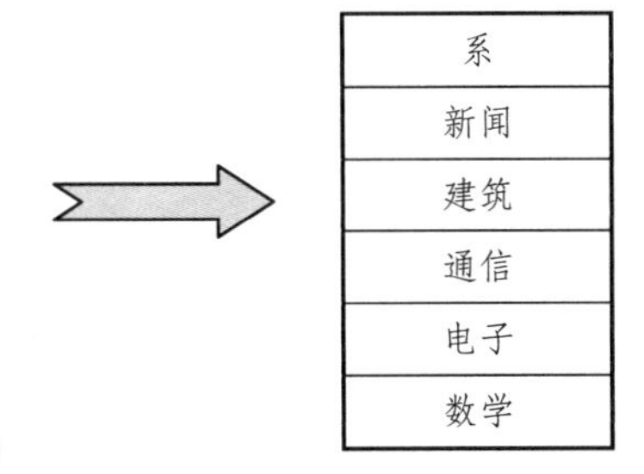

投影运算后的新关系 S

系
新闻
建筑
通信
电子
数学

图 5-14　投影运算

2）选择运算

从关系模式中找出符合条件的元组的操作称为选择。选择的条件以逻辑表达式给出，使得逻辑表达式为真的元组将被选取。选择是在二维表中选出符合条件的行，形成新的关系的过程。

选择运算用公式表示为：

$$\sigma_F(R)=\{t|t\in R 且 F(t) 为真\}$$

其中，F 表示选择条件，它是一个逻辑表达式，结果为逻辑值“真”或“假”。

逻辑表达式 F 由逻辑运算符¬、∧、∨连接各关系表达式组成。

关系表达式的基本形式为：$X\theta Y$

其中，θ 表示比较运算符＞、＜、≤、≥、＝或≠，X、Y 等是属性名，或为常量，或为简单函数。

例如，在关系 R 中选择出“系”为“建筑”的学生，表示为 $\sigma_{系=建筑}(R)$ 得到新的关系 S，如图 5-15 所示。

关系 R

姓名	性别	系
李明	男	新闻
赵刚	男	建筑
张圆	女	通信
王晓	男	电子
李健	男	数学
李文	男	建筑

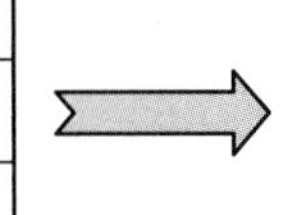

选择运算后的新关系 S

姓名	性别	系
赵刚	男	建筑
李文	男	建筑

图 5-15　选择运算

3）连接与自然连接

连接运算也称 θ 连接，是对两个关系进行的运算，其意义是从两个关系的笛卡尔积中选择满足给定属性一定条件的那些元组。设 m 元关系 R 和 n 元关系 S，则 R 和 S 两个关系的连接运算用公式表示为：

$$R \underset{A\theta B}{\infty} S$$

它的含义可用下式定义：

$$R \underset{A\theta B}{\infty} S = \sigma_{A\theta B}(R \times S)$$

其中，A 和 B 分别为 R 和 S 上度数相等且可比的属性组。连接运算从关系 R 和关系 S 的笛卡尔积 R×S 中，找出关系 R 在属性组 A 上的值与关系 S 在属性组 B 上值满足 θ 关系的所有元组。需要注意的是，在 θ 连接中，属性 A 和属性 B 的属性名可以不同，但是域一定要相同，否则无法比较。

当 θ 为“=”时，称为等值连接。

（1）等值连接（ $R\infty_{A=E}S$ ）：从 R 和 S 的笛卡尔积中选择 A、B 属性（或属性结合）值相等的元组。下面计算 $R\infty_{分值=成绩}S$ 的结果，运算可以分为两步：

① 首先计算关系 R 和 S 的笛卡尔积，如图 5-16 所示。

分值
85
60

×

成绩	姓名	性别
85	张三	男
74	李四	男

=

分值	成绩	姓名	性别
85	85	张三	男
85	74	李四	男
60	85	张三	男
60	74	李四	男

图 5-16 笛卡尔积

② 从笛卡尔积中选择满足条件（分值 = 成绩）的记录，如图 5-17 所示。

分值	成绩	姓名	性别
85	85	张三	男
85	74	李四	男
60	85	张三	男
60	74	李四	男

（分值=成绩）→

分值	成绩	姓名	性别
85	85	张三	男

图 5-17 从笛卡尔积中选择满足条件的记录

（2）自然连接（ $R\infty S$ ）：要求连接的 A、B 属性组必须相同，并在结果中去掉重复的属性列，自然连接是等值连接的特例。图 5-18 所示为计算 $R\infty S$ 的结果。

成绩
85
60

⋈

成绩	姓名	性别
85	张三	男
74	李四	男

=

成绩	姓名	性别
85	张三	男

图 5-18　计算 $R\infty S$

上述自然连接中，关系 R 与 S 都有相同的“成绩”属性。我们先做两个关系的笛卡尔积，然后选择出两个成绩相等的行，再从结果中去掉一个重复的成绩属性，完成 R 和 S 的自然连接运算。

5.1.5　数据库设计基础

数据库设计是数据应用的核心，是对于一个给定的应用研究环境，构造最优的数据库模式，建立性能良好的数据库，使之满足各种用户的需求（信息要求和处理要求）。

本节将重点介绍数据库设计中需求分析、概念设计和逻辑设计 3 个阶段，并结合实例说明如何进行相关的设计。

从数据库设计的定义可以看出,数据库设计的基本任务是根据用户对象的信息需求(对数据库的静态要求)、处理需求（对数据库的动态要求）和数据库的支持环境（包括硬件、操作系统与 DBMS），设计出数据模式。

数据库设计的根本目标是解决数据共享问题。

1. 数据库设计的步骤

大型的数据库设计是一项庞大的工程，涉及多学科的综合性技术，必须将数据库设计分解成目标独立的 4 个阶段：需求分析、概念设计、逻辑设计、物理设计。数据库设计中的这 4 个阶段如图 5-19 所示。

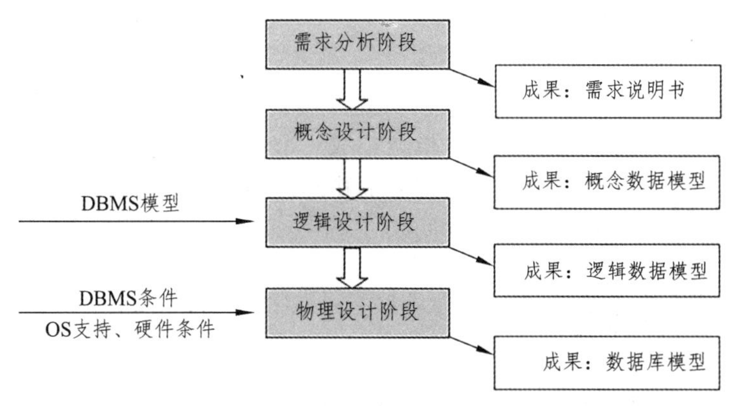

图 5-19　数据库设计的 4 个阶段

1）需求分析

需求分析简单地说就是分析用户的要求。需求分析是设计数据库的起点，需求分析的结果是否准确地反映了用户的实际要求，将直接影响到后面各个阶段的设计，并影响到设计结果是否合理和实用。

需求分析的任务是通过详细调查现实世界要处理的对象（组织、部门、企业等），充分了解原系统工作概况，明确用户的各种需求，然后在此基础上确定新系统的功能。新系统必须充分考虑今后可能的扩充和改变，不能仅仅按当前应用需求来设计数据库。

2）概念设计

数据库概念设计是将需求分析得到的用户需求抽象为信息结构，即概念模型的过程。

概念设计是整个数据库设计的关键，它通过对用户需求进行综合、归纳和抽象，形成一个独立与具体的 DBMS 概念模型，一般我们使用 E-R 图来表示概念模型。（所以数据库的概念模型设计在实际中大多就是指设计数据库的 E-R 图。）

3）逻辑设计

数据库的逻辑设计就是将前一阶段的概念设计得到的 E-R 图，转换成为具体的 DBMS 产品所支持的数据模型（在关系数据库中也就得到了一张张的二维表格）。

概念设计中采用 E-R 方法得到的全局概念模型是对信息世界的描述，并不适用于计算机处理，为了适合关系数据库系统的处理，必须将 E-R 图转换成某个具体 DBMS 所支持的关系模式，这就是逻辑设计的主内容。

E-R 图是由实体、属性和联系组成，而关系模式中只有一种元素——关系。术语的对应关系如表 5-6 所示。

表 5-6 E-R 模型和关系模式的对照表

E-R 模型	关系模型	具体示例
实体	元组	张三
实体集	关系	学生
属性	属性	（学生的）姓名
联系	关系	选课

4）物理设计

物理设计，就是根据具体的 DBMS 的特点和需要，进行物理存储安排，设计索引，形成数据库的内模式，即为一个给定逻辑模型选取一个最适合应用要求的物理结构的过程。

数据库物理设计的主要目标是对数据内部物理结构做调整并选择合理的存取路径，以提高数据库访问速度及有效利用存储空间。

5.2 SQL 语句简介

结构化查询语言（Structured Query Language，SQL）是一种介于关系代数与关系演算之间的语言，其功能包括数据查询、数据定义、数据操纵和数据控制 4 个方面，是一个通用的、功能极强的关系数据库语言，目前已成为关系数据库的标准语言。大多数数据库均用 SQL 作为共同的数据存取语言和标准接口，使不同数据库系统之间的互操作有了共同的基础。

5.2.1　SQL 语言概述

SQL 语言是一种功能齐全的数据库语言。SQL 是由 Boyce 和 Chamberlin 于 1974 年提出并在 IBM 公司研制的关系数据库管理系统原型 System R 上实现的。SQL 简单易学、功能丰富,因而被其他厂家采用。SQL 于 1986 年 10 月由美国国家标准学会(American National Standards Institute，ANSI）公布，并于 1987 年由国际标准化组织（International Standards Organization，ISO）正式确定为国际标准。

SQL 语言的主要特点可以概括为以下几个方面：

（1）SQL 是一种一体化语言，包括了数据定义、数据查询、数据操纵和数据控制等方面的功能，可以完成整个数据库生命周期中的全部工作。

（2）SQL 是一种高度非过程化语言，它只需要描述“做什么”，而不需要说明“怎么做”。

（3）SQL 是一种非常简单的语言，接近于自然语言，易于学习和掌握。

（4）SQL 是一种共享语言，全面支持客户机/服务器模式。

SQL 语言完成数据定义、数据查询、数据操纵和数据控制的核心功能只用到 9 个动词，如表 5-7 所示。

表 5-7　SQL 动词

SQL 功能	动词
数据查询	SELECT
数据定义	CREATE、DROP、ALTER
数据操纵	INSERT、UPDATE、DELETE
数据控制	GRANT、REVOTE

（1）SELECT 关键字主要用于数据的查询，即从数据中选择满足条件的数据，同时进行统计、计算。

（2）CREATE 表示建立、DROP 表示删除、ALTER 表示修改，主要针对表、视图的定义。

（3）INSERT 表示插入记录、UPDATE 表示修改记录、DELETE 表示删除记录。

（4）GRANT 表示授权、REVOTE 表示收回授权。

所有的数据库管理系统几乎都使用 SQL 语言作为其内部数据库管理、维护的核心。Access 作为关系型数据库当然也不例外，为了方便人们使用，Access 主要是利用易于操作的用户界面来帮助人们设计 SQL 语言。

本节根据 Access 实际使用的需要，简单地介绍数据定义、数据操作、数据查询 SQL 语句的基本语法与使用方法。

5.2.2　数据定义

数据定义是指表一级的定义。SQL 语言的数据定义功能包括创建表、修改表和删除表等基本操作。

1. 创建表

在 SQL 语言中，使用 CREATE TABLE 语句建立基本表对象。语句基本格式为：

CREATE TABLE <表名>（<字段名 1> <数据类型>[<列级完整性约束条件 1>]
[，<字段名 2> <数据类型>[<列级完整性约束条件 2>]]
⋮
[，<字段名 n> <数据类型>[<列级完整性约束条件 n>]]
[，<表级完整性约束条件>] ）;

在一般语法格式描述中使用了如下符号：

（1）<>：表示在实际的语句中要采用实际需要的内容进行替代。

（2）[ ]：表示可以根据需要进行选择，也可以不选。

（3）| ：表示多个选项只能选择其中之一。

（4）{ }：表示必选项。

命令说明：

（1）<表名>：指定需要定义的表的名字。

（2）<字段名 1>：指定义表中的一个或多个字段名称。

（3）<数据类型>：指对于字段的数据类型。后续章节中将介绍 ACCESS 支持的数据类型。

（4）<列级完整性约束条件 1>：指定义字段的约束条件，如主键约束（Primary Key）、数据唯一性约束（Unique）、空值约束（Not Null 或 Null）、用户完整性约束（Check）等。

例如，创建一个“学生”表，表的结构如表 5-8 所示。

表 5-8 学生表

字段名称	数据类型	字段大小	说明
学号	文本	10	主键
姓名	文本	5	不为空
性别	文本	1	只能是“男”或“女”
出生日期	日期/时间		
年龄	数字	整型	
系别	文本	20	

建立“学生”表的 SQL 语句为：

CREATE TABLE 学生（学号 char（10）Primary key,
姓名 char（20）not null,
性别 char（1）check（性别 in（“男”,” 女”)),
出生日期 date，年龄 smallint，性别 char（20));

其中，char 表示文本类型，date 表示日期/时间类型，smallint 表示整型，学号字段作为主键，姓名字段不允许为空，性别字段只能输入“男”或“女”。

2. 修改表

使用 ALTER TABLE 语句可以修改已建表的结构，包括添加新字段、修改字段属性、删除字段。语句基本格式为：

ALTER TABLE <表名>

　　[ADD <新列名> <数据类型> [完整性约束]]

　　[DROP <列名> <完整性约束名>]

　　[ALTER COLUMN<列名> <数据类型>];

命令说明：

（1）<表名>：指定需要修改的表的名字。

（2）ADD：增加新字段及定义该字段的完整性约束条件。

（3）DROP：删除指定的字段和完整性约束。

（4）ALTER：修改原有字段属性，包括字段名称、数据类型等。

例如，在“学生”表中增加一个“身份证号”字段，数据类型为“文本”；把“姓名”字段的字段大小改为 10；删除“系别”字段。

（1）添加“身份证号”字段的 SQL 语句为：

ALTER TABLE 学生 ADD 身份证号 CHAR（18）;

（2）修改“姓名”字段的 SQL 语句为：

ALTER TABLE 学生 ALTER 姓名 CHAR（10）;

（3）删除“系别”字段的 SQL 语句为：

ALTER TABLE 学生 DROP 系别;

3. 删除表

利用 DROP TABLE 语句可以删除不再需要的数据表。语句格式为：

DROP TABLE <表名>

命令说明：

（1）<表名>：指定需要删除的表的名字。

（2）表一旦被删除，表中的数据及表之上的索引都将被删除，且不能恢复。

例如，删除已建立的“学生”表的 SQL 语句为：

　　DROP TABLE 学生

5.2.3 数据操纵

数据库中，所谓数据操纵是指对表中的具体数据进行增加、删除和更新（修改）等操作。

1. 插入记录

使用 INSERT 语句可以将一条新记录插入到指定表中。语句格式为：

INSERT INTO <表名> [字段列表]

VALUES（对应属性列表的值列表）

命令说明：

（1）<表名>：指定插入记录的表的名字。

（2）字段列表：指表中插入新记录时数据填充的字段名。

（3）对应属性列表的值列表：指插入新记录时，对应字段列表中的具体值。

例如，向“学生表”插入（2013080101，张三，男，1995-1-1，18，计算机）记录。

插入记录的 SQL 语句为：

INSERT INTO 学生 VALUES （'2013080101', '张三', '男', #1995-1-1#, 18, '计算机'）

注意：文本数据用双引号或单引号括起来，日期数据用“#”号括起来。

2. 更新记录

使用 UPDATE 语句可以对指定的表中的记录进行修改，并能够一次修改多条记录。语句基本格式为：

UPDATE <表名>

SET <字段名 1> = <表达式 1>[，<字段名 2> = <表达式 2>]…

[WHERE <条件>]

命令说明：

（1）<表名>：指定更新数据的表的名字。

（2）<字段名> = <表达式>：用表达式的值代替对应字段里的值，一次可修改多个字段。

（3）WHERE <条件>：指定被更新记录所满足的条件；如不使用 WHERE 子句，则更新表中的所有记录。

例如，更改“学生”表中张三同学的年龄，使其年龄加 1 岁。

更新记录的 SQL 语句为：

UPDATE 学生 SET 年龄 = 年龄 + 1 where 姓名 = '张三'

3. 删除记录

使用 Delete 语句可以删除指定表中满足条件的记录。语句基本格式为：

DELETE FROM <表名>

[WHERE <条件>]

命令说明：

（1）<表名>：指定要从哪个表删除记录。

（2）WHERE <条件>：指定被删除记录所满足的条件；如不使用 WHERE 子句，则删除表中的所有记录。

例如，从“学生”表中，删除年龄小于 17 岁的所有记录。

删除记录的 SQL 语句为：

DELETE FROM 学生 WHERE 年龄 <17

5.2.4　数据查询

查询数据是数据库中的核心功能，能够将用户感兴趣的数据抽取出来，从而指导人们做出决策。SQL 语言提供了简单而又丰富的 SELECT 数据查询语句，可以检索和显示一个或多个表中的数据，能够实现数据的选择、投影和连接运算，并能完成字段重命名、分类汇总、排序等具体操作。

1. SELECT 语句

SELECT 语句的一般格式为：

SELECT [ALL|DISTINCT|TOP n] *|<字段列表>[，<表达式> AS <标识符>]
FROM <表名或视图名 1>[，< 表名或视图名 2>]…
[WHERE <条件表达式>]
[GROUP BY <字段列表>[HAVING< 条件表达式>]]
[ORDER BY<字段名> {ASC/ DESC}]

命令说明：

（1）ALL：查询结果是满足条件的全部记录，默认值为 ALL。

（2）DISTINCT：查询结果是不包含重复行的所有记录。

（3）TOP n：查询结果是前 n 条记录，其中 n 为整数。

（4）*：查询结果包括所有字段。

（5）<字段列表>：用“，”逗号将各项分开，这些项可以是字段、常数、函数或表达式。

（6）<表达式> AS <标识符>：表达式可以是字段名，也可以是一个计算表达式。AS <标识符>为表达式指定新的字段名字。

（7）FROM <表名或视图名>：指定查询的数据源，可以是单表，也可以是多个表。

（8）WHERE <条件表达式>：说明查询的条件表达式，查询结果集是满足<条件表达式>的记录集。

（9）GROUP BY <字段列表>：用于对检索结果进行分组，结果是按<字段列表>分组的记录集。

（10）HAVING<条件表达式>：必须跟随 GROUP BY 使用，用来限定分组必须满足的条件。

（11）ORDER BY<字段名>：用于对查询结果进行排序。

（12）ASC/ DESC：指定排序的顺序，ASC 升序，为默认值；DESC 降序。

2. SELECT 条件表达式中的运算符

在 SELECT 语句的 WHERE 子句后面的条件表达式中，通常都会使用表 5-9 中的各个运算符，从而构成强大的记录筛选条件。

表 5-9 条件表达式运算符

功　能	运算符
比较	=，>， <， >= ，<= ， <> NOT + 上述比较运算符
确定范围	BETWEEN AND ，NOT BETWEEN AND
确定集合	IN， NOT IN
字符匹配	LIKE ，NOT LIKE
空值	IS NULL， IS NOT NULL
多重条件	AND ，OR

运算符举例说明：

（1）[年龄] between 1 and 10：表示要求年龄在 1 到 10 之间，包括 1 和 10。

（2）系别 in（“信息”，“数据”，“计算机”）：表示系别在“信息”“数据”“计算机”中之一的，in 表示要求满足其括号后面所列出内容之一。

（3）姓名 like “刘*”：表示姓名要与“刘*”匹配，其中*表示 0 或任意多个字符，所以这里表示姓名是姓刘的。利用“like + 通配符”来匹配文本串的方法，很多地方又称之为“模糊查询”。通配符一般使用两个：“*”表示 0 或任意多个任意字符；“?”表示一个任意的字符。

（4）在 between and、in、like 及比较运算符之前使用 not ，表示与其基本含义相反，可翻译为“不”。

（5）对于空值 NULL，只能用专有的 is null 是空值，is not null 不是空值来比较。

（6）and 表示链接多个条件，这些条件都满足了，总体才满足。如 age>5 and age<10，如果现在 age = 4，则满足了小于 10 但没有满足大于 5，所以总体条件不满足；如 age = 6，则既满足小于 10 又满足大于 5，所以总体条件满足。

（7）or 表示链接的多个条件，只要满足其中一个，总体就满足。如 age>5 or age<10，如果现在 age = 4，则满足了小于 10 但没有满足大于 5，满足了其中之一，所以总体条件满足。

3. 利用 SELECT 语句查询数据

为了从海量数据中筛选出用户感兴趣的数据，必须有一定过程，这一过程描述如下：

① 从（From）哪些数据源或表（表名跟在 from 后面）中。（连接运算）

② 选择出满足一定条件（where 后条件语句决定）的记录。（选择运算）

③ 显示数据中的哪些字段。由 select 后的字段列表决定，用*号表示数据中的所有字段，并且可对数据进行汇总计算。（投影运算）

④ 在选择数据时是否要分组，按什么字段分组。由 group by 后的字段列表决定。

⑤ 显示的数据是否要排序，按哪些字段如何排序（order by 完成。ASC 升序，DESC 降序，默认为 ASC）。

⑥ 对选择出的记录，是否要消除重复记录（利用 DISTINCT）。

以表 5-8 所示的“学生”为例，设计如下 SELECT 查询。

（1）从学生表中筛选出所有学生记录，结果显示所有的字段、按系别升序、年龄降序排序。

SELECT * FROM 学生 ORDER BY 系别，年龄 DESC;

（2）从学生表中筛选出年龄在 20 到 23 岁的所有学生记录，结果显示姓名、系别、将年龄重命名为年龄。

SELECT 姓名，系别，年纪 AS 年龄 FROM 学生 WHERE 年龄 BETWEEN 20 AND 23

（3）从学生表中筛选出信息、数学、计算机系的学生记录，结果显示姓名、性别、系别字段。可以用下面两种形式书写：

① SELECT 姓名，性别，系别 FROM 学生 WHERE 系别 IN（‘信息’，‘数学’，‘计算机’）

② SELECT 姓名，性别，系别 FROM 学生 WHERE 系别 = ‘信息’OR 系别 = ‘数学’OR 系别 = ‘计算机’

（4）从学生表中筛选出姓“刘”的学生记录，结果显示姓名、学号、性别字段。

SELECT 姓名，学生编号，性别 FROM 学生 WHERE 姓名 LIKE ‘刘*’

（5）统计学生表中男、女学生各有多少名，结果显示性别、人数字段。

SELECT 性别，COUNT（学号）AS 人数 FROM 学生 Group by 性别

注意：上例中的 COUNT（学号）为聚合函数统计分组中学号的个数，在 SQL 语句中常用的聚合函数有：AVG（）求平均值、SUM（）求和、MAX（）求最大值、MIN（）求最小值。

上述是对 SQL 语言中的数据定义、数据操纵、数据查询的基本语句进行介绍，在后续的课程中，这些知识将用于 Access 表对象的创建、Access 查询对象的设计。

5.3 Access 数据库

数据库中的数据按一定的数据模型组织、描述和存储，具有较小的冗余度、较高的数据独立性和易扩展性，并可为各种用户（应用程序）共享。数据库技术是当今信息时代各种应用系统赖以支撑的基本计算机技术。通过对数据库相关理论的学习，能够提高我们的数据管理能力，进而提高与数据相关的现实系统的分析、管理、决策能力。目前流行的数据库系统有 Oracle、DB2、SQL Sever、MYSQL、Visual FoxPro 和 Access，等等。

本节先介绍 Access 数据库基本功能和构成，之后讲解如何建立 Access 数据库以及添加 ACCESS 数据表。

5.3.1 ACCESS 2010 简介

Access 2010 是一种桌面型的关系数据库管理系统，适用于中小（Access 最大为 2 G）管理系统的开发，是 Microsoft Office 2010 套件产品之一。

1. Access 的主要特点

（1）能够利用各种图例快速获得数据。

（2）利用报表工具快速生成美观的数据报表。

（3）采用 OLE 技术，能方便地创建和编辑多媒体数据库。

（4）支持 ODBC 标准的 SQL 数据库的数据。

（5）设计过程自动化，具有较好的集成开发功能。

（6）提供了断点设置、单步执行等调试功能。

（7）与 Internet（互联网）/Intranet（企业内部网）集成。

用户不用编写一行代码，就能在短时间内开发出一个功能强大、具有一定专业水平的数据库应用系统，且开发过程完全可视化。

2. Access 数据库的系统结构

Access 2010 有 6 种数据库对象，包括表、查询、窗体、报表、宏、模块。每一个对象都有着各自的功能，其中表是数据库的核心与基础，它存储数据库的全部数据。报表、查询和窗体都是从表中获得数据信息，以实现用户某一特定的需求；宏和模块则提供了用户更有效使用相关对象的能力。Access2010 各对象之间的关系如图 5-20 所示。

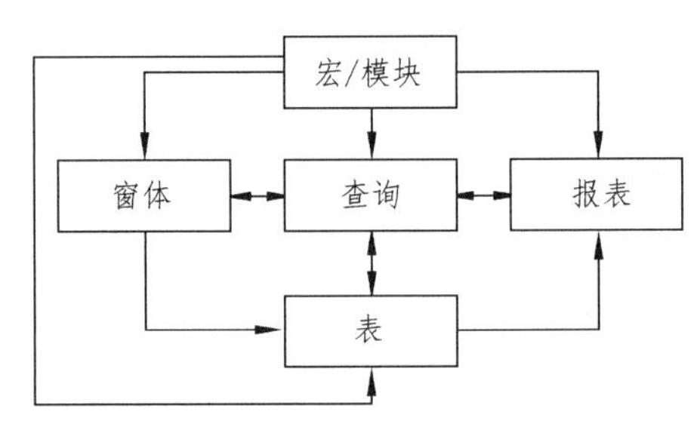

图 5-20 Access 对象之间的关系

（1）表（table）：是有组织地存储数据的场所。其他类型的对象如查询、窗体、报表或页等，都可以由表来提供数据来源。

（2）查询（query）：按照用户的需求在数据库中检索所需的数据。

（3）窗体（form）：数据库的人-机交互界面，用于为数据的输入和编辑提供便捷、美观的屏幕显示方式。

（4）报表（report）：将选定的数据以特定的版式显示或打印， 还可对表或查询进行求和、求平均值等计算。

（5）宏（macro）：某些操作的集合，其中每个操作能够自动地实现特定功能。

（6）模块（module）：是用 VBA（Visual Basic for Applications）语言编写的程序单元，可用于实现复杂的功能。模块中的每一个过程都可以是一个函数过程或一个子程序。模块可以与报表、窗体等对象结合使用，以建立完整的应用程序。

3. Access 数据库设计基本步骤

数据库是有组织的存放数据的仓库。从这种意义上来说，数据库相当于一个仓库，但修建了仓库后，为了有组织的放置货品（数据），还要创建货架，货架就相当于数据库中实际存储数据的表。同时，数据库中的数据要满足一定的要求，即实体完整性、用户完整性、参照完整性。数据库的设计非常重要，合理的设计能够有效、准确、及时地完成系统所需的数据库。

Access 数据库设计的基本过程如下：

（1）创建数据库。在准确的需求分析基础上，创建数据库。即首先修建一个仓库。

（2）创建数据表。创建了数据库文件后，决定需要创建的数据表，用于实际存放用户输入的数据。即创建货品（数据）存放的货架。创建数据表又包括以下工作：

① 创建字段，同时确定字段的数据类型。

② 确定表的主键。通过主键保证了表中记录的唯一性，实现实体完整性约束。

③ 设置字段属性。包括字段大小、格式、小数位数、输入掩码、标题、默认值、有效性规则、有效性文本、必填字段、允许空字符串等，以实现用户完整性约束及提高数据的效率。

④ 确定表之间的联系。通过主键与外键建立表之间的联系，实现参照完整性约束。

（3）创建数据库的其他对象（查询、窗体、报表、宏、模块等），从而形成一个功能强大、完整的数据库系统。

4. Access 2010 主界面

与其他 Microsoft Office 套件一样，在使用数据库时也需要首先打开 Access，然后再打开需要使用的数据库。启动 Access 2010 后，初始界面如图 5-21 所示。

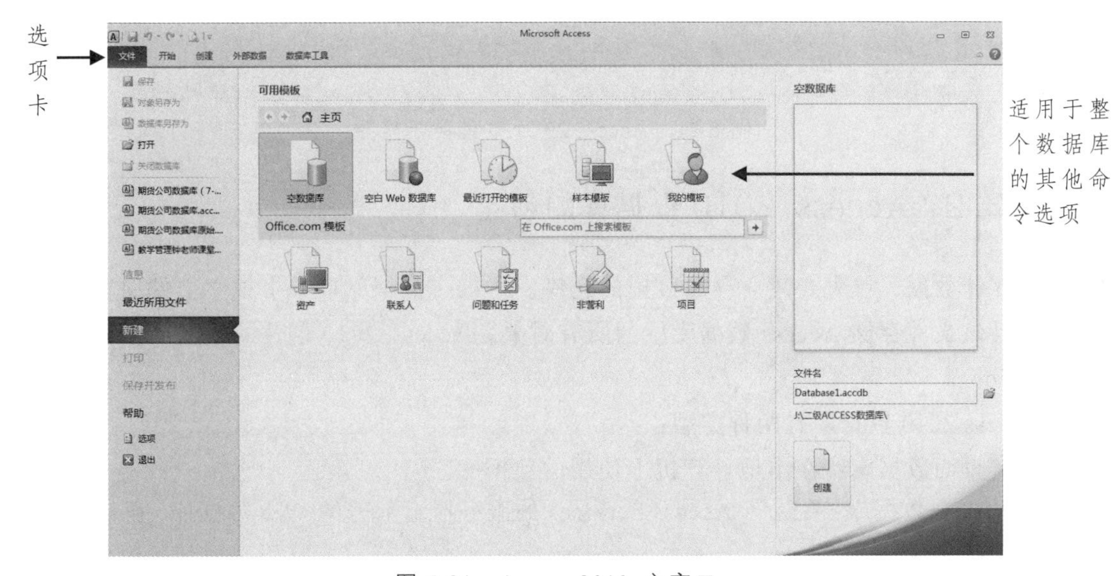

图 5-21　Access 2010 主窗口

Access 2010 用户界面由三个主要部分构成：后台视图（Backstage）、功能区、导航窗格，分别提供了用户创建和使用 Access 的基本功能。

（1）后台视图（Backstage）是 Access 2010 中新增的功能。后台视图功能提供了类似于以前版本中的文件菜单栏，但功能更为繁多；可以创建新数据库、打开现有数据库、进行数据库维护，还可以进行数据库格式转换，等等。

（2）功能区位于 Access 主窗口顶部，包含 5 个命令选项卡：文件、开始、创建、外部数据、数据库工具。每个选项卡上有多个命令组。

当对某一数据库对象进行设计时，在选项卡上会出现上下选项卡以及快速访问工具栏。

从图 5-22 中可以看到，在“创建”选项卡中包含了“模板”“表格”“查询”“窗体”

“报表”“宏和代码”等 6 个命令组；“表格工具”选项卡是当前正在设计表对象（教师）时出现的上下文选项卡。

（3）导航窗格在 Access 窗口左侧，通过各种分类方式来集中管理数据库中已创建的各种数据库对象。如图 5-22 中，在导航窗格中列出了当前数据库中的数据表。

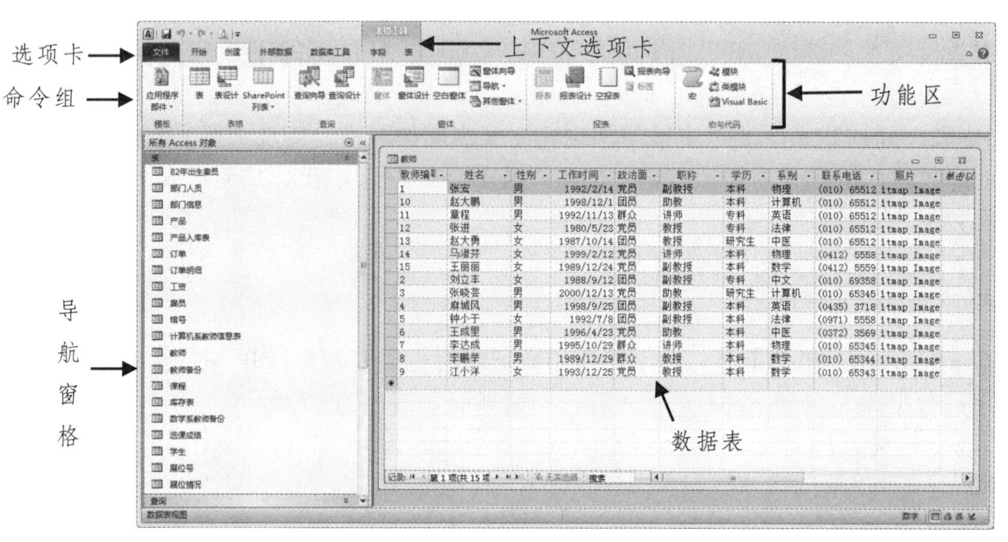

图 5-22 Access 2010 功能区示意图

5.3.2 Access 2010 数据库的创建

要存储数据，首先要建立存储数据的仓库。Access 数据库以单个独立文件保存在磁盘中，并且该文件存储 Access 数据库中的所有对象。Access 2010 创建的数据库文件的扩展名是.accdb。

Access 2010 数据库有两种类型：

（1）桌面数据库：在本地计算机上使用的数据库。

（2）WEB 数据库：在运行 Access Services 的服务器上部署的 Web 数据库，可以在 Web 浏览器中使用。

由于 Access 数据库一般作为桌面型的中小数据库，所以这里主要介绍桌面数据库的创建方法。根据用户的不同需求，Access 数据库的创建方法有：

（1）先建立空数据库，然后向其中添加表、查询、窗体、宏、模块等数据库对象。

（2）利用系统提供的模板来建立数据库，同时创建模板中的表、查询、窗体等相关数据库对象，用户可以通过修改这些对象以满足自己需要。

1. 创建空数据库

例 5.1 建立一个 Access 空数据库“教学管理.accdb”，并将该文件保存在 D:\\Access 目录下。操作步骤如下：

（1）启动 Access 后，点击“文件”选项卡，在左侧窗格中单击“新建”命令，在右侧窗格中单击“空数据库”选项。

（2）在右侧窗格下方“文件名”文本框中，默认的文件名为“Database1.accdb”，将该文件名改为“教学管理.accdb”。如果仅输入文件名“教学管理”而未输入扩展名，Access 会自动添加扩展名 accdb。如图 5-23 所示。

图 5-23　Access 数据库创建窗口

（3）点击文本框右侧的“浏览”按钮，弹出“文件新建数据库”对话框。在对话框中找到 D 盘 ACCESS 文件夹并打开，如图 5-24 所示。

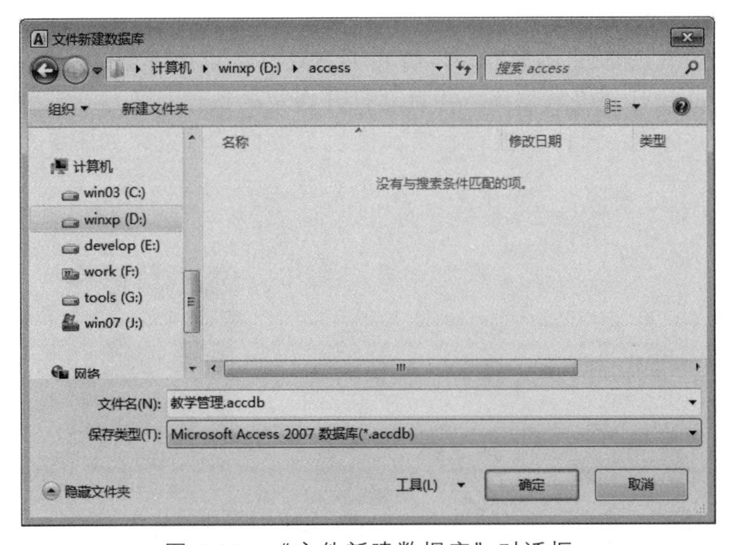

图 5-24　“文件新建数据库”对话框

（4）单击“确定”按钮，返回到 Access 界面。在右侧“文件名”位置下方显示将要创建的数据库的名称和保存位置。

（5）单击“创建”按钮，则 Access 将在 D:\\Access 目录下创建一个“教学管理.accdb”数据库，并自动创建一个名称为“表 1”的数据表，并以数据表视图方式打开，如图 5-25 所示。

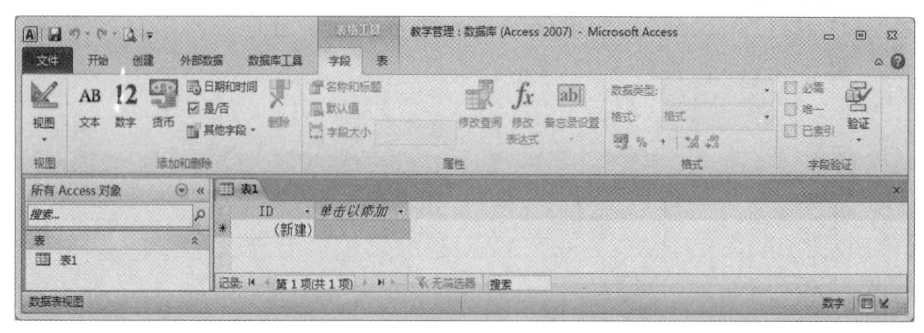

图 5-25　Access 自动创建的“表 1”

2. 使用模板创建数据库

Access 2010 提供了多种数据库模板，如“学生”“营销项目”“联系人 WEB 数据库”等，还可以通过微软官方网站下载更多模板，用户可以选择这些模板创建自己的初始数据库。

例 5.2　使用数据库模板创建一个 Access 数据库“罗斯文.accdb”，并将该文件保存在 D:\\Access 目录下。操作步骤如下：

（1）启动 Access 后，点击“文件”选项卡，在左侧窗格中单击“新建”命令。

（2）点击“样本模板”按钮，从所列模板中选择“罗斯文”模板。在右侧窗格下方“文件名”文本框中，给出了默认的文件名为“罗斯文.accdb”，如图 5-26 所示。

（3）点击文本框右侧的“浏览”按钮，弹出“文件新建数据库”对话框。在对话框中找到 D 盘 Access 文件夹并打开。

（4）单击“确定”按钮，返回到 Access 界面。在右侧“文件名”位置下方显示将要创建的数据库的名称和保存位置。

（5）单击“创建”按钮，则 Access 将在 D:\\Access 目录下创建一个“罗斯文.accdb”数据库；同时 Access 打开该数据库，并自动打开指定的窗体；通过导航窗格可以看到数据库中所包含的表、查询、窗体、报表、宏和模块等数据库对象，如图 5-27 所示。

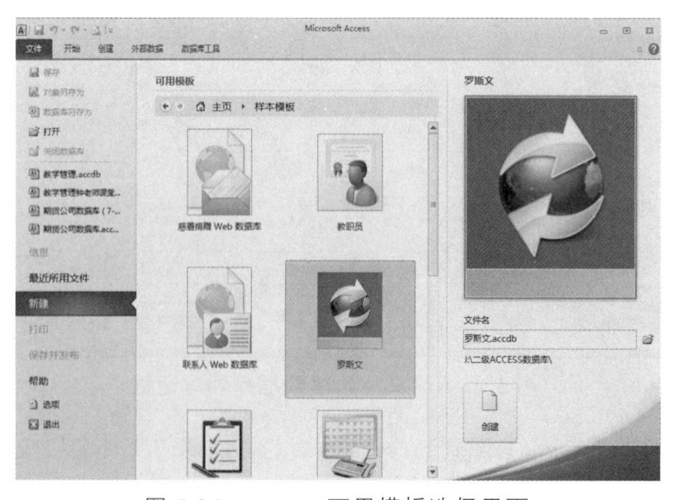

图 5-26　Access 可用模板选择界面

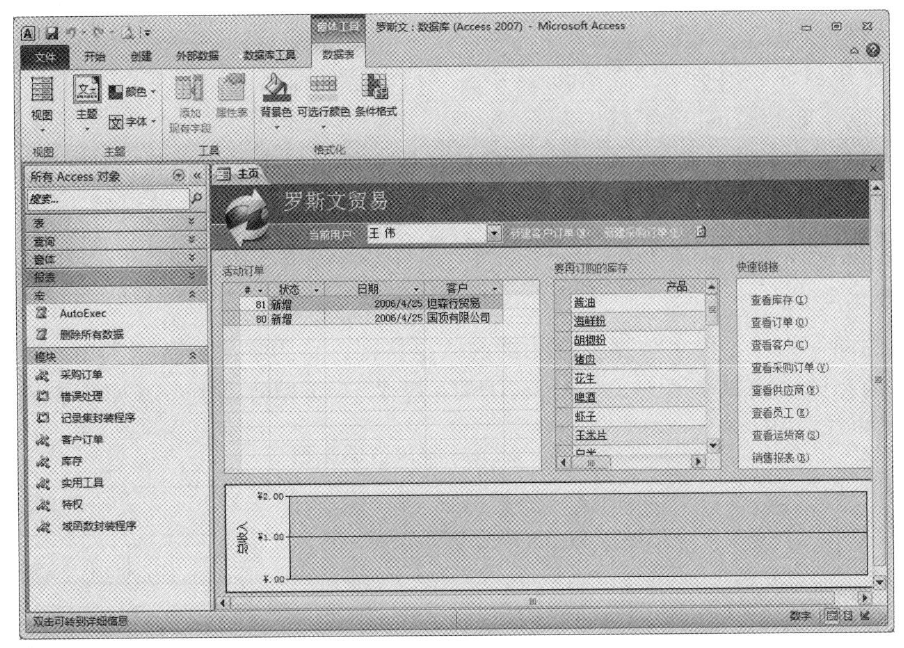

图 5-27　“罗斯文”数据库默认打开的界面视图

5.3.3　Access 数据表设计

表是数据库的核心与基础，它存储数据库的全部数据。查询、窗体、报表、宏和模拟都是从表中获得数据信息，以实现用户某一特定的需求。

Access 数据表的基本创建过程如下：通过分析确定表的结构→进入表的设计器→输入字段名称→选择字段数据类型→设定表的关键字→设置字段对应属性→保存并输入表的名称→向表中输入数据。

1. 表的组成

Access 表由表数据（学生表数据，见图 5-28）和表结构（学生表结构，见图 5-29）两部分构成。其中表结构是指表的框架，主要包括字段名称、数据类型、字段属性、索引、关系等。

学生

学生编号	姓名	性别	年龄	入校日期	团员	简历
900106	洪智伟	女	22	1990/7/9	☑	湖南省
900125	乔胜青	女	19	1990/7/9	☐	天水
900156	王雪丽	男	18	1990/7/9	☐	上海市
900175	楼飞	女	22	1990/7/9	☐	甘肃省
900262	王金媛	女	21	1990/7/9	☐	黑龙江
900263	白晓明	女	20	1990/7/9	☐	江苏省
900296	方帆	男	22	1990/7/9	☑	天津
900301	郑红	男	18	1990/7/9	☑	江西省
900303	张新国	男	18	1990/7/9	☐	辽宁省

记录：第 1 项(共 251) 无筛选器 搜索

图 5-28　学生表数据

学生

字段名称	数据类型	说明
学生编号	文本	
姓名	文本	
性别	文本	
年龄	数字	
入校日期	日期/时间	
团员	是/否	
简历	文本	
照片	OLE 对象	
个人主页地址	超链接	

字段属性

图 5-29　学生表结构

1）字段名称

表的字段名称必须唯一，在 Access 中，字段名称的命名规则如下：

① 长度不能超过 64 个字符。

② 可以包含字母、汉子、数字、空格和其他字符，但不能以空格开头。

③ 不能包含的字符：句号（.）、惊叹号（!）、方括号（[]）、左单引号（'）。

④ 不能使用 ASCII 码为 0～32 的 ASCII 字符。

2）数据类型

表中的同一列（字段）数据具有相同的数据特征，称为字段的数据类型。数据类型决定了数据的存储方式和使用方式。Access 2010 提供了 12 种数据类型，如表 5-6 所示。

表 5-6　Access 字段数据类型

数据类型	说　明	大小
文本	文本或文本与数字的组合；也可以是不必计算的数字，如电话号码等	0～255 个字符
备注	适用于长度较长的文本及数字，如简历、说明	0～65 536 个字符
数字	用于算术运算的数字数据	1，2，4，8 个字节
货币	用于数学计算的货币数值与数值数据，等价于双精度数，不会四舍五入	8 个字节
时间/日期	日期及时间值	8 个字节
是/否	用于记录逻辑型数据，只能取如 Yes/No、True/false、On/Off 的值	1 位
自动编号	在添加记录时自动插入的唯一顺序或随机编号的整数。一个表中只能设置一个自动编号类型的字段，自动编号与记录是永久绑定的	4 个字节
OLE 对象	可链接或嵌入其他使用 OLE 协议的程序所创建的二进制对象，如 Word 文档、Excel 电子表格、图像、声音等	最大 1 G
超级链接	用于保存超链接的字段。超链接可以是文件路径（UNC）或网页地址（URL）	最长 65536 个字符
查阅向导	在向导创建的字段中，允许使用组合框来选择另一个表或另一列表中的值；可以进行多选，进而实现多列字段	4 个字节
附件	可以将其他程序中的二进制数据附加到该类型字段，但不能键入或以其他方式输入文本或数字数据（比 OLE 字段更方便）	最大 2 G
计算	利用其他字段值、函数等计算得到的字段，计算字段的值不能在数据视图中直接修改	8 个字节

值得注意的是，备注、超链接、OLE 对象、附件类型的字段，不能进行排序、分组或建立索引。

3）字段属性

完成了表字段的命名以及字段数据类型的设计后，表的设计并没有完成。为了保证表中数据的完整性、一致性及兼容性，也为了使数据表的数据能有效地满足应用的需求，还要对字段的属性进行设计。字段属性包含很多内容，如：字段大小、格式、小数位数、输入掩码、标题、默认值、有效性规则、有效性文本、必填字段、允许空字符串、索引，等等。

2. 建立表结构

建立表结构包括定义字段名称、数据类型，设置字段属性、索引、关系等。Access 建立表的方法有两种，即使用数据表视图和使用设计视图。使用设计视图建立表的结构是最为常用且灵活的方法，因此这里主要介绍该方法建立表结构的过程。

1）使用设计视图建立表结构

例 5.3　在“教学管理”数据库中建立“学生”表，其结构如表 5-7 所示。

表 5-7　“学生”表结构

字段名	学生编号	姓名	性别	年龄	入校日期	团员否	简历	照片	爱好	个人主页	年级	档案
类型	文本	文本	文本	数字	日期/时间	是/否	备注	OLE	多值	超链接	计算	附件

且相关要求如下：

① 设置“学生编号”字段主键。

②“性别”字段利用“查阅向导”输入，通过菜单可选择“男”或“女”。

③“爱好”字段设置为多列字段，可以多选的选项为：运动、登山、阅读、音乐、游戏。

④“年级”作为计算字段，填入表达式为：year（[入校日期]）。

使用设计视图建立“学生”表结构，操作步骤如下：

① 在 Access 窗口中，单击“创建”选项卡，单击“表格”命名组中的“表设计”按钮，进入表设计视图，如图 5-30 所示。

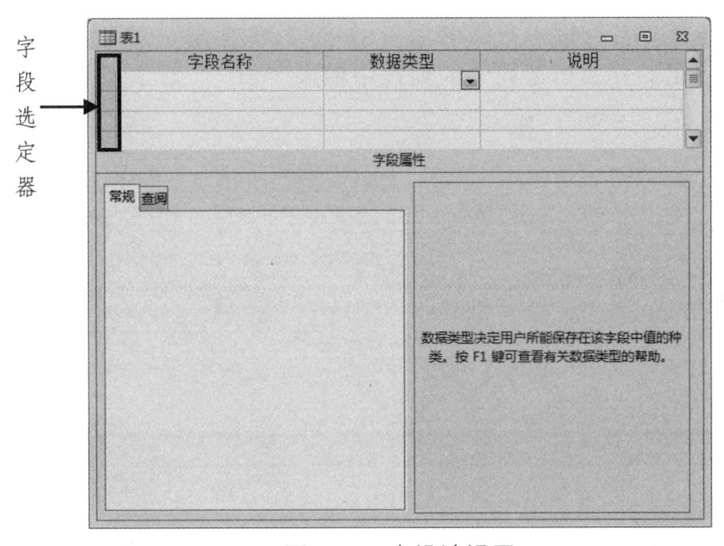

图 5-30　表设计视图

表设计视图分为上、下两部分。上部分是字段输入区，从左至右分别为“字段选定器”、“字段名称”列、“数据类型”列和“说明”列。字段选定器用来选择某一字段（即设计视图中的一行），字段名称列用来输入表的字段名称，数据类型列用来定义该字段的数据类型。说明列主要用于对字段进行备注，以便明确字段的作用或者要求，说明信息对 ACCESS 系统的相关操作没有任何影响。设计视图下半部分是字段属性区，用来设置字段的各种属性值。

② 输入字段名称及选择数据类型。单击设计视图第一行“字段名称”列，输入“学生编号”，单击“数据类型”列，并点击其右侧下拉箭头按钮，从下拉列表中选择“文本”。按照上述方法依次输入“学生”表的其他字段信息，则设计结果如图 5-31 所示。

学生

字段名称	数据类型	说明
学生编号	文本	
姓名	文本	
性别	文本	
年龄	数字	
入校日期	日期/时间	
团员	是/否	
简历	备注	
照片	OLE 对象	
个人主页	超链接	
个人爱好	文本	多值字段
年级	计算	计算字段
个人档案	附件	存放doc文档、其他说明材料

图 5-31 “学生”表设计视图

③ 设置主键，保证表中记录的唯一性。定义完全部字段后，点击“学生编号”字段的字段选定器，然后单击“设计”选项卡“工具”命令组的“主键”按钮，则在“学生编号”的字段选定器上显示“主键”图标，表明该字段作为表的主键字段。如图 5-31 所示。

④ 设置“性别”字段。利用“查阅向导”输入，通过菜单可选择“男”或“女”。设置过程为：点击“性别”字段的数据类型，从下拉列表中选择“查阅向导...”，则弹出查询向导对话框，选择“自行键入所需的值”，如图 5-32 所示，点击“下一步”；进查询向导选项输入界面，在下方“第 1 列”的列表中输入“男”“女”，如图 5-33 所示，点击“完成”。

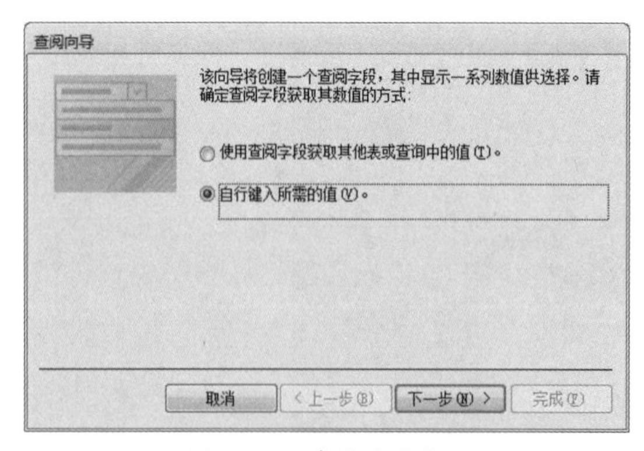

图 5-32 查询向导视图一

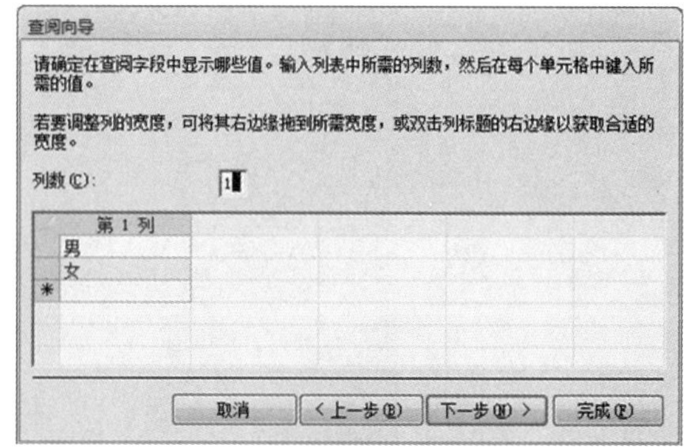

图 5-33 查询向导视图二

⑤ 将“爱好”字段设置为多列字段，可以多选的选项为：运动、登山、阅读、音乐、

游戏。多列字段是 Access 2010 新增的一种特殊字段形式，可以在字段中选择多个设置好的选项。设计方法与“查询向导”类似。

参照第④步的设计方法，首先进入“查询向导”向导，进入选项值输入界面，输入要求的多选项，如图 5-34 所示；点击“下一步”，在出现的界面中勾选“允许多值”的复选框，点击“完成”按钮，如图 5-35 所示。

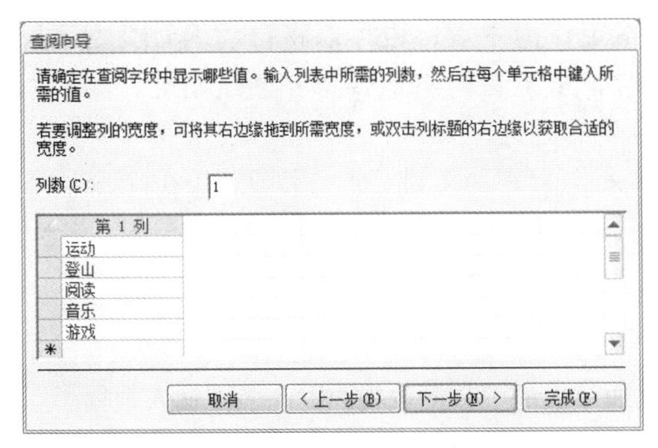

图 5-34　设置多值字段多选项

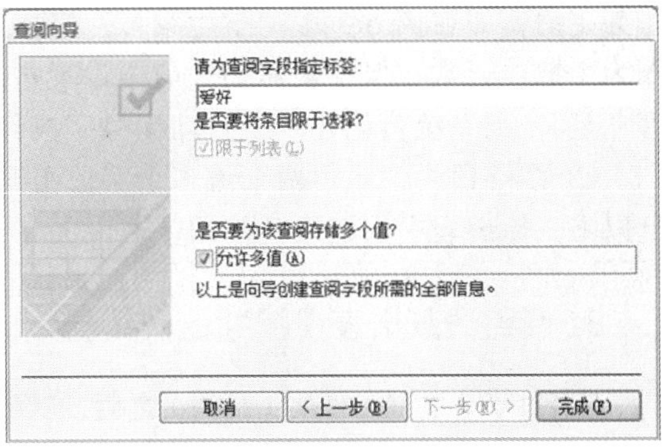

图 5-35　确定允许多值

⑥ 设计“年级”作为计算字段。设置过程为：点击“年级”字段的数据类型，从下拉列表中选择“计算”，则弹出表达式生成器对话框，在上方表达式输入：year([入校日期])。如图 5-36 所示。表达式 year([入校日期]) 表示从入校日期字段值中取出时间的年份，即可以作为入学的年级了。

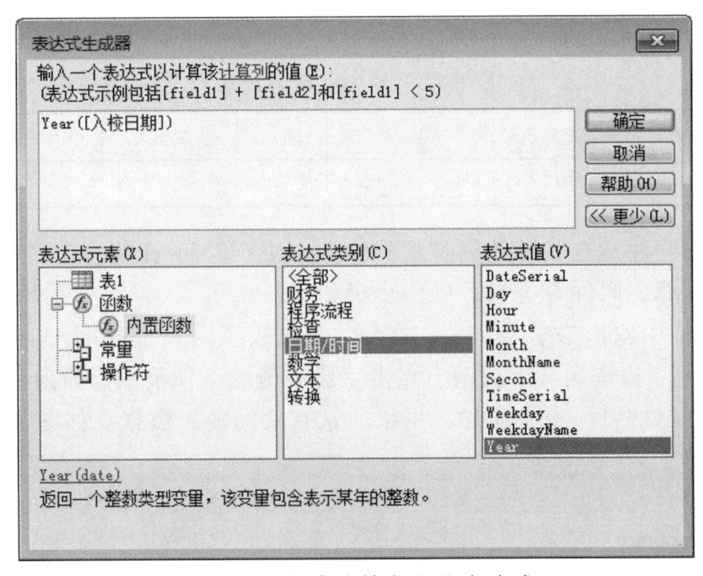

图 5-36　生成计算字段的表达式

⑦ 保存表并命名为“学生”。

完成以上操作后，“学生”表对象就出现在对象导航窗格中了。

也可以通过表的设计视图对已有表的结构进行修改。表设计视图是创建表结构以及修改表结构最方便、最有效的工具。

2）定义主键

数据库中的每个表都必须指定一个主关键字，用于保证表中的记录都是唯一的（不重复）。此时，作为主键的字段取值必须满足两个条件：不能为空 NULL，也不能重复。

ACCESS 中，有两种类型的主键：单字段主键和多字段主键。

① 单字段主键是以表中某一个字段作为主键。有两种形式：由用户指定表中某个字段作为主键，如在例 5.3 中“学生编号”字段被指定作为主键；也可以将自动编号类型字段作为主键，通常在保存新建表之前未设置主键时，系统会询问是否需要创建主键，如果回答“是”，则系统将创建一个自动编号字段作为表的主键。

② 多字段主键是由两个或多个字段组合起来作为表的主键。通常用于表中单个字段不足以唯一标识表中的记录时使用。

3. 使用“数据表视图”输入数据

设计好了表的基本框架（结构）之后，就可以通过表的“数据表视图”向表中输入数据了。

例 5.4 将表 5-8 所示的数据输入“学生”表中，详细要求如下：

①“性别”字段通过查阅向导的下拉列表选取。

②“照片”字段通过“由文件创建”选择图片 ANDY-UP.JPG，图片存放在“D:\\Access\头像”目录下。

③“个人主页”字段：显示文字为“我的主页”，链接地址为 www.myweb.com。

④“档案”字段添加附件文件：张三的档案.doc、张三的生活.jpg，附件在 D:\\Access 目录下。

表 5-8 “学生”输入记录

学生编号	姓名	性别	年龄	入校日期	团员否	简历	照片	爱好	个人主页	年级	档案
2013010101	张三	男	18	2013-9-1	Yes	贵州都匀	要求②	登山、音乐	要求③	2013	要求④

输入数据时需要注意这几种数据类型的输入方法：时间/日期、是/否、OLE 对象、多值、超级链接、计算、附件等类型。操作步骤如下：

① 在导航窗格中双击“学生”表，打开“数据表视图”。按照表 5-8 所示输入信息。

② 输入“性别”查询向导字段时，点击字段右侧的下拉箭头，弹出一个下拉列表，从列表中选择需要的值即可。查询向导，可以非常有效的输入数据。如图 5-37 所示。

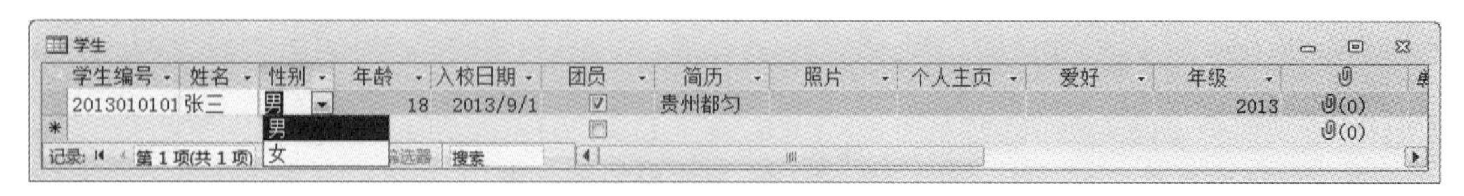

图 5-37 学生数据信息输入视图一

③ 输入到“入校日期”时间/日期数据类型字段时，在字段的右侧将出现一个日期选择器图标，单击该图标打开“日历”控件，可以从日历控件中选择需要输入的时间。这样可以避免由用户自己输入数据时导致的数据格式不正确。

④ 输入“团员否”字段值时，在字段内的复选框打“✓”表示“YES”，否则表示“NO”。如图 5-37 所示。

⑤ 输入“照片”OLE 对象数据类型时，将鼠标指针指向该记录的“照片”字段列，单击鼠标右键，在弹出的快捷菜单中选择“插入对象”命令，打开“Microsoft ACCESS”对话框，如图 5-38 所示。

选中“由文件创建”单选按钮，此时对话框中出现“浏览”按钮，单击“浏览”按钮，弹出“浏览”对话框；在该对话框中找到指定的图片：D:\\Access\头像\ANDY-UP.JPG，然后点击“确定”按钮，返回到“浏览”对话框，如图 5-39 所示。

添加图片时有两种方式：链接（表中仅存储图片的路径）、嵌入（直接把图片插入到表中）。用户还可以通过其他方式向 ACCESS 数据表中插入照片，这里只介绍上述方法。

点击“确定”按钮，回到数据表视图。

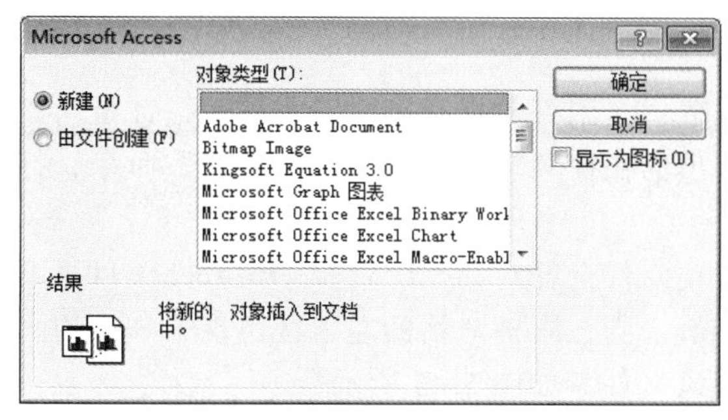

图 5-38　OLE 对象插入对话框

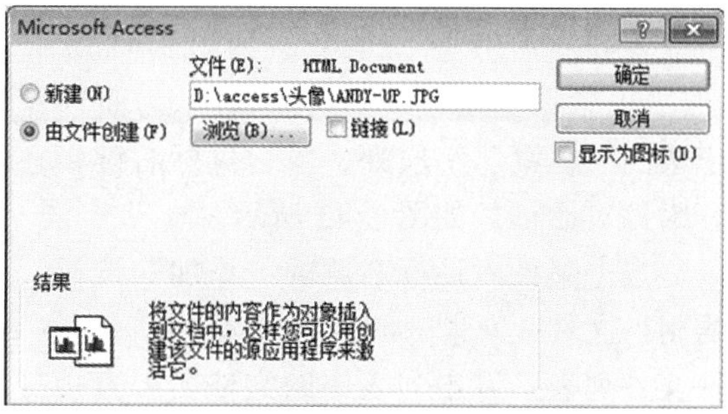

图 5-39　图片选择对话框

⑥ 输入“个人主页”超级链接字段数据时，将鼠标指针指向该记录的“个人主页”字段列，单击鼠标右键，在弹出的快捷菜单中选择“超级链接”命令，在命令的右侧弹出菜单中再选择“编辑超级链接”，弹出“插入超级链接”链接对话框，如图 5-40 所示。

在插入超级链接对话框中，在“要显示的文字”右侧文本框中输入“我的主页”，在下方“地址”的文本框中输入网址 www.myweb.com，单击“确定”返回数据表视图。则对于字段显示“钟老师课堂”，点击后则会打开指定的网页，如图 5-41 所示。

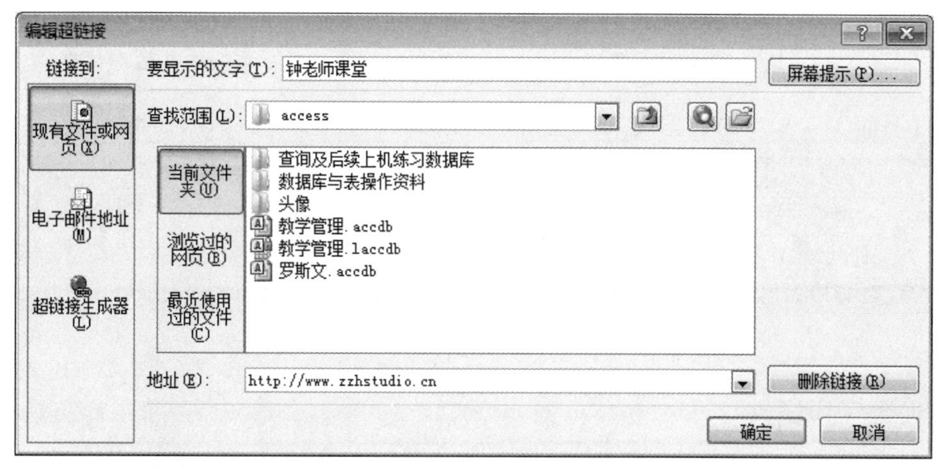

图 5-40　插入超级链接对话框

⑦ 输入“爱好”多值字段时，点击字段右侧的下拉箭头，弹出一个多值选择的下拉列表，在需要的值前的复选框中打钩。如图 5-41 所示。

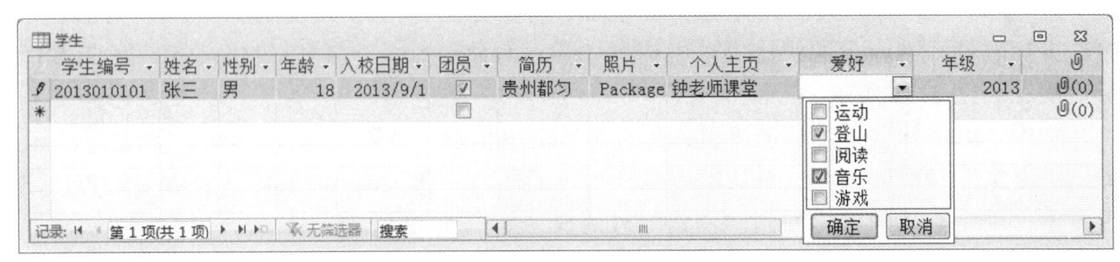

图 5-41　利用列表输入多值数据

⑧“年级”作为计算字段是不需要输入的，由设置的表达计算得到。表达式 year（[入校日期]）表示从入校日期字段值中取出时间的年份，由于输入的入校日期为“2013/9/1”，所以得到的年份为“2013”，如图 5-41 所示。

⑨ 输入“档案”（列标题显示为曲别针图案）附件数据类型时，将鼠标指针指向该记录的“档案”字段列，单击鼠标右键，在弹出的快捷菜单中选择“管理附件”命令，打开附件对话框，如图 5-42 所示。

点击附件对话框右侧的“添加”按钮，出现附件选择对话框，选择 D:\\Access 目录下的附件文件——张三的档案.doc、张三的生活.jpg。则在附件对话的左下区出现了添加的附件文件列表，双击列表中的文件名可直接打开该文件。如图 5-43 所示。

点击“确定”，完成附件的添加，返回到数据表视图。

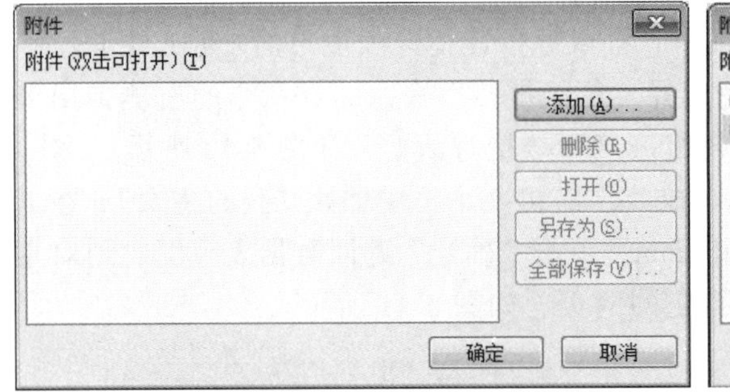

图 5-42　附件管理对话框

附件
附件(双击可打开)(I)
张三的档案.doc
张三的生活.jpg
添加(A)...
删除(R)
打开(O)
另存为(S)...
全部保存(V)...
确定
取消

图 5-43　添加附件后对话框

通过上面①～⑨步的数据输入，输入了记录后的“学生”表如图 5-44 所示。

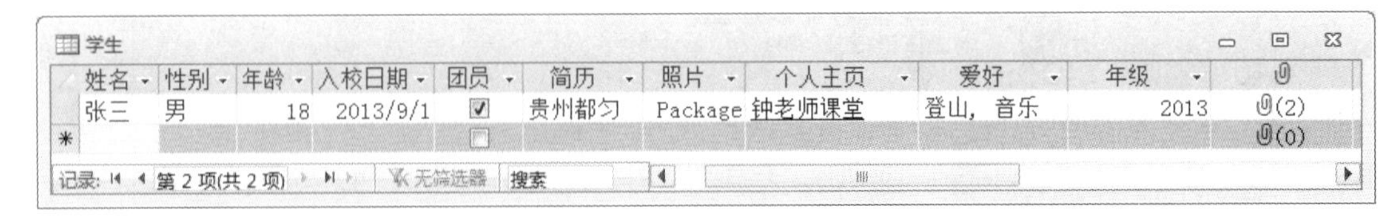

图 5-44　输入记录后的学生表

3. 设置字段属性

完成了表字段的命名和字段数据类型的设计后，表的设计并没有完成。为了保证表中数据的完整性、一致性及兼容性，也为了使数据表的数据能有效地满足应用的需求，还需要对字段的属性进行设计。字段属性包含很多内容，如：字段大小、格式、小数位数、输入掩码、标题、默认值、有效性规则、有效性文本、必填字段、允许空字符串、索引，等等。由于篇幅所限，这里仅简单介绍 Access 字段属性的常见属性的基本含义。

1）字段大小

① 字段大小属性主要针对两种数据类型：数字、文本。

② 文本类型：指定一个数字，表示该字段列可以输入的最多字符个数，默认长度为 50 个字符。注意，这里是字符个数，而不是字节个数。由于一个汉字占 2 个字节的储存空间，而一个字母占一个字节，很多同学在这里出现问题。Access 文本类型大小指字符数，所以，如果设定大小为 5，则既可以输入最多 5 个字母，也可以最多输入 5 个汉字。

2）格　式

格式用于确定数据表中数据显示的样式，但内部值不受显示形式的影响。不同数据类型其格式选择不同，如图 5-45 所示。

图 5-45 从左至右分别为 货币、日期/时间、是/否数据类型的格式设置选项。

常规数字	3456.789
货币	￥3,456.79
欧元	€3,456.79
固定	3456.79
标准	3,456.79
百分比	123.00%
科学记数	3.46E+03

常规日期	1994-6-19 17:34:23
长日期	1994年6月19日
中日期	94-06-19
短日期	1994-6-19
长时间	17:34:23
中时间	下午 5:34
短时间	17:34

真/假	True
是/否	Yes
开/关	On

图 5-45　数据格式

3）小数位数

①设置数字、货币数据类型显示时小数点后有多少位。

②货币类型默认情况下为两位小数。

4）标　题

① 用于设置字段在数据视图中显示的标题，（注意，这里只改变显示的标题，而字段名本身并不会改变）。例如，设置“档案”字段的“标题”属性为“学生档案”；则在数据视图中，“档案”字段的标题设置前后显示情况如图 5-46 所示。

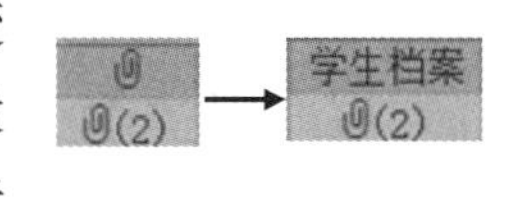

图 5-46

② 如果字段没定义标题，则用字段名作为标题。

5）默认值

① 默认值的作用是当插入记录时，字段自动输入默认值指定的新值。

② 定义默认值，既可以定义确切的值，也可以定义一个表达式。如，设置“性别”字段的默认值为文本“男”；设置“年龄”字段的默认值为 18；定义“入校日期”默认值为一个表达式 Date（ ），用于获得当前系统日期。

则“学生”表在新记录行相应列上显示了指定的默认值，如图 5-44 所示。当用户输入的值与默认值不同时，可以在输入时修改该默认值。

6）输入掩码

设定字段中输入数据的模式，保证用户按要求输入正确的数据及数据格式。例如要求输入时间格式为“2013-9-1”,可能很多用户会采用自己习惯的格式来输入(如“20130901”),这样就会导致数据的不规范。对于文本、数字、日期/时间、货币等数据类型的字段，均可以定义“输入掩码”。

如将“学生”表中“入校日期”的输入掩码属性设置为“短日期”。可在表的设计视图中选中“入校日期”字段，然后在其下方字段属性区的“输入掩码”属性框中点击 ... 出现“输入掩码向导”对话框，选中“短日期”即可，如图 5-47 所示。

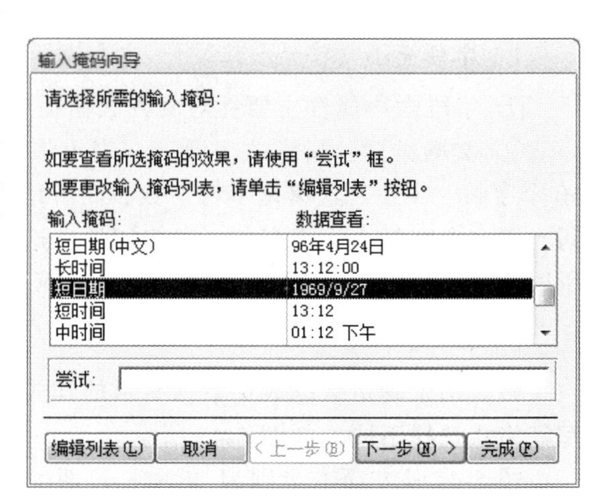

图 5-47 输入掩码向导对话框

输入掩码设置可通过向导来完成，但只有文本、日期数据类型拥有“掩码向导”。

掩码字符是输入掩码使用一串字符制作一个输入模板，每个字符代表了该位置可以输入的内容。ACCESS 中掩码字符及其含义如表 5-9 所示。

表 5-9 掩码字符及其含义

字符	说明
0	数字（0 到 9，必选项；不允许使用加号 [+] 和减号 [-]）
9	数字或空格（非必选项；不允许使用加号和减号）
#	数字或空格（非必选项；空白将转换为空格，允许使用加号和减号）
L	字母（A 到 Z，必选项）
?	字母（A 到 Z，可选项）
A	字母或数字（必选项）
a	字母或数字（可选项）
&	任一字符或空格（必选项）
C	任一字符或空格（可选项）
. , : ; - /	十进制占位符和千位、日期和时间分隔符。（实际使用的字符取决于 Microsoft Windows 控制面板中指定的区域设置。）
<	使其后所有的字符转换为小写
>	使其后所有的字符转换为大写
!	使输入掩码从右到左显示，而不是从左到右显示。键入掩码中的字符始终都是从左到右填入。可以在输入掩码中的任何地方包括感叹号
\	使其后的字符显示为原义字符。可用于将该表中的任何字符显示为原义字符(例如，\A 显示为 A)
密码	将“输入掩码”属性设置为“密码”，以创建密码项文本框。文本框中键入的任何字符都按字面字符保存，但显示为星号（*）

掩码字符应用示例：

① 掩码为 LLLL：可输入 abcd，不能输入 a9cd、a cd；

② 掩码为????：可输入 a cd；

③ 掩码为 “(010)” 00000000：表示前 5 位是“(010)”，后 8 为是数字。作为固定形式的电话号码输入。

7）有效性规则

有效性规则用于对字段所接受的值加以限制，以保证数据输入的准确性。有效性规则其实就是一个表达式，该表达式由算术运算符、比较运算符、逻辑运算符以及值构成。例如，学生表“年龄”(数字类型) 字段要求学生的年龄只能在 16 岁到 40 岁之间，有效性规则可以书写为 between 16 and 40 或 > = 16 and < = 40。

8）有效性文本

其作用是在字段输入的数据违反了设置的有效性规则时，在提示中出现的文字。如在学生表“年龄”字段有效性文本为“学生的年龄只能在 16 岁到 40 岁之间!”，则当输入 15 时，就会出现违反规则的提示。

例：将“学生”表的“年龄”字段的取值范围限制在 16 ~ 40 之间，并且当输入年龄不在该范围时提示“学生的年龄只能在 16 岁到 40 岁之间!”。操作步骤如下：

① 用设计视图打开“学生”表。

② 在“年龄”字段的有效性规则属性输入：between 16 and 40，在有效性文本属性输入：“学生的年龄只能在 16 岁到 40 岁之间!”，如图 5-48 所示。

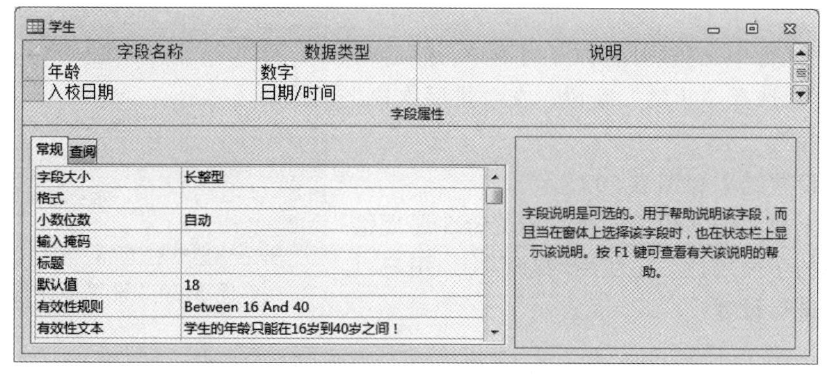

图 4-48　“年龄”有效性规则和有效性文本

③ 切换到学生表的数据视图，修改第一条记录“张三”的年龄，输入的年龄在 16 ~ 40 之间则正确，如果输入 15，按 Enter 键，屏幕上将出现错误提示，如图 5-49 所示。

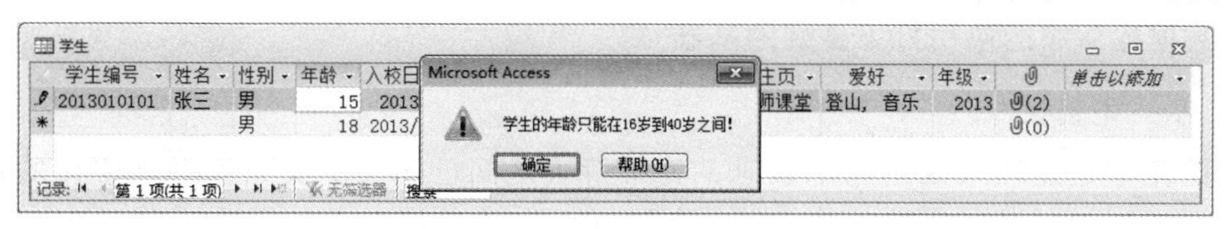

图 5-49　违反有效性规则的错误提示

9）必　需

必需属性表示相关字段是否必须输入数据，如设定学生表的“姓名”字段必需属性为

"是"，则表示在"姓名"字段列必须输入数据，否则系统就会提示错误。

10）索　引

索引是非常重要的，通过为数据表建立索引，能够加快在字段中搜索及排序的速度。

索引按功能分为 3 种：唯一索引（字段值不能重复）、普通索引和主索引。

索引按指定的字段个数分为两种：单字段索引、组合索引（多字段）。

在字段属性中设置索引时，某指定字段为索引时，有 3 个选项：

① 无：表示该字段上不建立索引。

② 有（有重复）：以该字段建立索引，且该字段中的内容可以重复。

③ 有（无重复）：以该字段建立索引，且该字段中的内容不能重复（即为唯一索引）。

显然，通过字段属性建立的索引是单字段索引，如果需要同时搜索或排序两个或更多的字段，则需要建立多字段索引（组合索引）。这里重点介绍一下多字段索引的建立方法。

例 5.5　在学生表上创建一个组合索引，索引名称为"性别_年龄_组合索引"，包含两个字段"性别"（升序）、"年龄"（降序）。

操作步骤如下：

① 用设计视图打开"学生"表，单击"设计"选项卡，然后单击"显示/隐藏"组中的"索引"按钮，打开"索引"对话框。

② 在"索引名称"列输入指定名称"性别_年龄_组合索引"，在这一行的"字段名称"列选择"性别"字段，在这一行的"排序次序"列选择"升序"。

③ 在下一行中，"索引名称"列不填，然后在"字段名称"列选择"年龄"字段，在"排序次序"列选择"降序"。

完成后设置结果如图 5-50 所示。

除了以上介绍的字段属性外，ACCESS 还提供了很多其他的字段属性。在使用的过程中，用户可以根据需要进行设置。

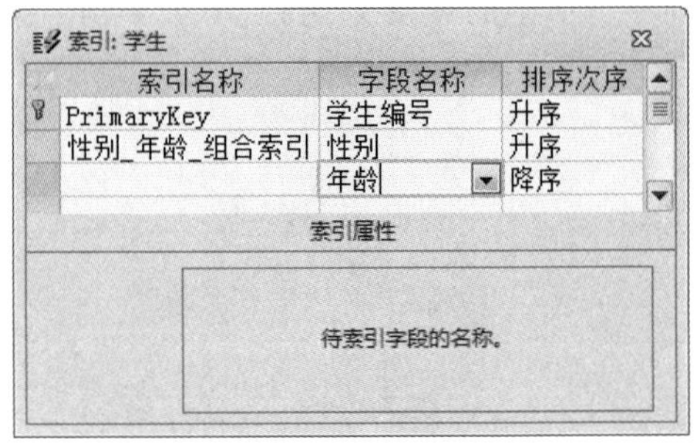

图 5-50　设置多字段索引

4. 建立表间关系

数据库中的各表之间并不是孤立的，它们彼此之间存在或多或少的联系，这就是"表间关系"。这也正是数据库系统与文件系统的重要区别。只有合理地建立了表之间的关系，才能为数据库后续的应用打下良好的基础。

1）参照完整性

参照完整是在输入或删除记录时，为维持表之间已定义的关系而必须遵循的规则，参照完整性规则定义了外部关键字和主关键字之间的引用规则。如果 a 字段是关系 A 的主关键字，同时 a 又是关系 B 的外部关键字，那么在关系 B 中 a 的取值只能是下面两种情况之一：

① 空值（NULL）;

② 等于关系 A 中 a 的某个取值。

例如，假设“学生”表与“选课成绩”表建立参照完整性，“学生编号”字段在“学生”表中是主键，而在“选课成绩”表中为外键（外部关键字），则“选课成绩”表中“学生编号”字段只能为空（NULL），或者“学生”表中“学生编号”字段上的某一个值。

2）建立表间关系

例 5.6 在 D:\\Access 目录下有一个 Access 数据库“教学管理_原始.accdb”，数据库中有四个表：“教师”“学生”“课程”“选课成绩”。具体要求如下：

① 建立“学生”—“选课成绩”、“课程”—“选课成绩”之间的关系。

② 实施“参照完整性”，要求“级联更新”和“级联删除”。

操作步骤如下：

① 单击“数据库工具”选项卡，点击“关系”组中的“关系”按钮，打开“关系”窗口。然后在窗口空白处点击鼠标右键，在弹出的菜单中选择“显示表”命令，打开“显示表”对话框。

② 在“显示表”对话框中，依次双击“学生”表、“选课成绩”表和“课程”表，将其添加到“关系”窗口中。然后单击“关闭”按钮，关闭“显示表”窗口。

③ 选定“选课成绩”表中的“学生编号”字段，然后按着鼠标左键并拖动到“学生”表中的“学生编号”上，松开鼠标，此时弹出“编辑关系”对话框。单击“实施参照完整性”复选框，然后再依次单击“级联更新相关字段”和“级联删除相关记录”复选框。最后点击“创建”按钮，则完成了“学生”—“选课成绩”之间的关系创建。如图 5-51 所示。

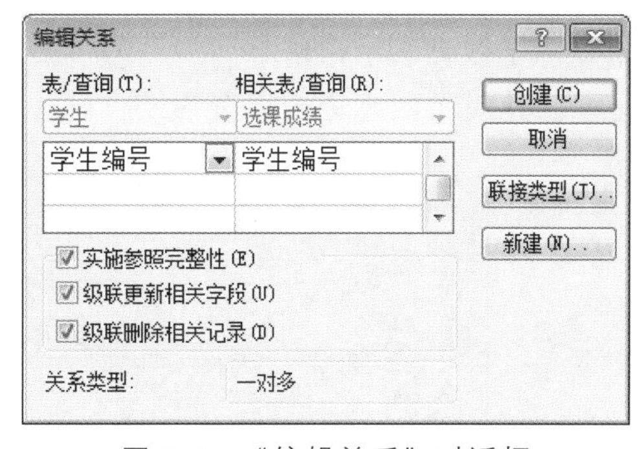

图 5-51 “编辑关系”对话框

在“编辑关系”对话框中的“表/查询”列表框中，列出了主表（联系中一的一边）“学生”表的“学生编号”；在“相关表/查询”列表框中，列出了相关表（联系中多的一边）“选课成绩”表的“学生编号”。选择了“实施参照完整性”后，就可以选择“级联更新相关字段”和“级联删除相关记录”，它们的含义如下：

级联更新相关字段：在更改主表的主键值时，自动更新相关表中对应的数据。

级联删除相关记录：在删除主表中的记录时，自动删除相关表中的相关记录。

注意，建立关系的主表和相关表中的字段名称可以不相同，只要含义与数据类型相容即可。如把“学生”表中的“学生编号”字段改名为“学号”，上述操作仍然是正确的。

④ 使用第③中相同的方法，选定“选课成绩”表中的“课程编号”字段，拖动到“课程”表中的“课程编号”上，创建“课程”—“选课成绩”之间的关系。设计完成的结果如图 5-52 所示。

⑤ 单击“关闭”按钮，此时会询问是否保存布局的更改，单击“是”按钮。

Access 具有自动确定两个表之间关系类型的功能。建立关系的两个表之间有一条连线，且在“学生”表的一方显示“1”，在“选课成绩”表的一方显示“∞”。这表示了一对多的关系，即“学生”表中的一条记录关联“选课成绩”表中的多条记录。“1”方表中的字段是主键，“∞”方表中的字段称为外键（外部关键字）。

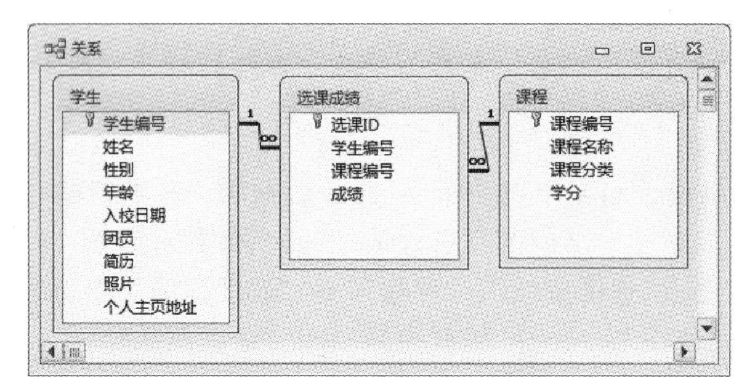

图 5-52　建立关系结果示意图

数据库中的表建立了关系后，可以通过关系窗口对原有表之间的关系进行修改。

如果表主键上建立了关系，要想修改主键字段，必须先删除关系。

3）查看子数据表

子数据表是指在一个“数据表视图”中显示已与其建立关系的表的相关记录，显示形式如图 5-53 所示。在建有关系的主表的数据表视图上，每条记录前都有一个关联标记“□”。未显示子数据表示内部是“+”号，点击关联标记后会展开该记录对应的相关表中的对应记录，此时关联标记内容变为“-”号，单击“-”号可以收起子数据表。

学生

	学生编号	姓名	性别	年龄	入校日期	团员	简历	照片	个人主页地址
⊟	900106	洪智伟	男	21	1990/7/9	☐	湖南省	Image	

	选课ID	课程编号	成绩	单击以添加
	55	132	60	
	305	101	87	
*	(新建)		81	

	学生编号	姓名	性别	年龄	入校日期	团员	简历	照片	个人主页地址
⊞	900125	乔胜青	女	17	1990/7/9	☐	天水	Image	
⊞	900156	王雪丽	男	17	1990/7/9	☐	上海市		

记录：第 1 项(共 2 项)　无筛选器　搜索

图 5-53　子数据表显示效果图

在本节前面的内容中，介绍了 Access 2010 数据库的创建方法：创建空数据库和利用模板创建数据库；介绍了利用表设计视图来创建数据表的方法，其中讲解了表的字段数据类型、主键、字段属性等重要内容，同时介绍了各种数据类型数据如何输入数据表的相关方法；最后介绍了表间关系的创建方法与参照完整性的知识要点。

关于 Access 表对象的其他操作还有很多，比如表的编辑、表的外观设置、表的筛选与排序等，由于篇幅所限，在本书中不做介绍，感兴趣的读者可以参考专门的 Access 教程学习。

5.3.4　Access 查询设计

查询是 Access 数据库的重要对象，能够按照一定条件从 Access 中的表或已建立的查询中检索需要的数据。实质上 Access 查询就是利用易操作的界面来设计 SQL 语句，关于 SQL 语句相关的知识请参考 5.2 节。

1. 查询的作用和功能

（1）选择字段：查询可从一个或多个表中选取感兴趣的字段，也可以实现通过选择一个或多个表中的字段生成所需的数据表。

（2）选择记录：选择出满足指定条件（查询准则）的数据记录。

（3）编辑记录：利用操作查询，可以对表中的记录进行添加、修改、删除操作。

（4）实现计算：查询可以对数据进行各种统计计算，如求平均成绩等；也可以建立计算字段（建立一个新的字段）来保存计算的结果。

（5）建立新表：查询结果可以作为一个表保存起来。

（6）建立基于查询的报表、窗体：查询是一个动态集合，可以从多个表中选择合适的数据，作为其他查询、窗体或报表的数据源。

查询对象不是数据集合，而是操作集合。查询运行的结果是一个数据集，也称为动态集，因为查询是基于表中的数据，所以当表中的数据变化后，相同查询中的数据也会动态的变化。

2. 查询的类型

在 Access 中，查询分为 5 种类型，分别是选择查询、交叉表查询、参数查询、操作查询、SQL 查询。在这里，重点介绍常用的选择查询的设计方法。

3. 查询的条件

查询数据需要制定相应的查询条件。查询条件可由运算符、常量、字段值、函数以及 ACCESS 的对象属性等任意组合，能够计算出一个只有两种值的结果：TRUE 真、FALSE 假。

1）表达式的基本符号

[ ]：将窗体、报表、字段或控件的名称用方括号包围。

：将日期用#号包围。

“”：将文本用双引号包围。

& ：可以将两个文本连接成一个文本串。

! 运算符：运算符指出随后出现的是用户定义项。

. 运算符：随后出现的是 Access 定义的项。

例如：

① 文本或字符串数据，必须包含在“”双引号中间，例如：“北京”“等级考试”。

② 日期数据必须用#括起来，如：# 2010-3-9 # 。

③ 数字数据，直接书写即可，如 10。

④ 连接符&，如“北京”&“奥运”，则运算后等于“北京奥运”。

⑤ 引用学生表中的性别字段，[学生].[性别]；直接引用性别字段[性别]。

2）Access 字段数据类型分类

Access 字段数据类型在表达式（条件）中的书写形式，如表 5-10 所示。

表 5-10　字段数据类型书写形式

基本数据类型	对应的 Access 数据类型	书写方式
数值	数字、自动编号、货币	直接书写：30，5.5
字符串	文本、备注、查阅向导、超级链接	加引号："中国"
时间/日期	时间/日期	加#号：#2010-7-30#
NULL	空值	特殊值: null

3）条件中的运算符（见表 5-11）

表 5-11　条件中的运算符

功　能	运算符
比较运算符	=，>，<，>=，<=，<>；NOT十相关比较运算符
确定范围	BETWEEN AND，NOT BETWEEN AND
确定集合	IN，NOT IN
字符串匹配	LIKE，NOT LIKE
空值比较	IS NULL，IS NOT NULL
多重条件	AND，OR

（1）比较运算符 = , >, < , > = , < = , <>。

比较运算的结果为 true（真）、false（假），可用于数值、时间、字符串（文本）数据类型。

① 数值类型示例。

[年龄] = 15　　年龄等于 15 岁

（[年龄] > = 15）and （[年龄]< = 20）　年龄在 15 到 20 之间，包括 15 和 20

② 时间/日期类型示例：

[入校日期] > #1990-1-1#　入校时间为 1990.1.1 之后的

③ 字符串类型示例。

[姓名] = "张三"姓名为张三的

注意：在 ACCESS 查询设计视图的条件中，可以不写字段名且等号可省略，但必需条件是运用在对应字段的条件中。以上可以简写如下：

>#1990-1-1#　　这里省略了字段名[入校日期]

"张三"　　　　这里省略了字段名[姓名]

（2）（not） BETWEEN 值 1 AND 值 2。

所给定的值应该在值 1 和值 2 之间，包括值 1、值 2，满足则结果为 true（真），否则为 false（假）。前面加 not 表示不在给定的值之间。主要用于数字和时间数据类型。

① 数值类型示例：

[年龄] between 15 and 20　　　年龄在 15 到 20 之间，包括 15 和 20

② 时间/日期类型示例。

[入校日期] between #1990-1-1# and #1990-12-31#　　入校时间为 1990 年之中

注意：在 ACCESS 查询设计视图的条件中，以上条件简写如下：

between #1990-1-1# and #1990-12-31#　　这里省略了字段名[入校日期]

（3）（not）in（值 1，值 2，…，值 n）。

所给定的值应该出现在值 1 到值 n 之中，出现则结果为 true（真），否则为 false（假）。前面加 not 表示不在给定的值之中。可用于数字、时间、字符串（文本）数据类型。

① 数值类型示例。

[年龄] in （15 ，17，19）　年龄为 15，或 17，或 19 岁

② 时间/日期类型示例：

[入校日期] in（#2005-9-3#，#2010-9-3#）　　入校日期为 2005-9-3 或 2010-9-3 均可

③ 字符串类型示例：

[姓名] in （“张三”，“李四”，“王五”）　　　姓名为张三，或李四，或王五

（4）[NOT] LIKE‘<匹配串>’。

查找指定的属性列值与<匹配符>相匹配的元组，匹配则结果为 true（真），否则为 false（假）。前面加 not 表示不匹配。<匹配串>可以是一个完整的字符串，也可以含有通配符，通配符及其含义如表 5-12 所示。LIKE 关键字仅用于字符串数据类型的比较。

表 5-12　通配符及其含义

字符	用法	示例
*	与任何个数的字符匹配，它可以在字符串中，当作第一个或最后一个字符使用	*wh** 可以找到 what、white 和 why
?	与任何单个字母的字符匹配	*B?ll* 可以找到 ball、bell 和 bill
[ ]	与方括号内任何单个字符匹配	*B[ae]ll* 可以找到 ball 和 bell 但找不到 bill
!	匹配任何不在括号之内的字符	*b[!ae]ll* 可以找到 bill 和 bull 但找不到 bell
-	与范围内的任何一个字符匹配。必须以递增排序次序来指定区域（A 到 Z，而不是 Z 到 A）	*b[a-c]d* 可以找到 bad、bbd 和 bcd
#	与任何单个数字字符匹配	*1#3* 可以找到 103、113、123

LIKE 字符串比较示例：

[姓名] like “张三”　　　等价于　[姓名] = “张三”

[姓名] like “张*”　　　姓张的学生

[姓名] like “张？”　　　姓张的学生，并且是姓名为两个字的

[姓名] like “????”　　　姓名是四个字的学生

（5）IS（NOT）NULL。

查找指定的属性列的值是否为空（null），为空则结果为 true（真）、否则为 false（假）。

示例：

[照片] is null　　查找没有添加照片的学生记录

[照片] is not null　查找添加了照片的学生记录

（6）多重条件。

① and（多个条件同时满足，和），同时满足则结果为 true（真），否则为 false（假）。

[性别] = “男” and [年龄] = 17　　查找 17 岁的男学生记录

② or（多个条件满足一个就可以，或），只要一个条件满足则结果为 true（真），否则为 false（假）。

[性别] = “男” or [年龄] = 17　　查找所有男学生，及 17 岁的学生记录

注意：前面的 between、in 可以用 and、or 来等价的表示。

① [入校日期] between #1990-1-1# and #1990-12-31#　　入校时间为 1990 年之中

等价于（[入校日期] >= #1990-1-1#）and（[入校日期]<= #1990-12-31#）

② [年龄] in（15，17，19）年龄为 15，或 17，或 19 岁

等价于（[年龄] = 15）or（[年龄] = 17）or（[年龄] = 19）

在 Access 查询设计器里书写规范如下：

and：不同字段的条件写作同行

or：不同字段的条件写作不同行

4. 创建选择查询

选择查询根据给定的条件，从一个或多个数据源中获取数据并显示结果。也可以对记录进行分组，并进行统计。创建查询最主要使用的是“设计视图”，通过设计视图能够完成非常复杂的查询功能。

1）查询设计视图

ACCESS 查询有 5 种视图，分别是设计视图、数据表视图、SQL 视图、数据透视表视图和数据透视图视图。其中最重要的是下面三种视图。

① 设计视图：显示查询设计界面，即查询设计网格。

② 数据表视图：显示查询执行的结果数据集，可用于查看查询是否正确。

③ SQL 视图：显示当前查询的 SQL 语句。

这里，重点介绍查询的“设计视图”以及如何利用其进行查询的设计。查询设计视图的窗口组成如图 5-54 所示，这个视图实现了利用“课程”“选课成绩”和“学生”表，查找出所有考试成绩不及格的相关信息。

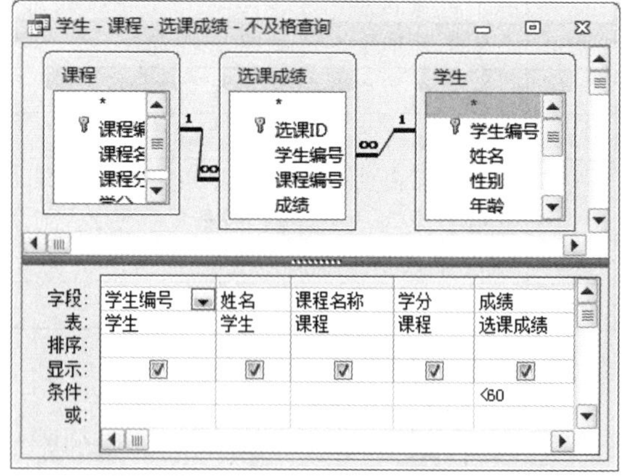

图 5-54　查询设计视图

2）查询“设计视图”的窗口

查询“设计视图”窗口分为上、下两个部分。

数据区（上部分）：放置查询涉及的表、已创建查询，并显表的字段和表之间的关系。设计网格（下部分）：设计查询所需的数据（字段）、条件、分组和排序，等等。设计网格中每行的作用如表 5-13 所示。

表 5-13　查询“设计网格”功能说明

行名称	作用
字段	设置查询结果要显示或查询条件将涉及的字段，或者计算字段
表	设置字段所在的表或查询的名称
排序	定义字段的排序方式：升序或降序
显示	确定字段是否在数据表视图中显示出来
条件	设置字段筛选条件
或	设置“或”条件来限定记录的选择

3）查询设计视图中设计查询的基本步骤

① 添加数据源：将查询要求中（条件中、显示中）所涉及的数据源（表或查询）添加到数据源区域（如图 5-54 所示，是课程、选课成绩、学生表）。

② 添加字段：在设计网格中的“字段”行添加所有涉及的字段（要求显示的和作为条件的）。

③ 确定字段出处：如果是多表查询（即数据源有多个表或查询构成），应指定字段来自哪个表，因为可能在多个表中有同名字段。

④ 排序：按要求对相关字段设定排序方式。

⑤ 显示：决定字段是否显示。这里要注意的是，我们不一定显示所有的字段。可以让一些字段仅仅作为条件出现，而不予显示。

⑥ 设定条件：设计网格的“条件”行输入用于选择的条件，若该行多个字段都设定了条件，则条件之间是 AND 关系；若条件之间是 OR 的关系，则放在不同的行。

5. 创建简单选择查询

例 5.7　在 D:\\Access 目录下有一个 Access 数据库“教学管理_原始.accdb”，数据库中有四个表：“教师”“学生”“课程”“选课成绩”。要求创建一个“教师工作时间 – 姓名 – 职称查询”。以教师表为数据源，查询在 1990 年到 1995 年之间参加工作的、姓张的、职称不为空的教师信息，结果显示所有字段，并添加一个“教龄”计算字段。

查询完成后设计视图如图 5-55 所示。

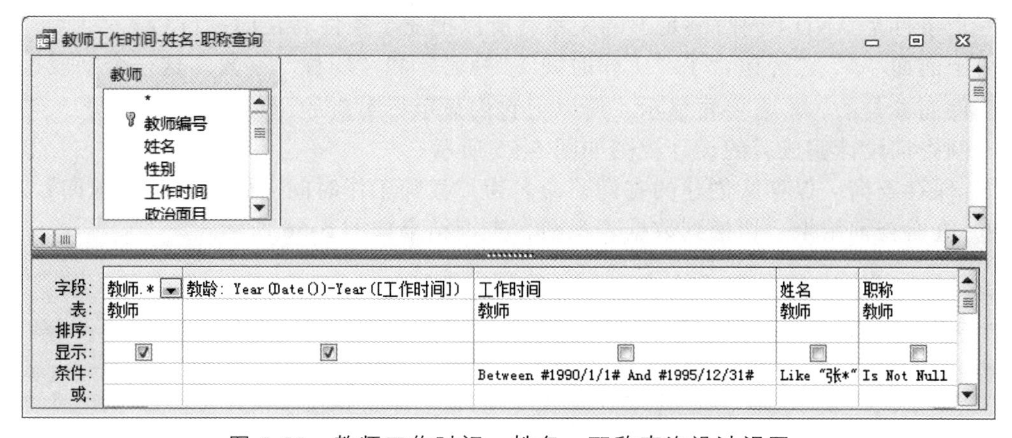

图 5-55　教师工作时间 – 姓名 – 职称查询设计视图

操作步骤如下：

（1）打开查询“设计”视图。单击“创建”选项卡，点击“查询”组中的“查询设计”按钮，打开新建查询的“设计视图”，将同时弹出“显示表”对话框。在“显示表”对话框中双击“教师”表，将其添加到设计视图上半部分的窗口中，然后单击“关闭”按钮，关闭“显示表”窗口。

（2）添加查询字段。本例查询结果要求显示所有字段，并添加一个“教龄”计算字段。

① 首先添加所有字段：双击“教师”表字段列表中的“*”号，则在查询设计网格字段行第一列出现“教师.*”。注意，字段中“*”号代表指定表中的所有字段。

② 添加计算字段：计算字段就是在查询设计网格的字段行输入一个表达式，系统根据该表达式计算出一列值，并作为查询结果中的一列。查询结果要求显示一个“教龄”字段，而“教龄”字段并不在“教师”表中，但是所谓教龄就是指一名教师参加工作的年数，因此显然可以根据“教师”表中的工作时间来进行计算。因此在设计网格字段行的第二列输入表达式：Year（Date（））-Year（[工作时间]），其中函数 Year（）表示获取指定时间的年份，函数 Date（）表示获取当前的系统日期，整个表达式用当前的年份减去参加工作时的年份，结果就是教师的工作年数，即教龄了。

③ 重命名字段。输入了计算字段“教龄”的表达式并按 Enter 键后，字段行变成“表达式 1: Year（Date（））-Year（[工作时间]）”形式。此时切换到查询的数据表视图，看到教龄列的值已经计算得到了，但是该列的标题显示为“表达式 1”而不是“教龄”，所以必须进行字段的重命名。

字段重命名方法为“新字段名：原字段名（或表达式）”，其中的“：”实际上是重命名符号。现在进入刚才输入的表达式位置，把“表达式 1: Year（Date（））-Year（[工作时间]）”改成“教龄：Year（Date（））-Year（[工作时间]）”即可。

④ 输入查询条件。本例中有三个条件及表达式如下：

1990 年到 1995 年之间参加工作，是在“工作时间”字段上做判断，表达式为：“Between #1990/1/1# and #1995/12/31#”或者“> = #1990/1/1# and < = #1995/12/31#”。

姓张的，是在姓名字段上做判断，表达式为：Like “张*”。

职称不为空，是在职称上做判断，表达式为：Is Not Null

分别双击“教师”表字段列表中的“工作时间”“姓名”和“职称”字段，将它们添加到设计网格的字段行。然后在对应字段列的条件行分别输入上述条件表达式，由于本查询中的三个条件是 AND（同时满足）的关系，所以把三个条件写在同一行。

由于前面“*”已经包含了“工作时间”“姓名”和“职称”字段，这三个字段这里是作为条件而参与的，不需要再显示，所以把它们显示行对应的“√”去掉。

本例查询设计完成后的设计视图如图 5-55 所示。

⑤ 保存查询。保存所创建的查询，命名为“教师工作时间 – 姓名 – 职称查询”。

⑥ 查看查询结果。切换到数据表视图，查询结果如图 5-56 所示。

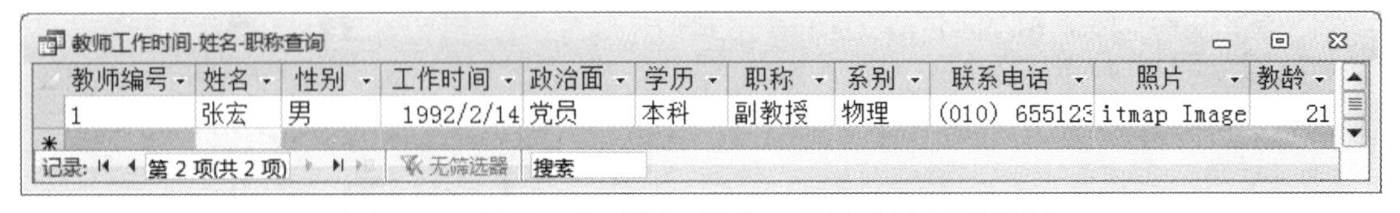

教师编号	姓名	性别	工作时间	政治面	学历	职称	系别	联系电话	照片	教龄
1	张宏	男	1992/2/14	党员	本科	副教授	物理	(010) 655123	itmap Image	21
*										

图 5-56　教师工作时间 – 姓名 – 职称查询结果记录

6. 创建总计查询

总计查询是通过系统提供的各种统计函数，实现对数据进行汇总统计。例如，利用学生表统计男、女生人数，需要首先将所有同学按性别“男”和“女”分组，分别统计男同学和女同学的人数。

创建总计查询，需要使查询设计网格显示“总计”行，其方法是点击查询工具上下文选项卡“显示/隐藏”组里的“汇总”按钮Σ。设计网格中的每个字段，均可以通过在“总计”行选择总计选项来进行统计，“总计”行包含 12 个总计选项，其名称及含义如表 5-14 所示。

表 5-14 总计选项说明表

选项	含义
合计	求一组记录中某字段值的总和，即 Sum（ ）函数
平均值	求一组记录中某字段的平均值，即 Avg（ ）函数
最大值	求一组记录中某字段的最小值，即 Max（ ）函数
最小值	求一组记录中某字段的最大值，即 Min（ ）函数
计数	求一组记录中某字段值的数量，不包括 Null（空）值，即 Count（ ）函数
StDev	求一组记录中某字段的标准偏差值
变量	求一组记录中某字段的方差值
First	该组中当前字段的第一条记录的值
Last	该组中当前字段的最后一条记录的值
Group By	定义要分组的字段，即 Group By。例如，要按“性别”分组记录，请对“性别”字段选定“分组”。设定分组的字段将显示在结果中
Expression	创建表达式中包含合计函数的计算字段。通常在表达式中使用多个函数时，将创建计算字段，将显示在结果中
Where	指定分组的限制条件。设置了该参数的字段，将不能在结果中显示

例 5.8 在 D:\\Access 目录下有一个 Access 数据库“教学管理_原始.accdb”。要求创建一个“各系教师人数统计”查询。以教师表为数据源，统计每个系各有多少名教师，结果显示“系别”和“教师人数”字段。查询完成后设计视图如图 5-57 所示。

操作步骤如下：

① 打开查询“设计”视图，将“教师”表添加到设计视图上半部分的窗口中。

② 将查询转换为总计查询。点击查询工具上下文选项卡“显示/隐藏”组里的“汇总”按钮Σ，使查询设计网格显示“总计”行。

③ 确定分组字段。本例要求计算机各系的教师人数，显然需要把所有教师先按照系别分组，然后再对每一个组里面的教师数数。双击“教师”表字段列表中的“系别”字段，然后单击设计网格“系别”列对应的“总计”行，在下拉总计选项中选择“Group By”（分组）。

④ 设计汇总字段。需要对每个系组中的教师数数，即计数。由于计数总计项计数时不包括空值（NULL），故应选择不能为空的字段来进行计数，显然，作为教师表主键的“教师编号”满足这一要求。所以双击“教师编号”字段将其设计网格，然后在对应列的“总计”行选择总计选项“计数”。

⑤ 重命名字段。此时切换到查询的数据表视图，结果记录中包含“系别”和“教师编号之计数”两列，而“教师编号之计数”的数据显示就是需要统计的各系教师人数，显然需要将其重命名。

重新切换到查询设计视图，将字段行的“教师编号”更改为“教师人数：教师编号”。完成后的查询设计视图如图 5-57 所示。

⑥ 保存查询。保存创建的查询，命名为“各系教师人数统计”。

⑦ 查看查询结果。切换到数据表视图，查询结果如图 5-58 所示。

通过分析教师表中的数据，如图 5-59 所示（这里仅显示三个字段，并按照系别升序排序），显然最后的统计结果是正确的。

图 5-57 总计查询设计视图

各系教师人数统计

系别	教师人数
法律	2
计算机	2
数学	3
物理	3
英语	2
中文	1
中医	2

记录: 第 1 项(共 7 项)

图 5-58 各系教师人数统计

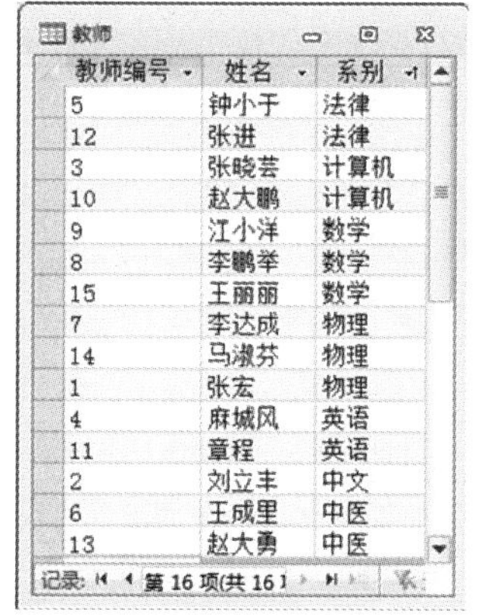
教师

教师编号	姓名	系别
5	钟小于	法律
12	张进	法律
3	张晓芸	计算机
10	赵大鹏	计算机
9	江小洋	数学
8	李鹏举	数学
15	王丽丽	数学
7	李达成	物理
14	马淑芬	物理
1	张宏	物理
4	麻城风	英语
11	章程	英语
2	刘立丰	中文
6	王成里	中医
13	赵大勇	中医

记录: 第 16 项(共 16 项)

图 5-59 教师表

5.3.4 Access 窗体设计

窗体（Form）是用户进行数据输入、编辑及显示数据的 Access 数据库对象。窗体是可视化程序设计中非常重要的概念，实际上窗体就是程序运行时的 Windows 窗口，在应用程序设计时称为窗体。在 Access 应用程序中，窗体是 Access 提供的主要人际交互界面，用户对数据库的操作大多都是通过窗体来完成的。本节主要介绍窗体的基本创建方法。

1. 窗体创建方法

开始创建 Access 窗体之前，首先来了解一下 Access 2010 创建窗体的基本界面及其含义，了解 Access 窗体的基本设计方法和步骤。

创建 Access 2010 窗体对象，通过点击“创建”选项卡中“窗体”命令组中提供的命令来进行，如图 5-60 所示。

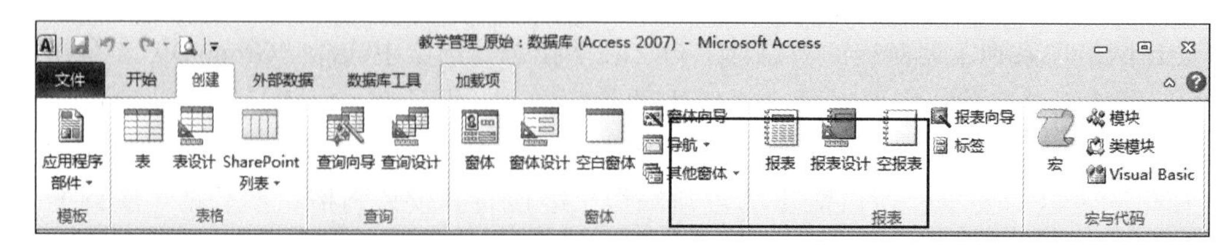

图 5-60 Access 2010 “创建” 选项卡

Access 2010 提供了两种主要的创建窗体的方法——窗体向导和窗体设计，这里主要介绍窗体向导创建窗体的方法。

Access 提供了系列的向导，能够快速创建 Access 标准窗体：纵栏式窗体、表格式窗体、数据表窗体、多项目窗体、分割窗体、模式对话框窗体、数据透视表窗体、数据透视图窗体以及导航窗体。

Access 2010 窗体向导创建命令包含如图 5-60 所示的“窗体”“空白窗体”“窗体向导”“导航”以及“其他窗体”按钮。

（1）“窗体”按钮功能：能够根据当前选中的表或查询，自动快速地创建窗体。

（2）“空白窗体”按钮功能：能够创建一个空白窗体，并可以直接将表中字段添加到该窗体上，以一定控件来显示字段中的数据。

（3）“窗体向导”按钮功能：能够打开“窗体向导”，在向导指引下建立基于一个或多个数据源的不同布局的窗体，如图 5-61 所示。

（4）“导航”按钮功能：用于创建具有导航按钮的导航窗体，该按钮提供了导航窗体 6 种布局形式。“导航”按钮的下拉列表，如图 5-62 所示。

（5）“其他窗体”按钮功能：可以创建多种标准窗体形式，该按钮的下拉列表如图 5-63 所示。

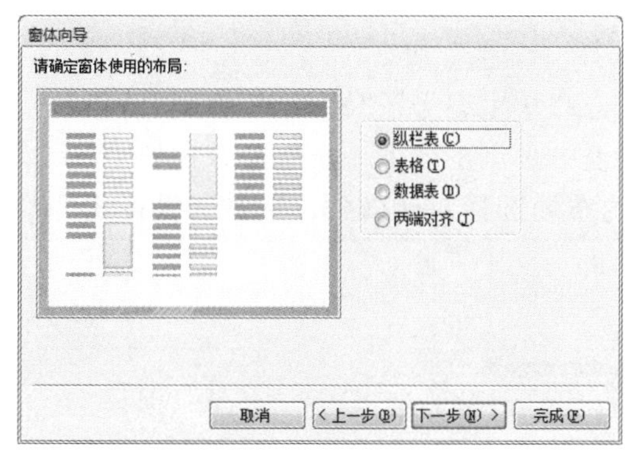

图 5-61　窗体向导视

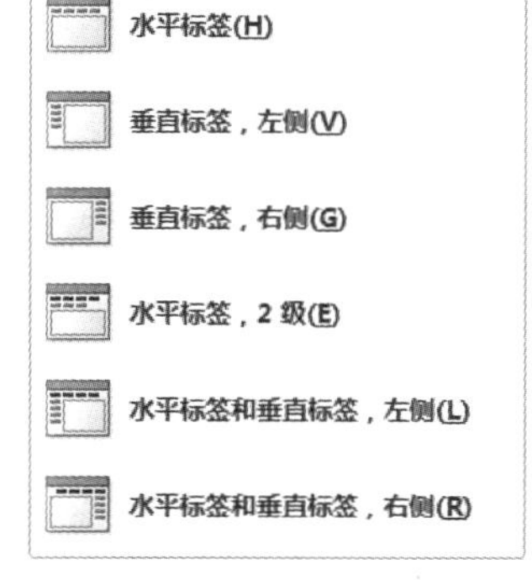

图 5-62　“导航”按钮下拉列表

图 5-63　“其他窗体”下拉列表

2. 窗体的视图

Access 窗体设计过程中有 6 种视图：窗体视图、数据表视图、布局视图、设计视图、数据透视表视图以及数据透视图视图，其中最常使用的是窗体视图、设计视图和布局视图。创建窗体时，需要采用各种视图来设计、执行窗体及显示窗体绑定的数据。“视图”下拉列表如图 5-64 所示。

（1）窗体视图用于设计过程中查看前窗体的运行效果，是用于用户最终显示、添加、修改数据的窗口。

（2）设计视图用于创建和修改窗体，对窗体属性、控件及控件属性进行设计。

（3）布局视图是 Access 2010 新增的一种视图，该视图既可以查看窗体运行情况，也可以同时调整窗体上控件的属性。

（4）数据表视图是以行列形式显示窗体记录源（表、查询、SQL 语句）中数据窗体。

（5）数据透视表视图是使用“Office 数据透视表”组件创建的数据透视表窗体。

（6）数据透视图视图是使用“Office Chart”组件创建的交互式图表窗体。

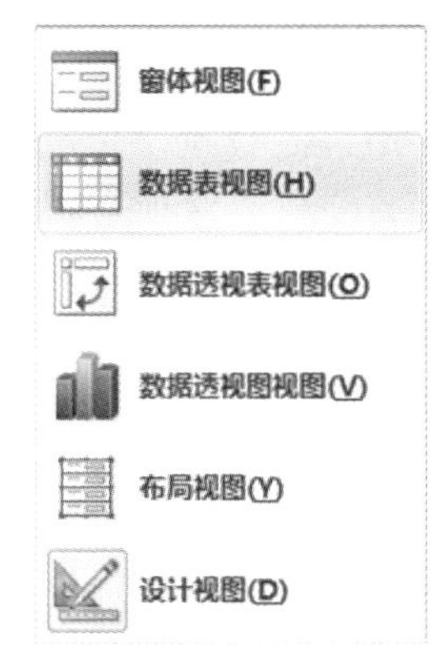

图 5-64 窗体“视图”下拉列表

3. 窗体向导创建窗体

例 5.9 以“学生”表作为数据源，利用窗体向导分别创建窗体“学生纵栏式窗体”“学生表格式窗体”“学生数据表窗体”，窗体上显示“学生编号”“姓名”“性别”“年龄”“入校日期”字段。

操作步骤如下：

步骤 1：打开窗体向导。在“创建”选项卡的“窗体”命令组中，点击“窗体向导”按钮 窗体向导，窗体向导的字段选择对话框如图 5-65 所示。

步骤 2：选择数据源及字段。

① 选数据源：在“表/查询”的下拉列表中选择“学生”表。

② 添加字段：在“可选字段”列表中分别双击“学生编号”“姓名”“性别”“年龄”“入校日期”字段，将它们添加到“选定字段”列表中。点击“下一步”命令按钮。

步骤 3：确定窗体布局。在弹出的窗体向导的布局选择对话框中，选择“纵栏式”单选按钮，如图 5-66 所示，点击“下一步”命令按钮。

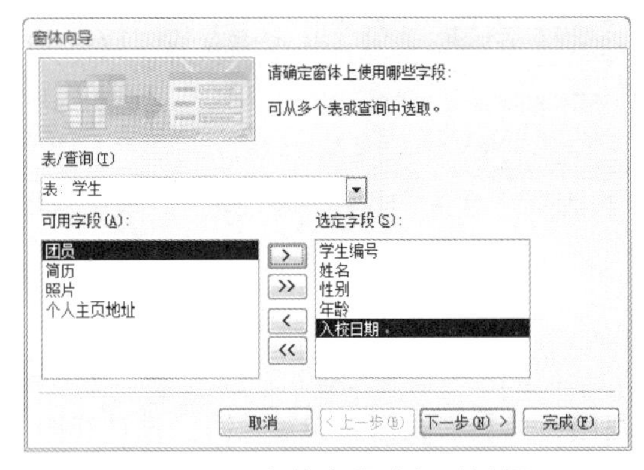

图 5-65 窗体字段选择对话框

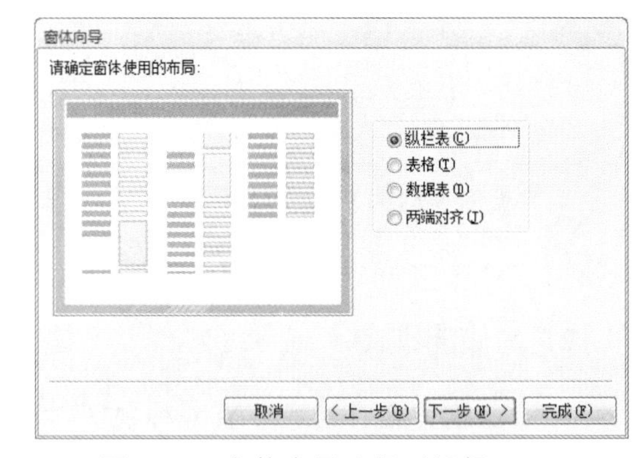

图 5-66 窗体布局选择对话框

步骤 4：指定窗体标题与名称。弹出窗体向导的指定标题对话框，在指定标题的文本框中输入“学生纵栏式窗体”，该标题同时也作为窗体的名称保存，如图 5-67 所示，点击“完成”命令按钮。

步骤 5：窗体向导完成，系统创建并打开“学生纵栏式窗体”窗体，如图 5-68 所示。

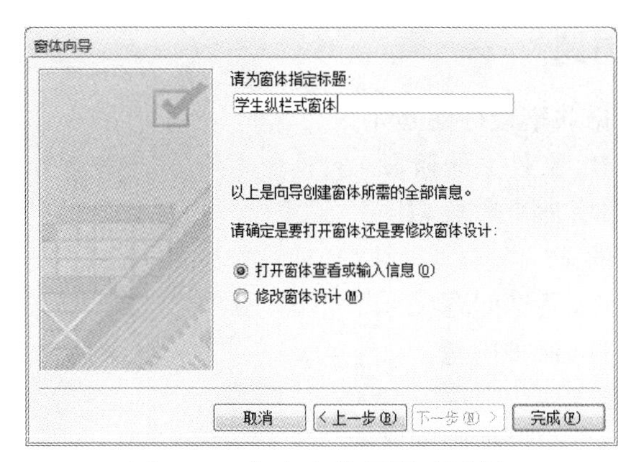

图 5-67　指定窗体标题对话框

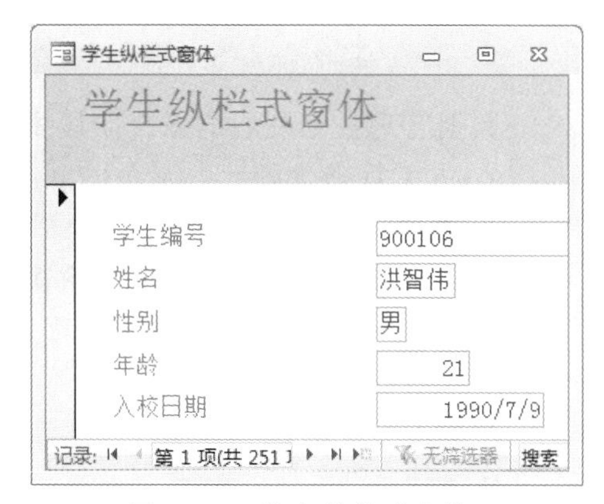

图 5-68　学生纵栏式窗体

步骤 6：按照以上 5 个步骤的方法，分别创建“学生表格式窗体”，如图 5-69 所示；“学生数据表窗体”，如图 5-70 所示。

学生编号	姓名	性别	年龄	入校日期
900106	洪智伟	男	21	1990/7/9
900125	乔胜青	女	17	1990/7/9
900156	王雪丽	男	17	1990/7/9
900175	楼飞	女	20	1990/7/9
900262	王金媛	女	19	1990/7/9

图 5-69　学生表格式窗体

学生编号	姓名	性别	年龄	入校日期
900106	洪智伟	男	21	1990/7
900125	乔胜青	女	17	1990/7
900156	王雪丽	男	17	1990/7
900175	楼飞	女	20	1990/7
900262	王金媛	女	19	1990/7
900263	白晓明	女	18	1990/7
900296	方帆	男	21	1990/7
900301	郑红	男	17	1990/7
900303	张新国	男	17	1990/7
900395	林亦华	男	16	1990/7
900398	段云胜	女	20	1990/7

图 5-70　学生数据表窗体

总而言之，Access 2010 有 6 种数据库对象，包括表、查询、窗体、报表、宏、模块，每一个对象都有着各自的功能。通过 Access，用户不用编写一行代码，就能在短时间内开发出一个功能强大、具有一定专业水平的数据库应用系统，且开发过程完全可视化。本节重点介绍了 Access 中表、查询、窗体的基本设计方法，作为抛砖引玉，更详细的 Access 设计请参考专门的教材。

本章小结

本章介绍数据库的基础知识，包括计算机数据管理的发展、数据库系统基本概念、数据模型、关系代数及关系运算、数据库设计基础以及数据库中常使用的 SQL 结构化查询语言等知识。最后，作为对上述理论知识的应用，介绍了 Office 2010 套件之一的中小关系型数据库 Access 2010 的基本设计方法。希望读者能够掌握上述数据库基本理论知识，并将数据组织、数据管理、数据分析与处理的相关方法、思维运用到实际生活中，建立起系统化、信息化的解决问题的思想，并通过数据库工具完成相关工作。

练习题

1. 数据管理技术发展的三个阶段中，数据共享最好的是（　　）。
   A. 人工管理阶段　　B. 文件系统阶段
   C. 数据库系统阶段　　D. 三个阶段相同
2. 数据库技术的根本目标是要解决数据的（　　）。
   A. 存储问题　　B. 共享问题
   C. 安全问题　　D. 保护问题
3. 数据库系统的核心是（　　）。
   A. 数据模型　　B. 数据库管理系统
   C. 数据库　　D. 数据库管理员
4. 数据库 DB、数据库系统 DBS、数据库管理系统 DBMS 之间的关系是（　　）。
   A. DB 包含 DBS 和 DBMS　　B. DBMS 包含 DB 和 DBS
   C. DBS 包含 DB 和 DBMS　　D. 没有任何关系
5. 负责数据库中查询操作的数据库语言是（　　）。
   A. 数据定义语言　　B. 数据管理语言
   C. 数据操纵语言　　D. 数据控制语言
6. 数据独立性是数据库技术的重要特点之一。所谓数据独立性是指（　　）。
   A. 数据与程序独立存放
   B. 不同的数据被存放在不同的文件中
   C. 不同的数据只能被对应的应用程序所使用
   D. 以上三种说法都不对
7. 层次型、网状型和关系型数据库划分原则是（　　）。
   A. 记录长度　　B. 文件的大小
   C. 联系的复杂程度　　D. 数据之间的联系方式
8. 下面哪种数据模型与计算机无关（　　）。
   A. 概念数据模型　　B. 逻辑数据模型
   C. 物理数据模拟　　D. 层次数据模型
9. 在关系数据库中，用来表示实体间联系的是（　　）。
   A. 属性　　B. 二维表
   C. 网状结构　　D. 树状结构
10. 在学生管理的关系数据库中，存取一个学生信息的数据单位是（　　）。
    A. 文件　　B. 数据库
    C. 字段　　D. 记录
11. 下列关于关系数据库中数据表的描述，正确的是（　　）。
    A. 数据表相互之间存在联系，但用独立的文件名保存
    B. 数据表相互之间存在联系，是用表名表示相互间的联系
    C. 数据表相互之间不存在联系，完全独立
    D. 数据表既相对独立，又相互联系

12. 学校规定学生住宿标准是：本科生 4 人一间，硕士生 2 人一间，博士生 1 人一间，学生与宿舍之间形成了住宿关系，这种住宿关系是（　　）。

A. 一对一联系　　B. 一对四联系

C. 一对多联系　　D. 多对多联系

13. 在满足实体完整性约束的条件下（　　）。

A. 一个关系中必须有多个候选关键字

B. 一个关系中只能有一个候选关键字

C. 一个关系中应该有一个或多个候选关键字

D. 一个关系中可以没有候选关键字

14. 假设学生表已有年级、专业、学号、姓名、性别和生日 6 个属性，可以作为主关键字的是（　　）。

A. 姓名　　B. 学号

C. 专业　　D. 年龄

15. 在 E-R 图中，用来表示实体联系的图形是（　　）。

A. 椭圆形　　B. 矩形

C. 菱形　　D. 三角形

16. 下列关于数据库设计的叙述中，错误的是（　　）。

A. 设计时应将有联系的实体设计成一张表

B. 设计时应该避免在表之间出现重复的字段

C. 使用外部关键字来保证关联表之间的联系

D. 表中的字段必须是原始数据和基本数据元素

17. 有三个关系 R,S 和 T 如题图 5-1 所示,则由关系 R 和 S 得到关系 T 的操作是(　　)。

R

A	B	C
a	1	2
b	2	1
c	3	1

S

A	B	C
a	1	2
d	2	1

T

A	B	C
b	2	1
c	3	1

题图 5-1

A. 差　　B. 自然连接

C. 交　　D. 并

18. 有两个关系 R 和 T 如题图 5-2 所示，则由关系 R 得到关系 T 的操作是（　　）。

R

A	B	C
a	1	2
b	2	2
c	3	2
d	3	2

T

A	B	C
c	3	2
d	3	2

题图 5-2

A. 选择　　B. 投影

C. 交　　D. 并

19. 有三个关系R、S和T如题图5-3所示，则由关系R和S得到关系T的操作是(　　)。

R

B	C	D
a	1	2
b	2	1
c	3	1

S

A	D
c	4

T

A	B	C	D
c	3	1	4

题图 5-3

A. 自然连接　　B. 交

C. 投影　　D. 并

20. 在ACCESS中要显示“教师表”中姓名和职称的信息，应采用的关系运算是(　　)。

A. 选择　　B. 投影

C. 连接　　D. 关联

21. 在学生表中要查找年龄大于 18 岁的男学生，所进行的操作属于关系运算中的(　　)。

A. 投影　　B. 选择

C. 连接　　D. 自然连接

22. 用E-R图来描述信息结构，这属于数据库设计的（　　）。

A. 需求分析阶段　　B. 逻辑设计阶段

C. 概念设计阶段　　D. 物理设计阶段

23. 关系数据库的基本操作是（ ）。

A. 增加、删除和修改　　B. 选择、投影和连接

C. 创建、打开、关闭　　D. 索引、查询和统计

24. 数据模型反映的是（ ）。

A. 事物本身的数据和相关事物之间的联系

B. 事物本身所包含的数据

C. 记录中所包含的全部数据

D. 记录本身的数据和相互关系

25. 常见的数据模型有3种，它们是（ ）。

A. 网状、关系和语义　　B. 层次、关系和网状

C. 环状、层次和关系　　D. 字段名、字段类型和记录

参考答案

1 C；2. B；3. B；4. C；5. C；6. A；7. D；8. A；9. B；10. D；11. D；12. C；13. C；14. B；15. C；16. A；17. A；18. A；19. A；20. B；21. B；22. C；23. B；24. A；25. B

第 6 章　算法与程序设计基础

本章要点：

- 算法的基本概念；
- 常用基本算法思想；
- 程序设计基本概念；
- 程序的三个基本结构；
- 程序设计举例。

6.1　算法基本概念

6.1.1　算法的定义

算法（Algorithm）是指解题方案的准确而完整的描述，是一系列解决问题的清晰指令，算法代表着用系统的方法描述解决问题的策略机制。也就是说，能够对一定规范的输入，在有限时间内获得所要求的输出。如果一个算法有缺陷，或不适合于某个问题，执行这个算法将不会解决这个问题。不同的算法可能用不同的时间、空间或效率来完成同样的任务。一个算法的优劣可以用空间复杂度与时间复杂度来衡量。

算法中的指令描述的是一个计算，当其运行时能从一个初始状态和（可能为空的）初始输入开始，经过一系列有限而清晰定义的状态，最终产生输出并停止于一个终态。一个状态到另一个状态的转移不一定是确定的。随机化算法在内的一些算法，包含了一些随机输入。

6.1.2　算法的基本特征

（1）有穷性。

一个算法必须在有穷步之后结束，即必须在有限时间内完成。这种“有穷性”使得算法不必保证一定有解，结果有以下几种情形：有解；无解；有理论解，但算法的运行没有得到；不知有无解，但是在算法的有穷执行步骤中没有得到解。

（2）确定性。

算法中每一条指令必须有确切含义，无二义性，不会产生理解偏差。算法在任何时候都只有唯一的一条执行路径。即相同输入，得相同输出。

（3）可行性。

算法是可行的，描述的操作都可以通过基本的有限次运算实现。

（4）输入。

一个算法有 0 个或多个输入，这些输入取自某个特定对象的集合。输入作为算法加工对象的量值，通常体现为算法中的一组变量。有些输入量需要在算法执行过程中输入，而有的算法表面上可以没有输入，实际上已被嵌入在算法之中。

（5）输出。

一个算法有 1 个或多个输出，这些输出与输入有某些特定关系。不同的输入可以产生不同的输出，但是相同的输入必须产生相同的输出。

6.1.3 算法的表示

算法可以用自然语言、伪代码、流程图、N-S 图、PAD 图、程序等方法进行描述。

1. 用自然语言描述

自然语言描述算法的优点是简单，便于人们对算法的阅读。但是自然语言表示算法时文字冗长，容易出现歧义；而且，用自然语言描述分支和循环结构时不直观。例如用自然语言描述计算并输出 $z = x \div y$ 的流程，具体如下：

步骤 1：输入变量 x，y；

步骤 2：判断 y 是否为 0；

步骤 3：如果 $y = 0$，则输出出错提示信息；

步骤 4：否则计算 $z = x/y$；

步骤 5：输出 z。

2. 用伪代码描述

用编程语言描述算法过于烦琐，常常需要借助注释才能使人明白。为了解决算法理解与执行两者之间的矛盾，人们常常采用伪代码进行算法描述。伪代码忽略了编程语言中严格的语法规则和细节描述，使算法容易被人理解。

例如，从键盘输入 2 个数，输出其中最大的数，用伪代码描述如下。

```
Begin                          /* 算法伪代码开始 */
输入 A，B                      /* 输入变量 A、B，变量无须定义 */
if  A>B  then  Max←A           /* 如果 A 大于 B，则将 A 赋值给 Max */
else  Max←B                    /* 否则将 B 赋值给 Max */
end if                         /* 结束 if 语句 */
输出 Max                       /* 输出最大数 Max */
End                            /* 算法伪代码结束 */
```

伪代码具有以下特点：用伪代码写算法并无固定的、严格的语法规则（没有标准规范），只要把意思表达清楚，并且书写格式清晰易读即可。伪代码语句可以用英文、汉字、中英文混合表示算法，一般用编程语言中的部分关键字来描述算法。伪代码每一行（或几行）表示一个基本操作。语句结尾不需要任何符号。语句的缩进表示程序中的分支结构。在伪代码中，变量名和保留字不区分大小写，变量的使用也不需要先声明。

3. 用流程图描述

流程图由一些特定意义的图形、流程线及简要的文字说明构成，它能清晰地表示程序的运行过程。在流程图中，一般用圆边框表示算法开始或结束；矩形框表示各种处理功能；平行四边形框表示数据的输入或输出；菱形框表示条件判断；圆圈表示连接点；箭头线表示算法流程；文字“Y”（真）表示条件成立，“N”（假）表示条件不成立。用流程图描述的算法不能够直接在计算机上执行，如果要将它转换成可执行的程序还需要进行编程。

例如，用流程图表示输入 x、y，计算 $z=x\div y$，输出 z。流程图如图 6-1 所示。

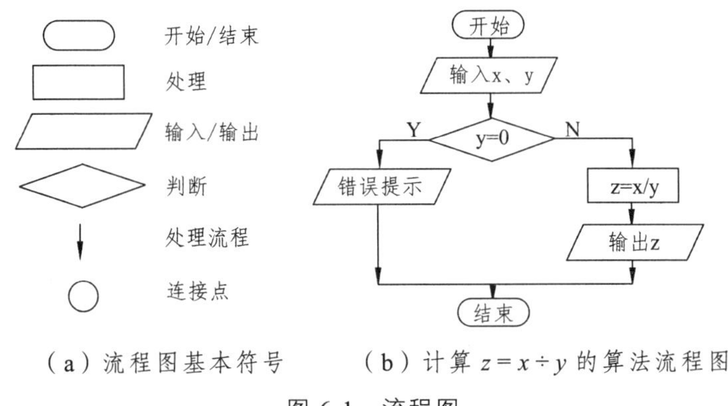

（a）流程图基本符号　　（b）计算 $z=x\div y$ 的算法流程图

图 6-1　流程图

6.2　常用基本算法

6.2.1　递　归

1. 递归的概念

递归不仅是数学中的一个重要概念，也是计算技术中重要的概念之一。20 世纪 30 年代，可计算的递归函数理论与图灵机、λ 演算和 POST 规范系统等理论一起，为计算理论的建立奠定了基础。在计算机科学中，递归是指函数调用自身的方法。在一些编程语言中，递归是进行循环的一种方法。递归一词也常用于描述以相似方法重复事物的过程，递归具有自我描述、自我繁殖的特点。

例如，德罗斯特效应（Droste effect，荷兰著名巧克力品牌）是递归的一种视觉形式，图 6-2（a）中，女性手持的物体中有一幅她本人手持同一物体的小图片，进而小图片中还有更小的一幅她手持同一物体的图片。递归也可以理解为自我复制的过程。

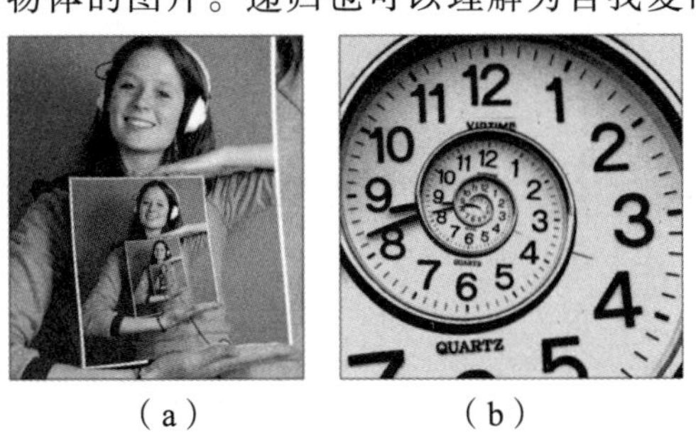

（a）　　（b）

图 6-2　图形中的递归现象

语言中也同样存在递归现象。童年时，小孩央求大人讲故事，大人有时会讲这样的故事：从前有座山，山上有个庙，庙里有个老和尚和小和尚，老和尚给小和尚讲故事，讲的是：从前有座山，山上有个庙，……这是一个永远也讲不完的故事，因为故事中有故事，无休止地循环，讲故事的人利用了语言结构的递归性。

上例充分反映了递归自我描述的特点。我们将上例以伪代码的形式描述如下。

```
Begin                                           /* 算法伪代码开始 */
story ( n )                                     /* 定义故事函数 *//
{ 输出“从前有座山，山上有个庙，庙里有个老      /* 函数体 *//
和尚和小和尚，老和尚给小和尚讲故事，讲的是：”
call story ( m )  }                             /* 在函数 story( )内部调用自身 */
End                                             /* 算法伪代码结束 */
```

由以上伪代码程序可以看到：程序中没有对递归深度进行控制，这会导致程序的无限循环执行，这充分反映递归自我繁殖的特点。由于每次输出的内容都需要占用一定的存储单元，程序执行到一定次数后，就会因为存储单元不足，导致数据溢出而死机。其实，计算机病毒程序、蠕虫病毒程序正是利用了递归函数自我繁殖的特点。

2. 递归的算法思想

递推与回溯：在一个函数的定义中出现了对自己本身的调用，称为直接递归；或者一个函数 p 的定义中包含了对函数 q 的调用，而 q 的实现过程又调用了 p，即函数形成了环状调用链，这种方式称为间接递归。递归的算法思想是：将一个复杂问题分解成规模更小的、与原问题有相同解法的子问题求解。递归只需要少量程序，就可以描述解题过程的多次重复计算。

递归的执行分为递推和回溯两个阶段。在递推阶段，将较复杂问题（规模为 n）的求解，递推到比原问题更简单一些的子问题（规模小于 n）求解。在递归中，必须要有终止递推的边界条件，否则递归将陷入无限循环之中。在回溯阶段，利用基本公式进行计算，逐级回溯，依次得到复杂问题的解。

当递归的边界条件不满足时，递归就前进；当边界条件满足时，递归就开始回溯。可见递归实现了螺旋状循环。循环体每次执行时必须取得某种进展，逐步逼近循环终止条件。

递归函数在每次递归调用后，必须越来越接近边界条件；当递归函数符合这个边界条件时，它便不再调用自身，递推就会停止，并且开始回溯。如果递归函数无法满足边界条件，则程序会因为内存单元溢出而失败退出。

递归算法的伪代码如下：

```
Begin
    定义递归函数
    递归函数 = 基本公式
    if 满足边界条件 then 返回
       else
       call（递归函数）
    end if
    输出计算值
End
```

下面以阶乘 3！的计算为例，说明递归的执行过程。

递推过程：如图 6-3 所示，利用递归方法计算 3!时，可以先计算 2!，将 2!的计算值回代就可以求出 3!的值（3! = 3*2!）；但是程序并不知道 2!的值是多少，因此需要先计算 1!的值，将 1!的值回代就可以求出 2!的值（2! = 2*1!）；而计算 1!的值时，必须先计算 0!，将 0!的值回代就可以求出 1!的值（1! = 1*0!）。这时 0！ = 1 是阶乘的边界条件，递归满足这个边界条件时，也就达到了子问题的基本点，这时递推过程结束。

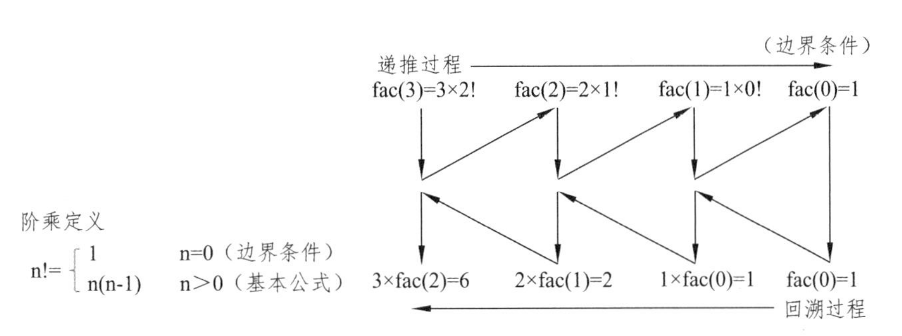

图 6-3　3！递归函数的递推和回溯过程示意图

回溯过程：递归满足边界条件后，或者说达到了问题的基本点后，递归开始进行回溯，即（0！ = 1）→（1！ = 1*1）→（2！ = 2*1）→（3！ = 3*2）；最终得出 3！ = 6。

6.2.2　迭　代

1. 迭代的基本概念

“迭”是屡次和反复的意思，“代”是替换的意思，合起来，“迭代”就是反复替换的意思。在程序设计中，为了处理重复性计算的问题，最常用的方法就是迭代方法，主要是循环迭代。

迭代现象广泛存在于工作和生活中。如图 6-4（b）所示，将一个五边形的对角用直线连起来，就会得到一个新五角星，后者中心围成了一个倒过来的小五边形。迭代地执行这一过程会产生一系列嵌套的五边形和五角星。

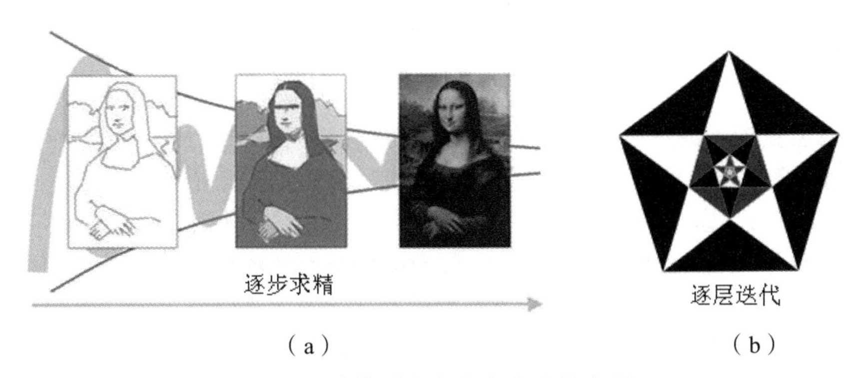

图 6-4　迭代过程在各个方面的应用

迭代是利用变量的原值推算出变量的新值。如果递归是自己调用自己，迭代则是 A 不停地调用 B。迭代利用计算机运算速度快、适合做重复性操作的特点，让计算机对一组指令重复执行，在每次执行这组指令时，都从变量的原值推出它的一个新值。

2. 迭代的算法思想

利用迭代解决问题时，需要做好以下三个方面的工作。

（1）确定迭代模型：在可以用迭代解决的问题中，至少存在一个直接或间接地不断由旧值递推出新值的变量，这个变量就是迭代变量。

（2）建立迭代关系式：迭代关系式是指从变量前一个值推出下一个值的基本公式。迭代关系式的建立是解决迭代问题的关键。

（3）迭代过程的控制：不能让迭代过程无休止地重复执行（死循环）。迭代过程的控制分为两种情况：一是迭代次数是确定值时，可以构建一个固定次数的循环来实现对迭代过程的控制；二是迭代次数无法确定时，需要在程序循环体内判断迭代结束的条件。

3. 迭代算法设计案例

例：计算 $S = 1 + 2 + 3 + 4 + \cdots + 100$，其迭代方法如下。

步骤 1：确定迭代变量 S 的初始值为 0；

步骤 2：确定迭代公式 $S \leftarrow S + i$；

步骤 3：当 i 分别取值 1，2，3，4，…，100 时，利用循环语句重复计算迭代公式 $S \leftarrow S + i$，循环 100 次后，即可求出 S 的值。

4. 递归与迭代的区别

（1）实现方式不同：递归和迭代都是重复执行某段程序代码，递归通过重复性的自身调用来实现；而迭代采用循环实现。递归是从结果向初始值递推和回溯的过程；而迭代是从一个初始值开始，经过有限次数的循环，得到一个结果。递归是从未知结果到已知初始值，再到所求的结果；迭代是从初始值到结果。简单地说，递归需要回溯，迭代不需要回溯。

（2）终止条件不同：对于迭代，不符合循环条件时就结束迭代；而递归则是当达到边界条件时开始回溯过程，直到递归结束。

（3）内存资源占用不同：迭代中变量占用的内存是一次性的；而递归每次函数调用都要入栈（占用内存单元），空间复杂度较大。递归每深入一层，就要占用一块内存数据存储区域，对嵌套层数较深的一些递归算法，会因为内存空间资源耗尽，导致内存系统崩溃。

（4）运行效率不同：理论上递归和迭代在时间复杂度方面是等价的，实际上递归效率比迭代低。递归带来了大量的函数调用，这需要许多额外的时间开销，所以在递归深度较大时程序运行效率不高；迭代程序运行效率高，运行时间只与循环次数相关，没有额外的开销。

（5）适应性的区别：递归适用于需要回溯的问题，因为之前的决定会影响后面的决定，而且无法保证每一步都是对的，递归适用于结果空间为树形结构的问题；迭代适用于不需要回溯的问题，即保证每一步都在接近答案，没有岔路。

（6）算法转换上的区别：从理论上说，所有递归函数都可以转换为迭代函数，反之亦然，然而转换代价通常比较高。从算法结构来说，递归结构并不总是能够转换为迭代结构，原因是复杂的，这就像动态的东西并不总是可以用静态的方法实现一样。从实际上看，所有迭代都可以转换为递归；但递归不一定可以转换为迭代。就效率而言，递归程序的实现要比迭代程序的实现耗费更多的时间和空间。因此，在具体实现时，又希望尽可能将递归程序转化为等价的迭代程序。

6.2.3　枚举法

1. 枚举法基本算法思想

枚举法（也称为穷举法）的算法思想是：先确定枚举对象、枚举的范围和判定条件。然后依据问题的条件确定答案的大致范围，并对所有可能的情况逐一枚举验证，如果某个情况使验证符合问题的条件（真正解或最优解），则为本问题的一个答案；如果全部情况验证完后均不符合问题的条件，则问题无解。

在枚举算法中，枚举对象的选择也是非常重要的，它直接影响算法的时间复杂度，选择适当的枚举对象可以获得更高的运算效率。枚举法通常会涉及求极值（如最大、最小等）问题。在树形数据结构问题的广度搜索和深度搜索中，也广泛使用枚举法。

2. 用枚举法求最短路径案例

图 6-5 表示 10 个城市之间的交通路网，字母表示城市代码，数字表示城市之间的距离。用枚举法求单向通行时 A 到 E 之间的最短距离，限制条件是不走回头路。

用枚举法解决上述问题时，首先列出和计算从 A 到 E 的所有局部最短路径和距离（假设从左到右，并且不走回头路），然后比较全部计算结果，可以得出最短路径为（A-B2-C1-D1-E），全局最短距离为 19。

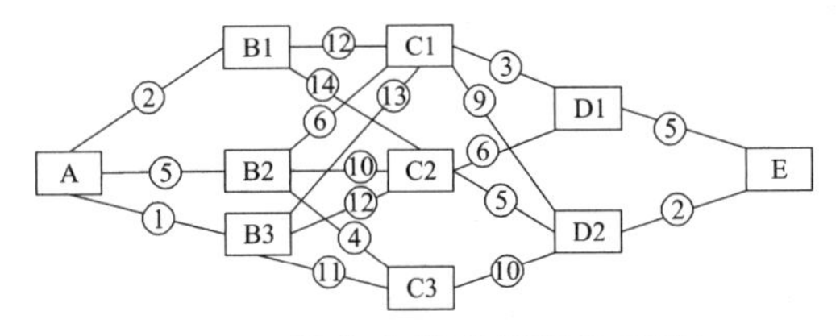

图 6-5　城市之间的路径和距离

3. 枚举法的优化

枚举法的最大的缺点是运算量比较大，解题效率不高，如果枚举范围太大（一般以不超过 200 万次为限），在时间上就难以承受。

枚举法的时间复杂度可以用状态总数 × 单个状态的耗时来表示，因此优化的主要方法一是减少状态总数，即减少枚举变量数，减少枚举变量的值域，减少重复计算工作；二是降低单个状态的考察代价，即将原问题化解为更小的问题，根据问题的性质进行简化。

4. 枚举法的特点

枚举法思路简单，易于理解，程序编写和调试方便。如果问题的规模不是很大，在规定的时间与空间限制内能够求出解，那么最好采用枚举法，而不需要太在意是否还有更快的算法。

枚举法建立在考察所有状态的基础上，所以得到的结果肯定是正确的。

枚举法的最大的缺点是运算量比较大，解题效率不高，如果枚举范围太大（一般以不超过 200 万次为限），在时间上就难以承受。

5. 枚举法在密码破译领域中的应用

用枚举法破解密码称为暴力破解法。简单来说就是对密码进行逐个验证，直到找出真正的密码为止。如一个由 6 位小写英文字母和数字组成其密码共有：$(26+10)^6=$ 2 176 782 336 种密码组合，最多尝试 2 176 782 335 次就能找到真正的密码。理论上用这种方法可以破解任何一种密码，问题在于如何缩短试错时间。

如果破译一个 8 位，而且有大小写字母、数字以及符号组成的密码，用个人计算机可能需要几个月甚至数年的时间，这样的破译显然不可接受。解决办法是运用字典技术。所谓字典是将密码限定在某个范围内，如英文单词和生日数字组合等，所有英文单词大约 10 万个，这样就可以大大缩小密码的搜索范围，缩短破译时间。

为了防止密码的暴力破解，目前的密码验证机制都会设计一个试错的容许次数（一般为 3 次）。当试错次数达到容许次数时，密码验证系统会自动拒绝继续验证，有些系统甚至还会自动启动入侵警报机制。

6.2.4 分治法

1. 问题的规模与分解

用计算机求解问题时，需要的计算时间与问题的规模 N 有关。问题的规模越小，越容易求解，解题所需的计算时间也越少。例如，对 n 个元素进行排序；当 $n=1$ 时，不需要任何计算；$n=2$ 时，只要做 1 次比较即可排好序；$n=3$ 时做 3 次比较即可。而当 $n=100$ 万时，问题就不那么容易处理了。要想直接解决一个大规模的问题，有时相当困难。问题的规模缩小到一定的程度后，就可以很容易地解决。大多数问题都可以满足这一特征，因为问题的复杂性一般是随着问题规模的增加而增加的。

分治法就是将一个难以直接解决的大问题，分割成一些规模较小的相同问题，以便各个击破、分而治之。这个技巧是很多高效算法的基础，如排序算法等。

2. 分治法的基本算法思想

分治法的算法思想是：将大问题分解为子问题求解，然后将子问题的解合并为大问题的解。大问题分解出的子问题是相互独立的，即子问题之间不包含公共的子问题。这一特征涉及分治法的效率，如果各子问题不独立，则分治法要做许多不必要的工作，重复地解公共的子问题，此时虽然可以用分治法解决，但是效率不高，一般用动态规划法较好。分治法的算法步骤如下。

（1）分解：将原问题分解为若干个规模较小、相互独立、与原问题形式相同的子问题。

（2）求解：若子问题规模较小则直接求解，否则利用递归法求解各个子问题。

（3）合并：将各个子问题的解合并为原问题的解。合并是分治法的关键步骤，有些问题的合并方法比较明显；有些问题的合并方法比较复杂，或者有多种合并方案，或者是合并方案不明显。究竟应该怎样合并，没有统一的模式，需要具体问题具体分析。

分治与递归像一对孪生兄弟，经常同时应用在算法设计之中，并由此产生了许多高效算法。分治法与软件设计的模块化方法也非常相似。

利用分治法求解的经典问题有：二分搜索，合并排序，快速排序，大整数乘法，棋盘覆盖，线性时间选择，循环赛日程表，汉诺塔等。

3. 用分治法进行排序的案例

假设数据序列为：49，38，65，97，76，13，27。采用分治法进行归并排序的过程如图 6-6 所示。可见分治法的排序过程分为 3 个步骤：分解（将问题 n 分解为 2 个 $n/2$，直到能直接解决的基本问题）；求解问题（这里是排序）；合并（将分解后的问题再合并）。

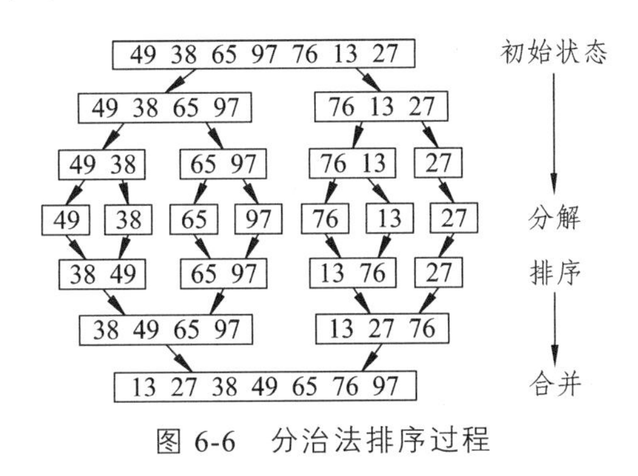

图 6-6　分治法排序过程

6.2.5　排序算法

将杂乱无章的数据元素，通过一定的方法按关键字顺序排列的过程称为排序。常见的排序算法有：冒泡排序，插入排序，快速排序，选择排序，堆排序，归并排序等。

1. 排序算法的基本操作

所有排序都有两个基本操作：一是关键字大小的比较；二是改变元素的位置。排序元素的具体处理方式依赖于元素的存储形式，对于顺序存储型元素，一般移动元素本身；而对于采用链式存储的元素，一般通过改变指向元素的指针实现重定位。

为了简化排序算法的描述，绝大部分算法只考虑对元素的一个关键字进行排序（如：对职工工资数据进行排序时，只考虑应发工资，忽略其他关键字）；其次，一般假设排序元素的存储结构为数组或链表；另外，一般约定排序结果为关键字的值递增排列（升序）。本节主要介绍冒泡排序的算法思想，其他排序方法请参考相关算法书籍。

3. 冒泡排序算法的思想

冒泡排序是最简单的算法。冒泡排序是将 2 个相邻的元素相互比较，如果比较发现次序不对，则将 2 个元素的位置互换，依次由上往下比较，最终较大（或较小）的元素会向上浮起，犹如冒泡一般。例如初始列表为：{7，2，5，3，1}，要求排序后按升序排列。采用冒泡排序，最小的元素 1 跑到顶部（左端），最大的元素 7 沉到底部（右端）。冒泡排序的基本算法思想如下。

（1）设元素长度为 n。从第 1 个元素开始，将它与相邻的元素进行比较，如果它们的值（数值或 ASCII 码值）相等，或者第 1 个比第 2 个更小，则继续移动指针，否则交换两个元素的位置。接着将第 2 个元素与第 3 个元素进行比较。如果第 2 个元素的值比第 3 个大，则交换它们的位置，将数值小的数放在左面、大数放在右面。然后移动指针，继续将第 3 个元素与第 4 个元素比较。以此类推。

（2）经过第 1 轮比较后，最大值的元素就会“沉”到 n 的位置，其他元素则冒泡上移。

（3）然后指针归位，对所有元素重复以上步骤，除了最后一个。

（4）对越来越少的元素重复以上步骤，直到没有任何一对元素需要比较，则排序完成。

4. 冒泡排序算法的伪代码

冒泡排序算法的伪代码如下所示：

```
Begin                          /* 算法伪代码开始 */
Bubble_Sort（A）               /* 定义冒泡排序函数 Bubble_Sort（A） */
for i = 1 to n                 /* 循环，n 为数列长度 */
for j = n to i + 1             /* 循环，i 为比较指针下标，j 为移动指针下标 */
if   A[j] < A[j-1]             /* 如果 A[j]数组中的值小鱼 A[j-1]中的值 */
交换 A[j]与 A[j-1]的值         /* 则交换 A[j]与 A[j-1]中的值（冒泡） */
end if                         /* 判断结束 */
end for                        /* 内循环结束 */
end for                        /* 外循环结束 */
End                            /* 算法伪代码结束 */
```

6.2.6 查找算法

查找是利用计算机的高性能，有目的地穷举一个问题解的部分或所有可能情况，从而获得问题的解决方案。常见的查找算法有：顺序查找，二分查找，索引查找（分块查找），广度优先搜索（BFS），深度优先搜索（DFS），启发式搜索等。本节主要介绍二分查找算法，其他算法请参考相关算法书籍。

1. 二分查找方法

我们先来看一个猜数字的游戏，假设 A 心里默念一个 1 ~ 100 之间的数，B 来猜，而 A 只回答“是”或“否”。为了保证以尽量少的次数猜中，B 应该采取什么策略呢？最糟糕的策略是一个一个的猜：是 1 吗？是 2 吗？……这种猜法在最差情况下需要 99 次才能猜对。如果采用二分猜测，先猜是不是位于 1 ~ 50 之间，就能够排除掉一半的可能性，然后对区间继续二分。这种策略能够保证解决该问题所需要的时间最少。

2. 二分查找算法案例分析

在列表中查找一个元素的位置时，如果列表是无序的，我们只能用穷举法一个一个顺序查找。但如果列表是有序的，就可以用二分查找（折半查找、二分搜索）算法。例如假设有序列表元素为{12，15，21，33，34，42，55，58，60，80}，假设要查找的数字是“58”，则二分查找过程如下。

（1）第 1 次二分。计算中位数 mid =（low + high）/2 =（1 + 10）/2 = 5.5），对中位数 5.5 取整后，将 mid 指针移到第 5 个元素（34）；将第 5 个元素的值与需要查找的元素（58）进行比较，由于 34<58，因此查找的元素必然在第 5 个元素之后。

（2）第 2 次二分。将 low 指针移到第 5 个元素，计算中位数 mid =（5 + 10）/2 = 7.5，对中位数 7.5 取整后，将 mid 指针移到第 7 个元素（55）；将第 7 个元素的值与需要查找的元素（58）进行比较，由于 55<58，因此查找的元素在第 7 个元素之后。

（3）第 3 次二分。将 low 指针移到第 7 个元素，计算中位数 mid =（7 + 10）/2 = 8.5，取整后将 mid 指针移到第 8 个元素（58）；将第 8 个元素的值与需要查找的元素（58）进行比较，由于 58 = 58，因此元素匹配成功，位置是列表中的第 8 个元素。

3. 二分查找算法的思想

二分查找算法就是不断将列表进行对半分割，每次拿中间元素和查找元素进行比较。如果匹配成功则宣布查找成功，并指出查找元素的位置；如果匹配不成功，则继续进行二分查找；如果查找到最后一个元素仍然没有匹配成功，则宣布查找的元素不在列表中。

二分查找算法的平均复杂度为 O(log n)，而顺序查找的平均复杂度为 O(n/2)，当 n 越来越大时，O(log n)的优势也就越来越明显。

二分查找算法的优点是比较次数少，查找速度快，平均性能好。缺点是要求待查列表为有序表。二分查找算法适用于不经常变动而查找频繁的有序列表。

4. 二分查找算法的伪代码

二分查找算法的伪代码如下所示：

```
Begin                                  /* 算法伪代码开始 */
  left  = 0,   right  =  n -1          /* 左、右指针赋值，n 为数列长度 */
  while (left < =  right)              /* 循环，左指针< = 右指针时，循环终止 */
    mid = (left  +  right) / 2         /* 计算中位数 mid */
    case                               /* 多分支选择 */
      x[mid] < t: left = mid + 1       /* 中位数<t 时，左指针 = 中位数 + 1 */
      x[mid] = t: p = mid; break       /* 中位数 = t 时，p 指针 = 中位数，返回 */
      x[mid] > t: right = mid -1       /* 中位数>t 时，右指针 = 中位数-1 */
    end case                           /* 多分支选择结束 */
  end while                            /* 循环结束 */
End                                    /* 算法伪代码结束 */
```

6.3 程序基本概念

6.3.1 数据类型

程序的基本特点是处理数据。因此程序必须能够处理各种不同类型的数据，如数值、字符、逻辑值等。

程序中的数据需要进行数据类型定义。不同的数据类型在计算机中的存储方式不同，如数值型整数计算机采用“补码”形式存储，而实数（浮点型）则按 IEEE754 标准格式存储。对数据类型进行定义还可以避免程序语句出现二义性，例如，如果没有定义数据类型，“12315”是电话号码还是一个数值就很容易混淆。不同的数据类型其给定的存储空间是不同的，为了便于节省存储空间，在程序设计时要根据不同的数据类型进行定义。

数据类型一般从“域”和“操作”两个方面进行定义。域指定该数据类型值的集合；操作是定义该数据类型的行为。如整型数据的域包含所有整数（… – 2， – 1，0，1，2…），其界限只受计算机硬件的限制。而整型数据的操作包括算术操作（如：+ 、 – 、*、/）等。

不同程序语言定义的数据类型不同，大部分程序语言支持以下基本数据类型：整型（整数）、浮点型（实数）、字符型、布尔型（逻辑型）等。C 语言数据类型如图 6-7 所示。

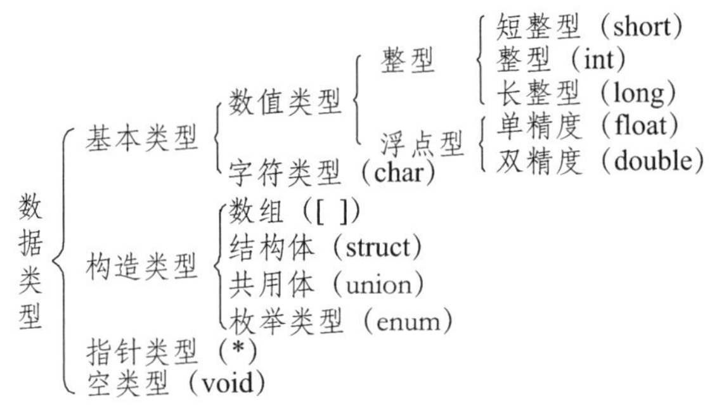

图 6-7 C 语言中的数据类型

1. 整 型

大部分程序语言定义了 3 种整型数据：short（短整型）、int（整型）和 long（长整型），它们的数值域不同。在多数情况下，使用的是整型。

整型（int）数据在 32 位计算机系统中占 4 个字节，无符号数的数值范围是 $0 \sim 2^{32}$（0 ~ 4 294 967 295）；带符号数数表示范围是 $-2^{32-1} \sim +2^{32-1}$，即 – 2 147483 648 ~ + 2 147 483 648（有效数 9 位）。

长整型（long）数据在 32 位计算机系统中占 8 个字节，带符号数表示范围是 $-2^{64-1} \sim +2^{64-1}$，即 – 9 223 372 036 854 775 808 ~ + 9 223 372 036 854 775 808（有效数 18 位）。

整型常量通常以十进制数表示。然而，以字符 0x 作为前缀的数，表示十六进制整数，如 0x10 表示十六进制数，它转换为十进制数时为 16。

2. 浮点型

小数点位置变化的数字称为浮点数，带有小数点的数都是浮点数，如 2.0 表示一个浮点数；而 2 则是整型数。浮点数用来近似地表示数学中的实数。大部分程序语言定义了 2 种浮点数类型：单精度 float 浮点数（32 位）和双精度 double 浮点数（64 位）。二者之间的差别在于不同的计算精度，如 double 浮点数的计算精度为 16 位十进制有效数，而 float 浮点数的计算精度为 8 位十进制有效数。

3. 字符型

在编程语言中，字符型数据要用英文双引号（如 C 语言）或单引号（如 Python 语言）围起来。如："请输入 n 值："等。C 语言字符型变量的基本存储长度为 1 个字节。

4. 布尔型

布尔型数据用 bool 表示，它的值只有两个：true（逻辑真）和 false（逻辑假）。将一个整型变量转换成布尔型变量时，对应关系为：如果整型值为 0，则布尔型值为 false（假）；如果整型值为 1，则布尔型值为 true（真）。

5. 常　量

常量是指在程序运行过程中始终保持不变的数值、字符串等。如图 6-8 所示，100 为数值型常量，“输出值 =”为字符型常量。常量是变量的一种特殊形式。

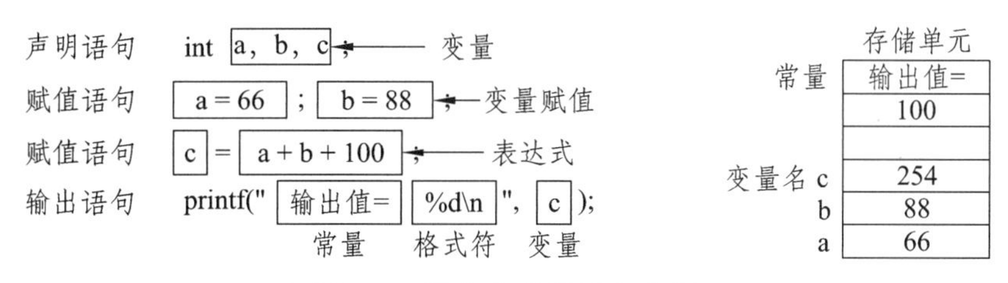

图 6-8　程序中的常量与变量

6. 变　量

在程序执行过程中，其值可以改变的量称为**变量**。变量有变量名、变量类型、作用域、初始值等属性。

变量用变量名表示，变量名是存储单元的地址。虽然每个存储单元都有地址，但是程序员使用非常不方便。首先程序员不知道数据和程序存放在内存的哪个位置；其次不同数据类型在内存中的存储长度不同，使用起来麻烦。因此，使用变量名代替存储单元地址简化了程序设计。变量遵循先声明、后使用的原则。

变量类型：变量有数据类型和值两个属性。变量的数据类型有：整型、浮点型、字符型、逻辑型、指针型、日期型等，它们的存储长度不同。

作用域：根据声明的方式，有些变量可以在整个程序中使用，这种变量称为“全局变量”；而有些变量只能在局部范围（如函数内）使用，程序的其他部分不能直接访问这些变量，它们称为“局部变量”；而有些变量在程序调用时动态地创建和销毁。

变量初始值：大部分程序设计语言中，变量的初始值没有定义（如 C 语言），也有部分语言对变量定义了初始值，如 Java 语言将整型变量的初始值定义为 0。如果希望变量初始化为某个特定值，常用方法是用赋值语句进行赋值，如：int x = 0。

6.3.2 关键字和表达式

1. C 语言常用关键字

关键字（也称为保留字）是程序语言规定的有特殊含义的单词。简单地说，程序中的关键字就是程序指令，如图 6-9 所示。关键字的单词有各种形式，如英语、汉语、阿拉伯语、积木块等；关键字的数量和定义也不太相同，例如，C 语言有 32 个关键字，C++有 63 个关键字，Java 有 48 个关键字。关键字一般不包括运算符号（如 + 、 – 等）、函数名称（如 main、printf 等）、类名等。

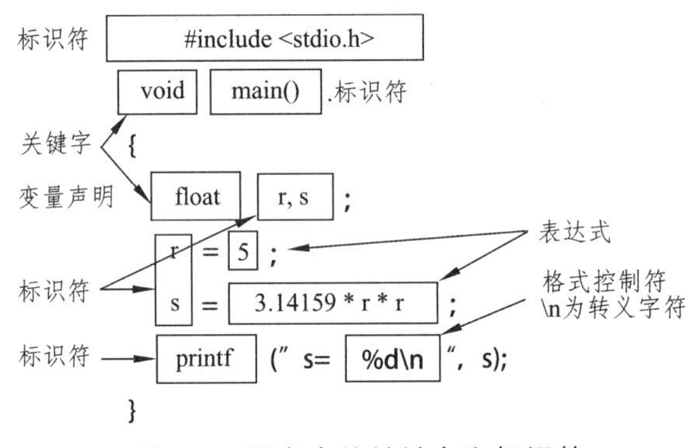

图 6-9 程序中的关键字和标识符

2. 标识符命名规则

用于表示变量、常量、函数等名称的字符称为标识符。标识符要遵循编程语言的规定。如不允许空格、汉字等；不能是程序语言中的关键字，如 if、then、else、end、for、while、int、float、char 等。有些程序语言对标识符字母的大小写敏感，如 C 语言；而有些程序语言对标识符的大小写不敏感，如 VB、SQL 等。标识符要尽量做到见名知意，最好以英文全称或中文全拼音的方式书写。

3. 转义字符

程序中以“\字符”表示的符号称为转义字符。如\0、\r、\n 等，斜杠后面的第 1 个字符不是它本来的 ASCII 字符，它转移表示为另外的含义。例如，转义字符“\n”不表示字符“n”，而是表示“换行”打印。所有程序语言都需要转义字符，主要原因如下。

（1）需要使用转义字符来表示字符集中定义的字符。如 ASCII 码里面的回车符、换行符等，这些字符没有现成的文字代号，因此只能用转义字符来表示。

（2）在程序语言中，一些字符被定义为特殊用途，它们失去了原有意义。

例如，程序语言都使用了反斜杠作为转义字符的开始符号，如果需要在程序中使用反斜杠，就只能使用转义字符（如\\）。

例如，在 HTML 标记语言中，“< >”符号被 HTML 定义为标签的开始，如果需要使用“< >”符号，就只能使用转义字符。

（3）出于安全原因，在数据写入数据库前，都会使用转义字符对一些敏感字符进行转义，这样做可以避免黑客利用特殊符号进行攻击。

4. 算术表达式

表达式是由常量、变量、函数、运算符及圆括号组成的有意义的组合式。用算术运算符、关系运算符串联起来的变量或常量都是表达式。

算术表达式是最常用的表达式，它是通过算术运算符进行运算的数学公式。程序语言只能识别按行书写的数学表达式，因此必须将一些数学公式转换成程序语言规定的格式。

5. 逻辑表达式

用逻辑运算符将关系表达式或逻辑量连接起来的语句称为逻辑表达式。逻辑表达式的值是“true”（真）或“false”（假）。程序在编译时，以数字 1 表示“真”，数字 0 表示“假”。

对于一些复杂的条件，需要几个关系表达式组合起才能表示。将多个关系表达式用逻辑运算符连接起来的式子称为逻辑表达式，逻辑表达式的运算值为逻辑型。

例如，条件 2<x<9 就需要用 2<x 和 x<9 两个表达式来表示，即：2<x && x<9。

逻辑运算顺序为：!（非）、&&（与）、||（或）。当表达式中既有算术运算符，又有关系运算符和逻辑运算符时，运算顺序是：算术运算，关系运算，逻辑运算。

6. 模运算

模运算（求余运算）是计算机领域应用广泛的运算方法，模运算是求一个整数 n 除以另一个整数 p 后的余数，而不考虑运算结果的商。在计算机程序设计中，通常用 mod 表示模运算，它的含义是取得两个整数相除后结果的余数。

例如：7 mod 3 = 1，因为 7 除以 3 商 2 余 1，商丢弃，余数 1 为模运算结果。

7. 表达式中的运算符

描述各种不同运算的符号称为运算符，参与运算的数据称为操作数。例如：在表达式 2 + 3 中，操作数是 2 和 3，运算符是“ + ”。不同的程序语言有不同的运算符，它们的符号定义和使用规则都有区别。例如，有些程序语言的计算功能很强大，除四则运算符外，还会有很多增强计算能力的运算符（如 Matlab 中的矩阵运算符）；有些程序语言的字符处理能力强大，就会增加很多字符串处理的运算符等。

以 C 语言为例，主要运算符可以分为以下类型。

（1）算术运算符用于各类数值运算，算术运算符有：+（加）、-（减）、*（乘）、/（除）、%（模运算）、+ +（自增运算）、--（自减运算）等。

（2）关系运算符用于表达式之间的关系比较，关系运算符有：>（大于）、<（小于）、==（等于）、>=（大于等于）、<=（小于等于）、!=（不等于）。

（3）逻辑运算符用于逻辑运算，逻辑运算符有：&&（与）、||（或）、!（非）。

（4）其他运算符有：赋值运算符（ = ）、位操作运算符、条件运算符、逗号运算符、指针运算符、求字节数运算符、特殊运算符等。

8. 表达式的运算顺序

编程时必须了解表达式运算的优先顺序，程序语言一般遵循以下优先顺序：

（1）表达式中，圆括号（ ）的优先级最高，其他次之。如果表达式中有多层圆括号，遵循由里向外的原则。

（2）表达式中有多个不同运算符时，运算顺序为：括号→乘方→乘/除→加/减→字符连接运算符→关系运算符→逻辑运算符。

（3）在运算符优先级相同的情况下，计算类表达式遵循左侧优先的原则，即先左后右。如在表达式 x－y＋z 中，y 先与“－”号结合，执行 x－y 运算，然后再执行＋z 的运算。

（4）在运算符优先级相同的情况下，赋值类表达式遵循右侧优先的原则，即先右后左。如表达式 x＝y＝z 中，先执行 y＝z 运算，再执行 x＝（y＝z）运算。

6.3.3 函数及其参数传递

1. 函数调用形式

在程序中通过对函数的调用来执行函数体，其过程与其他语言的子程序调用相似。如图 6-10 所示，C 语言中，函数调用的一般形式为：函数名（实参表）。

实参表中的参数可以是常量、变量或其他类型的数据和表达式。各实参之间用逗号分隔。对无参函数（没有实参的函数）进行调用时，不需要“实参表”。

函数出现在表达式中，并以函数返回值参与运算时，这种函数必须有返回值。

例如 z＝max（x，y）是一个赋值表达式，表示 max（ ）函数将返回值赋给变量 z。

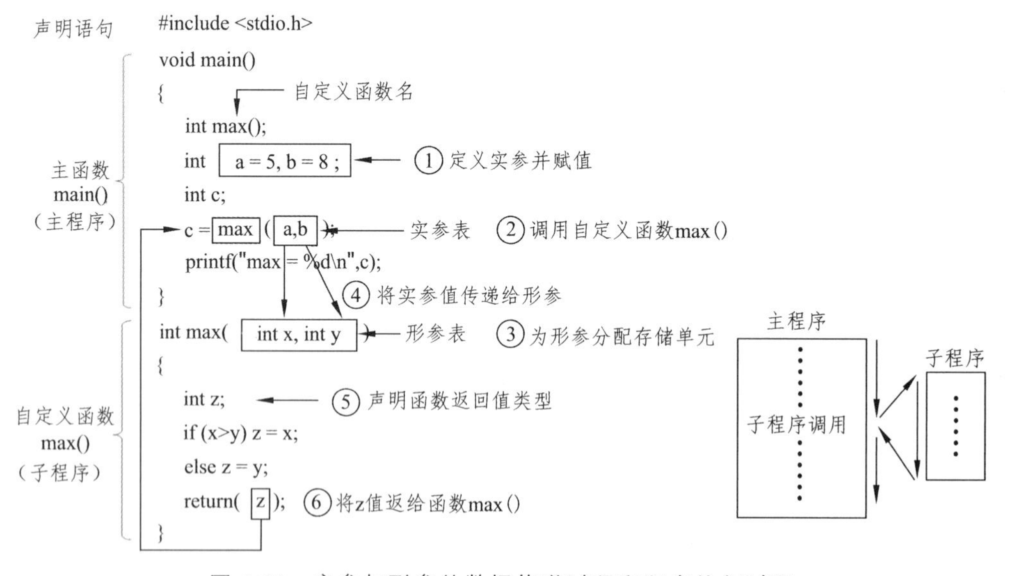

图 6-10 实参与形参的数据传递过程和程序执行过程

2. 函数的实参与形参

实参（实际参数）是指调用函数时，传递给函数的常量、表达式、变量名、数组名等。

如图 6-10 所示，实参表中的各个参数用逗号分隔。实参一般出现在主调函数中。形参（形式参数）是接收数据的变量。形参表中的各个变量之间用逗号分隔，形参表中的变量类型可以是合法的简单变量，也可以是数组。形参一般出现在被调函数中，在整个函数体内都可以使用，离开该函数则不能使用。

形参和实参的功能是实现两个程序模块之间的数据传送。如图 6-13 所示，发生函数调用时，主调函数将实参的值传送给被调函数的形参，从而实现主调函数向被调函数的数据传送。在调用函数时，实参表和形参表必须一一对应，数据类型一致。即第 1 个形参接收第 1 个实参的值，第 2 个形参接收第 2 个实参的值，其余依此类推。被调函数如果存在函数返回值，则通过 return（ ）函数返回给主调函数。

3. 函数的声明

如图 6-10 所示，在主函数中调用某个函数之前，应对该被调函数进行声明，这与使用变量之前要先进行变量声明是一致的。在主函数中，对被调函数作声明的目的是：使编译系统知道被调函数返回值的类型，以便在主函数按这种类型对返回值作相应的处理。

被调函数的声明形式为：类型说明符被调函数名（类型 形参，类型 形参，…）;

或为：类型说明符被调函数名（类型，类型， …）;

例如，在 main（ ）主函数中，对被调函数 max（ ）的声明为：int max（int x，int y）;

6.4　程序的基本结构

程序的流程控制方式主要有：顺序结构、选择结构、循环结构、调用结构、并行结构等。顺序、选择、循环是三种最基本的结构。

6.4.1　顺序结构

如图 6-11 所示，顺序结构是程序中最简单的一种基本结构，即在执行完第 1 条语句指定的操作后，接着执行第 2 条语句，直到所有 *n* 条语句执行完成。

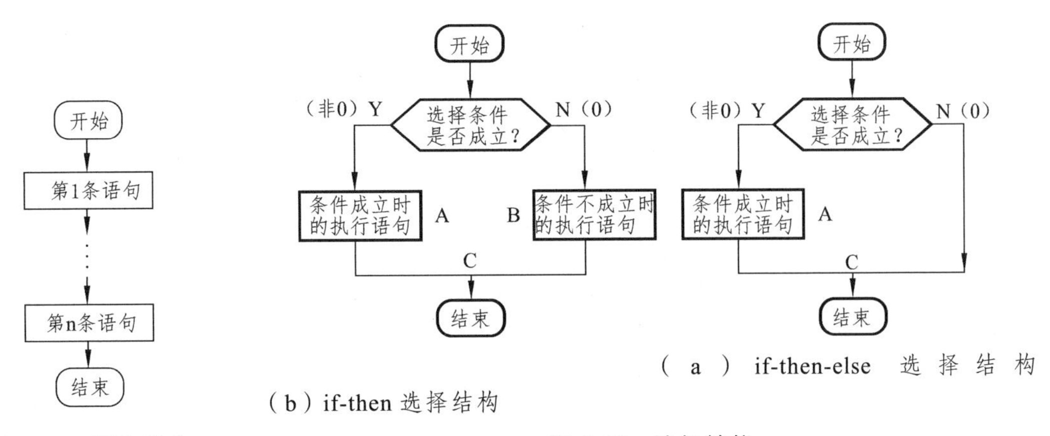

（b）if-then 选择结构

（a）if-then-else 选择结构

图 6-11　顺序结构

图 6-12　选择结构

6.4.2 选择结构

（1）选择结构的形式

选择结构是判断某个条件是否成立，然后选择程序中的某些语句执行。选择结构如图 6-12 所示，这种结构包含一个用菱形框表示的判断条件，根据给定的条件是否成立来选择执行语句的流向。A 或 B 可以有一个是空的，即不执行任何操作，如图 6-12（b）所示。

无论执行哪一个方向，执行完 A 或 B 语句后，都必须经过 C 点，脱离选择结构。

与顺序结构比较，选择结构使程序的执行不再完全按照语句的顺序执行，而是根据某种条件是否成立来决定程序执行的走向，它进一步体现了计算机的智能特点。

在程序语言中，选择结构一般通过 if-then 和 select-case 条件语句来实现。条件语句的关键是条件的表示，如果能够正确地表达条件，就可以简化程序。在多重选择的情况下，使用 select case 语句，可以使程序更直观、更准确地描述出程序分支的走向。

2. if 条件语句

在解决问题的过程中，常常需要对事物进行判断和选择，例如，如果 A>=0，表示这个数为正数，否则为负数。在程序中可以用条件判断语句来实现这种选择。C 语言 if 条件语句的基本格式如下。

```
if   <条件>  <语句组 1>;        /* 如果<条件>成立（为真），则执行<语句组 1> */
else  <语句组 2>;               /* 如果<条件>不成立（为假），则执行<语句组 2> */
```

6.4.3 循环结构

循环结构是重复执行一些程序语句，直到满足某个条件为止。如图 6-13 所示，循环结构有两种类型：当型循环结构（while）和直到型循环结构（until）。

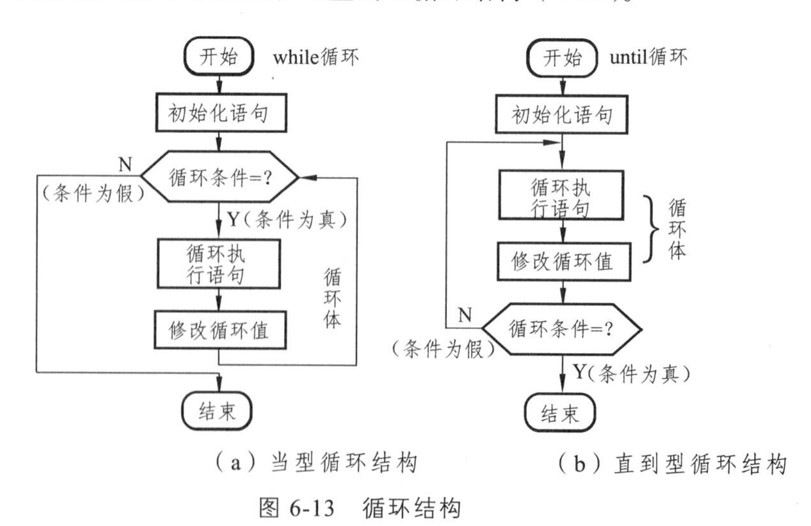

（a）当型循环结构　　（b）直到型循环结构

图 6-13　循环结构

1. 当型循环（while）

“当型”是先判断循环条件，后执行循环体。判断语句中的表达式一般是关系表达式或逻辑表达式，只要表达式的值为真（非 0）即继续循环，当表达式的值为假（0）时结束循环。循环次数不确定值时，适用于采用当型循环结构。

2. 直到型循环（until）

“直到型”是先执行循环体，后判断循环条件。判断语句中的表达式一般是关系表达式或逻辑表达式，只要表达式的值为真（非 0）即结束循环，当表达式的值为假（0）时继续循环。循环次数是确定值时，适用于采用直到型循环结构。

6.4.4　程序基本结构的特点

任何程序均可采用“顺序”“选择”“循环”三种基本结构实现。程序员也可以自己定义基本结构，并由这些基本结构组成复杂的结构化程序。程序的基本结构具有以下特点。

（1）结构内的每一部分程序都有机会被执行。

（2）结构内不存在“死循环”（无法终止的循环）。

（3）程序只有一个入口和一个出口。选择结构有多个出口时，只有一个出口被执行。

6.5　程序设计举例

6.5.1　顺序结构程序设计

例 6.1　输入三角形的三边长，求三角形面积。

假设三个边长 a，b，c 能构成三角形。已知面积公式为：

$area=\sqrt{s(s-a)(s-b)(s-c)}$；$s=（a+b+c）*0.5$

则采用 C 语言程序实现的代码如下所示：

```
        #include<stdio.h>                                  /* 头文件 */
        #include<math.h>                                   /* math.h 是数学函数库，程序*/
        void main ( )                                      /* 要用到开方函数 sqrt ( ) */
        { float a, b, c, s, area;                          /* 声明边长值为单浮点数 */
           Scanf(%f, %f, %f, &a, &b, &c);                  /* 从键盘输入三个边长值 */
           s = 1.0/2*(a + b + c);                          /* 计算 s 值 */
        area = sqrt(s*(s-a)*(s-b)*(s-c));                  /* 计算三角形面积 */
Printf("a = %7.2f, b = %7.2f, c = %7.2f, s =               /* 输出三个边长值 */
%7.2f\n", a, b, c, s);
        printf ( "面积 = %7.2f\n",   area ); }             /* 输出三角形面积 */
        运行结果：
        3, 4, 6 (回车)                                      /* 从键盘输入三个边长值 */
        a = 3.00, b = 4.00, c = 6.00, s = 6.50             /* 输出运算结果 */
        面积 = 5.33                                         /* 输出运算结果 */
```

6.5.2 多分支程序设计

例 6.2 输入 2 个数（均不为 0）和 1 个四则运算符，输出运算结果。

输入的算术运算符有 4 种情况（ + 、-、*、/），使用 switch 语句处理。采用 C 语言程序实现的代码如下所示：

```
#include <stdio.h>                              /* 头文件 */
main()                                          /* 主函数 */
{     float x, y, s;                            /* 声明 x、y、s 变量为浮点型 */
      char ch;                                  /* 声明 ch 变量为字符型 */
      printf ("请输入: x, y, 运算符\n");         /* 提示输入信息 */
      scanf("%f %f %c", &x, &y, &ch);           /* 输入 x, y 变量和运算符 ch */
switch(ch)                                      /* 根据运算符 ch 进行多重选择 */
{     case ' + ': s = x + y; break;             /* 进行 + 运算并跳出选择 */
      case '-': s = x-y; break;                 /* 进行 - 运算并跳出选择 */
      case '*': s = x*y; break;                 /* 进行*运算并跳出选择 */
      case '/': s = x/y; break;       }         /* 进行/运算并跳出选择 */
printf("计算值 =  %15.4f\n", s);    }           /*格式符 15 为输出列数,.4 为输出的小数位 */
     运行结果:
     3,  5,  *(回车)                            /* 输入变量 x,y 和运算符*(乘法)*/
     计算值 =   15.0000                         /* 输出运算结果 */
```

6.5.3 信息加密程序设计

为使报文保密，往往按一定规律将其转换成密码，收报人再按约定的规律将其译回原文。例如，可以按以下规律将电文变成密码：将字母 A 变成字母 E，a 变成 e，W 变成 A，X 变成 B，Y 变成 C，Z 变成 D，即变成其后的第 4 个字母。

例 6.3 输入一行字符，要求输出相应的密码。

C 语言程序代码如下所示：

```
include <stdio.h>                                          /* 头文件 */
void main()                                                /* 主函数 */
{     char c;                                              /* 声明 c 变量为字符型 */
      while((c = getchar())! = "\n")                       /* getchar()函数返回一个 int 型值 */
{   if((c> = "a"&& c< = "z")||(c> = "A" && c< = "Z"))     /* 判断输入字符变量范围 */
   {   c = c + 4;                                          /* 字符移位 */
       if(c>"Z" && c< = "Z" + 4 || c>"z") c = c-26;   }    /* 判断字符变量范围 */
            printf("%c\n", c);   }   }                     /* 输出移位加密后的字符 */
运行结果:
China!(回车)                                               /* 输入明文字符 */
Glmre!                                                     /* 输出加密结果 */
```

6.5.4　递归函数程序设计

例 6.4　用 C 语言编一个递归函数，求正整数 n 的阶乘值 n!。

用 fac（n）表示 n 的阶乘值，阶乘的数学定义如下：

$$fac(n)=n!=\begin{cases}1 & n=0 \quad (\text{边界条件}) \\ n*fac(n-1) & n\geqslant 1 \quad (\text{基本公式})\end{cases}$$

利用递归函数求阶乘值 n! 的 C 语言程序代码如下：

```
#include<stdio.h>                                /* 头文件 */
#include<math.h>                                 /* 数学计算头文件 */
void main()                                      /* 主函数 */
{   int n, rs, fac(int n);                       /* 声明实参,n 阶乘,rs 阶乘值,fac 阶乘函数*/
    printf("请输入小于 13 的阶乘数 n:");          /* 显示提示信息 */
    scanf("%d", &n);                             /* 读入阶乘数 n 作为实参 */
    rs = fac(n);                                 /* 调用自定义递归函数 fac(n), n 为实参 */
    printf("\n%d 的阶乘结果为: %d", n, rs); }    /* 显示阶乘值 rs */
int fac(n)                                       /* 自定义递归函数,n 为形参 */
{   if (n = = 0)   return(1);                    /* 判断边界条件, 如果 n = 0, 则返回值 = 1 */
    return   n*fac(n-1);   }                     /* 否则按基本公式计算, 并将值返回主函数 */
```

说明：由于 n、rs 等变量声明为整型数，因此 n 的最大值为 13，超过会导致计算错误。

6.5.5　汉诺塔问题程序设计

1. 汉诺塔——现实中难以计算的问题

相传印度教天神汉诺（Hanoi）在创造地球时建了一座神庙，神庙里竖有三根宝石柱子，柱子由一个铜座支撑。汉诺将 64 个直径大小不一的金盘子，按照从大到小的顺序依次套放在第一根柱子上，形成一座金塔，即汉诺塔（也称为梵天塔）。天神让庙里的僧侣们将第一根柱子上的 64 个盘子借助第二根柱子，全部移到第三根柱子上，即将整个塔迁移，同时定下了三条规则：一是每次只能移动一个盘子；二是盘子只能在三根柱子上来回移动，不能放在他处；三是在移动过程中，三根柱子上的盘子必须始终保持大盘在下、小盘在上。

2. 汉诺塔递归算法思想

汉诺塔问题全部可能的状态数为 3^n 个（n = 盘子数），最佳搬动次数为：2^n-1。

例 6.5　只有 3 个盘子的汉诺塔问题解决过程如图 6-14 所示。3 个盘子的最佳搬移次数为 $2^3-1=7$ 次。

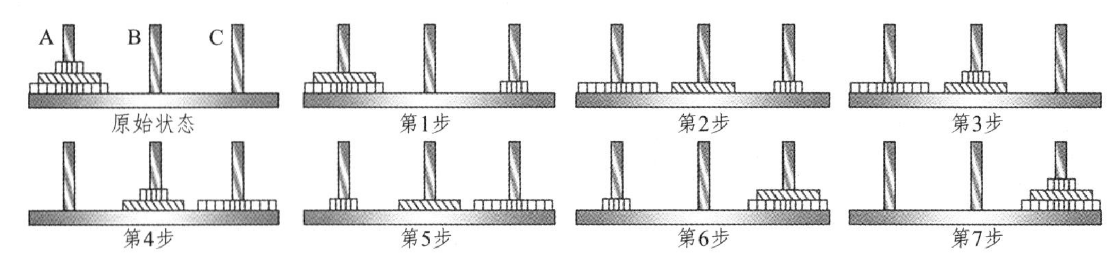

图 6-14 3 个盘子时汉诺塔的解题过程

从图 6-14 可见，移动 3 个盘子的步骤为：A→C，A→B，C→B，A→C，B→A，B→C，A→C。

汉诺塔 N 个盘子从 A 座移到 C 柱的递归算法思想如下：

步骤 1：把 A 柱上 $N-1$ 个盘子借助 C 柱先移到 B 柱；

步骤 2：把 A 柱上剩下的盘子移到 C 柱；

步骤 3：把 B 柱上 $N-1$ 个盘子借助于 A 柱移到 C 柱；

步骤 4：$N-1$ 个盘子的移动过程按步骤 1～3 的方法进行（递归过程）；

步骤 5：最后第 64 个盘子时，按移动一个盘子的算法移动，递归结束。

汉诺塔有 64 个盘子时，盘子最佳移动次数为：$2^{64}-1=18\ 446\ 744\ 073\ 709\ 551\ 615$。假设僧侣们移动一次盘子需要 1 s，则僧侣们一刻不停地来回搬动，需要大约 5 849 亿年的时间。从汉诺塔问题可以看出，理论上可以计算的问题，在实际中并不一定能行。

3. 汉诺塔 C 语言程序

汉诺塔问题 C 语言程序如下：

```
#include<stdio.h>                              /* 头文件 */
void hanoi(int, char, char, char);             /* 声明汉诺函数数据类型 */
void move(char, char);                         /* 声明移动函数数据类型 */

void hanoi(int n, char a, char b, char c)      /* 汉诺函数开始 */
{  if(n = = 1)                                 /* 盘子数 = 1 时 */
{  move(a,c);  }                               /* 调用移动函数 */
   else if(n>1)                                /* 盘子数>1 时 */
   {    hanoi(n-1,a,c,b);                      /* 调用汉诺函数(递归调用) */
   move(a,c);                                  /* 调用移动函数 */
   hanoi(n-1,b,a,c);  }  }                     /* 调用汉诺函数 */

void move(char a, char b)                      /* 移动函数开始 */
{    printf("%c-->%c\n",a,b);  }               /* 输出盘子移动列表 */

void main()                                    /* 主函数 */
{    int n;                                    /* 声明盘子为整型数 */
     printf("输入汉诺塔盘子数：");              /* 输出提示信息 */
     scanf("%d",&n);                           /* 获取输入盘子数 */
```

```
    printf("移动方法如下：\n");                    /* 输出提示信息 */
    hanoi(n,'A','B','C');   }                   /* 调用汉诺函数，*/
运行结果：
请输入盘子的数量：3(回车)
3 个盘子的移动步骤是：A-->C   A-->B   C-->B   A-->C   B-->A   B-->C   A-->C
```

4. 密码组合爆炸——现实中难以计算的问题

根据笛卡尔乘积规则，当 2 个元素和 2 种状态具有相互作用时，会有 4 种不同组合。例如，二进制有 2 个元素（0 和 1），如果采用 2 位二进制数，则有 $2^2 = 4$ 种组合。分析计算机日常使用的密码问题，如果规定密码只能采用 0 ~ 9 十个数字，而且只用 6 位密码，则有 $10^6 = 1\ 000\ 000$ 种密码组合；如果密码允许采用 0 ~ 9 十个数字和 26 个英文字母的任意组合，还是采用 6 位密码，则有$(10 + 26)^6 = 2\ 176\ 782\ 336$ 种密码组合；如果在以上组合中不断增加密码的位数，并将所有可能的密码组合计算出来，计算机必将遇到“组合爆炸”问题。对于指数级或阶乘级的“组合爆炸”问题，利用计算机无法进行处理。

计算的复杂性包括空间和时间两方面的复杂性，组合爆炸问题体现了时间的复杂性。从以上分析可以知道，并不是所有问题都可计算的；即使是可计算的问题，也要考虑计算量是否超过了目前计算机的计算能力。

本章小结

算法是解决问题的一系列步骤，也是计算思维的核心概念。本章主要从“算法”等计算思维概念，讨论递归、迭代、排序、查找等基本算法思想；以及用“抽象”的计算思维概念，讨论简单程序的基本设计方法。重点介绍了程序的基本概念及基本结构，介绍了几个典型的程序设计实例，让读者掌握算法的基本思想及计算机解题的基本方法。

习　题

1. 算法有哪些基本特征？
2. 枚举法有哪些优点和缺点？
3. 递归与迭代有什么区别？
4. 简要说明冒泡排序的算法思想。
5. 简要说明二分查找的基本方法。
6. 写出 sum = 1 + 3 + 5 + 7 + ⋯ + 99 问题的算法流程图和伪代码。
7. 求出两个整数的最大公约数和最小公倍数，写出它们的算法思想、算法流程图和算法伪代码。

第 7 章　信息安全基础

本章要点：

- 计算机安全概述；
- 计算机软件安全；
- 计算机网络安全技术；
- 信息安全技术；
- 计算机病毒；
- 计算机职业道德规范。

随着互联网技术以及信息技术的飞速发展，信息安全技术已经影响到社会的政治、经济、文化和军事等各个领域，信息安全的隐蔽性、跨域性、快速变化性和爆发性给信息安全带来了严峻的挑战。本章主要介绍计算机安全、软件安全、网络安全技术、信息安全技术、病毒防治以及职业道德规范等信息安全知识。

7.1　计算机安全概述

随着计算机在社会各个领域的广泛应用,以计算机安全为核心的各种问题也日渐突出。要解决计算机安全方面的问题，首先需要了解什么是计算机安全及其特性。

7.1.1　计算机安全的定义

随着计算机技术的快速发展，计算机技术在政府机关、金融领域、商业部门等都得到了广泛的应用，很多重要的机密信息和文件也均采用计算机来进行处理，使得利用计算机进行犯罪的案件不断发生。人们逐渐意识到计算机系统安全关系到整个国家的安全和正常的经济流通，因此计算机安全已经成为评估计算机系统性能的重要指标。所谓计算机安全，就是对计算机系统采取的安全保护措施，这些保护措施可以保护计算机系统中的硬件、软件和数据，防止因为偶然或者人为恶意破坏的原因导致系统或者信息遭到破坏、更改或泄露。

为了帮助计算机用户区分和解决计算机安全的问题，美国国防部国家计算机安全中心公布了计算机系统安全性标准，即可信计算机系统标准评估准则（Trusted Computer Standards Evaluation Criteria ），对多用户计算机系统安全的级别进行了划分并且做出了相应的规定。

（1）D1 级——酌情安全保护级。

D1 级是最低的安全保护级别，不要求用户进行用户登录和密码保护，任何人都可以使用，不受任何限制就可以访问他人的数据信息，整个计算机系统是不可信任的。

（2）C1 级——自选安全保护级。

C1 级又称为选择性安全保护系统，是一种典型的用在 UNIX 系统上的安全级别。这种级别的系统对硬件有一定的安全保护，但硬件受到损害的可能性依然存在，用户必须通过登录的方式才能使用系统，并对不同的用户给予不同的访问权限。

（3）C2 级——受控存取保护级。

C2 级不仅包含了 C1 级的全部安全特性，同时还包含了访问控制环境、系统审计、授权分级等保护方法，而且加入了身份验证级别。访问控制环境进一步限制用户执行某些系统指令或访问某些文件的权限。系统审计可以记录下所有与安全相关的事件及系统管理员的工作。授权分级可以通过系统管理员给用户分组，授予他们访问某些程序的权限或访问某些分级目录的权限。

（4）B1 级——标志安全保护级。

B1 级是支持多级安全的第一个级别，对网络上的每个对象都实施保护，对网络、工作站、服务器等实施不同的安全策略，对象必须在访问的控制之下，不允许拥有者自己改变资源的属性。

（5）B2 级——结构化保护级。

B2 级对网络和计算机系统中的所有对象都加以定义，并给每个对象都加上一个标签，同时为每个设备分配单个或多个不同的安全级别。

（6）B3 级——安全区域保护级。

B3 级使用硬件的方式来加强保护的级别，要求用户工作站或者终端必须通过信任的途径连接到网络系统内部的主机上。增加了系统安全员，将系统管理员、系统操作员和系统安全员的责权分离，将计算机安全威胁中的人为因素减到最小。

（7）A 级——核实保护级。

A 级是当前计算机安全级中的最高一级，它不仅包括了以上所有级别的全部保护措施，同时还包括了一个严格的设计、控制和验证的过程。所有构成系统的部件来源都必须有完全的安全保证，同时还规定了将安全计算机系统运送到工作现场安装所必须遵守的程序。

7.1.2　计算机系统的安全特性

计算机系统的安全具有保证系统资源的保密性、完整性、真实性、可用性和安全性等特征。

1. 保密性

保密性是指利用密码技术对需要保密的信息进行加密处理，保证信息不泄露给非授权的用户或者实体。这就要求系统能对信息的存储和传输进行加密保护，还要求计算机系统要有严格的访问控制级别和足够保密强度的加密算法来对数据进行保密。

2. 完整性

完整性表示的是程序和数据等信息的完整程度，使程序和数据能满足预定的要求，即信息在存储和传输的过程中不被偶然或者蓄意地删除、修改、插入、破坏等。完整性是一种面向信息的安全性，要求保持信息的正确生成、存储和传输。完整性可分为程序完整性和数据完整性两个方面。

程序完整性：为了保证信息在生成的过程中不被修改，程序要具有抗分析能力和完整性的检验手段，同时还可以通过程序将数据进行加密处理。

数据完整性：保证数据存储和传输过程中不会被非法删除或者意外丢失。

3. 可用性

可用性是指授权用户可以正常访问系统资源并可以按需要进行使用的特性。可用性既保证合法用户能够正确的使用系统内的资源而不会出现拒绝访问等情况，又要防止非法用户进入系统访问、窃取资源和破坏系统，还要防止合法用户对系统的非法操作或使用。同时在信息系统部分受到损坏或者系统需要进行降级使用的时候，仍然可以为授权的用户提供有效服务的特性。

4. 真实性

在信息交换的过程中,信息的接收方应能证实它收到的信息的内容和顺序都是真实的，同时应该能够检验收到的信息是否是实时的信息，而不是过时的或者重复的信息。信息的交换双方应该能够对对方的身份进行鉴别，确认双方的真实同一性，以保证信息的交换双方都不能否认或者抵赖相互曾经完成的操作。

5. 安全性

安全性标志着计算机系统中程序和数据的安全程度，即防止未授权用户非法使用和访问的能力。它可以分为内部安全和外部安全。内部安全是在计算机系统内部通过多级安全策略来实现的，而外部安全是在计算机之外通过对计算机设备和设置进行安装防护装置来实现的。

7.1.3 操作系统安全

操作系统是计算机中最基本、最重要的软件。同一计算机可以安装几种不同的操作系统。

如果计算机系统可提供给许多人使用，操作系统必须能区分用户，以便于防止相互干扰。一些安全性较高、功能较强的操作系统可以为计算机的每一位用户分配账户。通常，一个用户一个账户。操作系统不允许一个用户修改由另一个账户产生的数据。

联网的安全性通过两方面的安全服务来达到：

（1）访问控制服务：用来保护计算机和联网资源不被非授权使用。

（2）通信安全服务：用来认证数据机要性与完整性，以及各通信的可信赖性。

例 7.1　操作系统安全配置方案。

停止 Guest 账号、限制用户数量、创建多个管理员账号、管理员账号改名、陷阱账号、更改默认权限、设置安全密码、屏幕保护密码、使用 NTFS 分区、运行防毒软件和确保备份盘安全。

（1）停止 Guest 账号。

在计算机管理的用户里面把 Guest 账号停用，任何时候都不允许 Guest 账号登录系统。

为了保险起见，最好给 Guest 加一个复杂的密码。可以打开记事本，在里面输入一串包含特殊字符、数字、字母的长字符串，用它作为 Guest 账号的密码。并且修改 Guest 账号的属性，设置拒绝远程访问，如图 7-1 所示。

图 7-1　Guest 账号的属性配置

（2）限制用户数量。

去掉所有的测试账户、共享账号，等等。用户组策略设置相应权限，并且经常检查系统的账户，删除已经不使用的账户。

账户很多是黑客们入侵系统的突破口，系统的账户越多，黑客们得到合法用户的权限的可能性一般也就越大。

对于 Windows 7 主机，如果系统账户超过 10 个，一般能找出一两个弱口令账户，所以账户数量不要大于 10 个。

（3）多个管理员账号。

虽然这点看上去和上面有些矛盾，但事实上是服从上面规则的。创建一个一般用户权限账号，用来处理电子邮件以及处理一些日常事务；另一个拥有 Administrator 权限的账户，只在需要的时候使用。

因为只要登录系统以后，密码就存储在 Win Logon 进程中，当有其他用户入侵计算机的时候就可以得到登录用户的密码，所以应该尽量减少 Administrator 登录的次数和时间。

（4）管理员账号改名。

Windows 7 中的 Administrator 账号名是默认的，为了防止别人试这个账户的密码而破解此账号，把 Administrator 账户改名可以有效地防止这一点。

不要使用 Admin 之类的名字，因为这样改了等于没改，尽量把它伪装成普通用户，比如改成 guestmaster。具体操作的时候只要选中账户名改名就可以了，如图 7-2 所示。

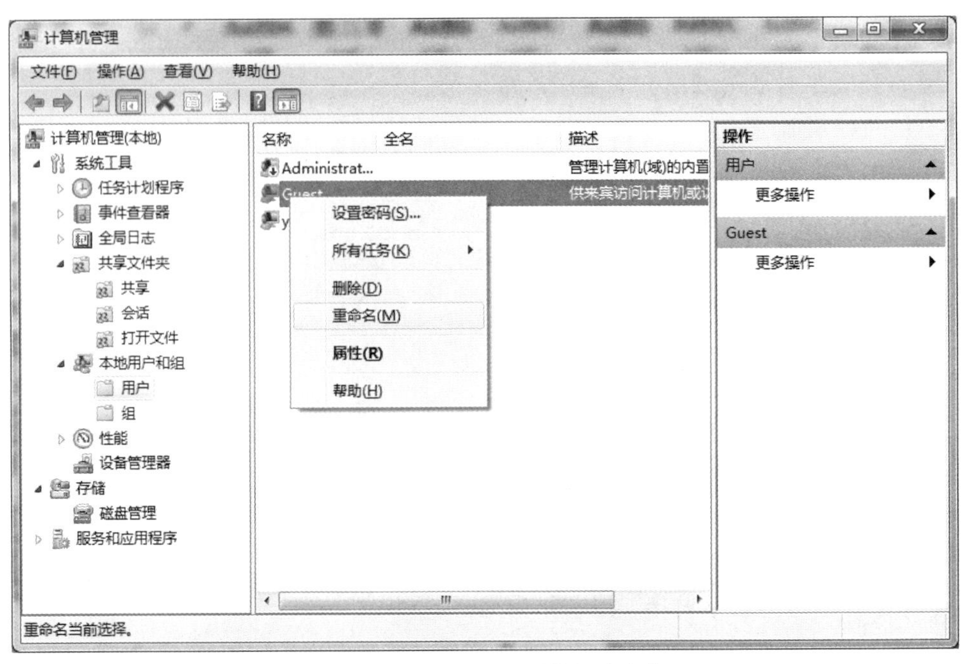

图 7-2　Administrator 账户重命名

（5）陷阱账号。

所谓的陷阱账号是创建一个名为“Administrator”的本地账户，把它的权限设置成最低，什么事也干不了的那种，并且加上一个超过 10 位的超级复杂密码。这样可以让那些企图入侵者忙上一段时间了，并且可以借此发现它们的入侵企图。可以将该用户隶属的组修改成 Guests 组，如图 7-3 所示。

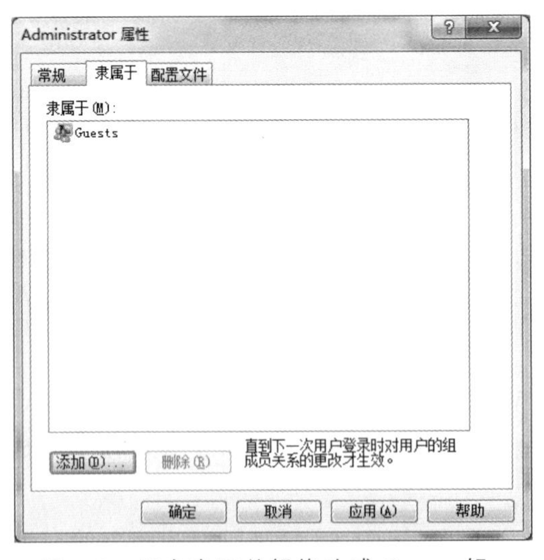

图 7-3　用户隶属的组修改成 Guests 组

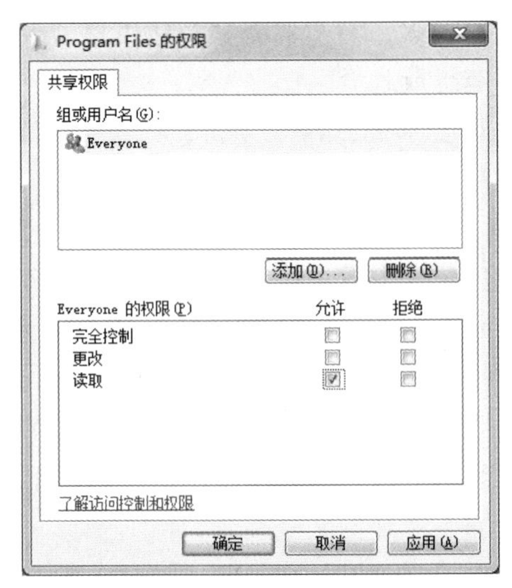

图 7-4　更改默认权限

（6）更改默认权限。

共享文件的权限从“Everyone”组改成“授权用户”。“Everyone”在 Windows7 中意味着任何有权进入你的网络的用户都能够获得这些共享资料。

任何时候不要把共享文件的用户设置成“Everyone”组。包括打印共享，默认的属性就是“Everyone”组的，一定不要忘了改。设置某文件夹共享默认设置如图 7-4 所示。

（7）安全密码。

好的密码对于一个网络是非常重要的，但是也是最容易被忽略的。

一些网络管理员创建账号的时候往往用公司名、计算机名或者一些别的一猜就能猜到的字符做用户名，然后又把这些账户的密码设置得比较简单，比如“welcome”“iloveyou”“letmein”“admin888”或者和用户名相同的密码等。这样的账户应该要求用户首次登录的时候更改成复杂的密码，还要注意经常更改密码。

（8）屏幕保护密码。

屏幕保护密码是防止内部人员破坏服务器的一个屏障。将屏幕保护的选项“在恢复时显示登录屏幕”选中就可以了，并将等待时间设置为最短时间“1 分钟”，如图 7-5 所示。

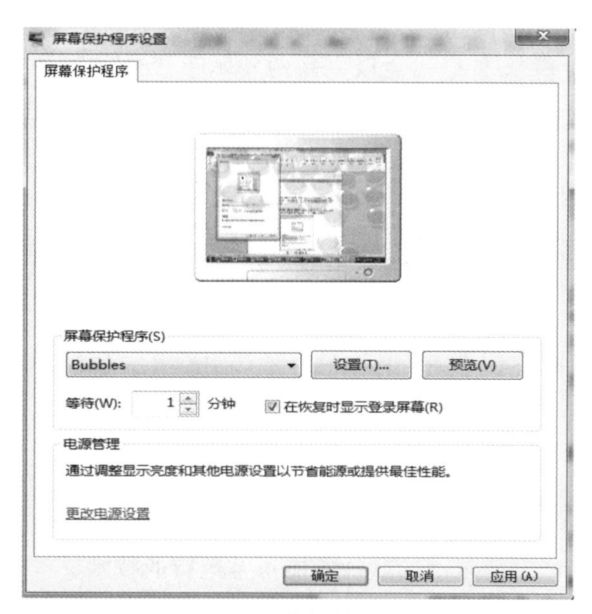

图 7-5　屏幕保护的选项

（9）防毒软件。

安装杀毒软件是防范病毒的简单而实用的办法，好的杀毒软件可以查杀大部分病毒，降低计算机中毒的概率。

7.2　计算机软件安全

计算机软件技术在计算机硬件快速更新的同时也得到了飞速的发展，在一套完整的计算机系统中占据了相当重要的地位。计算机硬件是看得见的物理实体，而软件则是支配计算机的硬件工作的一组程序的集合。用户在选择计算机时，不能只关注它的硬件性能，同时还要了解其是否有完善的软件支持，只有硬件和软件的完美结合才能完成快速的计算，更好地满足用户的需求。但同时计算机软件很容易被复制，这就使得计算机软件安全成为一个非常重要的问题。

计算机软件安全涉及的范围有软件本身的安全保密、数据的安全保密和系统运行的安全保密等相关内容。

软件本身的安全保密指软件本身的完整性，同时还包括对软件的授权使用等。软件的完整性包括软件的复制、加密技术，以及开发过程中的软件开发设计、软件测试、源代码等。

数据的安全保密主要依靠计算机软件来实现，即包括数据的输入、存储、修改、备份等。这种数据的保密主要是利用软件的授权技术和加密技术来保证操作数据的用户权限和在传输过程中对数据进行加密保护。

系统运行的安全保密主要是指对系统软件的系统信息和对这些系统信息的使用的安全保密。保护好这些系统信息，可以更好地防止非法入侵行为。

影响计算机软件安全的因素很多，随着科学技术的发展，每当出现一种新的计算机软件防护技术不久，计算机罪犯就会以更高的技术手段来对防护技术进行破解和破坏，使得原来的防护措施失效，所以要建立一个绝对安全的软件保护措施是不可能的。在现实的计算机环境中，非法破译信息、窃取账号和密码、病毒入侵等问题层出不穷，软件的安全受到各种类型威胁。所以防护计算机软件的安全必须从以下两个方面入手：一是采取一些非技术的措施，例如指定相应的法律、法规和政策，加强软件犯罪方面的管理；二是通过一些技术性的措施对软件进行保护，例如各种软件应用防拷贝技术、防静态分析技术等。

计算机软件的加密技术在目前主要有软件防拷贝技术、防静态分析技术、防动态跟踪技术等。

1. 软件防拷贝技术

软件防拷贝技术就是通过某种加密措施，使得一般用户利用正常的复制方法都无法将软件进行完全的复制，或者使复制的软件不能正常运行的技术。

2. 防静态分析技术

防静态分析技术就是对抗反编译程序，使破译者不能或者很难对软件进行反编译，即使反编译成功，也无法读懂程序的源代码。

3. 防动态跟踪技术

防动态跟踪技术就是防止破译者通过跟踪工具对软件进行动态跟踪，找到破解程序、解密算法或识别加密盘标志程序的技术。

7.3 计算机网络安全技术

计算机网络安全问题是伴随计算机网络的广泛应用而产生的。由于计算机网络安全所造成的危害已经遍布全球，因而加强计算机网络安全性的问题日益引起各国的重视。

7.3.1　计算机网络安全概述

网络安全是指网络系统的硬件、软件及其系统中的数据受到保护，不因偶然的或者恶意的原因而遭受到破坏、更改、泄露，系统连续可靠正常地运行，网络服务不中断。网络安全从其本质上来讲就是网络上的信息安全。从广义来说，凡是涉及网络上信息的保密性、完整性、可用性、真实性和可控性的相关技术和理论，都是网络安全的研究领域。

网络安全的具体含义会随着“角度”的变化而变化。比如：从用户（个人、企业等）的角度来说，他们希望涉及个人隐私或商业利益的信息在网络上传输时受到机密性、完整性和真实性的保护，避免其他人或对手利用窃听、冒充、篡改、抵赖等手段侵犯用户的利益和隐私，或对其进行访问和破坏。

从网络运行和管理者角度说，他们希望对本地网络信息的访问、读写等操作受到保护和控制，避免出现“陷门”、病毒、非法存取、拒绝服务和网络资源非法占用和非法控制等威胁，制止和防御网络黑客的攻击。

对安全保密部门来说，他们希望对非法的、有害的或涉及国家机密的信息进行过滤和防堵，避免机要信息泄露，避免对社会产生危害、对国家造成巨大损失。

从社会教育和意识形态角度来讲，网络上不健康的内容，会对社会的稳定和人类的发展造成阻碍，必须对其进行控制。

计算机网络安全是指为保护网络免受侵害而采取的措施总和。计算机网络安全的定义包括 3 个方面的内容，即保密性、完整性和可用性。

7.3.2　网络安全的层次体系

从层次体系上，可以将网络安全分成四个层次上的安全：物理安全、逻辑安全、操作系统安全、联网安全。

1. 物理安全

物理安全主要包括五个方面：

（1）防盗。

像其他的物体一样，计算机也是偷窃者的目标，例如盗走磁盘、主板等。计算机偷窃行为所造成的损失可能远远超过计算机本身的价值，因此必须采取严格的防范措施，以确保计算机设备不会丢失。

（2）防火。

计算机机房发生火灾一般是由于电气原因、人为事故或外部火灾蔓延引起的。电气设备和线路会因为短路、过载、接触不良、绝缘层破坏或静电等原因引起电打火而导致火灾。

（3）防静电。

静电是由物体间的相互摩擦、接触而产生的，计算机显示器也会产生很强的静电。

静电产生后，由于未能释放而保留在物体内，会有很高的电位（能量不大），从而产生静电放电火花，造成火灾。

静电还可能使大规模集成电器损坏，这种损坏可能是不知不觉造成的。

（4）防雷击。

利用引雷机理的传统避雷针防雷，不但会增加雷击概率，而且会产生感应雷，而感应雷是导致电子信息设备损坏的主要杀手，也是易燃易爆品被引燃起爆的主要原因。

雷击防范的主要措施是，根据电气、微电子设备的不同功能及不同受保护程序和所属保护层，确定防护要点做分类保护；根据雷电和操作瞬间过电压危害的可能通道，从电源线到数据通信线路都应做多层保护。

（5）防电磁泄漏。

电子计算机和其他电子设备一样，工作时要产生电磁发射。电磁发射包括辐射发射和传导发射。这两种电磁发射可被高灵敏度的接收设备接收并进行分析、还原，造成计算机的信息泄露。屏蔽是防电磁泄漏的有效措施，屏蔽主要有电屏蔽、磁屏蔽和电磁屏蔽三种类型。

2. 逻辑安全

计算机的逻辑安全需要用口令、文件许可等方法来实现。

可以限制登录的次数或对试探操作加上时间限制；可以用软件来保护存储在计算机文件中的信息。

限制存取的另一种方式是通过硬件完成，在接收到存取要求后，先询问并校核口令，然后访问列于目录中的授权用户标志号。

此外，有一些安全软件包也可以跟踪可疑的、未授权的存取企图，例如，多次登录或请求别人的文件。

7.3.3 计算机网络安全的主要威胁

影响计算机网络安全的因素很多，如外来黑客对网络系统的非法侵入、数据的非法修改和窃取等，归纳起来主要有以下 4 类不同的网络安全威胁。

（1）人为的恶意攻击。

人为的恶意攻击是计算机网络面临的最大威胁。来自入侵者的外部威胁是真实存在的，但来自机构内部的损害却更隐蔽、更常见、破坏也更大。这是因为内部用户不但更容易进入系统，还知道最敏感或最重要的数据的存放位置。人为的恶意攻击又可以分为主动攻击、被动攻击两种形式。

（2）未经授权的访问。

没有预先经过授权就使用网络或计算机资源，主要包括以下几种形式：假冒身份攻击、非法攻击、非法用户进入网络系统进行违法操作、合法用户以未授权方式进行操作等。

（3）信息泄露或丢失。

敏感数据在有意或无意中被泄露出去或丢失，通常包括信息在传输中丢失或泄露。例如“黑客”利用网络监听或搭线窃听方式截获机密信息。

（4）破坏数据完整性。

以非法手段窃得对数据的使用权，删除、修改、插入或重发某些重要信息，以取得有益于攻击者的响应；或恶意添加、修改数据，以干扰用户的正常使用。

7.3.4　常见的攻击方法

（1）端口扫描。

端口扫描是使用一些扫描工具，向大范围的主机连接一系列的 TCP/UDP 端口进行扫描，从而检测出目标主机的扫描端口是否是处于激活状态、主机提供了哪些服务、提供的服务是否含有漏洞。通过端口扫描，入侵者可以发现目标主机的弱点和漏洞，进而确定详细的攻击步骤。

（2）网络监听。

网络监听也称为网络侦听，当信息在网络上传播时，可以利用工具将网卡设置为监听模式来捕获网络中正在传播的信息。通过网络监听，可以了解到网络中的通信情况，截获传输的信息、提取与口令相关的数据等。

（3）特洛伊木马。

特洛伊木马是一个包含在合法程序中的非法程序，该非法程序一般在用户不知情的情况下执行，其名称来源于一个古希腊的特洛伊木马故事。木马程序分为服务器和客户端两部分，服务器端安装在受害者的计算机上，客户端则安装在入侵者的计算机上，一旦用户触发了木马程序，那么依附在木马内的指令代码将被激活，以完成入侵者指定的任务，如窃取口令、修改删除文件、修改注册表等。

（4）计算机病毒。

计算机病毒是利用计算机软、硬件的漏洞编制的，能够自我复制和传播的一组计算机指令和程序代码。计算机病毒具有很强的传染性、隐蔽性和破坏性，其破坏行为主要有：攻击系统数据区、攻击文件、攻击内存、干扰系统等。

7.3.5　防火墙技术

防火墙是为了防止火灾蔓延而设置的防火障碍。网络系统中的防火墙是用于隔离本地网络与外部网络之间的一道防御系统。客户端用户一般采用软件防火墙；服务器端用户一般采用硬件防火墙，关键性的服务器一般都放在防火墙设备之后。

1. 防火墙的功能

防火墙用来在两个网络之间实施访问控制策略，解决内网和外网之间的安全问题。防火墙应具备以下功能。

（1）所有内部网络和外部网络之间交换的数据都可以而且必须经过该防火墙。例如，学生宿舍的计算机既接入校园网，同时又接入电信外部网络时，就会造成一个安全后门，攻击信息会绕过校园网中的防火墙，攻击校园内部网络。

（2）只有防火墙安全策略允许的数据，才可以出入防火墙，其他数据一律禁止通过。例如，可以在防火墙中设置内部网络中某些重要主机（如财务部门）的 IP 地址，禁止这些 IP 地址的主机向外部网络发送数据包；阻止上班时间浏览某些网站（如游戏网站）或禁止某些网络服务（如 QQ）；阻止接收已知的不可靠信息源（如黑客网站）。

（3）防火墙本身受到攻击后，应当仍然能稳定有效的工作。例如，设置防火墙对外部突然增加的巨大数据流量进行数据包丢弃处理。

（4）防火墙应当有效地过滤、筛选和屏蔽一切有害的服务和信息。例如，在防火墙中检测和区分正常邮件与垃圾邮件，屏蔽和阻止垃圾邮件的传输。

（5）防火墙应当能隔离网络中的某些网段，防止一个网段的故障传播到整个网络。例如，在防火墙中对外部网络访问区（DMZ）和内部网络（LAN）访问区采用不同网络接口，一旦外部网络（DMZ）崩溃，不会影响到内部网络的使用。

（6）防火墙应当可以有效地记录和统计网络的使用情况。

2. 防火墙的类型

硬件防火墙可以是一台独立的硬件设备；也可以在一台路由器上，经过软件配置成为一台具有安全功能的防火墙。防火墙还可以是一个纯软件，如 360 个人防火墙软件等。一般软件防火墙功能强于硬件防火墙，硬件防火墙性能高于软件防火墙。防火墙按技术类型可分为：包过滤型防火墙、代理型防火墙或混合型防火墙。

硬件防火墙大部分采用 PC 服务器结构，这些服务器运行一些经过裁剪和简化的操作系统，如 Linux、FreeBSD 等。这类防火墙采用开源的操作系统内核，因此会受到操作系统本身安全性的影响。国外硬件防火墙产品有：美国 Cisco PIX、美国杰科公司 NetScreen 等；中国防火墙设备生产公司有：天融信、深信服、绿盟、联想等。

3. 防火墙的局限性

防火墙技术存在以下局限性：一是防火墙不能防范网络内部的攻击，例如，防火墙无法禁止内部间谍将敏感数据拷贝到 U 盘上。二是防火墙不能防范那些伪装成超级用户的黑客劝说没有防范心理的用户公开口令或权限。三是防火墙不能防止传送已感染病毒的软件或文件，不能期望防火墙对每一个文件进行扫描，查出潜在的计算机病毒。

7.3.6 网络安全性措施

网络安全是一个涉及多方面的问题，是一个极其复杂的系统工程，实施一个完整的网络安全系统，至少包括以下三类措施。

（1）安全立法。

法律是规范人们社会行为的准则，对网络安全进行立法，可以有效地对不正当的信息活动进行惩处，以警戒和规范其他非法行为的再次发生。

（2）安全技术。

安全技术措施是计算机网络安全的重要保证，也是整个系统安全的物质技术基础。常用的网络安全技术有：修补漏洞、病毒检查、加密、执行身份鉴别、防火墙、捕捉闯入者、口令守则等。

（3）安全管理。

安全管理是基于网络维护、运行和管理信息的综合管理，它集高度自动化的信息收集、传输、处理和存储于一体，包括性能管理、故障管理、配置管理等。

7.4　信息安全技术

7.4.1　数据加密技术

数据加密技术由来已久，随着数字技术、信息技术、网络技术的发展，数据加密技术也不断发展。

1. 数据加密标准 DES

数据加密标准（Data Encryption Standard，DES）是由 IBM 公司于 20 世纪 70 年代初开发的，于 1977 年被美国政府采用，作为商业和非保密信息的加密标准被广泛采用。

尽管该算法较复杂，但易于实现。它只对小的分组进行简单的逻辑运算，用硬件和软件实现起来都比较容易，尤其是用硬件实现使该算法的速度快。

DES 算法的加密和解密密钥相同，属于一种对称加密技术。

2. 公开密钥加密算法 RSA

公开密钥加密算法展现了密码应用中的一种崭新的思想，公开密钥加密算法采用非对称加密算法，即加密密钥和解密密钥不同。因此在采用加密技术进行通信的过程中，不仅加密算法本身可以公开，甚至加密用的密钥也可以公开（为此加密密钥也被称为公钥），而解密密钥由接收方自己保管（为此解密密钥也被称为私钥），从而增加了保密性。

RSA 算法是由 R.Rivest，A.Shamir 和 L.Adleman 于 1977 年提出的。RSA 的取名就来自这 3 位发明者姓的第一个字母。后来，他们在 1982 年创办了以 RSA 命名的公司 RSA Data Security Inc.和 RSA 实验室，该公司和实验室在公开密钥密码系统的研究和商业应用推广方面具有举足轻重的地位。

目前，RSA 被广泛应用于各种安全和认证领域，如 Web 服务器和浏览器信息安全、E-mail 的安全和认证、对远程登录的安全保证和各种电子信用卡系统等。

3. 对称和非对称数据加密技术的比较

对称数据加密技术和非对称数据加密技术的区别如表 7-1 所示。

表 7-1　对称数据加密技术和非对称数据加密技术的比较

比较项目	对称数据加密技术	非对称数据加密技术
密码个数	1 个	2 个
算法速度	较快	较慢
算法对称性	对称，解密密钥可以从加密密钥中推算出来	不对称，解密密钥不能从加密密钥中推算出来
主要应用领域	数据的加密和解密	对数据进行数字签名、确认、鉴定、密钥管理和数字封装等
典型算法实例	DES 等	RSA 等

7.4.2 数字签名技术

数字签名即进行身份验证的技术，是通过算法在电子文档后加上特殊的字符串，此字符串为数字签名。电子文档上的数字签名作用与纸张上的手写签名相同，是不可伪造的，能够确定签名人的身份。接收者根据特殊的字符串，能够验证文档确实来自签名者，并且签名后文档没有被修改过，从而保证信息的真实性和完整性。

能完成确认身份与验证信息的完整的签名要满足以下三个要求：

（1）发送方，即签名者事后不能抵赖自己的签名；

（2）其他人不能伪造数字签名；

（3）如果发送方与接收方关于签名的真伪发生争执，能够在公正的仲裁者面前通过验证数字签名来确认其真伪。

数字签名（Digital Signatures）技术是保证信息传输的保密性、数据交换的完整性、发送信息的不可否认性、交易者身份的确定性的一种有效的解决方案，是电子商务安全性的重要部分。

7.4.3 数字证书

数字证书是标识用户身份的数据。它提供了一种在 Internet 上验证身份的方式，其作用类似于司机的驾驶执照或日常生活中的身份证。它是一个由权威机构的第三方即 CA（Certificate Authority）证书授权中心发行的，人们可以在互联网交往中用它来识别对方的身份。

数字证书颁发过程一般为：用户首先产生自己的密钥对，并将公共密钥及部分个人身份信息传送给认证中心。认证中心在核实身份后，将执行一些必要的步骤，以确信请求确实由用户发送而来，然后，认证中心将发给用户一个数字证书，该证书内包含用户的个人信息和他的公钥信息，同时还附有认证中心的签名信息。用户就可以使用自己的数字证书进行相关的各种活动。数字证书由独立的证书发行机构发布。数字证书各不相同，每种证书可提供不同级别的可信度。可以从证书发行机构获得您自己的数字证书。

数字证书可用于发送安全电子邮件、访问安全站点、网上证券、网上招标采购、网上签约、网上办公、网上缴费、网上税务等网上安全电子事务处理和安全电子交易活动。

7.5 计算机病毒

7.5.1 计算机病毒的定义、特点与防护

1. 计算机病毒的定义

计算机病毒是一段人为编制的程序代码，它寄生在计算机程序中，破坏计算机的功能或数据，给信息安全带来危害。计算机病毒具有自我复制能力，感染能力很强，可以很快地蔓延，且有一定的潜伏期，往往难以根除，这些特性与生物意义上的病毒非常相似。

我国颁布实施的《中华人民共和国计算机信息系统安全保护条例》第二十八条中明确指出："计算机病毒是指编制或者在计算机程序中插入的破坏计算机功能或者破坏数据，影响计算机使用并且能够自我复制的一组计算机指令或者程序代码。"

计算机病毒（以下简称为：病毒）具有传染性、寄生性、隐蔽性、破坏性、未经授权性等特点，其中最大特点是具有"传染性"。病毒可以侵入到计算机的软件系统中，而每个受感染的程序又可能成为一个新的病毒，继续将病毒传染给其他程序，因此传染性成为判定一个程序是否为病毒的首要条件。

2. 计算机病毒的特点

（1）破坏性。

无论何种病毒程序，一旦侵入系统，都会造成不同程度的影响：有些病毒破坏系统运行（如图 7-6 所示），有些病毒蚕食系统资源（如争夺 CPU 资源、大量占用存储空间），有些病毒删除文件、破坏数据、格式化磁盘，甚至破坏系统 BIOS 等。

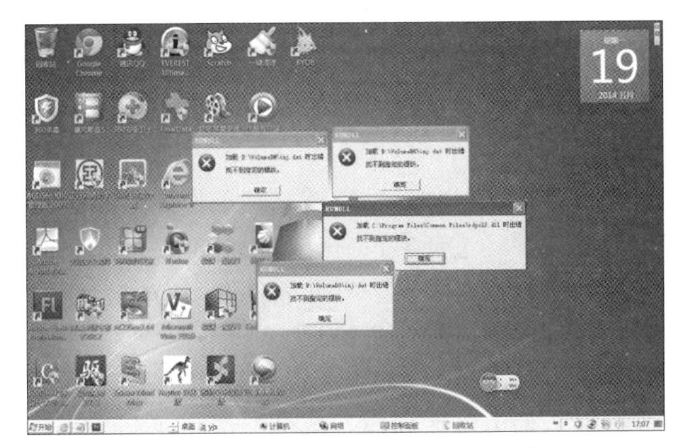

图 7-6　计算机病毒导致用户不能正常操作

（2）传染性。

计算机病毒不但本身具有破坏性，更有害的是具有传染性，传染性是病毒的最本质的特征。病毒借助非法拷贝进行传染，其中一部分是自己复制自己，并在一定条件下传染给其他程序；另一部分则是在特定条件下执行某种行为。计算机病毒传染的渠道多种多样，如软盘、光盘、活动硬盘、网络，等等。一旦病毒被复制或产生变种，若不加控制，其传染速度之快令人难以预防。

（3）隐蔽性。

计算机病毒具有很强的隐蔽性，为了逃避被觉察，病毒制造者总是想方设法地使用各种隐藏术。病毒一般都是些短小精悍的程序，通常依附在其他可执行程序体或磁盘中较隐蔽的地方，因此用户很难发现它们。

有些病毒像定时炸弹一样，具有潜在的破坏力。病毒感染系统一般可以潜伏一定时间，等到条件具备的时候一下子就爆发开来，给系统带来严重的破坏。病毒的潜伏性越好，其在系统中存在的时间就越长，病毒传染的范围也就越广。

（4）可触发性。

病毒在潜伏期内一般是隐蔽地活动（繁殖），当病毒的触发机制或条件满足时，就会以各自的方式对系统发起攻击。病毒触发机制和条件五花八门，如指定日期或时间、文件类型，或指定文件名、一个文件的使用次数等。

（5）不可预见性。

不同种类的病毒的代码千差万别，病毒的制作技术也在不断提高，就病毒而言，它永远超前于反病毒软件。新的操作系统和应用系统的出现以及软件技术的不断发展，为计算机病毒的发展提供了新的发展空间，对未来病毒的预测将更加困难，这就要求人们不断提高对病毒的认识，增强防范意识。

3. 计算机病毒的防护

计算机病毒防治的关键是做好预防工作。从用户的角度来看，要做好计算机病毒的预防工作，应从以下方面着手。

（1）安装计算机病毒防护软件。

在计算机中安装杀毒软件，可将病毒的入侵率降低到最低限度，同时也可以将病毒造成的危害降到最低限度。计算机病毒防护软件需要监视、跟踪系统内的操作，提供对系统的保护，最大限度地避免各种计算机病毒的传染破坏。

（2）切实可行的预防措施。

新购置的计算机可能携带计算机病毒。因此，在条件许可的情况下，要用检测计算机病毒的软件检查计算机病毒，并经过证实没有计算机病毒感染和破坏迹象后再使用。新安装的计算机软件也要进行计算机病毒检测。有些软件商发布的软件，可能有意或无意的被计算机病毒感染，需要用杀毒软件进行病毒检测。

（3）重要数据文件备份。

硬盘分区表、引导扇区等的关键数据应作备份工作并妥善保管，在进行系统维护和修复工作时可作为参考。重要数据文件定期进行备份工作。对 U 盘要尽可能将数据文件和应用软件分别保存。

（4）网络的安全使用。

不要随便直接运行或打开电子邮件中的附件文件，不要随意下载软件，尤其是一些可执行文件。文件下载后，要先用计算机病毒防护软件进行检查。网络病毒流行期间，尽量减少接收电子邮件，避免来自其他邮件病毒的感染。

7.5.2 计算机病毒的预防与清除

计算机病毒的大量涌现和新病毒的不断变异，使计算机病毒几乎无孔不入，要想让自己的系统免受计算机病毒侵入而造成巨大损失，就必须了解必要的计算机病毒防治和清除的知识，做到防患于未然。

1. 计算机病毒的预防

病毒一般通过以下的途径传播。

（1）可携带磁盘：U 盘、移动硬盘是病毒传播的最佳途径。

（2）互联网下载：从 Internet 下载各种资料软件的同时，会给病毒提供良好的侵入通道。有时候病毒会附着在下载的程序中，当运行了下载程序时，病毒便会自动潜伏在计算机中。

（3）电子邮件：电子邮件已经成为病毒传播的最主要途径，通常病毒文件会伪装成一个朋友发来的邮件，当用户打开邮件浏览时，病毒便会不知不觉地潜伏到计算机中。

（4）其他：其他一部分病毒通过特殊的途径进行感染，比如固化在硬件中的病毒（早期，危害性极大）、通过网络媒介传染（像蠕虫程序）等。

防止计算机病毒要提高思想意识，以预防为主，堵住计算机病毒传播的源头。建议用户采取以下措施：

（1）安装一款较好的杀毒软件或病毒防火墙，定期更新病毒库，每隔一段时间对系统文件进行扫描，及时发现和清除病毒。

（2）及时对操作系统进行升级，修复操作系统漏洞。

（3）不打开陌生的网站链接，到正常网站去下载东西。

（4）不打开来历不明的电子邮件及其附件。

（5）对于重要的数据文件要做好备份。

2. 计算机病毒的清除

1）使用杀毒软件检测和清除病毒

杀毒软件具有实时监控功能，能够监控所打开的任意文件和从网络上下载的文件等，一旦检测到病毒，杀毒软件就会报警。用户还可以根据需要对指定的文件和磁盘驱动器进行病毒检测。使用杀毒软件清除病毒也很方便，但是由于病毒的防治技术总是滞后于病毒的创作，所以不是所有病毒都可以很顺利地清除，此时应先把病毒隔离起来，等病毒库升级后再清除病毒。

2）手动清除病毒

这种方法清除病毒，需要用户对计算机操作很熟悉，具有一定专业的背景，它适合于专业人员查杀病毒。

3. 杀毒软件应用举例

360 杀毒是 360 安全中心出品的一款免费的云安全杀毒软件。它创新性地整合了五大领先查杀引擎，包括国际知名的 BitDefender 病毒查杀引擎、小红伞病毒查杀引擎、360 云查杀引擎、360 主动防御引擎以及 360 第二代 QVM 人工智能引擎。

360 杀毒具有查杀率高、资源占用少、升级迅速等优点；零广告、零打扰、零胁迫，一键扫描，快速、全面地诊断系统安全状况和健康程度，并进行精准修复，带来安全、专业、有效、新颖的查杀防护体验。其防杀病毒能力得到多个国际权威安全软件评测机构认可，荣获多项国际权威认证。

1）360 杀毒软件的工作界面

在任务栏执行“开始”→“程序”→“360 安全中心”→“360 杀毒”命令，或双击任务栏中的“360 杀毒”图标，即可进入“360 杀毒软件”工作界面窗口，如图 7-7 所示。

图 7-7 “360 杀毒软件”工作界面窗口

2）查杀病毒

对电脑查杀病毒可以执行以下步骤：

（1）在 360 杀毒软件工作界面窗口中，单击“病毒查杀”选项卡，就可以打开 360 病毒查杀选项窗口，如图 7-8 所示。

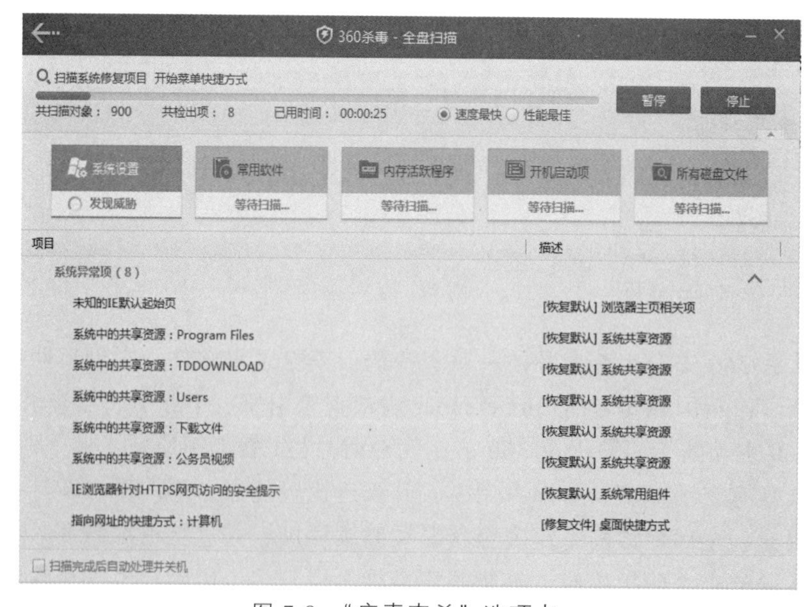

图 7-8 “病毒查杀”选项卡

（2）单击窗口显示的查杀按钮，就可以开始检测所选磁盘或文件夹。若发现病毒将会自动处理；若要在查杀过程中停止查杀，可以单击“停止查杀”按钮。

3）软件设置

在如图 7-8 所示的查杀窗口中，单击上方方的“设置”按钮，就可以打开“详细设置”对话框，如图 7-9 所示。在该对话框中，用户可以设置扫描的方式以及病毒处理设置。

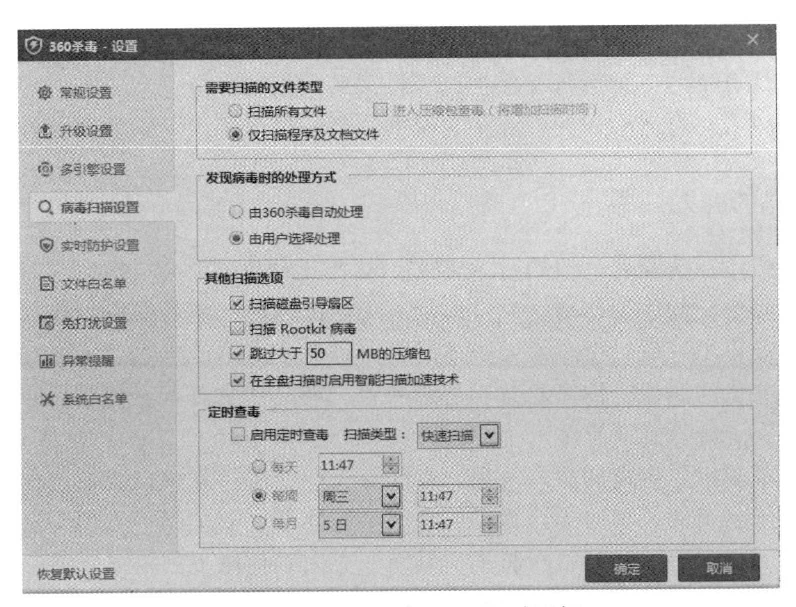

图 7-9　“360 杀毒-设置”对话框

7.6　计算机职业道德规范

1. 有关知识产权

1990 年 9 月我国颁布了《中华人民共和国著作权法》，把计算机软件列为享有著作权保护的作品；1991 年 6 月，颁布了《计算机软件保护条例》，规定计算机软件是个人或者团体的智力产品，同专利、著作一样受法律的保护；任何未经授权的使用、复制都是非法的，按规定要受到法律的制裁。

人们在使用计算机软件或数据时，应遵照国家有关法律规定，尊重其作品的版权，这是使用计算机的基本道德规范。建议人们养成良好的道德规范，具体是：

（1）应该使用正版软件，坚决抵制盗版，尊重软件作者的知识产权。

（2）不对软件进行非法复制。

（3）不要为了保护自己的软件资源而制造病毒保护程序。

（4）不要擅自篡改他人计算机内的系统信息资源。

2. 有关计算机安全

计算机安全是指计算机信息系统的安全。计算机信息系统是由计算机及其相关的和配套的设备、设施（包括网络）构成的，为维护计算机系统的安全，防止病毒的入侵，我们应该注意：

（1）不要蓄意破坏和损伤他人的计算机系统设备及资源。

（2）不要制造病毒程序，不要使用带病毒的软件，更不要有意传播病毒给其他计算机系统（传播带有病毒的软件）。

（3）要采取预防措施，在计算机内安装防病毒软件；要定期检查计算机系统内文件是否有病毒，如发现病毒，应及时用杀毒软件清除。

（4）维护计算机的正常运行，保护计算机系统数据的安全。

（5）被授权者对自己享用的资源负有保护责任，口令密码不得泄露给外人。

3. 有关网络行为规范

计算机网络正在改变着人们的行为方式、思维方式乃至社会结构，它对于信息资源的共享起到了无与伦比的巨大作用，并且蕴藏着无尽的潜能。但是网络的作用不是单一的，在它广泛的积极作用背后，也有使人堕落的陷阱，这些陷阱产生着巨大的反作用。其主要表现在：网络文化的误导，传播暴力、色情内容；网络诱发着不道德和犯罪行为；网络的神秘性“培养”了计算机“黑客”，如此等等。

各个国家都制定了相应的法律法规，以约束人们使用计算机以及在计算机网络上的行为。例如，我国公安部公布的《计算机信息网络国际联网安全保护管理办法》中规定，任何单位和个人不得利用国际互联网制作、复制、查阅和传播下列信息：

（1）煽动抗拒、破坏宪法和法律、行政法规实施的；

（2）煽动颠覆国家政权、推翻社会主义制度的；

（3）煽动分裂国家、破坏国家统一的；

（4）煽动民族仇恨、破坏国家统一的；

（5）捏造或者歪曲事实，散布谣言，扰乱社会秩序的；

（6）宣扬封建迷信、淫秽、色情、赌博、暴力、凶杀、恐怖，教唆犯罪的；

（7）公然侮辱他人或者捏造事实诽谤他人的；

（8）损害国家机关信誉的；

（9）其他违反宪法和法律、行政法规的。

但是，仅仅靠制定一项法律来制约人们的所有行为是不可能的，也是不实用的。相反，社会依靠道德来规定人们普遍认可的行为规范。在使用计算机时应该抱着诚实的态度、无恶意的行为，并要求自身在智力和道德意识方面取得进步。

（1）不能利用电子邮件做广播型的宣传，这种强加于人的做法会造成别人的信箱充斥无用的信息而影响正常工作。

（2）不应该使用他人的计算机资源，除非你得到了准许或者做出了补偿。

（3）不应该利用计算机去伤害别人。

（4）不能私自阅读他人的通讯文件（如电子邮件），不得私自拷贝不属于自己的软件资源。

（5）不应该到他人的计算机里去窥探，不得蓄意破译别人口令。

本章小结

信息安全是对计算机系统采所取的安全保护措施，这些保护措施可以保护计算机系统中的硬件、软件和数据，防止因为偶然的或恶意的原因而导致系统或者信息遭到破坏、更改或泄露。计算机安全具有保证系统资源保密性、完整性、真实性、可用性和安全性等特征。计算机软件安全包括软件本身的安全保密、数据的安全保密和系统运行的安全保密等，主要的软件加密技术有防拷贝技术、防静态分析技术和防动态跟踪技术。目前计算机网络安全的主要威胁来自人为的恶意攻击、未经授权的访问、信息泄露或丢失和数据完整性的破坏，常用的网络攻击方法有端口扫描、网络监听、特洛伊木马和计算机病毒等。计算机病毒是利用计算机软硬件的漏洞编制的能够自我复制和传播的一组计算机指令和程序代码，具有很强的传染性、隐蔽性和破坏性等特点。

思考题

一、填空题

1. 电脑要定期更换______________、定期______________，对不明邮件不要轻易__________。

2. 信息安全的基本特征是__________、__________、__________、配置相关性、攻击的不确定性。

3. 绝对的________________是不存在的，每个网络环境都有一定程度的漏洞和__________。

4. 网络安全性措施至少包括__________、__________、__________三类措施。

5. 计算机病毒是____。

6. 计算机病毒一般可分为__________、__________、__________、__________ 4种主要类别。

7. 从层次体系上，可以将网络安全分成四个层次上的安全，分别是：__________、__________、__________、__________。

二、判断题

1. 电子商务应用不可能存在账号失窃的问题。（　　）

2. 为了信息安全，在使用密码时建议使用大写字母、小写字母、数字、特殊符号组成的密码。（　　）

3. 超过70%的信息安全事件，如果事先加强管理，都可以得到避免。（　　）

4. 由于许多信息系统并非在设计时充分考虑了安全，依靠技术手段实现安全很有限，必须依靠必要的管理手段来支持。（　　）

5. 通过合理的组织体系、规章制度和控管措施，把具有信息安全保障功能的软、硬件设施和管理以及使用信息的人整合在一起，以此确保整个组织达到预定程度的信息安全，称为信息安全管理。（　　）

三、简答题

1. 什么是计算机安全？它具有哪些特性？
2. 目前所使用的计算机软件加密技术都有哪些？
3. 计算机网络安全的主要威胁是什么？
4. 计算机病毒都有哪些特性？
5. 简述计算机职业道德规范涉及的相关内容。

第 8 章　信息技术与社会

本章要点：

- 信息技术对社会发展的影响；
- 信息技术与教育；
- 信息技术与交通；
- 信息技术与娱乐；
- 信息技术与商业；
- 信息技术与人工智能；
- 信息技术与大数据；
- 虚拟现实技术；
- 3D 打印技术；
- 职业道德与相关法规；
- 知识产权与信息标准化。

8.1　信息技术对社会发展的影响

随着计算机时代的来临，信息技术所显示的强大功能，使人们看到它所具有的全面呈现当代社会面貌的功能；不仅如此，如果从历史的角度看，将信息技术的发展历史也纳入我们的视野中，还可以进一步扩展这一视界，从而发现：信息技术深刻地影响了历史的面貌，信息技术的不同发展阶段造就了不同的历史时代，以至从一定意义上讲，近代社会发展历史就是一部信息技术演变史。

社会学家对信息时代的描述，大多数给出的是光明灿烂的前景：人类将摆脱繁重的劳动，人类的交流将更加方便，社会发展将更加文明，社会经济更加发达，生活质量将得到更大的提升……事实上目前正是如此：从事办公室工作的人数远远超过其他职业，越来越多的人依靠文字、数字谋生或者发展，甚至“创意”也成为一种职业，这一切都是因为计算机和网络。创办一个网站就可以卖东西，软件成为没有物质形态的商品。不仅如此，标志现代化程度的是网络设施，办公室的桌面上摆放着的是计算机的显示器，人们不再是使用笔、纸等传统书写工具进行交流，而是面对冷冰冰的荧光屏和不知在何处的另一个人在通信交流。学生需要通过网络提交电子版的作业，职员通过电子邮件向上级汇报，公司通过网络召开会议，可以在计算机上玩游戏，可以在网络上“炒股票”，可以在网上汇兑，可以在网上购物并支付……一切传统的社会活动，正在被计算机技术所颠覆。

同时，信息时代也带来了新的问题：第一、对个人隐私的威胁。对个人隐私开始关注的今天，这种潜在的威胁已经靠近我们。设想一下盗用身份证办理驾驶证发生交通事故以后的后果，这种个人隐私的威胁就不言而喻了。现在银行开账户、购买飞机票、办理包裹邮寄、就医以及多种场合需要个人身份证，网上注册需要个人信息，随着计算机和网络的发展，信息交流加快了，那么个人信息被别人分享的情况将会增加，随之而来的有关责任影响就会成为一个社会问题。第二、计算机安全与计算机犯罪。计算机犯罪还不仅是盗用别人的上网账户，还包括破坏他人的计算机系统和网络，盗窃他人的信息，包括存放在计算机和网络上的商业信息。第三、知识产权保护。知识作为产权是信息时代的一个重要内容，软件的可复制性使得知识产权的保护显得更加困难，传统的音像制品、书籍和文献被转化为计算机及网络的数据后，更容易被盗用，而且二次创作的侵权定义变得难以界定。第四、自动化威胁传统的就业。大量的计算机辅助制造系统进入传统的生产过程，势必有大量的产业工人将失去他们的工作,新的就业所需要的技能也是这些产业工人所不具备的。第五、信息时代的贫富差距。信息时代克服了人类社会活动的空间障碍和时间限制，使得社会财富迅速增长，但信息社会带来的财富知识增长到新的富豪手中，这不但没有减少社会贫富差距，反而加大了国家间、人群间的财富差距。第六、依赖复杂技术带来的社会不安全因素。类似于上网成瘾、沉迷计算机游戏、网络上不健康的信息、虚假网络信息等一些社会问题也都是信息社会发展过程中所产生的。

8.2 信息技术与教育

计算机对教育的影响是巨大的，它的体现不在于各级学校的课程中开设计算机课程或者叫“信息基础”，而在于对学习途径和学习方法、学习习惯甚至是思维模式的影响都是巨大的。计算机技术在教育的环境下被迅速普及，世界上有数以亿计的人使用计算机，绝大多数都是通过教育环节掌握计算机的使用的。在许多新的职业中，计算机技能是一项基本的技能要求。

在我国，传统的语言文字在学生中就受到了前所未有的冲击，计算机文字处理所带来的优点使得传统的笔书写被弱化，以致有人惊呼危机的到来。但这个现实已经被人们慢慢接受并理解，汉字的美术功能不会因为计算机而受到任何影响，相反的是，被计算机处理过的更规范的文字在人的交流中会更加有效。 再一个就是思维模式的变化。在计算机技术中，强调了计算思维的重要性，无论是哪门自然科学，都有自己的一套体现和分析问题、解决问题的途径和方法，这是在这个科学发展过程中形成的。学习计算机也就是掌握计算思维方法，某种意义上，思维方法比知识本身更重要。

2006 年 3 月，美国卡内基 • 梅隆大学计算机科学系主任周以真（Jeannette M. Wing）教授（见图 8-1）在美国计算机权威期刊《Communications of the ACM》杂志上给出并定义了计算思维（Computational Thinking）。周教授认为：计算思维是运用计算机科学的基础概念进行问题求解、系统设计以及人类行为理解等涵盖计算机科学之广度的一系列思维活动。计算思维采用嵌入、转化和仿真等方法，把一个看来困难的问题重新阐释成一个我们

图 8-1　周以真教授

知道问题怎样解决的方法；是一种递归思维，是一种并行处理，是一种把代码译成数据又能把数据译成代码，是一种多维分析推广的类型检查方法；是一种采用抽象和分解来控制庞杂的任务或进行巨大复杂系统设计的方法，是基于关注分离的方法；是一种选择合适的方式去陈述一个问题，或对一个问题的相关方面建模使其易于处理的思维方法；是按照预防、保护及通过冗余、容错、纠错的方式，并从最坏情况进行系统恢复的一种思维方法；是利用启发式推理寻求解答，也即在不确定情况下的规划、学习和调度的思维方法；是利用海量数据来加快计算，在时间和空间之间、在处理能力和存储容量之间进行折中的思维方法。

除了思维上的改变，计算机也改变了传统的知识获取途径，它帮助学生在一个更大的范围内去寻找自己所需要的知识，这个范围可以是全世界，而不限于过去传统的课堂和图书馆以及教师。而教师也需要通过计算机和网络更新自己的知识。基于网络的教育模式已经被教育学家们研究，进而提出交互式的学习模式。

这对目前教学环境的变化尤其更大。当教室里配有计算机和多媒体投影设备，而黑板被投影屏幕所代替，也就意味着教师和学生都在借助计算机进行教学过程了，即计算机辅助教学。教育研究表明，讲学方式并不是传授知识的最好途径。过去为了吸引学生的注意，强调教师的肢体语言，但大多数教师并没有受过表演训练。计算机在视觉刺激和主动参与学习方面的优势是明显的，因此计算机受到学生的欢迎就毫无疑问了。教室的另一个改变就是远程学习。远程教学被叫作“开放大学”，最早是 20 世纪 70 年代从英国开始发展的。学生的“课堂”已经延伸到网络上。这种思路的优点非常明显。电视曾经是远程教学的主流，但目前网络化的远程教学已经取代了电视课堂。远程教学曾经面临的问题是教学时间的选择和学生与教师之间的交流，显然，网络发展到今天的技术程度，这些问题已经不再困扰远程教育。

远程教育的发展趋势是大型开放式网络课程，即 MOOC（massive open online courses）。2012 年，美国的顶尖大学陆续设立网络学习平台，在网上提供免费课程，Coursera、Udacity、edX 三大课程提供商的兴起，给更多学生提供了系统学习的可能。这三个大平台的课程全部针对高等教育，并且像真正的大学一样，有一套自己的学习和管理系统。再者，它们的课程都是免费的。2013 年，MOOC 大规模进入亚洲。香港科技大学、北京大学、清华大学、香港中文大学等相继提供网络课程（图 8-2 所示为，中国大学远程教育 MOOC 平台）。这种开放式教育被世界各地大学所接受，那么“虚拟大学”也许就成为现实。

图 8-2　中国大学 MOOC 平台

计算机教学的一个优势是可以将抽象表现为具体。使用计算机教学可以把学习和展示以及娱乐结合起来。

对低年级的儿童而言，老师再优美的语言和再漂亮的板书都不如计算机丰富多彩的展示有吸引力。研究也表明，激发学生的学习兴趣，他们就会变被动接受知识为主动学习知识，从而实现超越。人类通过各种途径获取知识，通过阅读得到的能够被记忆的占 10%，通过听得到的且能被记忆的占 20%，而同时看到和听到的知识则有 30%能够被记忆，如果亲历并模拟则能够达到 90%的记忆。因此让计算机对知识进行模拟并让学生亲历，是最好的学习途径。

计算机多媒体技术对教育的影响是深远的。计算机能够将文字、图片、声音、图像和动画这样不同的媒体结合起来，可以比传统的文字教学方式展示更多的信息。从电视成为主流媒体的发展就可以看出，图像、声音给人的信息量远比文字来得多。而计算机不但具有这些特征，而且它的存储特性使学习者可以随时重现知识的展示。学生可以通过计算机实验室学习计算机技能，以及使用计算机学习其他课程。在大学，学生通过校园网交流可以跨越专业的界限，也跨越了地理位置的分隔。对学生而言，计算机的一个重要用途是为论文写作和科研服务。学生可以通过计算机网络，方便地查找资料和专家进行讨论、发电子邮件给老师询问问题，等等。随着我国高等教育的发展，特别是在进入 21 世纪以来，高校规模迅速扩张，如果没有计算机对教学和学生进行管理，学校的运行将遇到困难。

8.3 信息技术与交通

在飞机上安装具有计算机控制的自动导航系统，飞机正常飞行途中，飞机驾驶员使用这种自动飞行系统，这是很自然的事情。在空中使用自动导航的原因是空中的障碍物很少，但在地面交通上，除了轨道交通外，公路交通的管理以及对汽车的自动驾驶仍然是一个引人兴趣的、正在研究和发展之中的课题。

自动驾驶汽车（Autonomous vehicles；Self-piloting automobile）又称无人驾驶汽车、电脑驾驶汽车或轮式移动机器人，是一种通过电脑系统实现无人驾驶的智能汽车。自动驾驶汽车依靠人工智能、视觉计算、雷达、监控装置和全球定位系统协同合作，让电脑可以在没有任何人为主动的操作下，自动安全地操作机动车辆。自动汽车驾驶在 20 世纪已有数十年的历史，21 世纪初呈现出接近实用化的趋势。2018 年 7 月，百度全球首款 L4 级别无人驾驶大巴车“阿波龙 3.0（Apollo）”（见图 8-3）正式下线。汽车自动驾驶技术通过视频摄像头、雷达传感器以及激光测距器来了解周围的交通状况，并通过一个详尽的地图对前方的道路进行导航。这一切都通过数据中心来实现，数据中心能处理汽车收集的有关周围地形的大量信息。

图 8-3 阿波龙 3.0（Apollo）

智能交通是计算机在交通管理上的一个重要应用，它被各国政府所重视。街道上装有检测交通状况的传感器，有的是属于现场检测，有的是直接铺设在道路上，当汽车通过道路产生感应时，被连接在传感器另一端的计算机所记录。计算机可以将这些数据进行汇总，并通过 GPS 发送到汽车上，导航系统可以根据道路状况为驾驶人员设定最佳的通行线路。空中交通使用计算机进行管理，而计算机已经进入了驾驶舱以外的地方。

车联网产业是依托信息通信技术，通过车内、车与车、车与路、车与人、车与服务平台的全方位连接和数据交互，提供综合信息服务，形成汽车、电子、信息通信、道路交通运输等行业深度融合的新型产业形态。发展车联网产业，在推动智能交通、实现自动驾驶、促进信息消费等方面具有重大意义。2018 年 6 月，工信部、国家标准委发布《国家车联网产业标准体系建设指南（总体要求）》《国家车联网产业标准体系建设指南（信息通信）》和《国家车联网产业标准体系建设指南（电子产品与服务）》，从总体要求、信息通信、电子产品与服务三个方面对我国车联网产业标准和发展规划做出部署。智能网联汽车标准体系主要明确智能网联汽车标准体系中定义、分类等基础方向，人机界面、功能安全与评价等通用规范方向，环境感知、决策预警、辅助控制、自动控制、信息交互等产品与技术应用相关标准方向。按照智能网联汽车的技术逻辑结构、产品物理结构相结合的构建方法，将智能网联汽车标准体系框架定义为“基础”“通用规范”“产品与技术应用”“相关标准”四个部分，同时根据各具体标准在内容范围、技术等级上的共性和区别，对四部分做进一步细分，形成内容完整、结构合理、界限清晰的子类。

智能交通系统（Intelligent Transportation System，简称 ITS）是未来交通系统的发展方向，它是将先进的信息技术、数据通信传输技术、电子传感技术、控制技术及计算机技术等有效地集成运用于整个地面交通管理系统而建立的一种在大范围内、全方位发挥作用的，实时、准确、高效的综合交通运输管理系统。随着传感器技术、通信技术、GIS 技术（地理信息系统）、3S 技术（遥感技术、地理信息系统、全球定位系统三种技术）和计算机技术的不断发展，例如国内广泛使用的 ETC 收费系统（见图 8-4），交通信息的采集经历了从人工采集到单一的磁性检测器交通信息采集再到多源的多种采集方式组合的交通信息采集的历史发展过程。同时随着国内外对交通信息处理研究的逐步深入，统计分析技术、人工智能技术、数据融合技术、并行计算技术等逐步被应用于交通信息的处理中，使得交通信息的处理得到不断的发展和革新，更加满足 ITS 各子系统管理者及用户的需求。ITS 依托既有交通基础设施和运载工具，通过对现代信息、通信、控制等技术的集成应用，以构建安全、便捷、高效、绿色的交通运输体系为目标，充分满足公众出行和货物运输多样化需求，是现代交通运输业的重要标志。

图 8-4　ETC 不停车收费系统

8.4　信息技术与娱乐

各种艺术是人类表达情感和引起别人情感反映的手段之一。我们知道，计算机本身还没有情感，所以现在它还不会创造艺术和娱乐，但在人们创造艺术和娱乐的过程中它能够发挥作用。 关于计算机游戏的争论就一直不停。过去否定的声音高过肯定的，但今天似乎情况在改变。2003 年 11 月 18 日，国家体育总局正式批准，将电子竞技列为第 99 个正式体育竞赛项。2011 年，国家体育总局将电子竞技改批为第 78 个正式体育竞赛项。2017 年，各高校全国首届电子竞技专业开始招生，游戏专业已经进入大学课堂。电子竞技（Electronic Sports）就是电子游戏比赛达到"竞技"层面的活动。2018 年 3 月 12 日，2018 年中国大学生电子竞技联赛（University Cyber League，简称 UCL）开始（见图 8-5），作为中国大学生体育协会唯一官方授权的大学生电子竞技联赛，UCL 汇聚了北京大学、清华大学、复旦大学、同济大学、武汉大学及电子科技大学等 32 所高校，赛事分为东西南北四大赛区进行。中国大学生电子竞技联赛电子竞技运动，是利用电子设备作为运动器械进行的、人与人之间的智力对抗运动。通过运动，可以锻炼和提高参与者的思维能力、反应能力、心眼四肢协调能力和意志力，培养团队精神。不可否认，人们对游戏的喜爱和年龄没有多大关系，孩子有孩子的游戏，而成人有成人的游戏。当网络游戏成为网络服务的一个亮点的时候，人们才回过头来正视它存在的必然性。而据一项调查，有 70%的因特网用户，游戏是上网的目之一。

图 8-5　2018 年中国大学生电子竞技联赛现场

在艺术领域，直接使用计算机制作的动画片越来越受到孩子和成人的欢迎。好莱坞在制作电影的同时，也在开发和电影有关的游戏。据研究，好莱坞游戏娱乐收入和电影的票房收入平分秋色。现在音乐家使用 MIDI 制作电影电视音乐，或者给视频和计算机游戏制作背景音乐。当音乐家创作音乐时，在电子合成器上弹奏的每一个音符都被 MIDI 输入到计算机，并以数字形式存放，这其中的优点之一是可以回放以便作曲者修改。舞蹈家使用计算机设计舞蹈动作。传统的舞蹈是师授的，而今天可以借助计算机进行处理。传统的视频技术虽然也可以记录舞蹈并作为培训新学员用，但它在视觉和空间上的效果不如使用计算机处理的效果。现在已经有专门制作舞蹈的软件，利用它辅助舞蹈指导完成舞蹈设计的三个阶段：产生动作序列、与其他舞蹈者的配合以及时间调整。

在美术创作方面，绝大多数是受过美术训练的人，使用计算机进行设计，如制作广告、招贴画以及其他需要美术设计的应用。例如现在的出版物的封面设计都是使用计算机设计的。使用平面设计软件，可以在原有创作的基础上进行重新布局和着色。除了创作美术作品，计算机的分析、分类和模拟能力也能够使用在艺术品保护方面，例如，修复尘封的艺术品就运用了计算机图像增强处理技术，这也充分证明了计算机的价值。

传统的摄影一直就是艺术的一个重要领域，如今的摄影已经被运用数字技术的数码摄影和计算机处理技术给颠覆了。在个人摄影方面是如此，在电影摄影、运动摄影、电视摄影等领域，数码技术大有取代传统光学摄影的趋势。数码摄影的核心技术就是计算机的图形图像处理技术和存储器技术的结合。

8.5 信息技术与商业

难以想象，如果没有计算机今天的商业将如何运行。在超级市场和大型商店，传统的收银方式已经被“POS”终端所取代，收银员通过条码阅读器直接从商品的条码上读取商品的信息。POS 是电子收款机系统（Point Of Sells），它和商店里的中央数据库主机直接联系。商品信息被存放在中央数据库，条码阅读器把条码转换为一组唯一的商品标识（ID），然后根据这个 ID 从数据库中找到相应的商品数据。收取的款项数据也立即被存放进数据库。位于世界任何地方的一个零售点，总部计算机都可以通过卫星和网络立即了解其销售情况。

随着我国互联网普及率的提高，电子商务发展插上了腾飞的翅膀，交易额年均增长 28%，而且由于这几年网民的暴增与电子商务平台的增多，网购已经“飞入寻常百姓家”。电子商务发展的核心是服务。2018 年 9 月，京东上线了“小程序”，承接个人寄件快递业务。京东快递个人寄件公斤段上限为 30 kg，可选择上门取件和自送服务点，上门取件包括期待上门时间，并且可以通过小程序直接链接到达，如图 8-6 所示。尽管电子商务产业呈现蒸蒸日上的发展势头，但依然有一些亟待解决的问题。可以说电子商务发展环境尚不完善，相关法律法规建设滞后，服务监管体系、统计监测体系、产业投融资机制亟待建立。

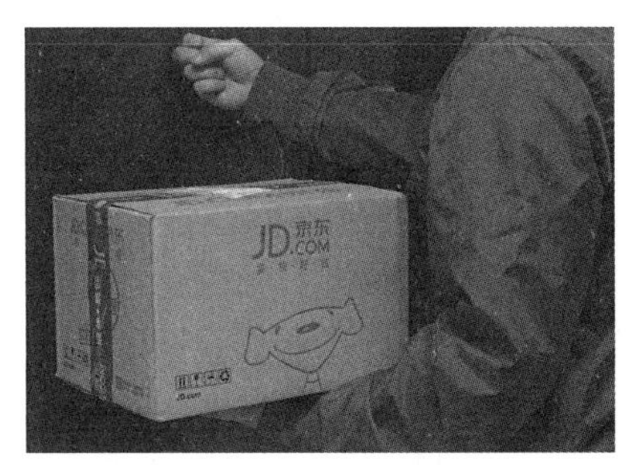

图 8-6　京东快递正在配送

电子商务极大提高了传统商务活动的效益和效率。Internet 上的电子商务与传统商务体系相比有其自身的独特优点，这些优点包括：（1）全新时空优势。传统的商务是以固定不变的销售地点（即商店）和固定不变的销售时间为特征的店铺式销售。Internet 上的销售通过以信息库为特征的网上商店进行，所以它的销售空间随网络体系的延伸而延伸，没有任何地理障碍，它的零售时间由消费者即网上用户自己决定。因此，Internet 上的销售相对于传统销售模式具有全新的时空优势，这种优势可以在更大程度、更大范围上满足网上用户的消费需求，事实上 Internet 上的购物已经不受国界和昼夜限制。（2）减轻物资的依赖，全方位展示产品及服务的优势。传统企业的经营活动必须有一定物资基础才可能开展业务活动，而通过 Internet 可以创办虚拟企业，如网上商店和网上银行的开设和发展基本不需要很多的实物基础设施，同时企业还可以将节省下来的费用回馈给消费者，这正是著名的网上书店 Amazon 为什么能给消费者提供传统书店无法提供的优惠折扣的原因所在。同时，网络销售可以利用网上多媒体的性能，全方位展示产品及服务功能的内部结构，从而有助于消费者完全地认识商品或服务后再去购买它。传统的销售虽然可以在店铺中把真实的商品展示给顾客，但对一般顾客而言，对所购商品的认识往往是很粗浅的，也无法了解商品的内在质量，往往容易被商品的外观、包装等外在因素所迷惑。从理论上说，消费者理性地购买，既能提高自己的消费效用，又能节约社会资源。（3）减少库存，降低交易成本。企业为应付变化莫测的市场需求，不得不保持一定的产品库存和原材料库存。产生库存的根本原因是信息不畅，以信息技术为基础的电子商务则可以改变企业决策中信息不确切和不及时的问题。通过 Internet 可以将市场需求信息传递给企业进行决策生产，同时企业的需求信息可以马上传递给供应商进行适时补充供给，从而实现零库存管理。同时，通过网络营销活动，企业可以提高营销效率和降低促销费用。据统计，在 Internet 上做广告可以使销售数量提高 10 倍，而它的成本只是传统广告的 1/10；而且，电子商务可以降低采购成本，因为借助 Internet，企业可以在全球市场寻求价格最优惠的供应商，减少中间环节。有资料表明，使用 EDI 通常可以为企业节省 5%~10%的采购成本。(4)密切用户关系，加深用户了解的优势。由于 Internet 的实时互动式沟通以及没有任何外界因素干扰，使得产品或服务的消费者更易表达出自己对产品或服务的评价。这种评价一方面使网上的零售商们可以更深入了解用户的内在需求；另一方面零售商们的即时互动式沟通，促进了两者之间的密切关系。(5)减少中间环节，降低交易费用的优势。电子商务重新定义了传统的流通模式，减少了中间环节，使得生产者和消费者的直接交易成为可能，从而在一定程度上改变了整个社会经济运行的方式。

电子商务促进了物流的发展。(1)电子商务为物流创造了一个虚拟的运动空间。在电子商务状态下，人们在进行物流活动时，物流的各项职能及功能可以通过虚拟化的方式表现出来，在这种虚拟化的过程当中，人们通过各种组合方式，寻求物流的合理化，使商品实体在实际的运动过程中达到效率最高、费用最省、距离最短、时间最少的目的。电子商务可以对物流网络进行实时控制。在电子商务下，物流的运作是以信息为中心的，信息不仅决定了物流的运动方向，而且决定着物流的运作方式。在实际运作当中，网络的信息传递，可以有效地实现对物流的实时控制，实现物流的合理化。(2)电子商务改变物流企业对物流的组织和管理。在传统条件下，物流往往是从某一个企业进行组织和管理的，而电子商务则要求物流以社会的角度来实行系统地组织和管理，以打破传统物流分散的状态。这就要求企业在组织物流的过程中，不仅考虑本企业的物流组织和管理，而且更重要的是要考虑全社会的整体系统。(3)电子商务改变物流企业的竞争状态。在电子商务时代，物流企业之间依靠本企业提供优质服务、降低物流费用等方面来进行的竞争内容依然存在，但是有效性却大大降低了。原因在于电子商务需要一个全球性的物流系统来保证商品实体的合理流动，对于一个企业来说，即使其规模再大，也是难以达到这一要求的。这就要求物流企业应相互联合起来，在竞争中形成一种协同合作的状态 ，以实现物流高效化、合理化和系统化。(4)电子商务促进物流基础设施的改善。电子商务高效率和全球性的特点，要求物流也必须达到这一目标。而物流要达到这一目标，良好的交通运输网络、通信网络等基础设施则是最基本的保证。除此之外，相关的法律条文、政策、观念等都要不断地得到提高。(5)电子商务促进物流技术的进步。物流技术主要包括物流硬技术和软技术。物流技术水平的高低是影响物流效率高低的一个重要因素，要建立一个适合电子商务运作的高效率的物流系统，就必须加快提高物流的技术水平。

今天的社会生活和计算机的关系越来越密切，以至于产生了新的学科——社会计算。经过数百年的发展，传统人文科学中，诸如经济学、社会学等领域，都形成了一整套的定量研究手段，形成了严谨的基于数学公式的问题求解方法。这些伟大而优美的数学方程式用最简单的方式向人们揭示了各种各样的原理，然而简单地使用这些公式却往往得到一些与现实截然相反的结论。而其中一个重要的原因在于人们使用这些公式时，有很多因素被忽略了。现实世界的经济和社会行为往往是一个复杂的系统，在这个系统中，一些简单的公式可以简单直观的描述单一个体在单一时刻的行为(单一变量的取值)，然而由于系统中个体之间的复杂的相互影响的过程，会使系统表现出复杂的行为，而这种行为是难以简单的通过这些公式预测的。

20 世纪 70 年代，随着计算科学技术的发展，人们开始注意到经济与社会系统中的这种复杂现象。以圣菲研究所(Santa Fe Institute)为代表的一些研究机构，开创了复杂性科学这一全新的领域。为了研究复杂性现象，他们提出了复杂自适应系统的理论，用计算机作为从事复杂性研究的最基本工具，用计算机模拟相互关联的繁杂网络，观察复杂适应系统的涌现行为。相关的研究引发了“科技哲学”“人工社会”“人工科学”“人工交互”等诸多相关的领域，形成了一系列研究复杂性的学科，即“社会计算”。

对于社会计算，目前对此还没有一个明确和公认的定义。笼统而言，社会计算是一门现代计算技术与社会科学之间的交叉学科。一方面，是研究计算机以及信息技术在社会中得到应用，从而影响传统的社会行为的这个过程。这个角度多限于微观和技术的层面，从 HCI（人机交互 Human Computer Interaction）等相关研究领域出发，研究用以改善人使用计算机和信息技术的手段。另一方面，则是基于哲学理论、社会科学知识、理论和方法学，借助计算技术和信息技术的力量，来帮助人类认识和研究社会科学的各种问题，提升人类社会活动的效益和水平。这个角度试图从宏观的层面来观察社会，凭借现代计算技术的力量，解决以往社会科学研究中使用经验方法和数学方程式等手段难以解决的问题。

着眼于宏观层面的社会计算，其发展的时间至今仍然很短暂，虽然在一些领域，已经获得了一些理论上的研究成果，但由于社会系统的复杂性，在理论和应用方面都仍然存在许多难以解决的问题。我们仍然需要深入的研究如何有效地将社会科学理论知识与计算技术结合，最终达到科学规划社会发展的目的。

8.6　信息技术与人工智能

“人工智能”（ARTIFICIAL INTELLIGENCE）一词最初是在 1956 年 DARTMOUTH 学会上提出的。1956 年夏季，以麦卡赛、明斯基、罗切斯特和申农等为首的一批有远见卓识的年轻科学家在一起聚会，共同研究和探讨用机器模拟智能的一系列有关问题，并首次提出了“人工智能”这一术语，它标志着“人工智能”这门新兴学科的正式诞生。IBM 公司“深蓝”电脑击败了人类的世界国际象棋冠军更是人工智能技术的一个完美表现。从那以后，研究者们发展了众多理论和原理，人工智能的概念也随之扩展，在它还不长的历史中，人工智能的发展比预想的要慢，但一直在前进，从 60 年前出现至今，已经出现了许多 AI 程序，并且它们也影响到了其他技术的发展。

人工智能的定义可以分为两部分，即“人工”和“智能”。“人工”比较好理解，争议性也不大。有时我们会要考虑什么是人力所能制造的，或者人自身的智能程度有没有高到可以创造人工智能的地步（如图 8-7 所示，IBM“深蓝”超级计算机）。但总的来说，“人工智能”就是通常意义下的人工系统。

图 8–7　IBM“深蓝”超级计算机

“智能”涉及其他诸如意识（CONSCIOUSNESS）、自我（SELF）、思维（MIND）（包括无意识的思维（UNCONSCIOUS_MIND））等问题。人唯一了解的智能是人本身的智能，这是普遍认同的观点。但是我们对我们自身智能的理解都非常有限，对构成人的智能的必要元素也了解有限，所以就很难定义什么是“人工”制造的“智能”了。因此人工智能的研究往往涉及对人的智能本身的研究。其他关于动物或其他人造系统的智能也普遍被认为是人工智能相关的研究课题。人工智能在计算机领域内得到了广泛的重视，并在机器人、经济政治、决策、控制系统、仿真系统中得到应用。尼尔逊教授对人工智能下了这样一个定义：“人工智能是关于知识的学科——怎样表示知识以及怎样获得知识并使用知识的科学。”而美国麻省理工学院的温斯顿教授认为:“人工智能就是研究如何使计算机去做过去只有人才能做的智能工作。”这些说法反映了人工智能学科的基本思想和基本内容。即人工智能是研究人类智能活动的规律，构造具有一定智能的人工系统，研究如何让计算机去完成以往需要人的智力才能胜任的工作,也就是研究如何应用计算机的软硬件来模拟人类某些智能行为的基本理论、方法和技术。

人工智能是计算机学科的一个分支,20 世纪 70 年代以来被称为世界三大尖端技术（空间技术、能源技术、人工智能）之一，也被认为是 21 世纪三大尖端技术（基因工程、纳米科学、人工智能）之一。这是因为近 30 年来它获得了迅速的发展，在很多学科领域都获得了广泛应用，并取得了丰硕的成果，人工智能已逐步成为一个独立的分支，无论在理论还是实践上都已自成一个系统。用来研究人工智能的主要物质基础以及能够实现人工智能技术平台的机器就是计算机，人工智能的发展历史是和计算机科学技术的发展史联系在一起的。除了计算机科学以外，人工智能还涉及信息论、控制论、自动化、仿生学、生物学、心理学、数理逻辑、语言学、医学和哲学等多门学科。

人工智能学科研究的主要内容包括：知识表示、自动推理和搜索方法、机器学习和知识获取、知识处理系统、自然语言理解、计算机视觉、智能机器人、自动程序设计等方面。人工智能几乎包含自然科学和社会科学的所有学科，其范围已远远超出了计算机科学的范畴，人工智能与思维科学的关系是实践和理论的关系，人工智能处于思维科学的技术应用层次，是它的一个应用分支。从思维观点看，人工智能不仅限于逻辑思维，还要考虑形象思维、灵感思维才能促进人工智能的突破性的发展。数学常被认为是多种学科的基础科学，数学也进入语言、思维领域，人工智能学科也必须借用数学工具，数学不仅在标准逻辑、模糊数学等范围发挥作用，数学进入人工智能学科，它们将互相促进而更快地发展。

人工智能在计算机上实现时有两种不同的方式。一种是采用传统的编程技术，使系统呈现智能的效果，而不考虑所用方法是否与人或动物机体所用的方法相同。这种方法叫工程学方法（ENGINEERING APPROACH），它已在一些领域内做出了成果，如文字识别、电脑下棋等。另一种是模拟法（MODELING APPROACH），它不仅要看效果，还要求实现方法也和人类或生物机体所用的方法相同或相类似。遗传算法（GENERIC ALGORITHM，简称 GA）和人工神经网络（ARTIFICIAL NEURAL NETWORK，简称 ANN）均属后一类型。遗传算法模拟人类或生物的遗传-进化机制，人工神经网络则是模拟人类或动物大脑中神经细胞的活动方式。为了得到相同的智能效果，两种方式通常都可以使用。采用前一种方法，需要人工详细规定程序逻辑，如果游戏简单，还是方便的。如果游戏复杂，角色数量和活动空间增加，相应的逻辑就会很复杂（按指数式增长），人工编程就非常烦琐，容易出错。而一旦出错，就必须修改原程序，重新编译、调试，最后为用户提供一个新的版本或提供一个新补丁，非常麻烦。采用后一种方法时，编程者要为每一角色设计一个智能系统（一个模块）来进行控制，这个智能系统（模块）开始什么也不懂，就像初生婴儿那样，但它能够学习，能渐渐地适应环境，应付各种复杂情况。这种系统开始也常犯错误，但它能吸取教训，下一次运行时就可能改正，至少不会永远错下去，用不着发布新版本或打补丁。利用这种方法来实现人工智能，要求编程者具有生物学的思考方法，入门难度大一点。但一旦入门，就可以得到广泛应用。由于这种方法编程时无须对角色的活动规律做详细规定，应用于复杂问题通常会比前一种方法更省力。

人工智能经过多年的演进，发展已进入了新阶段。为抢抓人工智能发展的重大战略机遇，构筑我国人工智能发展的先发优势，加快建设创新型国家和世界科技强国，2017 年 7 月 20 日，国务院印发了《新一代人工智能发展规划》(简称《规则》。《规划》提出了面向 2030 年我国新一代人工智能发展的指导思想、战略目标、重点任务和保障措施，为我国人工智能的进一步加速发展奠定了重要基础。

8.7　信息技术与大数据

大数据 (big data) 指无法在一定时间范围内用常规软件工具进行捕捉、管理和处理的数据集合，是需要新处理模式才能具有更强的决策力、洞察发现力和流程优化能力的海量、高增长率和多样化的信息资产。维克托·迈尔-舍恩伯格及肯尼斯·库克耶在其编写的《大数据时代》中指出：大数据不用随机分析法（抽样调查）这样的捷径，而采用所有数据进行分析处理。IBM 提出大数据具有 5V 特点：Volume (大量)、Velocity (高速)、Variety (多样)、Value (低价值密度)、Veracity (真实性)。大数据技术的战略意义不在于掌握庞大的数据信息，而在于对这些含有意义的数据进行专业化处理。换而言之，如果把大数据比作一种产业，那么这种产业实现盈利的关键，在于提高对数据的“加工能力”，通过“加工”实现数据的“增值”。

从技术上看，大数据与云计算的关系就像一枚硬币的正反面一样密不可分。大数据必然无法用单台的计算机进行处理，必须采用分布式架构。它的特色在于对海量数据进行分布式数据挖掘，但它必须依托云计算的分布式处理、分布式数据库和云存储、虚拟化技术。

大数据需要特殊的技术，以有效地处理大量的数据。适用于大数据的技术，包括大规模并行处理（MPP）数据库、数据挖掘、分布式文件系统、分布式数据库、云计算平台、互联网和可扩展的存储系统。

大数据包括结构化、半结构化和非结构化数据，非结构化数据越来越成为数据的主要部分。据 IDC 的调查报告显示：企业中 80%的数据都是非结构化数据，这些数据每年都按指数增长 60%。

通过各行各业的不断创新，大数据会逐步为人类创造更多的价值。想要系统的认知大数据，必须要全面而细致的分解它，可以从三个层面来展开：第一层面是理论，理论是认知的必经途径，也是被广泛认同和传播的基线。第二层面是技术，技术是大数据价值体现的手段和前进的基石。第三层面是实践，实践是大数据的最终价值体现。

大数据的发展趋势主要有以下几个方面：一是数据的资源化。大数据已成为企业和社会关注的重要战略资源，并已成为大家争相抢夺的新焦点。因而，企业必须要提前制定大数据营销战略计划，抢占市场先机。二是与云计算的深度结合。大数据离不开云处理，云处理为大数据提供了弹性可拓展的基础设备，是产生大数据的平台之一。自 2013 年开始，大数据技术已开始和云计算技术紧密结合，如北京贵阳大数据应用展示中心（见图 8-8），预计未来两者关系将更为密切。除此之外，物联网、移动互联网等新兴计算形态，也将一齐助力大数据革命，让大数据营销发挥出更大的影响力。三是科学理论的突破。随着大数据的快速发展，就像计算机和互联网一样，大数据很有可能是新一轮的技术革命。随之兴起的数据挖掘、机器学习和人工智能等相关技术，可能会改变数据世界里的很多算法和基础理论，实现科学技术上的突破。四是数据科学和数据联盟的成立。未来，数据科学将成为一门专门的学科，被越来越多的人所认知。各大高校将设立专门的数据科学类专业，也会催生一批与之相关的新的就业岗位。与此同时，基于数据这个基础平台，也将建立起跨领域的数据共享平台，之后，数据共享将扩展到企业层面，并且成为未来产业的核心一环。五是数据泄露泛滥。未来几年数据泄露事件的增长率也许会达到 100%，除非数据在其源头就能够得到安全保障。可以说，在未来，每个财富 500 强企业都会面临数据攻击，无论他们是否已经做好安全防范。而所有企业，无论规模大小，都需要重新审视今天的安全定义。在财富 500 强企业中，超过 50%将会设置首席信息安全官这一职位。企业需要从新的角度来确保自身以及客户数据安全，所有数据在创建之初便需要获得安全保障，而并非在数据保存的最后一个环节，仅仅加强后者的安全措施已被证明于事无补。六是数据管理成为核心竞争力。数据管理成为核心竞争力，直接影响财务表现。当“数据资产是企业核心资产”的概念深入人心之后，企业对于数据管理便有了更清晰的界定，将数据管理作为企业核心竞争力，持续发展，战略性规划与运用数据资产，成为企业数据管理的核心。数据资产管理效率与主营业务收入增长率、销售收入增长率显著正相关；此外，对于具有互联网思维的企业而言，数据资产竞争力所占比重为 36.8%，数据资产的管理效果将直接影响企业的财务表现。七是数据质量是 BI（商业智能）成功的关键。采用自助式商业智能工具进行大数据处理的企业将会脱颖而出。其中要面临的一个挑战是，很多数据源会带来大量低质量数据。想要成功，企业需要理解原始数据与数据分析之间的差距，从而消除低质量数据并通过 BI 获得更佳决策。八是数据生态系统复合化程度加强。大数据的世界不只是一个单一的、巨大的计算机网络，而是一个由大量活动构件与多元参与者元素所构成的生态系统，终端设备提供商、基础设施提供商、网络服务提供商、网络接入服务提供商、数据服务使能者、数据服务提供商、触点服务、数据服务零售商等一系列的参与者共同构建的生态系统。而今，这样一套数据生态系统的基本雏形已然形成，接下来的发展将趋向于系统内部角色的细分，也就是市场的细分；系统机制的调整，也就是商业模式的创新;系统结构的调整，也就是竞争环境的调整，等等，从而使得数据生态系统复合化程度逐渐增强。

图 8-8　北京贵阳大数据应用展示中心

2015 年 9 月，国务院印发《促进大数据发展行动纲要》（简称《纲要》），系统部署大数据发展工作。《纲要》明确，推动大数据发展和应用，在未来 5 至 10 年打造精准治理、多方协作的社会治理新模式，建立运行平稳、安全高效的经济运行新机制，构建以人为本、惠及全民的民生服务新体系，开启大众创业、万众创新的创新驱动新格局，培育高端智能、新兴繁荣的产业发展新生态。2015 年 9 月 18 日，贵州省启动了我国首个大数据综合试验区的建设工作，力争通过 3 至 5 年的努力，将贵州大数据综合试验区建设成为全国数据汇聚应用新高地、综合治理示范区、产业发展聚集区、创业创新首选地、政策创新先行区。2016 年 3 月 17 日，《中华人民共和国国民经济和社会发展第十三个五年规划纲要》发布，其中第二十七章“实施国家大数据战略”提出：把大数据作为基础性战略资源，全面实施促进大数据发展行动，加快推动数据资源共享开放和开发应用，助力产业转型升级和社会治理创新；具体包括：加快政府数据开放共享、促进大数据产业健康发展。

8.8　信息技术与机器学习

机器学习（Machine Learning，ML）是一门多领域交叉学科，涉及概率论、统计学、逼近论、凸分析、算法复杂度理论等多门学科；专门研究计算机怎样模拟或实现人类的学习行为，以获取新的知识或技能，重新组织已有的知识结构使之不断改善自身的性能。它是人工智能的核心，是使计算机具有智能的根本途径，其应用遍及人工智能的各个领域，它主要使用归纳、综合方法。

学习是人类具有的一种重要智能行为，但究竟什么是学习，长期以来却众说纷纭，社会学家、逻辑学家和心理学家都各有其不同的看法。比如，Langley（1996）给出的机器学习的定义是：“机器学习是一门人工智能的科学，该领域的主要研究对象是人工智能，特别是如何在经验学习中改善具体算法的性能。”Tom Mitchell 的机器学习模型（1997）对信息论中的一些概念有详细的解释，其中定义机器学习时提到，“机器学习是对能通过经验自动改进的计算机算法的研究。”尽管如此，为了便于进行讨论和估计学科的进展，有必要对机器学习给出定义，即使这种定义是不完全的和不充分的。顾名思义，机器学习是研究如何使用机器来模拟人类学习活动的一门学科。稍为严格的提法是：机器学习是一门研究机器获取新知识和新技能并识别现有知识的学问。这里所说的“机器”指的就是计算机，如电子计算机、中子计算机、光子计算机或神经计算机等。

机器学习已经有了十分广泛的应用，例如数据挖掘、计算机视觉、自然语言处理、生物特征识别、搜索引擎、医学诊断、检测信用卡欺诈、证券市场分析、DNA 序列测序、语音和手写识别、战略游戏和机器人运用。机器能否像人类一样能具有学习能力呢？1959 年美国的塞缪尔（Samuel）设计了一个下棋程序，这个程序具有学习能力，它可以在不断地对弈中改善自己的棋艺。4 年后，这个程序战胜了设计者本人。又过了 3 年，这个程序战胜了美国一个保持 8 年之久的常胜不败的冠军。这个程序向人们展示了机器学习的能力，提出了许多令人深思的社会问题与哲学问题。对于“机器的能力是否能超过人”这个问题，很多持否定意见的人认为：机器是人造的，其性能和动作完全是由设计者规定的，因此无论如何其能力也不会超过设计者本人。这种意见对不具备学习能力的机器来说的确是对的，可是对具备学习能力的机器就值得考虑了，因为这种机器的能力在应用中不断地提高，过一段时间之后，设计者本人也不知它的能力到了何种水平。

机器学习是人工智能研究较为年轻的分支，它的发展过程大体上可分为 4 个阶段。第一阶段是 20 世纪 50 年代中叶到 60 年代中叶，属于热烈时期。第二阶段是 20 世纪 60 年代中叶至 70 年代中叶，被称为机器学习的冷静时期。第三阶段从 20 世纪 70 年代中叶至 80

年代中叶，称为复兴时期。第四阶段为机器学习的最新阶段，始于 1986 年。机器学习进入新阶段的重要表现在下列诸方面：（1）机器学习已成为新的边缘学科并在高校形成一门课程。它综合应用心理学、生物学和神经生理学以及数学、自动化和计算机科学，形成机器学习理论基础。（2）结合各种学习方法，多种形式的取长补短的集成学习系统研究正在兴起。特别是连接学习与符号学习的耦合可以更好地解决连续性信号处理中知识与技能的获取与求精问题而受到重视。（3）机器学习与人工智能各种基础问题的统一性观点正在形成。例如，学习与问题求解结合进行、类比学习与问题求解结合的基于案例方法已成为经验学习的重要方向。（4）各种学习方法的应用范围不断扩大，一部分已形成商品。归纳学习的知识获取工具已在诊断分类型专家系统中广泛使用；连接学习在声图文识别中占优势；分析学习已用于设计综合型专家系统；遗传算法与强化学习在工程控制中有较好的应用前景；与符号系统耦合的神经网络连接学习将在企业的智能管理与智能机器人运动规划中发挥作用。（5）与机器学习有关的学术活动空前活跃。国际上除每年一次的机器学习研讨会外，还有计算机学习理论会议以及遗传算法会议。

机器学习按应用领域分类有：专家系统、认知模拟、规划和问题求解、数据挖掘、网络信息服务、图像识别、故障诊断、自然语言理解、机器人和博弈等。从机器学习的执行部分所反映的任务类型上看，大部分的应用研究领域基本上集中于以下两个范畴：分类和问题求解。（1）分类任务要求系统依据已知的分类知识对输入的未知模式做分析，以确定输入模式的类属。相应的学习目标就是学习用于分类的准则。（2）问题求解任务要求对于给定的目标状态，寻找一个将当前状态转换为目标状态的动作序列；机器学习在这一领域的研究工作大部分集中于通过学习来获取能提高问题求解效率的知识，称为知识级学习；而采用演绎策略的学习，尽管所学的知识能提高系统的效率，但仍能被原有系统的知识库所蕴涵，即所学的知识未能改变系统的演绎闭包，因而这种类型的学习又被称为符号级学习。

机器学习领域的研究工作主要围绕以下三个方面进行：（1）面向任务的研究。研究和分析改进一组预定任务的执行性能的学习系统。（2）认知模型。研究人类学习过程并进行计算机模拟。（3）理论分析。从理论上探索各种可能的学习方法和独立于应用领域的算法。

机器学习是继专家系统之后人工智能应用的又一重要研究领域，也是人工智能和神经计算的核心研究课题之一。对机器学习的讨论和机器学习研究的进展，必将促使人工智能和整个科学技术的进一步发展。

8.9 虚拟现实技术

虚拟现实技术是仿真技术的一个重要方向，是仿真技术与计算机图形学、人机接口技术、多媒体技术、传感技术、网络技术等多种技术的集合，是一门富有挑战性的交叉技术、前沿学科和研究领域。

虚拟现实技术（VR）主要包括模拟环境、感知、自然技能和传感设备等方面。模拟环境是由计算机生成的、实时动态的三维立体逼真图像。感知是指理想的 VR 应该具有一切人所具有的感知，除计算机图形技术所生成的视觉感知外，还有听觉、触觉、力觉、运动等感知，甚至还包括嗅觉和味觉等，也称为多感知。自然技能是指人的头部转动，眼睛、手势或其他人体行为动作，由计算机来处理与参与者的动作相适应的数据，并对用户的输入做出实时响应，并分别反馈到用户的五官。传感设备是指三维交互设备。虚拟现实是多种技术的综合，包括实时三维计算机图形技术，广角（宽视野）立体显示技术，对观察者头、眼和手的跟踪技术，以及触觉/力觉反馈、立体声、网络传输、语音输入输出技术等。

虚拟现实技术（VR）是伴随着“虚拟现实时代”的来临应运而生的一种新兴而独立的艺术门类，在《虚拟现实艺术：形而上的终极再创造》一文中，关于 VR 艺术有如下的定义：“以虚拟现实（VR）、增强现实（AR）等人工智能技术作为媒介手段加以运用的艺术形式，我们称之为虚拟现实艺术，简称 VR 艺术。该艺术形式的主要特点是超文本性和交互性。”作为现代科技前沿的综合体现，VR 艺术是通过人机界面对复杂数据进行可视化操作与交互的一种新的艺术语言形式，它吸引艺术家的重要之处，在于艺术思维与科技工具的密切交融和二者深层渗透所产生的全新的认知体验。与传统视窗操作下的新媒体艺术相比，交互性和扩展的人机对话，是 VR 艺术呈现其独特优势的关键所在。从整体意义上说，VR 艺术是以新型人机对话为基础的交互性的艺术形式，其最大优势在于建构作品与参与者的对话，通过对话揭示意义生成的过程。

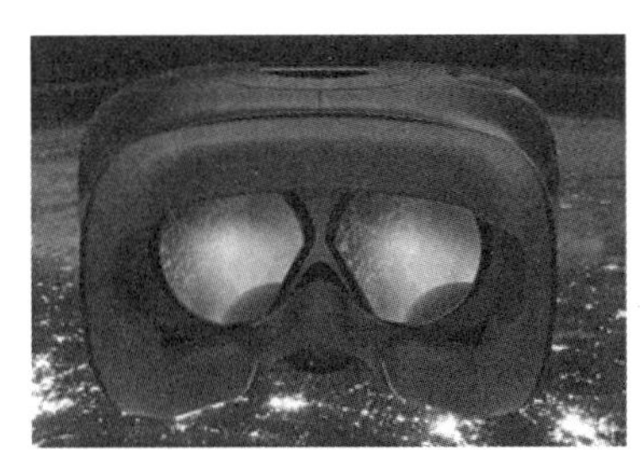

图 8-9 虚拟现实（VR）眼镜

虚拟现实技术（VR）目前主要应用于医学、娱乐、室内设计、工业仿真、应急推演、文物古迹、游戏、地理、交通和教育等方面。

VR 在医学方面的应用具有十分重要的现实意义。在虚拟环境中，可以建立虚拟的人体模型，借助跟踪球、HMD、感觉手套，学生可以很容易了解人体内部各器官结构，这比现有的采用教科书的方式要有效得多。Pieper 及 Satara 等研究者在 20 世纪 90 年代初基于两个 SGI 工作站建立了一个虚拟外科手术训练器，用于腿部及腹部外科手术模拟。这个虚拟的环境包括虚拟的手术台与手术灯，虚拟的外科工具（如手术刀、注射器、手术钳等），虚拟的人体模型与器官等。借助于 HMD 及感觉手套，使用者可以对虚拟的人体模型进行手术。但该系统有待进一步改进，如需提高环境的真实感，增加网络功能，使其能同时培训多个使用者，或可以在外地专家的指导下工作等。在手术后果预测及改善残疾人生活状况，乃至新型药物的研制等方面，VR 技术都有十分重要的意义。

娱乐上，丰富的感觉能力与 3D 显示环境，使得 VR 成为理想的视频游戏工具。由于在娱乐方面对 VR 的真实感要求不是太高，故近些年来 VR 在该方面发展最为迅猛。如 Chicago（芝加哥）开放了世界上第一台大型的可供多人使用的 VR 娱乐系统，其主题是关于 3025 年的一场未来战争；英国开发的称为“Virtuality”的 VR 游戏系统，配有 HMD，大大增强了真实感；1992 年的一台称为“Legeal Qust”的系统由于增加了人工智能功能，使计算机具备了自学习功能，大大增强了趣味性及难度，使该系统获得了该年度 VR 产品奖。另外在家庭娱乐方面，VR 也显示出了很好的前景。此外，三维游戏既是虚拟现实技术重要的应用方向之一，也为虚拟现实技术的快速发展起了巨大的需求牵引作用。尽管存在众多的技术难题，虚拟现实技术在竞争激烈的游戏市场中还是得到了越来越多的重视和应用。可以说，电脑游戏自产生以来，一直都在朝着虚拟现实的方向发展，虚拟现实技术发展的最终目标已经成为三维游戏工作者的崇高追求。从最初的文字 MUD 游戏，到二维游戏、三维游戏，再到网络三维游戏，游戏在保持其实时性和交互性的同时，逼真度和沉浸感正在一步步地提高和加强。我们相信，随着三维技术的快速发展和软硬件技术的不断进步，在不远的将来，真正意义上的虚拟现实游戏必将为人类娱乐、教育和经济发展做出新的更大的贡献。

工业仿真上，当今世界工业已经发生了巨大的变化，大规模人海战术早已不再适应工业的发展，先进科学技术的应用显现出巨大的威力，特别是虚拟现实技术的应用正使工业发生着一场前所未有的革命。虚拟现实已经被世界上一些大型企业广泛地应用到工业的各个环节，对企业提高开发效率，加强数据采集、分析、处理能力，减少决策失误，降低企业风险起到了重要的作用。虚拟现实技术的引入，将使工业设计的手段和思想发生质的飞跃，更加符合社会发展的需要，可以说在工业设计中应用虚拟现实技术是可行且必要的。

地理上，应用虚拟现实技术，将三维地面模型、正射影像和城市街道、建筑物及市政设施的三维立体模型融合在一起，再现城市建筑及街区景观，用户在显示屏上可以很直观地看到生动逼真的城市街道景观，可以进行诸如查询、量测、漫游、飞行浏览等一系列操作，满足数字城市技术由二维 GIS 向三维虚拟现实的可视化发展需要，为城建规划、社区服务、物业管理、消防安全、旅游交通等提供可视化空间地理信息服务。电子地图技术是集地理信息系统技术、数字制图技术、多媒体技术和虚拟现实技术等多项现代技术为一体的综合技术。电子地图是一种以可视化的数字地图为背景，用文本、照片、图表、声音、动画、视频等多媒体为表现手段，展示城市、企业、旅游景点等区域综合面貌的现代信息产品，它可以存储于计算机外存，以只读光盘、网络等形式传播，以桌面计算机或触摸屏计算机等形式提供给大众使用。由于电子地图产品结合了数字制图技术的可视化功能、数据查询与分析功能以及多媒体技术和虚拟现实技术的信息表现手段，加上现代电子传播技术的作用，它一出现就赢得了社会的广泛兴趣。

教育上，虚拟现实应用于教育是教育技术发展的一个飞跃。它营造了“自主学习”的环境，由传统的“以教促学”的学习方式代之为学习者通过自身与信息环境的相互作用来得到知识、技能的新型学习方式。

它主要具体应用在以下几个方面：（1）科技研究。当前许多高校都在积极研究虚拟现实技术及其应用，并相继建起了虚拟现实与系统仿真的研究室，将科研成果迅速转化实用技术。如北京航空航天大学在分布式飞行模拟方面的应用；浙江大学在建筑方面进行虚拟规划、虚拟设计的应用；哈尔滨工业大学在人机交互方面的应用；清华大学对临场感的研究等都颇具特色。有的研究室甚至已经具备独立承接大型虚拟现实项目的实力。虚拟学习环境虚拟现实技术，能够为学生提供生动、逼真的学习环境，如建造人体模型、电脑太空旅行、化合物分子结构显示等，在广泛的科目领域提供无限的虚拟体验，从而加速和巩固学生学习知识的过程。亲身去经历、亲身去感受比空洞抽象的说教更具说服力，主动地去交互与被动的灌输，有本质的差别。虚拟实验利用虚拟现实技术，可以建立各种虚拟实验室，如地理、物理、化学、生物实验室等，拥有传统实验室难以比拟的优势。（2）虚拟实训基地。利用虚拟现实技术建立起来的虚拟实训基地，其“设备”与“部件”多是虚拟的，可以根据需要随时生成新的设备。教学内容可以不断更新，使实践训练及时跟上技术的发展。同时，虚拟现实的沉浸性和交互性，使学生能够在虚拟的学习环境中扮演一个角色，全身心地投入到学习环境中去，这非常有利于学生的技能训练。例如军事作战技能、外科手术技能、教学技能、体育技能、汽车驾驶技能、果树栽培技、电器维修技能等各种职业技能的训练。由于虚拟的训练系统无任何危险，学生可以不厌其烦地反复练习，直至掌握操作技能为止。例如，在虚拟的飞机驾驶训练系统中，学员可以反复操作控制设备，学习在各种天气情况下驾驶飞机起飞、降落，通过反复训练，达到熟练掌握驾驶技术的目的。（3）虚拟仿真校园。虚拟校园也是虚拟现实技术在教育培训中最早的具体应用，它由浅至深有三个应用层面，分别适应学校不同程度的需求：① 简单的虚拟我们的校园环境，供游客浏览教学、教务、校园生活。② 相对完整的三维可视化虚拟校园，以学员为中心，加入一系列人性化的功能。③ 以虚拟现实技术作为远程教育基础平台，虚拟远程教育虚拟现实可为高校扩大招生后设置的分校和远程教育教学点提供可移动的电子教学场所，通过交互式远程教学的课程目录和网站，由局域网工具作校园网站的链接，可以对各个终端提供开放的、远距离的持续教育，还可以为社会提供新技术和高等职业培训的机会，创造更大的经济效益与社会效益。随着虚拟现实技术的不断发展和完善以及硬件设备价格的不断降低，我们相信，虚拟现实技术将以其自身强大的教学优势和潜力，逐渐受到教育工作者的重视和青睐，最终在教育培训领域广泛应用并发挥其重要作用。

虚拟现实技术未来将会发展成一种改变我们生活方式的新突破。但是从现在来看，虚拟现实技术想要真正进入消费级市场，还有一段很长的路要走，包括 Oculus 公司在内。在 Oculus 内部，也对虚拟现实技术现在面对的问题进行了讨论，并且不断地在寻找解决方法。虽然所有问题最终都会找到答案，但是都不太可能在一夜之间全部解决。目前，开发者如何为用户提供一个真正身临其境的游戏或应用体验还存在比较大的技术局限性，而一些问题到现在仍然还没有很好的解决办法。（1）没有真正进入虚拟世界的方法。在 Oculus Rift 开发圈有一个著名的笑话，每当有人让使用者站起来走走时，对方通常都不敢轻易走动，因为 Oculus Rift 还依然要通过线缆连接到计算设备上，而这也大幅限制了使用者的活动范围。包括 Oculus Rift 在内的各种虚拟现实装备依然在阻挡着用户和虚拟世界之间的交流。这些装备遮住了我们的眼睛，只是改变了我们的视线，但是并非涵盖了我们所有的视野范围。本来笨手笨脚的配合鼠标和键盘使用就已经非常尴尬，而任何尝试大范围移动的行为都会被各种线缆束缚。（2）如何“输入”也是一大困扰。虚拟现实更大的挑战也许是如何在虚拟世界中与目标进行互动。Oculus Rift 只是对用户的头部进行跟踪，但是并不能追踪身体的其他部位。比如玩家的手部动作现在就无法真正模拟。输入能够给用户带来最重要和明显的体验，如果不能模拟动作，用户总会找不到自己的手在哪里。虚拟现实如何输入是游戏开发者和硬件制造商目前面临的非常大的困扰。虽然现在 Xbox 的手柄已经可以成为 PC 的控制器，但是在实际应用中还缺乏一些经验。（3）缺乏统一的标准。虚拟现实技术目前仍处于初级阶段，毫无疑问，对于这个平台大家都有着各自的演示方法，无论是粗糙还是漂亮，最关键的也就是最后的几分钟。虽然许多开发者对虚拟现实充满了热情，但是似乎大家都没有一个统一的标准。作为一个全新的平台，只有引起人们的兴趣才能取得成功，包括实际的体验。DVD 电影、游戏机甚至是 YouTube 现在已经无处不在，就是因为许多人都对它们有兴趣。同样，虚拟现实技术想要引人注目，就不能只吸引专业爱好者，对于那些年长一些的人或者非科技爱好者来说，同样非常重要。游戏体验也许并不需要用户了解很多的专业技术，只需要提供一个逼真的虚拟现实体验即可。（4）容易让人感到疲劳。所有游戏开发商或电影制作公司，都应该了解如何在虚拟现实场景中不同的使用摄像机。移动着观看和静坐观看，二者带来的体验是截然不同的。镜头的加速移动，就会带来不同的焦点，而这些如果运用不当，就会给用户带来恶心的感觉。甚至如果镜头移动得过于迅速，直接会暂时影响用户的视力。有些人要更敏感，更容易眩晕。（5）使用不够便捷。最后一点虽然看起来有些肤浅，但是同样很重要。虽然是一款专业的游戏设备，但是从目前来看，想要让它变得轻盈似乎不太可能。虽然 Oculus Rift 不是在公共场所使用的设备，但是普通用户绝对也接受不了它们现在的样子。不过这些问题并非不可解决，大多数熟悉虚拟现实装备的开发者都表示，未来使设备的外观变得更漂亮并不是一件困难的事情。

虽然虚拟现实技术现在看起来还非常初级，但是终有一天它将成为我们与计算机交互方式最大的一种转型，改变人们与科技之间的关系。虚拟现实技术未来最终将让我们与虚拟世界之间更加自然的交互。

8.10 3D 打印技术

3D 打印（3DP）即快速成型技术的一种，3D 打印技术出现在 20 世纪 90 年代中期，实际上是利用光固化和纸层叠等技术的最新快速成型装置。它与普通打印工作原理基本相同，打印机内装有液体或粉末等“打印材料”，与电脑连接后，通过电脑控制把“打印材料”一层层叠加起来，最终把计算机上的蓝图变成实物。它是一种以数字模型文件为基础，运用粉末状金属或塑料等可黏合材料，通过逐层打印的方式来构造物体的技术。

3D 打印通常是采用数字技术材料打印机来实现的，常在模具制造、工业设计等领域被用于制造模型，后逐渐用于一些产品的直接制造，已经有使用这种技术打印而成的零部件。该技术在珠宝、鞋类、工业设计、建筑、工程和施工（AEC）、汽车，航空航天、牙科和医疗产业、教育、地理信息系统、土木工程、枪支以及其他领域都有所应用。

3D 打印技术起源于 1986 年。1986 年，美国科学家 Charles Hull 开发了第一台商业 3D 印刷机。1993 年，麻省理工学院获 3D 印刷技术专利。1995 年，美国 ZCorp 公司从麻省理工学院获得唯一授权并开始开发 3D 打印机。2005 年，市场上首台高清晰彩色 3D 打印机 Spectrum Z510 由 ZCorp 公司研制成功。2010 年 11 月，美国 Jim Kor 团队打造出世界上第一辆由 3D 打印机打印而成的汽车 Urbee。2011 年 6 月 6 日，发布了全球第一款 3D 打印的比基尼。2011 年 7 月，英国研究人员开发出世界上第一台 3D 巧克力打印机。2011 年 8 月，南安普敦大学的工程师们开发出世界上第一架 3D 打印的飞机。2012 年 11 月，苏格兰科学家利用人体细胞首次通过 3D 打印机打印出人造肝脏组织。2013 年 10 月，全球首次成功拍卖一款名为“ONO 之神”的 3D 打印艺术品。2013 年 11 月，美国德克萨斯州奥斯汀的 3D 打印公司“固体概念”（SolidConcepts）设计制造出 3D 打印金属手枪。2018 年 8 月 1 日起，3D 打印枪支在美国合法，3D 打印手枪的设计图也可以在互联网上自由下载。2017 年，Microfactories（DM）公司推出了世界上首款 3D 打印超级跑车（见图 8-10）。

图 8–10 全球首款 3D 打印超级跑车

3D 打印技术的打印过程包括以下步骤：（1）三维设计。三维打印的设计过程是：先通过计算机建模软件建模，再将建成的三维模型“分区”成逐层的截面，即切片，从而指导打印机逐层打印。设计软件和打印机之间协作的标准文件格式是 STL 文件格式。一个 STL 文件使用三角面来近似模拟物体的表面。三角面越小其生成的表面分辨率越高。PLY 是一种通过扫描产生的三维文件的扫描器，其生成的 VRML 或者 WRL 文件经常被用作全彩打印的输入文件。（2）切片处理。打印机通过读取文件中的横截面信息，用液体状、粉状或片状的材料将这些截面逐层地打印出来，再将各层截面以各种方式黏合起来，从而制造出一个实体。这种技术的特点在于其几乎可以造出任何形状的物品。打印机打出的截面的厚度（即 Z 方向）以及平面方向即 X-Y 方向的分辨率是以 dpi（像素每英寸）或者微米来计算的。一般的厚度为 100 μm，即 0.1 mm，也有部分打印机如 ObjetConnex 系列和三维 Systems'ProJet 系列可以打印出 16 μm 薄的一层。而平面方向则可以打印出跟激光打印机相近的分辨率。打印出来的“墨水滴”的直径通常为 50 ~ 100 μm。用传统方法制造出一个模型通常需要数小时到数天，根据模型的尺寸以及复杂程度而定。而用三维打印技术则可以将时间缩短为数个小时，当然其是由打印机的性能以及模型的尺寸和复杂程度而定的。传统的制造技术如注塑法可以以较低的成本大量制造聚合物产品，而三维打印技术则可以以更快、更有弹性以及更低成本的办法生产数量相对较少的产品。一个桌面尺寸的三维打印机就可以满足设计者或概念开发小组制造模型的需要。（3）完成打印。三维打印机的分辨率对大多数应用来说已经足够（在弯曲的表面可能会比较粗糙，像图像上的锯齿一样），要获得更高分辨率的物品可以通过如下方法：先用当前的三维打印机打出稍大一点的物体，再稍微经过表面打磨即可得到表面光滑的“高分辨率”物品。有些技术可以同时使用多种材料进行打印。有些技术在打印的过程中还会用到支撑物，比如在打印出一些有倒挂状的物体时就需要用到一些易于除去的东西（如可溶的东西）作为支撑物。

目前，3D 打印技术主要有以下一些缺陷：（1）材料的限制。虽然高端工业印刷可以实现塑料、某些金属或者陶瓷打印，但无法实现打印的材料都是比较昂贵和稀缺的。另外，打印机也还没有达到成熟的水平，无法支持日常生活中所接触到的各种各样的材料。研究者们在多材料打印上已经取得了一定的进展，但除非这些进展达到成熟并有效，否则材料依然会是 3D 打印的一大障碍。（2）机器的限制。3D 打印技术在重建物体的几何形状和机能上已经获得了一定的水平，几乎任何静态的形状都可以被打印出来，但是那些运动的物体和它们的清晰度就难以实现了。这个困难对于制造商来说也许是可以解决的，但是 3D 打印技术想要进入普通家庭，使每个人都能随意打印想要的东西，就必须解决机器的限制问题。（3）知识产权的忧虑。在过去的几十年里，音乐、电影和电视产业中对知识产权的关注变得越来越多。3D 打印技术也会涉及这一问题，因为现实中的很多东西都会得到更加广泛的传播。人们可以随意复制任何东西，并且数量不限。如何制定 3D 打印的法律法规用来保护知识产权，也是我们面临的问题之一，否则就会出现泛滥的现象。（4）道德的挑战。道德是底线。什么样的东西会违反道德规律是很难界定的，如果有人打印出生物器官和活体组织，在不久的将来会遇到极大的道德挑战。（5）花费的承担。3D 打印技术需要承担的花费是高昂的。如果想要普及大众，降价是必须的，但又会与成本形成冲突。

每一种新技术诞生初期都会面临着这些类似的障碍，但相信找到合理的解决方案后 3D 打印技术的发展将会更加迅速，就如同任何渲染软件一样，不断地更新才能达到最终的完善。

8.11 职业道德与相关法规

由于计算机网络的开放性和方便性，人们可以轻松地从网上获取信息或者向网络发布信息，同时也很容易干扰其他网络活动和参加网络活动的其他人的生活。因此，要求网络活动的参与者具有良好的品德和高度的自律，努力维护网络资源，保护网络的信息安全，树立和培养健康的网络道德，遵守国家有关网络的法律法规。

8.11.1 职业道德

职业道德是指为了适应各种职业要求所产生的道德规范，是指人们在从事不同的工作过程中所应遵循的行为规范和准则的总和。计算机职业作为一种特殊的职业，具有与其他职业不同的特点，所以有着与众不同的职业道德和行为准则。对从事计算机职业的工作人员有许多特殊的要求，每一个计算机从业人员都应该遵守这些职业道德和行为准则。

（1）爱岗敬业，诚实守信，办事公道，服务群众，奉献社会。这些是社会主义职业道德的基本规范，每一名合格的职业计算机工作人员，都应该遵守这些通用的职业道德和行为准则。

（2）每一位计算机职业从业人员都应该遵守国家有关法律规定，这是计算机专业人员职业道德的最基本要求。

（3）自觉维护计算机安全，不破坏和损伤他人的计算机系统设备及资源，不制造和有意传播病毒程序，采取预防措施防范病毒。

（4）不得利用国际互联网制作和传播破坏宪法和法律、破坏国家统一、扰乱社会秩序、损害国家机关信誉、侮辱或诽谤他人的信息。

（5）不利用电子邮件进行广播型的宣传；未经允许不私自阅读他人的通信文件，如电子邮件；不能通过破解他人的口令到他人的计算机中窥探。

（6）在工作中尊重各类著作权人的合法权利。

8.11.2 法律法规

1. 信息安全涉及的问题

信息系统的规划、设计、建设、使用、管理和维护等环节是基于计算机系统、通信系统、网络系统的平台的，信息安全涉及的问题也必然与此相关。

（1）信息网络的规划与建设。

任何一个信息系统都不是孤立的，而是相互关联、规模宏大、极其复杂的。为了克服在信息系统规划与建设中存在的各种问题，用法律法规进行规划是十分必要的。在立法时，特别关注这些问题是必要的：建立统一的组织领导机构；符合国家整体利益；统筹规划、统一协调；网络的标准化与开放性原则等。因此，有必要通过行政立法，强制贯彻实施信息系统安全技术与安全管理等措施，强化信息系统安全。

（2）信息系统的运行与管理。

信息系统的运行与管理受到各国政府和公众的普遍关注。充斥在网络中的有害信息，包括危害国家安全、社会安定，扰乱公共秩序，侵犯他人合法权益，破坏文化传统、伦理道德、有伤风化的信息，会在社会上产生很多不良影响。因此，控制网络中的有害信息是信息系统管理与经营中的一项重要任务。

（3）数据保护。

随着信息技术的发展，众多的数据被各类信息系统收集和存储，且可经由网络进行传输和查看。因此，保护数据安全、保证数据的安全可靠与正当使用、确保数据拥有者的权益不受损害、确保避免不准确或不当使用用户的数据给其造成损失，也是必须考虑的问题。

（4）电子商务。

电子商务是信息网络的一个新的重要应用方面。电子商务中不仅涉及电子数据交换、电子资金划拨等，还包括消费者合法权益保护以及税收等。

由于网上交易时供销双方并不见面，网上购物质量保证、售后服务、退货、退款、顾客投诉等的处理安全不同于常规交易情况。随着电子商务的开展，消费者合法权益受到损害的案件越来越多，正反映了网上交易与消费者合法权益保护相应立法的落后。

（5）计算机犯罪。

随着信息系统的广泛应用，计算机犯罪成为信息社会的主要犯罪形式之一。计算机犯罪的主要表现是侵犯信息系统的各种资源，包括硬件、软件以及系统中存储和传输的数据，达到窃取钱财、信息、情报以及破坏或恶作剧等目的。因此，许多国家已经修改刑法或制定计算机犯罪的法规，以便更有力地打击计算机犯罪。

（6）计算机取证。

计算机取证是一个对受侵计算机系统进行扫描和破解，以对入侵事件进行重建的过程。也就是针对计算机入侵与犯罪，进行证据获取、保存、分析和出示。从技术角度看，计算机取证是分析硬盘、光盘、zip 磁盘、U 盘、内存缓冲和其他形式的存储介质以发现犯罪证据的过程。

计算机取证在打击计算机和网络犯罪中作用十分关键，它的目的是要将犯罪者留在计算机中的“痕迹”作为有效的诉讼证据提供给法庭，以便将犯罪嫌疑人绳之以法。

2. 我国现行的信息网络法律体系框架

我国现行的信息网络法律体系框架分为 4 个层面：

（1）一般性法律规定。

如宪法、国家安全法、国家秘密法、治安管理处罚条例、著作权法、专利法等。这些法律法规并没有专门对网络行为进行规定，但是它所规范和约束的对象中包括了危害信息网络安全的行为。

（2）规范和惩罚网络犯罪的法律。

这类法律包括《中华人民共和国刑法》《全国人大常委会关于维护互联网安全的决定》等。其中刑法也是一般性法律规定，这里将其独立出来，作为规范和惩罚网络犯罪的法律规定。

（3）直接针对计算机信息网络安全的特别规定。

这类法律法规主要有《中华人民共和国计算机信息系统安全保护条例》《中华人民共和国计算机信息网络国际联网管理暂行规定》《计算机信息网络国际联网安全保护管理办法》《中华人民共和国计算机软件保护条例》等。

（4）具体规范信息网络安全技术、信息网络安全管理等方面的规定。

这一类规定主要有:《商用密码管理条例》《计算机信息系统安全专用产品检测和销售许可证管理办法》《计算机病毒防治管理办法》《计算机信息系统保密管理暂行规定》《计算机信息系统国际联网保密管理规定》《电子出版物管理规定》《金融机构计算机信息系统安全保护工作暂行规定》等。

8.12 知识产权与信息标准化

知识产权是指人类智力劳动产生的智力劳动成果所有权。它是依照各国法律赋予符合条件的著作者、发明者或成果拥有者在一定期限内享有的独占权利，一般认为它包括版权（著作权）和工业产权。版权（著作权）是指创作文学、艺术和科学作品的作者及其他著作权人依法对其作品所享有的人身权利和财产权利的总称；工业产权则是指包括发明专利、实用新型专利、外观设计专利、商标、服务标记、厂商名称、货源名称或原产地名称等在内的权利人享有的独占性权利。

自 2008 年《国家知识产权战略纲要的通知》颁布之后，我国陆续出台了《商标法》《专利法》《技术合同法》《著作权法》和《反不正当竞争法》等法律法规文件。从宏观层面上讲，国家已经在法律制度层面为企业知识产权权益的保护提供了较强的法律依据。

8.12.1 专　利

专利是受法律规范保护的发明创造，它是指一项发明创造向国家审批机关提出专利申请,经依法审查合格后向专利申请人授予的在规定的时间内对该项发明创造享有的专有权。专利权是一种专有权，这种权利具有独占的排他性。非专利权人要想使用他人的专利技术，必须依法征得专利权人的同意或许可。

专利（patent）一词来源于拉丁语 Litterae patentes，意为公开的信件或公共文献，是中世纪的君主用来颁布某种特权的证明。对“专利”这一概念，尚无统一的定义，其中较为人们接受并被我国专利教科书所普遍采用的一种说法是：专利是专利权的简称。它是由专利机构依据发明申请所颁发的一种文件。这种文件叙述发明的内容，并且产生一种法律状态，即该获得专利的发明在一般情况下只有得到专利所有人的许可才能利用（包括制造、使用、销售和进口等），专利的保护有时间和地域的限制。我国专利法将专利分为三种，即发明、实用新型和外观设计。

一个国家依照其专利法授予的专利权，仅在该国法律的管辖范围内有效，对其他国家没有任何约束力，外国对其专利权不承担保护的义务，如果一项发明创造只在我国取得专利权，那么专利权人只在我国享有独占权或专有权。专利权的法律保护具有时间性，中国的发明专利权期限为 20 年，实用新型专利权和外观设计专利权期限为 10 年，均自申请日起计算。

专利的两个最基本的特征就是“独占”与“公开”，以“公开”换取“独占”是专利制度最基本的核心，这分别代表了权利与义务的两面。“独占”是指法律授予技术发明人在一段时间内享有排他性的独占权利；“公开”是指技术发明人作为对法律授予其独占权的回报而将其技术公之于众，使社会公众可以通过正常的渠道获得有关专利技术的信息。

8.12.2　计算机软件著作权

计算机软件著作权是指软件的开发者或者其他权利人依据有关著作权法律的规定，对于软件作品所享有的各项专有权利。就权利的性质而言，它属于一种民事权利，具备民事权利的共同特征。

著作权是知识产权中的例外，因为著作权的取得无须经过个别确认，这就是人们常说的“自动保护”原则。软件经过登记后，软件著作权人享有发表权、开发者身份权、使用权、使用许可权和获得报酬权。

软件著作权所有人可由个人或企业登记。软件著作权个人登记，是指自然人对自己独立开发完成的非职务软件作品，通过向登记机关进行登记备案的方式进行权益记录/保护的行为。软件著作权企业登记，是指具备/不具备法人资格的企业对自己独立开发完成的软件作品或职务软件作品，通过向登记机关进行登记备案的方式进行权益记录/保护的行为。

软件著作权所有人的权利主要有：（1）税收减免的重要依据。财政部、国家税务总局《关于贯彻落实〈中共中央、国务院关于加强技术创新，发展高科技，实现产业化的决定〉有关税收问题的通知》规定：“对经过国家版权局注册登记，在销售时一并转让著作权、所有权的计算机软件征收营业税，不征收增值税。”（2）作为法律重点保护的依据。《国务院关于印发鼓励软件产业和集成电路产业发展若干政策的通知》第三十二条规定：“国务院著作权行政管理部门要规范和加强软件著作权登记制度，鼓励软件著作权登记，并依据国家法律对已经登记的软件予以重点保护。”比如：软件版权受到侵权时，对于软件著作权登记证书，司法机关可不必经过审查直接作为有力证据使用；此外也是国家著作权管理机关惩处侵犯软件版权行为的执法依据。（3）作为技术出资入股。《关于以高新技术成果出资入股若干问题的规定》规定：“计算机软件可以作为高新技术出资入股，而且作价的比例可以突破公司法 20%的限制达到 35%”。甚至有的地方政府规定：“可以 100%的软件技术作为出资入股”，但是都要求首先必须取得软件著作权登记。（4）作为申请科技成果的依据。科学技术部关于印发《科技成果登记办法》的通知第八条规定：“办理科技成果登记应当提交《科技成果登记表》及下列材料：（一）应用技术成果：相关的评价证明（鉴定证书或者鉴定报告、科技计划项目验收报告、行业准入证明、新产品证书等）和研制报告；或者知识产权证明（专利证书、植物品种权证书、软件登记证书等）和用户证明。”这里的软件登记证书指的是软件著作权的登记证书和软件产品登记证书。其他部委也有类似规定。（5）企业破产后的有形收益。在法律上著作权视为“无形资产”，企业的无形资产不随企业的破产而消失，在企业破产后，无形资产（著作权）的生命力和价值仍然存在，该无形资产（著作权）可以在转让和拍卖中获得有形资金。

2013 年 3 月 1 日，我国第一部企业知识产权管理国家标准《企业知识产权管理规范》已由国家标准化管理委员会批准颁布实施。2017 年 2 月 13 日，全国知识管理标准化技术委员会成立。全国知识管理标准化技术委员会的成立，是我国知识管理标准化发展历程中一件具有里程碑意义的大事，是运用标准化手段加强知识资源战略管理的重大举措，对于实现知识产权战略与标准化战略融合发展，建立健全我国知识产权领域的标准体系，提升知识产权综合能力，推动中国制造向中国创造、中国速度向中国质量、中国产品向中国品牌转变具有重要意义。

8.12.3 信息标准化

信息标准化是信息技术方面有关字符集与编码、外围设备和自动办公机器、数据通信、网络协议、数据保密、高级程序设计语言、软件工程设计规范、数控机床、计算机安全、信息分类编码与文件格式以及汉字信息处理系统等专业分类的标准化工作。它是促进信息技术蓬勃发展的基础性和共同性工作，也是信息系统资源共享的前提。随着信息数量爆炸性地增长，各国之间的经济、政治、科学文化交往日益密切，对信息的数量、质量、传递速度等要求越来越高，信息技术的国际标准化问题也就越来越重要。信息技术发达的国家都非常重视信息技术的国际标准化工作，把采用国际标准作为各个国家发展信息技术的方针。近几年，我国信息技术的形势发展很快，信息标准化也在加速进行，在建立国家经济信息系统，开展计算机、中文信息处理、信息分类编码标准化方面已取得可喜成就。

信息标准化的特点有：(1)完整性与唯一性。无论一个还是一组客体，在标准化代码中都应该有且仅有一个确定的代码与其对应。一个客体有两个以上的代码就会在信息的表达与交换工作中引起混乱，而信息编码的不完整性亦会给使用者带来不便，以至于无法使用该编码系统完整地处理自己的信息。信息编码的完整性往往用设置“收容组”编码来保证。所谓“收容组”是指在相应位置设置一个其他类的特殊编码，当客观事物出现了没有对应编码的情况时，可以将其归于相应类别的其他类编码。某些特殊情况必须用两个以上编码表示同一客体时，往往要加以特殊的标志与说明。(2)权威性和科学性。信息标准化最终是要形成一个标准并被人们在一定范围内认可和应用才能成为真正的标准。因此，编码的权威性就成了信息标准化的又一个特征。信息标准化工作往往是由具有行政管理权威的部门制定(或者委托专业技术部门)和颁布的，在一定的范围内是强制执行， 此类标准的权威性是与生俱来的。西方国家中有许多标准往往是由一家或几家技术先进的公司率先发起制定和使用，作为企业内标准，然后被其他公司所仿效与遵循，最终成为行业标准直至国家、国际标准，这在高新技术产业相当普遍。(3)实用性。标准的制定与分类学的研究不同，尽管它应该充分吸收分类学研究的成果，但它首先是为千百万个系统的实际应用而制定的，因此必须充分考虑其实用性。实践证明，如果一味地追求编码的科学性，兼容并蓄各种学派、每个权威的意见，势必导致标准化过程的难产甚至流产。标准的制定要掌握好科学与应用的关系；要调整好该标准可能存在的不同户之间的矛盾；要合理照顾现实环境与远景发展的需求。总之，任何一个标准都必然是能够满足一定范围内的实际使用要求的。(4)可扩展性与可维护性。标准建立之后并不是一成不变的。相反，它需要随着客观情况的变化而补充、修改，否则该标准就会因落后而无法使用，最后被淘汰。因此，第一，标准的制定要留有扩展、延拓的余地；第二，要安排人力、财力对其进行跟踪维护。

本章小结

信息技术发展至今，涉及科学、技术、工程、管理、教育、哲学等多学科,已成为支撑当今经济活动和社会生活的基石。信息技术在全球的广泛使用，不仅深刻地影响着经济结构与经济效率，而且对社会各个方面产生了影响。

信息技术和教育的结合，促进了计算思维的产生和发展，同时也改变了传统知识的获取方式，基于网络技术的远程教育，是传统教育方式的有力补充，对教育产生了深远的影响。信息技术和交通的结合，使得自动驾驶技术成为飞速发展的研究课题，自动驾驶技术依靠人工智能、视觉计算、雷达、监控装置和全球定位系统技术协同合作，促进了相关技术的发展和应用，同时也影响着车联网产业的发展，智能交通系统成为了未来交通系统的发展趋势。信息技术在娱乐产业的广泛应用，使得艺术创作的方式发生了深刻的改变，直接使用计算机制作的动画片越来越受到大众的欢迎，利用计算机进行设计，如广告等需要美术设计的应用日益广泛。信息技术和商业的结合，促进了电子商务的飞速发展，同时也促进了物流发展，产生了越来越多新的商业模式。信息技术和人工智能的结合，使得人工智能技术在理论和实践上自成系统，人工智能技术涉及信息论、控制论、自动化、仿生学、生物学、心理学、数理逻辑、语言学、医学和哲学等学科，也为这些学科注入了新的活力。信息技术在大数据方面的应用，促进了数据库技术、数据挖掘、分布式文件系统、云计算平台等技术和产业的发展。此外，信息技术在机器学习、云计算、物联网、虚拟现实、3D打印等方面都被广泛使用，深刻地影响着人们的生活生存方式。

思考题

1. 信息时代产生的新的社会问题包括哪些?
2. 简述社会计算。
3. 简述信息技术在教育领域的应用?
4. 简述智能交通系统。
5. 简述电子商务对比传统商务的优点。
6. 简述人工智能的概念。
7. 人工智能研究的学科主要有哪些?
8. 简述大数据的发展趋势。
9. 简述机器学习的发展阶段。
10. 简述3D打印技术的应用。
11. 什么是专利?
12. 简述信息标准化的特点。

第 9 章 信息技术教育

本章要点：

- 信息技术教育概述；
- 我国中小学信息技术教育发展；
- 国外中小学信息技术教育发展；
- 国内信息技术课程标准；
- 美国信息技术课程标准。

9.1 信息技术教育概述

9.1.1 信息技术的含义

信息技术（Information Technology，缩写 IT），是主要用于管理和处理信息所采用的各种技术的总称。它主要是应用计算机科学和通信技术来设计、开发、安装和实施信息系统及应用软件。它也常被称为信息和通信技术（Information and Communications Technology， ICT）。主要包括传感技术、计算机与智能技术、通信技术和控制技术。

人们对信息技术的定义，因其使用的目的、范围、层次不同而有不同的表述，例如：

- 凡是能扩展人的信息功能的技术，都可以称作信息技术。
- 信息技术“包含通信、计算机与计算机语言、计算机游戏、电子技术、光纤技术等”。
- 现代信息技术“以计算机技术、微电子技术和通信技术为特征”。
- 信息技术是指在计算机和通信技术支持下用以获取、加工、存储、变换、显示和传输文字、数值、图像以及声音信息，包括提供设备和提供信息服务两大方面的方法与设备的总称。
- 信息技术是人类在生产斗争和科学实验中以及认识自然和改造自然的过程中所积累起来的获取信息，传递信息，存储信息，处理信息以及使信息标准化的经验、知识、技能和体现这些经验、知识、技能的劳动资料有目的的结合过程。
- 信息技术是管理、开发和利用信息资源的有关方法、手段与操作程序的总称。
- 信息技术是指能够扩展人类信息器官功能的一类技术的总称。
- 信息技术指“应用在信息加工和处理中的科学、技术与工程的训练方法和管理技巧；上述方法和技巧的应用；计算机及其与人、机的相互作用，与人相应的社会、经济和文化等诸种事物”。

• 信息技术包括信息传递过程中的各个方面，即信息的产生、收集、交换、存储、传输、显示、识别、提取、控制、加工和利用等技术。

• 信息技术是研究如何获取信息、处理信息、传输信息和使用信息的技术。

“信息技术教育”中的“信息技术”，可以从广义、中义、狭义三个层面来定义。

广义而言，信息技术是指能充分利用与扩展人类信息器官功能的各种方法、工具与技能的总和。该定义强调的是从哲学上阐述信息技术与人的本质关系。

中义而言，信息技术是指对信息进行采集、传输、存储、加工、表达的各种技术之和。该定义强调的是人们对信息技术功能与过程的一般理解。

狭义而言，信息技术是指利用计算机、网络、广播电视等各种硬件设备及软件工具与科学方法，对文图声像各种信息进行获取、加工、存储、传输与使用的技术之和。该定义强调的是信息技术的现代化与高科技含量。

计算机和互联网普及以来，人们日益普遍地使用计算机来生产、处理、交换和传播各种形式的信息（如书籍、商业文件、报刊、唱片、电影、电视节目、语音、图形、影像等）。计算机教育成为信息技术教育的重要组成部分。

随着社会信息化的发展，计算机应用几乎渗透到社会生活和经济活动的所有方面，这赋予计算机教育以极为广泛的社会性，因此向各行各业普及计算机专业知识成为一项重要任务。

在企业、学校和其他组织中，信息技术体系结构是一个为达成战略目标而采用和发展信息技术的综合结构。它包括管理和技术的成分。其管理成分包括使命、职能与信息需求、系统配置和信息流程；技术成分包括用于实现管理体系结构的信息技术标准、规则等。由于计算机是信息管理的中心，计算机部门通常被称为“信息技术部门”。有些公司称这个部门为“信息服务”（IS）或“管理信息服务”（MIS）。

9.1.2　信息技术教育的含义

信息技术教育有两个方面的含义：一是指学习与掌握信息技术的教育。二是指采用信息技术进行教育活动。前者从教育目标与教育内容方面来理解信息技术教育，后者则从教育的手段和方法来理解信息技术教育。

信息技术教育包括理论与实践两个领域。理论领域指信息技术教育是一门科学，是现代教育学研究的一个新分支，又具有课程教学论的一些特征，具体包括概念体系、理论框架、原理、命题、模式、方法论等研究内容。实践领域指信息技术教育是一种教学活动，一种工作实践，一项教育现代化事业，具体包括信息技术的软硬件资源建设、课程教材的设计开发、师资培训、教学中各种信息技术的综合运用、学习指导、评价与管理等。

信息技术教育的本质是利用信息技术培养信息素质。这里，“利用信息技术”只是一种手段和工具，最终目的是培养学生的信息素质，以适应信息社会对人才培养标准的要求。

信息素质是指人所具有的对信息进行识别、加工、利用、创新、管理的知识、能力与情操（意）等各方面基本品质的总和，是人的一种基本生存素质。为此，我们应明确信息技术教育的指导思想：不只是为了让学生掌握信息技术知识而开展信息技术教育，而是通过信息技术教育，全面提高学生的信息素质。换句话说，信息技术教育不等于软硬件知识学习，而是要使学生通过掌握包括计算机、网络在内的各种信息工具的综合运用方法，来培养学生的处理、创新的能力，为适应信息社会的工作、学习与生活打下良好基础。

信息技术教育的范畴包括学习信息技术和利用信息技术促进学习两个方面。这里明确指出了开展信息技术教育的两种教学形式（专门课程式与学科渗透式）。我们不但要开设专门的《信息技术》课程，重点培养学生运用计算机与网络等现代信息工具的知识和能力；而且要在所有课程的教学中，运用各种传统的与现代的信息工具促进学生的学习，要渗透信息技术教育思想，培养学生对各种学科信息的综合处理与创新能力。

信息技术教育的途径与模式有多种。除采用学校课堂教学模式外，还可以采用课外活动模式、家庭教育模式、远程协作学习模式。其中，基于项目活动的教学模式能较好解决理论知识与实践技能、学习竞争与协作的结合问题，能有效地培养学生的信息素质，是一种非常实用的学校信息技术教育模式。

9.1.3 信息技术教育的意义与价值

我们知道，21世纪的重要特征就是数字化、网络化和信息化，它是一个以计算机为核心的信息时代。信息社会已经来临，信息的获取、传输、处理和应用能力将作为人们最基本的能力和文化水平的标志。因此，明确信息技术教育的意义和价值，对提高人们的生产方式、生活方式和思维方式都有着积极的意义。

信息技术教育的基本价值取向是：通过信息技术教育使学生具有获取信息、传输信息、处理信息和应用信息的能力。培养学生良好的信息素养，把信息技术作为支持终身学习和合作学习的手段，为适应信息社会的学习、工作和生活打下必要的基础。现在是一个高度信息化的时代，他们对信息的获取和处理能力的如何，关系到他们自己甚至中华民族的前途和未来。

（1）信息技术教育的创造性价值。

现代社会中计算机的应用越来越普遍，市场中数据的处理和汇总，教育教学中多媒体的应用，生活中的娱乐，网络信息对人们的生活、工作和学习的帮助都明显体现出来了。这些都体现了信息技术的实用价值。信息技术教育就是要面对生活，面对学生将来的生活和影响，在学习中培养学生的创造力，延长学生生活和学习的触角，让他们在将来的工作和学习中更深、更广的创造财富，创造美好的未来。随着课程改革的深入，新课程理念的变化，学科课程的学习更注重学生创造性思维和思维性品格的培养。因此，要求课程资源和教育环境更具有广阔性、综合性、可探究性、亲和性和开放性。传统的课程资源已不能满足现代教学需要，而利用信息技术可提供反映真实的、丰富多彩的、隐含问题的、跨越时空的情景，用这样的情景实施和开展学教活动，最能启发学生的思维，培养学生创造性思维和创造性学习的能力。现代信息技术具有这样的功能，而且能够为构建创造性思维培养的学习环境和学习过程提供有效的技术支持。教师在教学方法、教学设计、学习任务的布置都因生活空间的广阔而充满了创造力；学生也会因为教学内容的生活化、丰富性而让他们的想象力和创造力插上翅膀。

（2）信息技术教育的开放性价值。

信息技术教育作为一门实践性很强、极富创造性、开放性特点的学科，在教学观、学生观、教师行为的转变和学习方式的变革等很多方面与其他学科有共性的一面。它的开放性体现在教学环境的开放性，师生之间、生生之间的开放性，学生与完成任务所需信息的开放性，与其他课程之间的开放性几个方面。在当代社会发展中，对问题的处理，都是以团队合作为基准的，信息技术教育中能更好地发挥分组协作的优势，实现分组教学的意义。在信息技术课上可以提供开放的环境，开放的信息空间，开放的人与人之间交流。这对于完善学生解决问题、处理问题的能力，完善学生良好的人际关系和健全人格起到了不可替代的作用。在其他课程的教学中，信息技术与其课程的整合可以为新型教学过程的创建提供最理想的教学环境；信息化手段的多媒体形式更是能够最大限度地调动学生五大神经系统，有效地激发学生的学习兴趣。

（3）信息技术教育的人文价值。

信息技术教育更能体现新课程中的教育民主化、国际化、生活化，个性化。信息技术教育最大的特点是其在教育的开发应用中，同时进行了人的塑造，是人创造人的活动。它将学习知识与增强能力有机地统一起来，将信息交流与开发智能、培养素质有机地统一起来，为创造性人才的培养提供一种理想的学习环境。因此可以说，信息技术与教育的人文精神实现，具有科技发展与人的发展整合、平衡的积极意义，而且使两者互相促进。在信息技术教育的人文实践中，教育的人文精神变得更为真实有效和升华，科技其本质上的人文性得到回归。科技与人文的融合开始从理想过渡到现实。信息技术将给予学生完美“地球村”的体验，同时体验到信息的广阔与纷繁芜杂，体验到世界文化的广泛与魅力，加深他们对于本民族文化的认同、思考和创造，增强他们的民族自豪感，或者加深他们对本民族文化的危机感的体验，增强他们的民族责任感。回归生活是信息技术课中重要的人文价值，也是新课程改革的根本所在，个人生活、自由的人际交往赋予学生更深、更妙的知识；人与自然的二元对立、人控制和主宰自然的思维方式，运用整体主义的视野认识人与自然的关系，认为人是自然的人，自然由于人而使自身的意义得以显示和丰富，人不是自然的主宰而是自然的看护者，人与自然和谐统一。这是一种“生态伦理观”、一种“关爱伦理学”，这种价值观的培养和形成是推动科技和人文发展的重要精神力量。

（4）信息技术教育具有促进全民素质提高的意义。

21 世纪人类已进入信息社会，信息及信息技术的应用日益广泛。提高全民的信息素养有利于提高全民素质。信息素养教育是普及性的教育，其教育的对象是所有自然人；其目的是提高人们的终身学习、接受知识和运用知识解决问题能力。在我国基础教育逐步普及的今天，在中小学普及信息素养教育，具有重要的战略意义。未来的国际竞争将越来越激烈，竞争的关键在于人才，人才的关键在于教育。在中小学普及和发展信息技术教育，是培养和提高青少年信息素养的主要方式，有利于促进新一代的成长。信息素养与传统的读、写、算一起构成了新的学习力，成为信息社会人的整体素养的重要组成部分和信息时代人类生存的基本技能。具有高信息素养的人，不会在浩瀚的信息海洋中迷航，而能够有效地寻找、评估和利用信息解决问题或做出决定。

（5）信息技术教育具有引发教育变革的意义。

现代信息技术是推进现代教育发展和改革的重要技术基础。信息是客观存在的一切事物通过物质载体所发生的消息、情报、指令和信号中所包含的一切可以传递和交换的内容。人类社会发展过程，就是以科学技术为标志的人类社会发展、演变过程，实质上就是一个不断处理信息、传播信息，不断更新信息的过程。而每一次信息活动所引发出的信息技术的更新、发展、革命，都必然伴随着相应的、以科学技术为标志的社会发展的飞跃；而每次社会发展和飞跃，都必定引起教育上的巨大变革，又推动人类社会向着更高的层次发展。从原始社会开始，人类社会教育的发展、演变，与人类社会的信息技术的发展演变的情况，从总体上看是同步的。信息技术一旦有了某种进步，教育也或迟或早地要发生相应的变革。远程教育模式更是如此。现代信息技术的发展，必然会引起远程教育向现代远程教育发展和变革。

（6）信息技术教育具有推动人类社会进步的意义。

在人类社会的发展史中，信息技术一直扮演着重要的角色，科技进步是社会财富不断增加的主要源泉。科技进步通过发明创造新的生产工具与设备，通过增加劳动对象的数量及提高其质量，使劳动者在单位时间里创造出大量新价值，使社会财富不断增加，促进科技、教育、卫生、体育等社会事业的不断发展。信息技术作为一项划时代的科技进步，带来了一次全球性的技术革命。政府的管理活动也在这个技术革命的浪潮中发生了深刻的变革。信息技术从一个纯技术的角度为政府行为的变革注入了活力，这一外来的推动力是巨大的。人们追求的科学决策也在这一推动下逐步实现。科学决策也就成为信息技术催变传统政府决策模式的直接产物。这是人类社会治理活动中的一次重大进步。

我们生活的时代是大科学时代，科学技术突飞猛进。随着信息技术的飞速发展，计算机技术已日益渗透到社会生活的各个领域，可以说我们的世界就是计算机的世界，计算机已成为时代的“运筹者”。不容置疑，计算机在各个领域的应用不仅大大提高了生产效率，给人们带来各种便利，同时也极大地推动着社会文明和进步。所以信息技术教育乃至教育信息化，对于教育发展都是非常必要的。只有明确了信息技术教育的意义和价值，才能在今后的信息技术教育发展中有准确的方向和思路，才能确定在教学过程如何采取合适的教与学提高学生的综合素质和技术能力。

9.2 我国中小学信息技术教育发展

9.2.1 我国中小学信息技术教育发展历程

1982 年 9 月，教育部在北京大学附中、北京师范大学附中、清华大学附中、复旦大学附中、华东师范大学附中 5 所中学开始计算机选修课教学试点。

1983 年，教育部召开了“全国中学计算机试验工作会议”，制订了首部高中计算机选修课教学大纲。

1984 年，邓小平同志在上海视察时指示：“计算机要从娃娃抓起”。同年，国家教委成立了“全国计算机教育实验中心”（1992 年改名为“全国中小学计算机教育研究中心”），在全国范围内掀起了开设计算机选修课的热潮。

1986 年，第三次“全国中学计算机教育工作会议”在福州召开，会议制定了我国中学计算机教育的指导方针：“积极、稳妥，从实际出发，区别不同情况，注重实效，在试点基础上逐步扩大。”

1991 年教育部召开了第四次“全国中学计算机教育工作会议”，讨论了发展我国中小学计算机教育的方针、政策、规模、速度、师资、教材、经费、管理等重大课题。

1992 年 7 月，国家教委下发了《关于加强中小学计算机教育的几点意见》文件（教基〔1992〕22 号），规定了中小学计算机教育的内容、原则、任务等。

1994 年，国家教委颁发了《中小学计算机课程指导纲要（试行）》。

1996 年，国家教委颁发了《中小学计算机教育五年发展纲要（1996—2000）》，明确提出了我国中小学计算机教育的目标、任务和指导方针。

1997 年，教育部颁发了《中小学计算机课程指导纲要（修订稿）》，将计算机课程分为几个模块，从小学到高中一直开设。

1998 年 11 月，教育部出台了《中小学信息化教育发展与实施纲要草案（征求意见稿）》，标志着国家开始高度重视中小学信息教育。

2000 年，教育部颁发了《关于在中小学普及信息技术教育的通知》，要求各地采取积极措施、加快推进中小学信息技术课程建设。提出在中小学开设信息技术必修课的阶段目标：2001 年，全国普通高级中学和大中城市的初级中学都要开设信息技术必修课。2003 年，经济比较发达地区的初级中学开设信息技术必修课。2005 年，所有的初级中学以及城市和经济比较发达地区的小学开设信息技术必修课，并争取尽早在全国 90%以上的中小学校开设信息技术必修课。教育部还颁发了《关于印发中小学信息技术课程指导纲要（试行）的通知》，将课程名称由“计算机课”改为“信息技术课程”。明确指出信息技术课程的性质：是“一门知识性与技能性相结合的基础工具课程，应作为必修课单独开设”。

2000 年 10 月，“全国中小学信息技术教育工作会议”在北京召开。陈至立部长在会议上宣布：“教育部决定，从 2001 年起，用 5～10 年的时间在全国中小学基本普及信息技术教育，全面实施‘校校通’工程，以信息化带动教育的现代化，努力实现基础教育跨越式发展。”教育部还颁发了《关于在中小学实施“校校通”工程的通知》重要文件。

2001 年，全国信息技术教育普及工作取得了很大的成绩。全国掀起了教育信息化的热潮，校园网建设、教学信息资源库建设、信息技术教材建设、信息技术课程教学、信息与学科课程整合等各项工作都有了实质性的发展。同年，教育部颁发的《基础教育课程改革纲要》中指出：“从小学至高中设置综合实践活动并作为必修课程，其内容主要包括：信息技术教育、研究性学习、社区服务与社会实践以及劳动与技术教育。”

2003 年，教育部颁布了《高中信息技术标准》，标志着我国信息技术课程的系统建设和实施进入了新阶段。同时，该标准的研制也带动了初中和小学信息技术课程的系统建设。

2004 年，教育部在公布的《2003—2007 年教育振兴行动计划》中特别指出：“全面提高现代信息技术在教育系统中的应用水平，加强信息技术教育，普及信息技术在各级各类学校教学过程中的应用，为全面提高教学和科研水平提供技术支持。”

2008 年，在上海举行的“中国教育及科研计算机应用与网络研讨大会”上，教育部副部长赵沁平表示，“教育部高度重视教育信息化建设，在拟定的《2008—2012 年教育振兴行动计划》中，‘教育信息化’作为一个独立专题，正在深入调研，精心谋划，必将进一步促进教育信息化的深入、健康、科学发展。”

2017 年，教育部正式公布了《普通高中信息技术课程标准（2017 年版）》。普通高中信息技术课程标准对信息技术课程提出了新的课程理念，对课程的设计思路、课程目标、内容标准、实施建议都提出了具体要求。高中信息技术课程包括必修与选修两个部分，共 6 个模块，每个模块 2 学分。必修部分只有“信息技术基础”1 个模块，2 学分。它与九年义务教育阶段相衔接，是信息素养培养的基础，是学习后续选修模块的前提。选修部分包括“算法与程序设计”“多媒体技术应用”“网络技术应用”“数据管理技术”和“人工智能初步”五个模块，每个模块 2 学分。选修部分强调在必修模块的基础上关注技术能力与人文素养的双重建构，是信息素养培养的继续，是支持个性发展的平台。

2017 年，国务院印发《新一代人工智能发展规划》明确指出，人工智能成为国际竞争的新焦点，应逐步开展全民智能教育项目，在中小学阶段设置人工智能相关课程、逐步推广编程教育、建设人工智能学科，培养复合型人才，形成我国人工智能人才高地。鼓励社会力量参与寓教于乐的编程教学软件、游戏的开发和推广。支持开展人工智能竞赛，鼓励进行形式多样的人工智能科普创作。

从我国中小学信息技术教育的发展可以看出，我国中小学信息技术教育共出现了 4 次浪潮，对应 4 个不同的热点发展领域：信息技术课程、课程整合、网络教育、智慧校园。

第一次浪潮从 20 世纪 70 年代末、80 年代初开始，重点是计算机学科教学，是让学生学习和掌握信息技术的基础知识和基本技能，标志性的口号是“程序设计是第二文化”。开课年级从高中、初中再到小学；课程形式从选修课到必修课；课程内容一开始主要是程序设计，后来逐步增加了应用软件的操作与使用；课程的名字也由“计算机课”改成内涵更为宽泛、更与国际接轨的“信息技术课程”。

第二次浪潮从 20 世纪 80 年代中后期开始，重点是计算机辅助教学与计算机辅助管理，主要是开发教学软件、课件和教育教学管理软件，把计算机作为一种工具，将计算机与教育教学相结合，标志性的口号是“计算机与基础教育相结合是国际教育改革的发展趋势”。教育软件类型由“课件”向“组件”“积件”发展，具有开放性的资源素材型、工具型、平台型的教学平台成为发展方向；计算机辅助教学由以教师为中心展示知识发展为以学生为中心、突出学生主体的“课程整合”，即将信息技术整合于各学科课程与教学之中；由教师自己开发课件向教师整合利用各种信息技术教育教学资源为主；建构主义教学模式成为课程整合的理论基础。课程整合的目的是通过学科课程把信息技术与学科教学有机地结合起来，将信息技术与学科课程的教与学融为一体，将技术作为一种工具，提高教与学的效率，改善教与学的效果，改变传统的教学模式。

第三次浪潮从 20 世纪 90 年代中后期开始，重点是网络教育，标志性的口号是“建网、建库、建队伍”。发展过程从建多媒体电子教室、建校园网、天网地网相结合到实施校校通工程；对学生开设网络课程；建网上教育资源库；研究基于网络的教学模式；探索基于网络的研究性学习；试验远程教学模式；网络教育的重头戏是教育部确定的“校校通”工程，其目标是：用 5 ~ 10 年时间，使全国 90%左右的独立建制的中小学校能够上网，使中小学师生都能共享网上教育资源，提高中小学的教育教学质量。

第四次浪潮是 2010 年以后，移动互联网、大数据、云计算、物联网、人工智能技术的出现，以智慧教育引领教育信息化的创新发展，从而带动教育教学的创新发展。特别是 2017 年，国务院颁布了《新一代人工智能发展规划的通知》，人工智能被写进党的十九大报告。

阿尔法狗、阿尔法元、索菲亚、蒙特卡洛树、深度学习、强化学习，生物芯片、虚拟现实、增强现实、自动驾驶……我们已分明听见了人工智能时代的脚步声。

面对新一轮人工智能浪潮，中小学如何将人工智能教育落实到课程上，一些中小学校持续课程创新，做出了可贵的探索。“人工智能 +”相关各类课程在一些发达地区中学蓬勃开展，如机器人、数据挖掘、计算机视觉、无人驾驶等。从面向全体的普及教育，到部分选修的跨学科实践应用，再到少数的深入动手做研究，开展了基于“STEAM + 人工智能教育”课程体系（STEAM 是科学、技术、工程、艺术、数学 5 个学科的缩写），重构了与人工智能本身感知、认知、创新三个层次相对应的中小学人工智能教育课程体系。

第一层即感知层，即中小学普及教育，重在培养基本的“人工智能 +”思维和兴趣。这一层次具体落地于中小学信息技术课，将高质量科普资源融入日常科学课、信息课和一些选修课。把人工智能内容渗透到常规课堂的引入环节，介绍人工智能推动各学科领域发展的前沿成果，培养学生的交叉学科创新思维。

第二层是认知层，重在跨学科应用实践。比如在计算机课上，让学生与视觉艺术选修课的同学合作开发 DIY 智能滤镜软件，把人工智能项目式学习的具体目标落实到 STEAM 各个学科领域。此外，科学跨学科综合实践活动是以建模为核心的“STEAM + AI”解决实际问题的高质量学习平台，即不同学科的同学组成一个小组，从不同学科角度分析同一个问题，建立模型，通过团队合作，解决实际问题。

第三层是研究与创新。主要是让学生能够将人工智能算法应用到其他领域进行交叉创新。

智慧教育是现今教育信息化的新境界、新诉求。智慧教育的真谛就是通过构建技术融合的学习环境，让教师能够施展高效的教学方法，让学习者能够获得适宜的个性化学习服务和美好的发展体验，使其由不能变为可能、由小能变为大能，从而培养具有良好的价值取向、较强的行动能力、较好的思维品质、较深的创造潜能的人才。

9.2.2　我国中小学信息技术教育存在的问题

目前我国信息技术教育在中小学已经得到普及，中小学生的信息素养得到了全面提升，也涌现出了一批在信息技术方面富有创意与发展潜质的优秀学生，但信息技术教育还存在着一些不容忽视的问题。

第一，从小学到中学连贯性的课程标准缺失。目前在中小学信息技术教育中，只有 2003 年颁布实施的《普通高中信息技术课程标准（实验）》和 2017 年修订的《普通高中信息技术课程标准（2017 年版）》，而小学和初中没有课程标准。小学和初中阶段信息技术教育的实施，只能依照 2000 年教育部颁布的《中小学信息技术课程指导纲要（试行）》，该纲要对各个学段都是默认零起点，造成各学段间教学内容重复，学段之间缺乏连贯性与一致性。高中阶段虽然有了课程标准，但具体实施起来仍然有一定的难度。

第二，中小学信息技术教材种类繁多，但总体质量需要提升。信息技术教材是教师开展信息技术教学和学生自学的重要依据，我国中小学信息技术学科师资力量差距较大，一本好的教材可以在一定程度上弥补教师在教学实施能力上的不足。教育部相关文件鼓励一纲多本，在教材编写上创新，市面上出现了上百种中小学信息技术教材，但这些教材编写水平参差不齐，有些内容重复严重。有的教材过分强调整合与文化，削弱了知识与技能，使教材从一个极端走向了另一个极端。目前，信息技术教材无论是内容编写，还是选用、审核都存在很多实际的问题，信息技术教材正在成为信息技术教育发展的瓶颈。很多教材的设计，特别强调操作步骤的讲解，局限于讲授几个工具性的软件，没有注重学生计算思维能力的培养。现行的信息技术教材，其内容大多根据软件或者计算机功能，分为信息技术基础知识、操作系统、字处理软件、画图软件、多媒体、互联网等模块。教师根据教材的内容，以学期或者学年为阶段，进行各模块的教学。这种大模块、整体化的学习方式适合成人，但对于小学生，却不太适合。

第三，重视程度不够，教学课时不足。根据教育部《中小学信息技术课程指导纲要（试行）》的规定，信息技术课程在小学阶段的总教学课时应为 68 学时。但目前一般学校安排信息技术课程每周课时仅为一节，除去期中、期末复习停课和节假日，实际教学课时在 40 学时左右，与教育部《中小学信息技术课程指导纲要（试行）》的规定相差甚远。由于教学课时不足，教师在制定和执行课程教学计划时无所适从。如果按照教材教学，教学内容完成不了；如果不按照教材教学，又该讲些什么内容？又该如何取舍？有的教师干脆让学生自学，以至于造成“放羊式”教学现象时有发生。学校开设信息技术课，也是作为一种选修课被排入课程表。从学校方面来看，虽然现在实施的是素质教育，但是在对学校的办学进行评价时，主观上看的还是学生的学习成绩，这样，信息技术课就得不到应有的重视；从学生方面来看，即使想学，也会因担心影响必修课程的成绩，而不得不放弃。无论学校领导、教师、学生还是家长，对一门课的重视程度往往取决于它在中考、高考当中所占的比重，对于信息技术这门基本没有列入考试范围的科目，谁都不愿投入太多的精力和时间，对于这门课具体怎样去上，大家都不会很重视。他们关注的是“前途”，而不是“素质”，在他们看来，前途与素质之间并没有太大的关系。所以，多数学校将信息技术教育等同于计算机教学，将信息技术教育的培养目标只停留在教会学生如何操作计算机上。凡此种种，给开展和普及信息技术带来了困难。一些学校虽然开设了信息技术课程，但缺乏行之有效的考核标准和较为健全的考核制度。最近两年虽然学生的期末成绩单上有了信息技术这门课程的一席之地，教师虽然也自定标准给了学生一个成绩，但大多数学生不以为然，甚至有学生说反正信息技术不是考试课，就算学不好父母也不会责怪，客观上对学生学习该门课程的积极性产生了一定的负面影响。

第四，信息技术课课堂实施效果还需改善。教学方法不合理，不少教师的教学模式单一，教学方法陈旧，一味地采取“教师讲、学生听”、“教师演示、学生看”的教学模式，课堂教学枯燥乏味，学生学习没有兴趣。学生喜欢上信息技术课，但不喜欢听老师讲课，就喜欢上网和打游戏，这在信息技术课上可能是个普遍现象。造成这种局面的原因是多方面的：一方面，现在的学生学习动力不足是一个普遍现象，不仅存在于信息技术学科，其他学科也有这种情况。另一方面，现在学生的生活和学习环境变了，学生接触信息技术的机会多了，并且学生的兴趣广泛，学生个体之间信息技术基础差异较大，老师还是按一套老教案实施教学，显然会有很多学生不感兴趣，这种情况对老师备课提出了更高的要求，不仅要备知识，还要备学生，要了解学生对某一部分知识和技能的掌握情况，对不同的班级实施不同的教学方式，同一个班级的学生还要划分几个起点不同的小组，不同的小组实施不同的方案和目标。

我国中小学开展信息技术教育已经有二十多年的历史，经历了一个从无到有、不断变革的过程，其间取得了可喜的成绩，同时也克服了很多困难。今天，依然还有很多问题需要从事中小学信息技术教育的教师和教育管理者们面对，其中有些问题是历史遗留下来的，有些问题是由科技的发展与文化的变迁而引起的。信息技术教师需要基于新的环境，把握好现在，着眼于未来，共同研究对策，从而促进我国中小学信息技术教育健康快速的发展。

9.2.3 贵州教育信息化发展现状

“十三五”以来，贵州省坚持“科教兴黔”和“大扶贫、大生态、大数据”发展战略，加强顶层设计、多方协同推进，坚持以信息技术与教育教学深度融合为核心理念，推进“三通两平台”建设，夯实教育信息化基础环境建设，抓好机制创新、促进优质教育教学资源应用，全省教育信息化发展呈现良好态势。

教育信息化建设离不开基础设施的建设，贵州省在整体推进“三通两平台”方面，成效显著。“校校通”全省中小学接入率达 95%，班级配备多媒体终端覆盖 83.57%。“班班通”不断普及深化，“三个课堂”应用逐步普及；“教学点”项目资源深入应用，教育扶贫“最后一公里”实现突破。如图 9-1 所示，截至 2017 年底，全省中小学校宽带接入率小学、初中、高中分别达到 95.23%、99.08%、95.45%。网络带宽不低于 10 M 的中小学校占比达到 75.9%，无线网络校园全覆盖的中小学校占比达 14.36%，2326 所中小学建有教师电子备课室，1739 所学校建有电子阅览室。全省配备多媒体设施“班班通”教室达到 11.72 万个，覆盖率为 83.57%，普通教室全部实现多媒体化的学校有 7388 所，占比达到 73.09%。全省近 160 万名师生通过“网络学习空间”探索网络条件下的新型教学、学习与教研模式，其中教师 20 万人，学生 140 万人。智能化排课、网上阅卷、家校通等教育信息化管理系统逐渐普及。从这一组组详细数据中我们可以看到，贵州省的基础设施推进快速、覆盖广、成效显著。

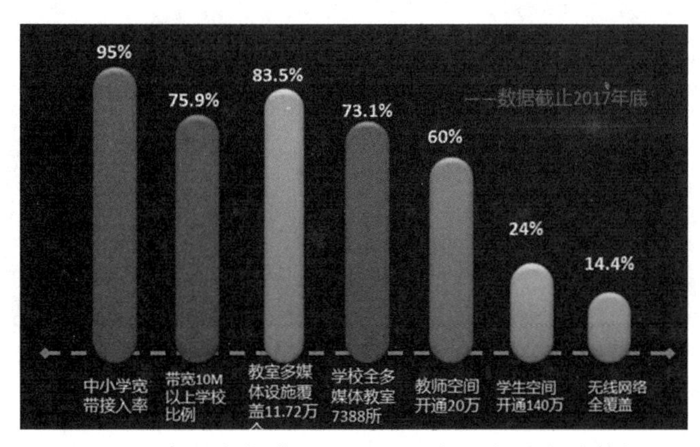

图 9-1　贵州省推进“三通两平台”方面统计数据

贵州教育公共服务平台初具规模，“国家教育资源公共服务平台落户贵州”，政企合作，为全省 3800 余所学校、20 余万教师、200 万学生提供信息化服务。教育资源公共服务平台实现国家、省、市（州）三级对接，引进资源 212 万条，逐步优化“平台”功能和应用服务能力，预计 2020 年建成具有贵州特色的平台。除此之外，还有国家教育管理公共服务平台贵州省数据中心和国家教育管理信息系统南方灾备中心均落户贵州省，其中建有学前教育、中小学学生学籍、学生资助、中职学生管理、教师管理五个信息管理系统，为学校带来很大的便利。

从基础设施建设到平台建设，这是软硬件发展建设，从教师能力来看，全省教师应用能力在逐步提升，包括信息技术应用基本素养、利用信息技术促进专业发展、利用信息技术转变教与学方式、利用信息技术优化教学的能力以及信息技术应用创新能力都有提升。

在基础设施显著提升的同时，学生信息素养显著提高，信息技术应用能力和水平明显提升，有近 21.4%的学生在老师指导下开展或自主开展了基于互联网的学习。课堂教学应用信息技术常态化，近 19%的教师尝试或正在利用互联网平台、智能手机等改变教学方式和方法。各县（区）教育部门、中小学校，涌现出一批利用信息技术解决教育改革发展问题的应用典型，教育信息化对教育改革发展的支撑引领作用日益凸显。比如贵阳市云岩区统一规划，打造三大建设、四大突破（课堂教学、教学改革、科学评价、分析可视化），五大工程（云服务基础网络、与信息安全提升、智慧校园建设等）；铜仁市“实施智慧教育工程”，采取政府与社会资本合作（PPP）模式，投资金额不低于 15 亿元，打造成教育信息化先进示范区域。

尽管目前贵州省教育信息化发展快速，但是西部省份信息化建设仍然存在信息化基础建设滞后、自然条件多山、生存环境恶劣、人口分布散、现代化进程发展缓慢、教育发展的要求急迫，教育信息化发展诉求强烈等问题。具体而言包括建设诉求、投入诉求、教育诉求以及培养诉求。如图 9-2 所示，贵州应该准确把握教育信息化面临的新形势和新要求，为我国教育信息化下一步进入 2.0 时代，真正走出一条中国特色的教育信息化发展之路贡献一份力量。

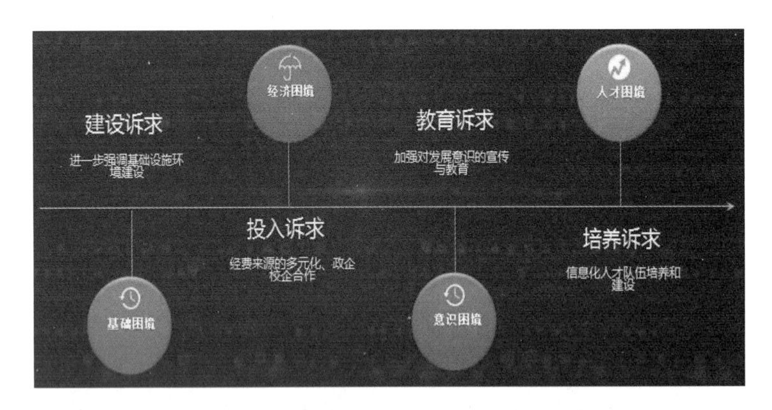

图 9-2 西部教育信息化发展诉求

9.3 国外信息技术教育发展

9.3.1 国外信息技术教育发展历程

1950 年，美国麻省理工学院利用计算机驱动飞行模拟器来训练飞行员，是计算机在教育领域的最早应用。

1959年，美国纽约城市小学利用IBM650计算机帮助小学习者学习二进制算法，被认为是计算机在中小学教育领域的最早应用。

1960年，美国伊利诺大学的唐•贝泽和查莫斯•谢文合作研制出第一代柏拉图系统（PLATO I）。

1968年，第一台专门用于教育的计算机系统“IBM 1500辅助教育系统”在斯坦福大学研制成功，使用“课程开发器”编制课程，这些课程被称为课件或教育软件，课件和教育软件的概念即起源于此。

1968年，西蒙•派珀特发明了LOGO编程语言，LOGO和问题解决运动开始。他陆续提出并发展了自己的建构主义观——“在制作中学习”。

20世纪60年代后期，美国数字设备公司的PDP-1（1960年研制成功）被应用于教育中，标志着小型机在教育中的首次应用。斯坦福大学的帕特里克·素帕斯教授对IBM 1500和PDP-1在教育中的应用开展了广泛的研究和开发工作，被誉为计算机辅助教育研究的鼻祖之一。

1977年，第一台微机进入中小学，教育中应用的计算机开始从大型机转向桌面办公系统。20世纪80年代初，美国的明尼苏达教育计算机科学联盟得到自然科学基金的资助，开始大量生产和提供课件，其他教育软件公司也相继出现，出现了教育软件出版的高潮。

20世纪80~90年代，在应用计算机开展教育的过程中，学校和教师认识到在提供计算机辅助教育方面，联网系统比单机效益更高。教育技术厂商开始研制联网的辅助学习系统，统称为“整合学习系统”。但这些系统当时大多只与提供商的服务器联网，而不是基于互联网的开放式的在线学习，当时互联网也尚未普及，因此整合学习系统整体上仍属于前互联网时代的信息技术应用阶段。

1994年，随着通信技术的发展，网络的传输能力和传输速度迅速提高，成本不断下降，因特网的应用在20世纪90年代后期日益普及。教育界也很快认识到因特网的教育潜力：支持方便快捷的信息检索；实现用户与计算机之间极强的交互功能；支持教师与学习者之间、异地的学习者之间、学习者与专家之间相对跨越时空限制的交流互通活动；提供日益丰富、真实的在线模拟和在线实验功能；支持对学习内容随时、随地的访问，等等。因特网已经逐步进入中小学校园、实验室甚至教室，并逐步渗透到学习者学习的每个环节。

9.3.2 国外信息技术教育开展情况

随着信息技术普及与发展，世界各国对信息技术教育也愈加重视，在教育领域掀起了一场旨在培养学生信息素养的教育理念和学习方式的变革。这场变革席卷了北美、欧洲和日本等发达国家的教育领域。

美国在教育信息化方面就一直走在世界前列。美国信息技术教育起步很早，信息技术课程因州而异、因校而异，不同学区和学校采用不同的形式对学生进行信息技术教育，但是殊途同归，目的都是培养学生成为有信息素养的人。由于地区差异和学生差异，美国的中小学信息教育也呈现出多元化的格局。小学开设的信息技术教育课因校而异，五花八门，重在激发学生的兴趣，并不强调学科系统。中学的信息技术课，大体可分为三种形态：第一种，不设完整的信息技术课程，仅在数学或物理等课程中介绍一些计算机和信息技术知识。第二种，设一门信息技术必修课或选修课。第三种，设一系列信息技术必修课或选修课，如计算机应用、程序设计语言等。多数高中开设程序设计选修课，培养学生的逻辑运算和抽象思维能力。美国信息技术教育的发展也得益于国家政策和社会保障体系的完善。1996 年 1 月，美国总统克林顿发表了年度国情咨文，把发展以计算机为中心的现代教育技术作为迎接信息社会对于教育挑战的重要举措之一，并表示到 2000 年全国每间教室、每一个图书馆都要与国际互联网连接，形成全国范围的信息高速公路。为了实现到 2000 年的教育行动纲领，总统科技顾问委员会组织成立了一个教育技术专家组，提出一个专门报告，就如何应用现代教育技术特别是计算机与 Internet 联网，改革美国中小学教育提供建议，主要建议包括：（1）以计算机辅助学习为中心，将信息技术贯穿于 K12 课程，有效地使用技术。（2）保障实际投资。（3）保证人人都有使用信息技术的机会和权利。（4）在中小学积极开展实验研究，提高 K12 教育效率和费用效益。美国实施了一系列的措施，这些举措，使得美国在抢占全球发展教育制高点的竞价中占得了先机。

总统科技顾问委员会于 1997 年 3 月提出一个专门报告，就如何应用现代教育技术特别是计算机与 Internet 联网，改革美国中小学教育提供建议。主要建议可以概括如下：

（1）以计算机辅助学习为中心，而不是以学习计算机为中心。将信息技术贯穿于 K12 课程，以提高各学科教育质量为目的。

（2）强调教学内容与教法的改革，鼓励采用以学生为中心的教学方法，重视学生高级推理与问题解决能力的培养。

（3）重视师资培养，使教师们懂得如何在教学中有效地使用技术，建议将教育技术投资中的 30%用于师资培训。

（4）保障实际投资，至少将全国每年教育开支中的 5%用于教育技术。

（5）保证平等使用技术，全美国学生不分地区、种族、年龄和社会经济状况，人人得以使用信息技术的权利。

据美国国家教育统计中心提供的统计数据显示，2000 年全美已经拥有很好的数字化学习环境，其中 95%的学校和 72%的教室与 Internet 相连，有 66%以上的教师认为在课堂教学当中运用信息技术增强了教学效果。在学校的图书馆里，随处可见的则是大量的利用 IT 来进行学习的各种资料、各种视听材料以及无数的计算机软件。电脑甚至取代了书籍，成为最重要的教育、教学资源。

英、德、法等几个国家对中、小学中开展信息技术教学都有自己的要求。

英国政府在 1999 年公布的信息与通信技术课程标准中，要求进一步重视和加强信息技术教育。要求通过教学促进学生能利用 IT 技术工具探究、分析、辨别和进行有创意的信息加工。能使学生利用 IT 工具快速获取不同社会背景、不同人群、不同文化环境下的知识和经验。增强学生独立学习的能力和判别在什么时候、什么地方应使用 IT 工具并使这种能力在现在和将来都能对学生发挥作用。通过 IT 教育，促进学生在心智、道德、社会伦理和文化背景知识方面的发展，促进学生思维能力的形成和发展，培养学生协同工作、主动获取知识进行独立学习和解决问题的能力。

德国政府认为，作为基础教育的一部分，信息技术是多方面的，计算机信息学课程是传授信息处理技术的重要课程之一，主要包括对信息技术的应用，尤其是要学会信息的获取及对信息进行处理和在网络环境下的传播。要培养学生辨别各类信息及适应信息技术快速发展的能力，让他们以对社会、对个人负责的态度使用这些技术。在教育中强调使学生能以计算机为工具用于信息管理、信息处理、表达、信息传递的目标。

法国政府认为，让未来的公民得到有关信息技术的专门训练、掌握必须具备的新的通信工具，是政府教育的目标之一。信息技术教育应使学生在他们的职业生活和公民生活中能了解信息自动处理的可能性和局限性，懂得合理使用信息技术并能学习在各种活动中隐藏着的与信息处理有关的基础知识。因此，信息技术教育也不能仅仅被理解为是对软件产品“使用方式”的教育，对信息处理有关的基础知识的把握，应有计划地出现在各学科教学中，尤其要注意的是教师要教会学生在遇到各种情况下进行理解和分析的方法。

日本在 2003 财政年期间，公立学校中每 8.8 个小学生就拥有一台电脑，因特网的接通率达到 99.8%。据 2006 年 3 月通过的“电子日本战略”，日本在 2005 年互联网普及率超过 60%。

世界经济论坛 2004 年 10 月发表的《2005—2006 年世界竞争力报告》中，芬兰连续三年在全球被调查的 113 个国家和地区的信息技术综合实力排名中位列第一。芬兰 2003 年基础教育阶段的生机比为 6∶1，学校的网络连接达到 99%。

韩国的所有学校在 2001 年就已经完成了与互联网的连接。到 2000 年末，韩国已经完成了对所有中小学计算机的普及和因特网的连接等硬件建设。

20 世纪 90 年代以来，世界各国信息技术在中小学教学中的应用明显呈现出从技术本位向课程本位转化的趋势，即从围绕信息技术本身的特点和优势出发应用信息技术，发展到从课程的需要出发论证信息技术的特点和潜在优势,并在教学中充分体现这些潜在优势。这主要体现在：

（1）重视结合学科领域的具体特点和教学目标的要求，应用信息技术呈现教学内容、创设教学环境、整合有关课程资源，而不是“为用信息技术而用信息技术”。

（2）重视从不同教学方式对教学媒体和教学技术的需要出发，有机组合各种信息技术手段和信息化资源，而不拘泥于信息技术的形式而实施所谓的“网络教学”或“多媒体教学”。

（3）重视学生的个别差异和多样化的发展需求，注重结合学生的已有知识、经验，充分利用信息技术的优势，为不同认知水平的学生创设个别化的学习环境，提供个性化的学习工具；或者利用信息技术作为学生方便快捷的交流合作工具，促进学生的交往、合作和社会化发展。

（4）与此相联系，信息技术应用于教学的模式也趋于综合化和多样化，强调在教师、学生以及信息技术之间相互作用的过程中,充分发挥信息技术在学习活动中作为效能工具、交流工具、研究工具、问题解决工具和决策工具的作用，创设教师、学生、信息技术、教学资源有机融合的学习环境，为学生提供丰富体验基础上的、富有个性的全面发展。

几乎所有国家和地区都有信息技术方面的课程，并有相应的目标与教学内容，信息学科在各国课程中的地位已经确立。英国、日本、韩国、印度等国将信息技术定为必修课程，教学的最低时数也有所规定。

美国作为科学、文化发达国家，其信息技术教育思潮也相对比较先进，较大地影响当今世界信息技术的理论和实践。其中对当前我国中小学信息技术教育具有较大借鉴意义的观念有以下两种：

（1）信息素养观念。

美国图书馆协会在其 1989 年的报告中明确信息素养的概念，为“个体能够认识到何时需要信息，能够检索、评估和有效地利用信息的综合能力”。

一个具有信息素养的人能够认识到信息的需要，认识到正确的、完整的信息是做出决策的根本；形成基于信息需求的问题；确定可能的信息资源；展开成功的检索策略；访问信息，包括基于计算机和其他技术的信息；评价信息；为实际应用组织信息；将新的信息综合到现有的知识体系中；利用信息进行批判性思维和问题解决。

（2）信息技术通晓。

美国全国研究委员会于 1999 年公布了一份报告，报告题目为“信息技术通晓”，提出了信息技术通晓这一新的概念说法，这个文件用通晓代替了基本能力。该文件认为：信息技术通晓超出了计算机基本能力的传统概念，信息技术基本技能一般指的是对一些技术工具的最低水平的了解，如字处理工具、电子邮件、网络浏览器等；相反，信息技术通晓要求人们能够广泛地理解信息技术，从而能够在工作和日常生活中富有成效地运用，能够认识到信息技术既能帮助也能阻碍目标的实现,并能不断地调整自己以适应信息技术的发展。因此，与传统的信息技术基本技能相比，信息技术通晓需要对信息技术处理信息、交流和解决问题有更深刻、更本质性的掌握和理解。

信息技术通晓由三个层次的概念、技能和能力组成的，包括暂时性技能、基础性概念和智力性能力。

暂时性技能，是指使用现在的计算机设备的技能，能够使人们立即应用信息技术。在当前的劳动力市场上，技能是一个工作的最基本组成部分。更加重要的是，技能提供了建立新的能力的基础。

基础性概念，是指用来支持技术的计算机、网络和信息的原则和概念。概念是理解新信息技术的原始资料，能够指出信息技术所提供的机会及其局限性。

智力性能力，是指在复杂和支撑性环境中应用信息技术，在信息技术环境中促进高级思维。能力能使人们控制媒介以得到利益，并且能够处理未曾预想到的问题。智力性能力加强了信息和信息控制方面的抽象思维。

9.4 国内信息技术课程标准与规范

9.4.1 中小学信息技术课程指导纲要（试行）

本节主要介绍 2000 年教育部颁布的《中小学信息技术课程指导纲要（试行）》的基本内容。

1. 课程任务和教学目标

中小学信息技术课程的主要任务是：培养学生对信息技术的兴趣和意识，让学生了解和掌握信息技术基本知识和技能，了解信息技术的发展及其应用对人类日常生活和科学技术的深刻影响。通过信息技术课程使学生具有获取信息、传输信息、处理信息和应用信息的能力，教育学生正确认识和理解与信息技术相关的文化、伦理和社会等问题，负责任地使用信息技术；培养学生良好的信息素养，把信息技术作为支持终身学习和合作学习的手段，为适应信息社会的学习、工作和生活打下必要的基础。

信息技术课程的设置要考虑学生心智发展水平和不同年龄阶段的知识经验和情感需求。小学、初中和高中阶段的教学内容安排要有各自明确的目标，要体现出各阶段的侧重点，要注意培养学生利用信息技术对其他课程进行学习和探讨的能力。努力创造条件，积极利用信息技术开展各类学科教学，注重培养学生的创新精神和实践能力。

各学段的教学目标介绍如下。

1）小学阶段的教学目标

（1）了解信息技术的应用环境及信息的一些表现形式。

（2）建立对计算机的感性认识，了解信息技术在日常生活中的应用，培养学生学习、使用计算机的兴趣和意识。

（3）在使用信息技术时学会与他人合作，学会使用与年龄发展相符的多媒体资源进行学习。

（4）能够在他人的帮助下使用通讯远距离获取信息、与他人沟通，开展直接和独立的学习，发展个人的爱好和兴趣。

（5）知道应负责任地使用信息技术系统及软件，养成良好的计算机使用习惯和责任意识。

2）初中阶段的教学目标

（1）增强学生的信息意识，了解信息技术的发展变化及其对工作和社会的影响。

（2）初步了解计算机基本工作原理，学会使用与学习和实际生活直接相关的工具和软件。

（3）学会应用多媒体工具、相关设备和技术资源来支持其他课程的学习，能够与他人协作或独立解决与课程相关的问题，完成各种任务。

（4）在他人帮助下学会评价和识别电子信息来源的真实性、准确性和相关性。

（5）树立正确的知识产权意识，能够遵照法律和道德行为负责任地使用信息技术。

3）高中阶段的教学目标

（1）使学生具有较强的信息意识，较深入地了解信息技术的发展变化及其对工作、社会的影响。

（2）了解计算机基本工作原理及网络的基本知识。能够熟练地使用网上信息资源，学会获取、传输、处理、应用信息的基本方法。

（3）掌握运用信息技术学习其他课程的方法。

（4）培养学生选择和使用信息技术工具进行自主学习、探讨的能力，以及在实际生活中应用的能力。

（5）了解程序设计的基本思想，培养逻辑思维能力。

（6）通过与他人协作，熟练运用信息技术编辑、综合、制作和传播信息及创造性地制作多媒体作品。

（7）能够判断电子信息资源的真实性、准确性和相关性。

（8）树立正确的科学态度，自觉地按照法律和道德行为使用信息技术，进行与信息有关的活动。

2. 教学内容和课时安排

中小学信息技术课程教学内容目前要以计算机和网络技术为主(教学内容附后)。教学内容分为基本模块和拓展模块(带*号),各地区可根据教学目标和当地的实际情况在两类模块中选取适当的教学内容。

课时安排:

小学阶段信息技术课程,一般不少于 68 学时;

初中阶段信息技术课程,一般不少于 68 学时;

高中阶段信息技术课程,一般为 70-140 学时。

上机课时不应少于总学时的 70%。

3. 教学评价

教学评价必须以教学目标为依据,本着对发展学生个性和创造精神有利的原则进行。

教学评价要重视教学效果的及时反馈,评价的方式要灵活多样,要鼓励学生创新,主要采取考查学生实际操作或评价学生作品的方式。

中学要将信息技术课程列入毕业考试科目。考试实行等级制。有条件的地方可以由教育部门组织信息技术的等级考试的试点工作。在条件成熟时,也可以考虑作为普通高校招生考试的科目。

4. 课程教学内容安排

1)小　学

(1)模块一——信息技术初步:

① 了解信息技术基本工具的作用,如计算机、雷达、电视、电话等。

② 了解计算机各个部件的作用,掌握键盘和鼠标器的基本操作。

③ 认识多媒体,了解计算机在其他学科学习中的一些应用。

④ 认识信息技术相关的文化、道德和责任。

(2)模块二——操作系统简单介绍:

① 汉字输入。

② 掌握操作系统的简单使用。

③ 学会对文件和文件夹(目录)的基本操作。

(3)模块三——用计算机画画:

① 绘图工具的使用。

② 图形的制作。

③ 图形的着色。

④ 图形的修改、复制、组合等处理。

(4)模块四——用计算机作文:

① 文字处理的基本操作。

② 文章的编辑、排版和保存。
(5) *模块五——网络的简单应用：
① 学会用浏览器收集材料。
② 学会使用电子邮件。
(6) 模块六——用计算机制作多媒体作品：
① 多媒体作品的简单介绍。
② 多媒体作品的编辑。
③ 多媒体作品的展示。

2）初　中

(1) 模块一——信息技术简介：
① 信息与信息社会。
② 信息技术应用初步。
③ 信息技术发展趋势。
④ 信息技术相关的文化、道德和法律问题。
⑤ 计算机在信息社会中的地位和作用。
⑥ 计算机的基本结构和软件简介。
(2) 模块二——操作系统简介：
① 汉字输入。
② 操作系统的基本概念及发展。
③ 用户界面的基本概念和操作。
④ 文件和文件夹（目录）的组织结构及基本操作。
⑤ 操作系统简单工作原理。
(3) 模块三——文字处理的基本方法：
① 文本的编辑、修改。
② 版式的设计。
(4) *模块四——用计算机处理数据：
① 电子表格的基本知识。
② 表格数据的输入和编辑。
③ 数据的表格处理。
④ 数据图表的创建。
(5) 模块五——网络基础及其应用：
① 网络的基本概念。
② 因特网及其提供的信息服务。
③ 因特网上信息的搜索、浏览及下载。
④ 电子邮件的使用。
⑤ 网页制作。

（6）*模块六——用计算机制作多媒体作品：
① 多媒体介绍。
② 多媒体作品文字的编辑。
③ 作品中各种媒体资料的使用。
④ 作品的组织和展示。
（7）模块七——计算机系统的硬件和软件：
① 数据在计算机中的表示。
② 计算机硬件及基本工作原理。
③ 计算机的软件系统。
④ 计算机安全。
⑤ 计算机使用的道德规范。
⑥ 计算机的过去、现在和未来。

3）高　中

（1）模块一——信息技术基础：
① 信息与信息处理。
② 信息技术的应用。
③ 信息技术发展展望。
④ 计算机与信息技术。
⑤ 信息技术相关的文化、道德和法律问题。
⑥ 计算机系统的基本结构。
（2）模块二——操作系统简介：
① 操作系统的概念和发展。
② 汉字的输入。
③ 用户界面的基本概念和操作。
④ 文件、文件夹（目录）的组织结构及基本操作。
⑤ 系统中软硬件资源的管理和维护。
⑥ 操作系统简单工作原理。
（3）模块三——文字处理的基本方法：
① 文本的编辑。
② 其他对象的插入。
③ 特殊效果的处理。
④ 版式设计。
（4）模块四——网络基础及其应用：
① 网络通信基础。
② 因特网及其提供的信息服务。

③ 因特网上信息的搜索、浏览和下载。

④ 电子邮件的使用。

⑤ 因特网上其他应用。

⑥ 网页制作。

（5）*模块五——数据库初步：

① 数据库基本概念。

② 数据库的操作环境及其操作。

③ 数据的组织与利用。

（6）模块六——程序设计方法：

① 问题的算法表示。

② 算法的程序实现。

③ 程序设计思想和方法。

（7）*模块七——用计算机制作多媒体作品：

① 多媒体制作工具及其特点。

② 各类媒体资料的处理与使用。

③ 多媒体作品的制作。

④ 多媒体作品的发布。

（8）模块八——计算机硬件结构及软件系统：

① 信息的数字化表示。

② 计算机的硬件及基本工作原理。

③ 软件系统简介。

④ 计算机的安全。

⑤ 计算机使用道德规范。

⑥ 计算机的过去、现在和未来。

9.4.2 普通高中信息技术课程标准（2017 年版）

本节主要介绍教育部 2017 年组织修订的《普通高中信息技术课程标准（2017 年版）》基本内容。

1. 课程性质

信息技术既是一个独立的学科分支，又是所有学科发展的基础。信息技术既是一个重要的技术分支，又已经深化为改造人类生产与生活方式的基本手段。信息技术因信息交流需要而产生和发展，信息技术的进步又扩展了信息交流的时间与空间。文化形成和发展的最本质要求是交流，随着信息技术越来越广泛地渗透到教育、经济和政治等领域，席卷全球的信息文化业已形成，并推动着全社会的“文化重塑”，推动着社会的发展。从社会发展的现实出发，在普通高中设立信息技术科目，为培养适应信息社会未来公民奠定基础，是我国在全球性信息化建设竞争进程中，抓住机遇、赶上世界发展的步伐、抢占制高点的必要保证。

高中信息技术课程以提升学生的信息素养为根本目的。信息技术课程不仅要使学生掌握基本的信息技术技能，形成个性化发展，还要使学生学会运用信息技术促进交流与合作，开拓视野，勇于创新，提高思考与决策水平，形成解决实际问题的能力和终身学习的能力，明确信息社会公民的权利与义务、伦理与法规，形成与信息社会相适应的价值观与责任感，为适应未来学习型社会提供必要保证。

高中信息技术课程的性质表现如下：

（1）基础性。

高中信息技术课程的基础性表现在，它是信息技术在各个学科中应用乃至全部教育活动的基础，是学生在今后工作与生活中有效解决问题的基础，是学生在未来学习型社会中自我发展、持续发展的基础。

（2）综合性。

高中信息技术课程的综合性表现在，其内容既包括信息技术的基础知识，信息技术的基本操作等技能性知识，也包括应用信息技术解决实际问题的方法，对信息技术过程、方法与结果评价的方法，信息技术在学习和生活中的应用，以及相关权利义务、伦理道德、法律法规等。

（3）人文性。

高中信息技术课程的人文性表现在，课程为实现人的全面发展而设置，既表现出基本的工具价值又表现出丰富的文化价值，即既有恰当而充实的技术内涵，又体现科学精神，强化人文精神。

2. 课程的基本理念

（1）提升信息素养，培养信息时代的合格公民。

信息素养是信息时代公民必备的素养。高中信息技术课程以义务教育阶段课程为基础，以进一步提升学生的信息素养为宗旨，强调通过合作解决实际问题，让学生在信息的获取、加工、管理、表达与交流的过程中，掌握信息技术，感受信息文化，增强信息意识，内化信息伦理，使高中学生发展为适应信息时代要求的具有良好信息素养的公民。

（2）营造良好的信息环境，打造终身学习的平台。

以高中信息技术课程的开设为契机，充分调动家庭、学校、社区等各方力量，整合教育资源，为高中学生提供必备的软硬件条件和积极健康的信息内容，营造良好的信息氛围，既关注当前的学习，更重视可持续发展，为学生打造终身学习的平台。

（3）关照全体学生，建设有特色的信息技术课程。

充分考虑高中学生起点水平及个性方面的差异，强调学生在学习过程中的自主选择和自我设计，提倡通过课程内容的合理延伸或拓展，充分挖掘学生的潜力，实现学生个性化发展，关注不同地区发展的不均衡性，在达到“课程标准”的前提下，鼓励因地制宜、特色发展。

（4）强调问题解决，倡导运用信息技术进行创新实践。

高中信息技术课程强调结合高中学生的生活和学习实际设计问题，让学生在活动过程中掌握应用信息技术解决问题的思想和方法，鼓励学生将所学的信息技术积极地应用到生产、生活乃至信息技术革新等各项实践活动中去，在实践中创新，在创新中实践。

（5）注重交流与合作，共同建构健康的信息文化。

高中信息技术课程鼓励高中学生结合生活和学习实际，运用合适的信息技术，恰当地表达自己的思想，进行广泛的交流与合作，在此过程中共享思路、激发灵感、反思自我、增进友谊，共同建构健康的信息文化。

3. 课程设计思路

1）课程设计思路与模块结构

随着社会信息化的发展，信息素养日益成为信息社会公民素养不可或缺的组成部分。信息技术教育已经超越了单纯的计算机技术训练阶段，发展成为与信息社会人才需求相适应的信息素养教育。因此，高中信息技术课程的设计体现如下三个特点：第一，信息技术应用能力与人文素养培养相融合的课程目标；第二，符合学生身心发展需求的课程内容；第三，有利于所有学生全面发展与个性发展的课程结构形式。

高中信息技术课程包括必修与选修两个部分，共 6 个模块，每个模块 2 学分。

必修部分只有“信息技术基础”一个模块，2 学分。它与九年义务教育阶段相衔接，是信息素养培养的基础，是学习后续选修模块的前提。该模块以信息处理与交流、信息技术与社会实践为主线，强调让学生掌握信息的获取、加工、管理、表达与交流的基本方法，在应用信息技术解决日常学习、生活中的实际问题的基础上，通过亲身体验与理性建构相结合的过程，感受并认识当前社会信息文化的形态及其内涵，理解信息技术对社会发展的影响，构建与社会发展相适应的价值观和责任感。建议该模块在高中一年级第一、二学期开设。

选修部分包括“算法与程序设计”“多媒体技术应用”“网络技术应用”“数据管理技术”和“人工智能初步”5 个模块，每个模块 2 学分。选修部分强调在必修模块的基础上关注技术能力与人文素养的双重建构，是信息素养培养的继续，是支持个性发展的平台。模块内容设计既注重技术深度和广度的把握，适度反映前沿进展，又关注技术文化与信息文化理念的表达。选修部分的 5 个模块，“算法与程序设计”是作为计算机应用的技术基础设置的，“多媒体技术应用”“网络技术应用”“数据管理技术”是作为一般信息技术应用设置的，“人工智能初步”是作为智能信息处理技术专题设置的。

为了增强课程选择的自由度，5 个选修模块并行设计，相对独立。各选修模块的开设条件有所不同，各学校至少应开设“算法与程序设计”“多媒体技术应用”“网络技术应用”“数据管理技术”中的两个，也要制定规划，逐步克服经费、师资、场地、设备等因素的制约，开出包括“人工智能初步”在内的所有选修模块，为学生提供更丰富的选择。建议将选修模块安排在高中第三、四学期或以后开设。其中“算法与程序设计”模块与数学课程中的部分内容相衔接，应在高中二年级第一、二学期或以后开设。

信息技术的部分相关内容安排在“通用技术”科目中，如在其必修模块“技术与设计II”中设置有“控制与设计”主题，在选修部分设置有“电子控制技术”和“简易机器人制作”两个模块。

针对确能代表信息技术发展趋势、但对条件要求较高、不宜在国家课程中硬性规定的内容，允许自行开发相应的地方课程或者校本课程。学校还要善于发现确有信息技术天赋和特长的学生，并给予专门的培养。应维持学生较长的信息技术学习历程，以保证学习的有效性。建议每周2学时延续两个短学期完成一个模块，同时建议根据教学需要适当安排连堂上课。如果学生仅修4个学分，建议分布在两个学年里完成。例如，高中一年级第一、二学期完成必修模块，高中二年级第一、二学期完成一个选修模块。

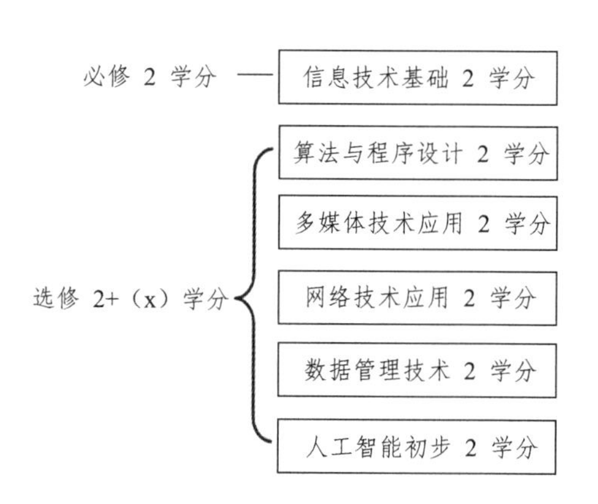

图 9-3　信息技术课程模块结构

信息技术课程的模块结构如图 9-3 所示。

2）关于学业的认定

修满4学分是取得高中毕业资格的最低要求。建议有兴趣或者理、工科取向的高中学生再加修若干个学分，可以作为就业或高校招生的参考。

3）标准体例说明

高中信息技术课程标准的撰写，采用“内容标准”“例子”“活动建议”相结合的形式。其中内容标准是主体，例子是对内容的进一步解释，活动建议是对教学活动方式的建议和引导。内容标准的撰写，首先坚持灵活性，既给出每一部分的基本要求，又给教材编写、教学活动和工具的选用等留有多样化的发挥空间；其次注重时效性，以保证在本标准实施期间对信息技术教学具有持续的指导意义。

例子是对内容标准的提示，是对内容标准的进一步解释和具体说明，考虑到课程标准灵活性与时效性的要求，有些内容标准的描述比较概括，所以通过例子对其进行提示和解释。但例子仅仅是提示，不是内容标准的具体规定。另外，例子中内容的时效性往往较差，但例子中的思想和方法可以举一反三，长期生效。活动建议用于启发和引导教学活动的实施。

4）学习目标要求与行为动词

为帮助理解，表 9-1 列出了标准中使用的行为动词及对应的学习目标和掌握水平。

表9-1 高中信息技术新课程标准

		各水平的要求	内容标准中使用的行为动词
知识性目标	低↓高	了解水平 再认识或回忆事实性知识；识别、辨认事实或证据，列举属于某一概念的例子；描述对象的基本特征等	描述、列举、列出、指出、了解、熟悉
		理解水平 把握事物之间的内在逻辑联系；新旧知识之间能建立联系；进行解释、推断、区分、扩展；提供证据；收集、整理信息等	解释、比较、检索、查找、知道、识别、理解、调查
		迁移应用水平 归纳、总结规律和原理；将学到的概念、原理和方法应用到新的问题情境中；建立不同情境中的合理联系等	分析、设计、制订、评价、探讨、总结、研究、选用、选择、学会、画出、适应、自学、发现、归纳、确定、判断
技能性目标	低↓高	模仿水平 在原型示范和他人指导下完成操作	尝试、模仿、访问、解剖、使用、运行、演示、调试
		独立操作水平 独立完成操作；在评价的基础上调整与改进；与已有技能建立联系等	获取、加工、管理、表达、发布、交流、运用、使用、制作、操作、搭建、安装、开发、实现
		熟练操作水平 根据需要评价、选择并熟练操作技术和工具	熟练使用、熟练地操作、有效地使用、合乎规范地使用、创作
情感性目标	低↓高	经历（感受）水平 从事并经历一项活动的全过程，获得感性认识	亲历、体验、感受、交流、讨论、观察、（实地）考察、参观
		反应（认同）水平 在经历基础上获得并表达感受、态度和价值判断；做出相应的反应等	关注
		领悟（内化）水平 建立稳定的态度、一贯的行为习惯和个性化的价值观等	形成、养成、确立、树立、构建、增强、提升、保持

4. 课程目标

普通高中信息技术课程的总目标是提升学生的信息素养。学生的信息素养表现在，对信息的获取、加工、管理、表达与交流的能力，对信息及信息活动的过程、方法、结果进行评价的能力，发表观点、交流思想、开展合作并解决学习和生活中实际问题的能力，遵守相关的伦理道德与法律法规，形成与信息社会相适应的价值观和责任感。可以归纳为以下三个方面：

1）知识与技能

（1）理解信息及信息技术的概念与特征，了解利用信息技术获取、加工、管理、表达与交流信息的基本工作原理，了解信息技术的发展趋势。

（2）能熟练地使用常用信息技术工具，初步形成自主学习信息技术的能力，能适应信息技术的发展变化。

2）过程与方法

（1）能从日常生活、学习中发现或归纳需要利用信息和信息技术解决的问题，能通过问题分析确定信息需求。

（2）能根据任务的要求，确定所需信息的类型和来源，能评价信息的真实性、准确性和相关性。

（3）能选择合适的信息技术进行有效的信息采集、存储和管理。

（4）能采用适当的工具和方式呈现信息、发表观点、交流思想、开展合作。

（5）能熟练运用信息技术，通过有计划的、合理的信息加工进行创造性探索或解决实际问题，如辅助其他学科学习、完成信息作品等。

（6）能对自己和他人的信息活动过程和结果进行评价，能归纳利用信息技术解决问题的基本思想方法。

3）情感态度与价值观

（1）体验信息技术蕴含的文化内涵，激发和保持对信息技术的求知欲，形成积极主动地学习和使用信息技术、参与信息活动的态度。

（2）能辩证地认识信息技术对社会发展、科技进步和日常生活学习的影响。

（3）能理解并遵守与信息活动相关的伦理道德与法律法规，负责任地、安全地、健康地使用信息技术。

上述三个层面的目标相互渗透、有机联系，共同构成高中信息技术课程的培养目标。在具体的教学活动中，要引导学生在学习和使用信息技术、参与信息活动的过程中，实现知识与技能、过程与方法、情感态度与价值观等不同层面信息素养的综合提升和协调发展，不能人为地割裂三者之间的关系或通过相互孤立的活动分别培养。

5. 课程目标

1）必修——信息技术基础

“信息技术基础”以信息处理与交流为主线，围绕学生的学习与生活需求，强调信息技术与社会实践的相互作用。本模块是高中学生信息素养提升的基础，也是学习各选修模块的前提，具有普遍价值，为必修模块。

通过本模块的学习，学生应该掌握信息的获取、加工、管理、表达与交流的基本方法，能够根据需要选择适当的信息技术交流思想，开展合作，解决日常生活、学习中的实际问题，理解信息技术对社会发展的影响，明确社会成员应承担的责任，形成与信息化社会相适应的价值观。

本模块的教学要强调在信息技术应用基础上信息素养的提升，要面向学生的日常学习与生活，让学生在亲身体验中培养信息素养。

本模块由 4 个主题组成，结构如下：

信息技术基础
- 信息加工与表达
- 信息获取
- 信息资源管理
- 信息处理与交流

2）选修一——算法与程序设计

本模块的学习目的是使学生在原有基础上进一步体验算法思想，了解算法和程序设计在解决问题过程中的地位和作用，能从简单问题出发，设计解决问题的算法，并能初步使用一种程序设计语言编制程序实现算法解决问题。本模块为选修模块。

本模块的教学，应注意与数学课程中有关内容的衔接，要强调理论与实践的结合，引导学生注意寻找、发现身边的实际问题，进而设计出算法和计算机程序去解决这些问题。教师要注意发现对程序设计有特殊才能的学生，根据具体情况为他们提供充分的发展空间。本模块强调的是通过算法与程序设计解决实际问题的方法，对程序设计语言的选择不做具体规定。

本模块由 3 个主题组成，结构如下：

算法与程序设计
- 程序设计语言初步
- 计算机解决问题的基本过程
- 算法与问题解决举例

3）选修二——多媒体技术应用

多媒体技术的应用，在改善人机交互效果、提高信息交流效率、促进合作方面具有十分重要的作用。针对多媒体技术在生活中的实际应用而设置的“多媒体技术应用”是选修模块。

通过本模块的学习，学生应该在亲身体验的过程中认识多媒体技术对人类生活、社会发展的影响，学会对不同来源的媒体素材进行甄别和选择，初步了解多媒体信息采集、加工原理，掌握应用多媒体技术促进交流并解决实际问题的思想与方法，初步具备根据主题表达的要求，规划、设计与制作多媒体作品的能力。

本模块教学要密切结合学生学习与生活的实际，注重利用多媒体表现创意、表达思想，实现直观有效的交流。

本模块由 3 个主题组成，结构如下:

多媒体技术应用
- 多媒体技术与社会生活
- 多媒体信息采集与加工
- 多媒体信息表达与交流

4）选修三——网络技术应用

“网络技术应用”模块介绍网络的基本功能和因特网的主要应用，是选修模块。通过本模块的学习，学生应掌握网络的基础知识和基本应用技能，掌握网站设计、制作的基本技术与评价方法，体验网络给人们的生活、学习带来的变化。

本模块的教学，要注重激发学生对网络技术和参与创造性活动的兴趣，要结合实际条件，把网络技术基础知识和基本技能整合到学生的日常学习和生活中去，避免技术与应用、理论与实践相脱节，要充分展示网络技术发展的指导思想，展示网络技术与现代社会生活的相互作用。

本模块由 3 个主题组成，结构如下：

网络技术应用
- 因特网应用
- 网站设计与评价
- 网络技术基础

5）选修四——数据管理技术

数据管理技术已经在各个领域得到应用，广泛地渗透到人们的社会生活之中。本模块是针对数据管理技术应用而设置的选修模块。通过本模块的学习，学生应该掌握数据管理的基础知识和数据库设计的一般方法，学会使用大型专业数据库，初步学会使用数据库技术管理信息，处理日常学习与生活中的问题，体验并认识数据管理技术对人类社会生活的重要影响。

本模块的教学，要突出对数据库技术中“关系”这一核心特征的理解，着眼于数据管理技术在实际生活和学习中的应用，关注相关技术的发展趋势。在具体教学活动中，可以根据实际情况选择介绍一种常用的数据库管理系统。

本模块由 3 个主题组成，结构如下：

数据管理技术
- 数据库应用系统
- 数据库的建立、使用与维护
- 数据管理基本知识

6. 实施建议

信息技术课程由计算机课程发展而来，但发生了质的飞跃，已经由单纯的技能训练上升为全面的信息素养的培养。因此，高中信息技术课程的教学面临着从内在理念到外在方法的全面转型。要完成这一转型，关键在于：一方面，要广泛借鉴国内外信息技术课程短暂历史中积累的教学经验；另一方面，更需要每一位信息技术教师在认真研究课程特点的基础上，加强理论学习，结合教学实际，探索行之有效的教学方法和教学模式。具体建议如下：

（1）营造有利于学生主动创新的信息技术学习氛围。

良好的信息技术学习氛围是有效教学的前提。学校和教师应努力创造条件，给学生营造好学习信息技术的大环境。一方面，要尽可能给学生提供学习所需的物质条件，大到校园的整体规划，小到图书馆、机房和教室的建设，都要考虑到信息环境的营造；另一方面，更要以改善学生的学习方式、激发学生的探究欲望为出发点，设计与学生的学习、生活相适应的信息文化环境。

其次，要营造好学生课堂学习的小环境，教师应在引导学生把握知识体系的基础上，适当放手，让学生通过自主探索掌握技术工具的操作方法与应用技巧，在过程中认识和理解相关概念和原理，陶冶心性，形成健康人格，教师要做好指导和调控，有计划地让每个学生亲历与体验需求分析、方案设计以及方案实施等解决问题的完整过程，鼓励学生在过程中积极思维、大胆想象、勇于创新。

（2）合理选用并探索新的教学方法与教学模式。

首先，可以学习、借鉴其他科目的成功经验，根据教学需要恰当地采用讲解、观察、讨论、参观、实验等方法，做到兼容并蓄、取长补短。其次，可以吸收国内外信息技术教学的成功经验，在继承的基础上大胆改革，探索新的教学方法与教学模式。要从教学实际出发，根据不同的教学目标、内容、对象和条件等，灵活、恰当地选用教学方法，并善于将各种方法有机地结合起来。任何一种方法和模式的选择和使用，都应该建立在深入理解其内涵的基础上。譬如珗"任务驱动"教学强调让学生在密切联系学习、生活和社会实际的有意义的"任务"情境中，通过完成任务来学习知识、获得技能、形成能力、内化伦理。因此，要正确认识任务驱动中"任务"的特定含义，使用中要坚持科学、适度、适当的原则，避免滥用和泛化，要注意任务的情境性、有意义性、可操作性，任务大小要适当、要求应具体，各任务之间还要相互联系，形成循序渐进的梯度，组成一个任务链，以便学生踏着任务的阶梯去建构知识。

（3）从问题解决出发，让学生亲历处理信息、开展交流、相互合作的过程。

通过问题解决进行学习是信息技术教学的主要途径之一。一方面，通过问题解决活动学习信息技术，可以激发学生的学习动机，发展学生的思维能力、想象力以及自我反思与监控的能力；另一方面，也可以促使学生把信息技术应用到日常的学习和生活实际，甚至可以间接或直接地参与到社会生产、信息技术革新等各项活动中去。教师要根据教学需要，尽量将信息技术课安排在计算机房等与教学内容相关的实践场所，教师要引导学生在探索过程中解决问题，教师不仅要结合实际，为学生安排可以在课堂上完成的任务，也要注意把一些"课外"的实际问题交给学生去处理，如机房的建设与管理、校园网的建设与管理、学习资源的建设等。教师可以在教学过程中设置认知冲突，让学生自己发现问题并提出解决问题的方案，要合理安排教学，让学生亲身经历处理信息、开展交流、相互合作解决问题的过程，要指导学生学会选择与确立主题，分析需求并规划、设计内容，根据需要与创意获取并加工信息，准确表达意图或主题思想，要引导学生通过交流，评价和反思问题解决的各环节及效果，在"做中学"、"学中做"的过程中提升他们的信息素养。

需要注意的是，用于问题解决的综合性项目不宜过多，且大小要与学习的阶段性进展相适应，组织形式也要灵活多样，要合理安排好个人工作、小组合作、班级交流等活动形式，要根据解决问题的需要分解项目任务，再落实到个人、小组，达到既使学生体验完整过程又减轻每个学生工作强度的目的；前后项目的设计中，不要出现对问题解决环节和具体方法的简单重复，以免造成学生学习时间的不合理分配乃至浪费。

（4）关注基础水平和认知特点差异，鼓励个性化发展。

学生在信息技术学习的过程中往往分化很快，再加上起点水平参差不齐，会给教学带来诸多不便。教师应该在教学中充分了解学生已有的信息技术学习水平，关注学生的学习特点、个性发展需求等方面的差异，灵活设计与组织教学活动。

教师可以通过设立多级学习目标和多样的学习方式，让不同的学生都能根据自己的实际需要选择到合适的内容，教师还应给学生提供多样化的自主探索空间，鼓励不同意见和创造性思路的迸发，鼓励多样化的问题解决方式和方法。教师可以根据学生的能力差异、水平差异针对性地实施分层次教学。对于基础较差的学生，可以采用补课的方法为其奠定必要的基础，消除他们对信息技术的神秘感，增强其学习的信心；也可以采用异质分组的方法，变学生的个体差异为资源，让学生在参与合作中互相学习并充分发挥自己的长处，协同完成学习任务；对于少数冒尖的学生，给予专门辅导，使其吃饱吃好，早日成才。

（5）培养学生对信息技术发展的适应能力。

从当前来看，信息技术发展速度快、知识更新周期短，光靠学校的有限学习是远远不够的；从未来来看，信息技术不仅是学习的对象，更是信息时代公民进行终身学习不可或缺的工具和环境。因此，培养高中学生对不断发展、变化的信息技术的适应能力，既是当前教学的需要，也是培养信息时代公民的需要。

教师应在认识信息技术基本特征、把握信息技术发展变化规律的基础上，注重引导学生掌握具有广泛迁移意义的知识和方法，使其在有效迁移发生的基础上适应技术的变化。在教学过程中，要注意总结和归纳不同工具平台的使用方法、不同问题解决过程的共通之处，引导学生借助已有经验，通过合理的探索，发展完成对新工具和新任务的适应，从而达到利用有效迁移的发生促进学生发展的目的。教师要引导学生学会自主学习。在给出任务之后，通过组织学生共同研讨、分析任务，尽可能让学生自己提出解决问题的步骤、策略与方法。还要引导学生对结果进行评价，使学生真正成为学习的主人，从而增强对信息技术发展变化的适应能力。

教师还应引导学生将应用需求与发展变化相结合，主动适应信息技术的发展。譬如，每一类新的工具都是为解决某些特定问题而设计的,而这类工具的新版本或更新换代产品，都是为满足新的需求或提供更有效的方法而设计的。要引导学生在具体工具的使用中认识其优点、发现其不足并提出富有创造性的改进建议，养成主动地适应发展变化的习惯。

9.5 美国信息技术课程标准

9.5.1 CSTA（信息技术教师联盟）的计算机科学课程标准（2011）

美国没有统一的信息技术标准，CSTA（信息技术教师联盟） 对计算机科学课程的标准做出界定，即 CSTA K-12 Computer Science Standards。分为三类水准，每类水准就五个方面（计算机思维、合作、计算机体验和编程、计算机和交流手段、团体、全球与伦理道德影响）又做出详细界定，见表 9-2。

表 9-2 计算机科学课程标准的组织结构

水平	水平一（六年级）	水平二（六到九年级）	水平三（九到十二年级）
课程名称	计算机科学与我	计算机科学与团体	当代世界中的计算机科学（九到十年级）
			计算机科学概念与体验（十到十一年级）
			计算机科学相关话题(十一到十二年级，选修)

其中，水平一主要针对小学六年级的学生提出，实施“计算机科学与我”的课程。介绍最基本的技术信息概念、计算机思维，其课程标准旨在鼓励激发学生学习计算机科学，认识计算机科学的重要性。在社会科学、语言、数学等课程中也要渗透这一理念。

水平二主要针对六到九年级的初中学生，实施“计算机与团体”的课程。其课程标准旨在使学生运用计算机思维作为解决问题的工具。既可以单独在计算机科学课程中实施，可以在社会科学、语言、数学等课程中也要渗透这一理念。

水平三主要针对九到十二年级的高中学生，实施“应用概念、在真实世界解决问题”的课程。而这一课程又分为三个不相关联的子课程，每个课程着重于计算机科学作为规则的不同方面。通过这些课程的学习，学生可以掌握更高深的计算机概念，并应用这些概念开发可见的、真实世界的加工产品。所以这部分课程旨在应用计算机思维探究解决现实世界中的问题。其中水平三 A，对象为九到十年级学生，主要推荐学习“当代世界中的计算机科学”，旨在夯实学生对于计算机科学规则的理解和体验，在将来职业追求中能使用适当的计算机工具和技术。水平三 B，对象为十到十一年级学生，主要推荐学习“计算机科学概念与体验”，旨在加深对计算机科学、计算法则的理解，学会合作、应用计算机思维解决现实生活中的问题。水平三 C，对象为十一到十二年级学生，主要推荐学习“计算机科学的相关话题”，作为一门选修课，旨在专供计算机科学的某一特定领域达到专业水准，如 Java 编程。

9.5.2 美国 K12 计算机科学课程标准框架（2011）

1. 合 作

（1）水平三 L3B：

3B-3 对项目其他成员所写程序的可读性和可用性做出评价；

3B-2 通过参与软件项目组的工作描述软件生命循环周期；

3B-1 在软件项目合作小组的工作中使用项目合作工具，视觉控制系统和各种接口控制。

（2）水平三 L3A：

3A-4 明确合作如何影响软件产品的设计和发展；

3A-3 描述计算机如何提高传统模式，促进新体验、表达、交流和合作模式的发展；

3A-2 使用合作工具与项目组其他成员进行交流；

3A-1 在小组中设计和开发一个软件工件。

（3）水平二 L2：

L2-4 展示设置合作的必要：通过有用的反馈，整合反馈，理解和接受多元目标和社会性；

L2-3 与其他同伴、专家合作体验。如两人一组写程序、参与项目团队、参与小组学习活动；

L2-2 合作设计、开发、出版，运用课程中的概念，描述和交流技术资源，展现产品；

L2-1 应用多媒体工具和手段进行团队合作以支持课程学习。

（4）水平一 L1（六年级）：通过课程学会合作并通过合作解决问题。

L1.6-3 明确团队合作在问题解决和发现中的方式；
L1.6-2 为了开发产品，使用在线资源参与合作性问题解决活动；
L1.6-1 运用多种技术工具进行个人及合作写作、交流、出版活动。

（5）水平一 L1（三年级及以下）：通过技术工具和资源进行合作，使计算机学习成为合作的助推器。

L1.3-2 与伙伴、老师通过使用技术进行合作工作；
L1.3-1 整合信息、与老师、家长和同学进行网络交流。

2. 计算机思维

（1）水平三 L3B：

3B-11 通过把过程线性化，并把数据分列论证其正确性；
3B-10 通过定义新的函数和级别分解问题；
3B-9 通过建模和模拟分析数据，明确类型；
3B-8 使用模型和拟态形成、精炼、检验科学假设；
3B-7 讨论各种形式的二进制译法；
3B-6 对比比较简单的数据结构及用法；
3B-5 使用数据分析提高对复杂自然及人工系统的理解；
3B-4 评估计算法则的效率、准确率及清晰度；
3B-3 评价古典计算法则并完成一个原始计算；
3B-2 阐释探索性计算法则对于问题解决的价值；
3B-1 对易处理的、难处理的和计算机无法处理的问题进行分类。

（2）水平三 L3A：

3A-11 描述计算机如何通过把人类意识变成人工物，从而分享艺术与音乐的特点；
3A-10 描述并列程序的概念作为一种战略解决较大问题；
3A-9 讨论抽象化管理问题复杂性的价值；
3A-8 使用建模和模拟再现和理解自然现象；
3A-7 描述不同种类的数据时如何储存在计算机系统中；
3A-6 分析各种形式的数据信息的表征及交换；
3A-5 描述二元制及十六进制的关系；
3A-4 比较分析收集大量数据的技术；
3A-3 阐释顺序、选择、互动、递推是如何构建计算法则的；
3A-2 描述一个软件开发过程从而解决软件问题；
3A-1 使用预先设定的函数、变量，协议和方法分解复杂问题成简单的部分。

（3）水平二 L2：

L2-15 提供计算机思维交互训练应用的例子；
L2-14 考查数学与计算机科学（包括二进制、逻辑、集合、函数）的联系；
L2-13 理解计算机分层和抽象，包括高层次语言、翻译、集合和逻辑；
L2-12 使用抽象分解问题为子问题；

L2-11 分析一个计算机模型正确反映真实世界的程度；
L2-10 评估哪种问题能使用建模和模拟解决；
L2-9 与特定内容的模型和拟态互动进行学习和研究；
L2-8 使用直观再现问题的现状、结构和数据；
L2-7 各种方式再现数据：文本、声像、数字；
L2-6 描述和分析一系列指令；
L2-5 学会搜索，对计算法则进行分类；
L2-4 对解决同一问题的各类计算法则进行评估；
L2-3 为可进行计算机运作的一系列指令定义一个计算法则；
L2-2 描述问题解决的平行化过程；
L2-1 使用计算法则的基本步骤解决设计问题。
（4）水平一 L1（六年级）：建模和拟态、抽象、与其他领域的联系。
L1.6-6 理解计算机科学和其他学科领域的联系；
L1.6-5 遇到较大问题思考时列出子问题；
L1.6-4 描述模拟如何解决问题；
L1.6-3 证明比特如何再现字母数字信息；
L1.6-2 运用无计算机练习开发一个简单的对计算法则的理解；
L1.6-1 理解并运用计算法则问题解决的基本步骤。
（5）水平一 L1（三年级及以下）：问题解决、计算法则、数据再现。
L1.3-5 证明为什么 0 和 1 可以代表信息；
L1.3-4 识别控制计算机的软件；
L1.3-3 理解为什么用相应顺序配置信息，如在没有计算机的情况下根据生日给学生分类；
L1.3-2 使用写作工具、数字照相机、绘画工具一步步表达想法，叙述故事；
L1.3-1 使用技术资源，如谜语、逻辑思维程序解决适龄的问题。

3. 计算机操作和编程

（1）水平三 L3B：
3B-8 有效利用不同种类数据收集技术解决不同类型的问题；
3B-7 使用数据分析提高对复杂自然及人类系统的理解；
3B-6 预测未来职业和技术；
3B-5 通过编密码和身份验证有效使用安全规则；
3B-4 探究设计系统在缩放比例、效率、和安全方面的规则；
3B-3 对程序语言的层次和应用域名进行分类；
3B-2 使用抽象工具分解大量计算机问题；
3B-1 使用高级工具创造数字人工物。
（2）水平三 L3A：
3A-12 描述计算机中的数学和统计学的函数、集合、逻辑；
3A-11 描述定位和大量小的数据集合收集技术；

3A-10 探究大量以计算机为中心的职业；

3A-9 通过检测编码、编码术、身份验证阐释安全原则；

3A-8 阐释执行程序；

3A-7 描述各种可用的编程语言；

3A-6 为不同类型和作用的数据选择适合的文件形式；

3A-5 使用 APIs 和图书馆学帮助程序得以解决；

3A-4 应用分析、设计和技术的实施解决问题；

3A-3 使用不同的调试和测试方法保证程序的正确性；

3A-2 使用移动设备或仿真程序设计、开发、实施移动计算机应用；

3A-1 通过使用大量网络程序设计工具建网页。

（3）水平二 L2：

L2-9 收集和分析从计算机程序中多样的输出数据；

L2-8 证明对开放性问题解决和编程的处理的可靠性；

L2-7 明确计算机科学对职业的内部规则的促进；

L2-6 证明个人信息安全的好的体验：使用密码、密码术、安全行为；

L2-5 使用一种编程语言解决问题，包括循环行为、有条件表述、逻辑、表达、变量、函数；

L2-4 证明一种计算法则的理解和实际应用；

L2-3 使用可证实交流课程概念的技术资源设计、开发、发表、展现产品；

L2-2 使用大量多媒体工具和设备学习课程；

L2-1 选择适用的工具和技术资源完成大量的任务，解决问题。

（4）水平一 L1（六年级）：

L1.6-10 通过使用大量数字工具收集和处理数据；

L1.6-9 明确大量需要和使用计算机的工作；

L1.6-8 使用链接定位网页，利用搜索引擎简单搜索；

L1.6.7 使用计算机手段获取运程信息、与他人交流直接独立学习，追求个人兴趣；

L1.6-6 使用以博客为基础的直观的编程语言解决问题；

L1.6-5 建立一个指令可以一步步实施的程序；

L1.6-4 通过使用大量数字工具收集处理数据；

L1.6-3 为个人和合作写作、交流、发表使用技术工具；

L1.6-2 为个人生产力、补救技能短缺、构建学习使用通用生产力工具和设备；

L1.6-1 使用技术资源解决问题和自我学习。

（5）水平一 L1（三年级及以下）：与运程信息互动、职业、数据收集与分析、使用技术资源学习、使用技术工具创造数字人工物、编程。

L1.3-6 使用映像工具概念收集和组织信息；

L1.3-5 明确使用计算机和技术的工作；

L1.3-4 建构一系列陈述完成简单任务；

L1.3-3 在老师、家长和同学的帮助下创建可开发性的相关的多媒体产品；

L1.3-2 使用可开发的相关的多媒体资源进行课程学习；
L1.3-1 使用技术资源做些适龄的研究。

4. 计算机与交流手段

（1）水平三 L3B：
3B-5 通过计算机建模与机器人阐释一些聪明的行为；
3B-4 描述影响网络运作的方面，如执行时间、带宽、防火墙、服务能力；
3B-3 根据折中方案明确和选择最适合的文件形式；
3B-2 明确和描述硬件层；
3B-1 讨论对应用程序作用修改的影响。
（2）水平三 L3A：
3A-10 描述人工智能和机器人的主要应用；
3A-9 描述网络如何进行全球交流；
3A-8 阐释计算机网络的基本部件；
3A-7 比较对比客服和对等网络；
3A-6 应用战略明确和解决日常生活中固定的硬件和软件问题；
3A-5 阐释多层次的帮助系统运行的硬件和软件；
3A-4 比较各种输入和输出；
3A-3 描述计算机组织的规则；
3A-2 开发购买或升级计算机系统硬件的准则；
3A-1 描述植入到移动设备和交通工具的计算机的独有的特点。
（3）水平二 L2：
L2-8 描述计算机使用模型的智能行为的方式；
L2-7 立足人类智能和机器智能的交流，描述人类和机器的区别；
L2-6 描述计算机系统和网络的主要部件和作用；
L2-5 应用战略明确和解决日常生活中固定的硬件问题；
L2-4 技术交流时使用可开发的适合的术语；
L2-3 证明软硬件关系的理解；
L2-2 明确大量电子设备，包括计算机程序员；
L2-1 识别计算机运行程序的设备。
（4）水平一 L1（六年级）：应用计算机、计算机部件。
L1.6-6 识别计算机模型的智能行为；
L1.6-5 明确区别人类和机器的因素；
L1.6-4 明确进入计算机的信息来自网络外的各种资源；
L1.6-3 应用战略明确每天发生的简单的硬件和软件问题；
L1.6-2 理解日常生活中的无处不在的计算机问题；
L1.6-1 精通键盘和其他输入输出设备；

（5）水平一 L1（三年级及以下）：网络、人类和计算机。

L1.3 使用输入输出设备标准成功运行计算机及相关设备。

5. 团体、全球和伦理道德影响

（1）水平三 L3B：

3B-8 在全球社会对计算机资源分布公平性、增长、动力的相关事宜；

3B-7 区分开放资源、免费软件、相关软件认证及不同软件的使用范围；

3B-6 分析政府管理隐私和安全的影响；

3B-5 明确影响开发和使用软件的法律和规则；

3B-4 概括计算机如何进化人类构建真实和虚拟组织和基础建设的方式；

3B-3 概括金融市场、交易、预测如何自动化形成；

3B-2 分析计算机发明的利弊；

3B-1 证明现代交流媒体和手段的道德使用。

（2）水平三 L3A：

3A-11 解释数字设备对评价信息的作用；

3A-10 描述与计算机网络相关的安全和隐私问题；

3A-9 描述创建和共享软件的不同方式及它们的优缺点；

3A-8 讨论伴随黑客和软件隐私的社会经济影响；

3A-7 描述如何使用各种不同的软件认证共享和保护知识产权；

3A-6 区分信息获取和发布权力；

3A-5 描述决定网络信息可信性的战略；

3A-4 比较计算机对文化的正负面影响；

3A-3 所采用技术在人类生活中满足其特殊需求的角色描述；

3A-2 讨论计算机技术对经济贸易的影响；

3A-1 比较适当和不适当的社会网络行为。

（3）水平二 L2：

L2-6 讨论全球经济下计算机资源的不平衡分布是如何提高公平性、增长和动力的；

L2-5 描述与计算机和网络相关的道德事件，如安全、隐私、信息共享、所有权；

L2-4 对计算机信息资源关注现实世界问题的准确性、相关性、适切性、复杂性和倾向进行评估；

L2-3 分析计算机对人类文化的正负面影响；

L2-2 证明信息技术时代知识的变迁及对教育、工作场所、社会的影响；

L2-1 展示使用信息技术合法有道德的行为，讨论使用不当的情况。

（4）水平一 L1（六年级）：

L1.6-4 理解与计算机及网络相关的道德事件，如平等增长、安全、隐私、版权、产权；

L1.6-3 对在计算机信息资源中发生事件的准确性、相关性、适切性、复杂性和倾向进行评估；

L1.6-2 明确技术对人类生活和社会的影响，如社交网络、网络恐吓、移动和网络技术、网络安全、可视性；

L1.6-1 讨论与负责任使用技术信息的基本问题和不负责的情况。

（5）水平一 L1（三年级及以下）：

L1.3-2 明确使用技术的正负面社会和道德行为；

L1.3-1 在使用技术系统和软件中体验负责任的使用信息的公民权。

9.5.3　CSTA（信息技术教师联盟）的计算机科学课程模板（2011）

CSTA（信息技术教师联盟）为 K12 的计算机科学课程提供了一个模板，指出全国各层次学校可以根据自己的实际情况在模板上进行修改。此模板分为 4 个水平，如表 9-3 所示。

表 9-3　K12 计算机科学课程的组织结构

水平	水平一（八年级）	水平二（九到十年级）	水平三（十到十一年级）	水平四（十一到十二年级）
课程名称	计算机科学基础	当代世界中的计算机科学	作为分析和设计的计算机科学	计算机科学的相关话题

水平一：对象为八年级学生，旨在通过整合简单的计算法则提供给学生最基本的计算机科学概念。

水平二：对象为九到十年级学生，旨在帮助学生连贯理解当代世界中计算机科学的规则、方法和应用。建议不管是学术类准备升学的学生还是以职业为导向的学生都应该学习这门课程。

水平三（选修）：对象为十到十一年级学生 开发兴趣或以职业为导向。课程始于水平二，着重强调计算机科学的科学与工程方面（数学规则，计算、编程解决问题，硬软件设计，网络，社会影响）。

水平四（选修）：对象为十一到十二年级学生，旨在学习计算机科学的某一特定领域。课程以水平二为基础，部分以水平三为基础。

9.5.4　美国信息技术课程概述

虽然 CSTA（信息技术教师联盟）为 K12 的计算机科学课程提供了一个标准建议和课程模板，但都只是建议，并没有对美国各州中小学信息技术课程进行统一的规定，所以各州的各校根据实际情况，分层次开设。比如：The Roxbury Latin School、Groton School、The Hill School 只是高中开设有关信息技术课；The Chapin School、The masters School 在初中和高中开设有关信息技术的课程；Westtown School、The Brearley School 小学、初中和高中都设置了信息技术的课程；The Chapin School，低年级不专门开设相关课程；有的学校甚至是在数学课、社会科学课程中渗透信息技术教学。

此外，信息技术的课程名称多样，不像我国统一称为信息技术课。例如，The Hill School、The masters School 课程名称是计算机科学；Groton School、Westtown School 课程名称是技术课程；The Chapin School 开设的课程称为教育技术课；The Roxbury Latin School 设置了信息技术系。

然而，不管什么样的开课层次与课程名称，最终都体现了同一个教学目标：把电脑作为一种工具，锻炼学生获取、分析、加工和利用信息的能力。

从课程的总体分类来看，主要分为计算机基础类、应用软件类、计算机程序设计类、网页设计和网络课程类。计算机基础类（主要在小学甚至是幼儿园开设），包括键盘和鼠标器的基本操作、文字处理的基本操作、图形制作等；应用软件类，包括 PowerPoint、Excel、Photoshop、电子邮件服务等；计算机程序设计类（多数初中阶段，部分高中阶段），包括 Java、Visual Basic、C++和 C#等；网页设计和网络课程类（主要在高中阶段），包括 Flash 和 Dreamweaver、安装软件、解决硬件组装问题等。

9.5.5 美国各州信息技术课程情况介绍——密歇根教育技术标准 2009

密歇根教育技术标准的制定是在《不让一个孩子掉队》文件背景下产生，参照 ISTE 和 NETS 制定的课程标准，就 K12 的各个阶段学生必须掌握的教育技术标准做出了详细叙述。

总体目标要求：第一，加强学生技术素养。即有能力负责任地、创造性地、高效地使用相应的技术进行交流、收集、管理、整合、评价信息，解决问题，建构知识，共享知识并以此为手段提高在其他专业方面的学习。第二，能够普遍运用设计于学习。在设计中遵循三个原则：即提供多种表达方式、多种表现方式、多种约定方式，设计灵活课程，以期满足各种学生的需求。

下面就 K12 各年级段学生必须达到的技术教育标准做具体阐述。

1. 9～12 年级

1）目标 1：创新

9-12.CI.1. 应用先进软件特点重新设计指令的运行文件、数据表和表达。

9-12.CI.2. 创建网站 （如 Dreamweaver， iGoogle， Kompozer）。

9-12.CI.3. 使用大量媒体和公式进行设计、开发、发布、呈现项目（如 newsletters, websites, presentations, photo galleries）。

2）目标 2：交流和合作

9-12.CC.1. 明确各种合作技术并描述它们的作用（如网络会议，在线研讨，网络竞技，博客，维基）

9-12.CC.2. 在班级项目和任务中使用各种技术与他人沟通（如桌面会议，电邮，电话会议，MSN）。

9-12.CC.3. 整合各种媒体在相关内容的项目中进行合作（如打印、声像、图文、模拟、模型）。

9-12.CC.4. 使用通信技术计划和完成一项合作项目（如 ePals，讨论板，在线小组，互动网页，电话会议）。

9-12.CC.5. 描述在线交流的各种潜在危险。

9-12.CC.6. 使用技术工具进行个人信息的管理和交流（如财政、联系信息、行程、买卖、信件）。

3）目标 3：研究和信息素养

9-12.RI.1.使用各种研究策略开发一个项目用于收集信息（如采访、调查问卷、实验、在线调查）。

9-12.RI.2.明确、评价、选择相关的在线资源用以回答内容相关的问题。

9-12.RI.3. 证实使用图书馆和在线数据库用以访问信息的能力（e.g.， MEL, Proquest, Infosource, United Streaming）。

9-12.RI.4. 辨别事实、想法、意见和推断。

9-12.RI.5 评价在线信息的准确性与可用信。

9-12.RI.6. 评价刻板、偏见和误传的资源。

9-12.RI.7. 理解从单一网络资源获取的信息可能导致报道错误的事实，而应搜索多种资源。

9-12.RI.8. 课堂活动中不适宜地使用各种技术的研究实例（如辩论、报道、模拟考试、陈述）。

4）目标 4：批判性思维、问题解决和决策

9-12.CT.1. 使用数字资源（如教育软件、模拟、模型）解决问题、独立学习。

9-12.CT.2. 分析数字资源的利弊并且评估对于个人社交、终身学习和事业需要的潜在作用。

9-12.CT.3. 使用信息交流技术资源，设计一个研究问题或提出一个假设，分析其结果，并根据其结果、报告给出决策。

5）目标 5：数字公民

9-12.DC.1. 明确与信息交流技术使用相关的合法和伦理道德问题（如适当的选择和举证资源）。

9-12.DC.2. 讨论不道德使用技术对于文化和社会的大范围的影响（如病毒传播、文件剽窃、黑客）。

9-12.DC.3. 讨论和证实网络交流的礼仪。

9-12.DC.4. 明确个人从不道德使用信息的情况下保护自己的技术系统。

9-12.DC.5. 在呈现研究结果时创建适当的资源引证。

9-12.DC.6. 讨论使用版权的政策。

6）目标 6：技术管理和概念

9-12.TC.1. 完成至少一项在线有学分或无学分的课程或学习体验。

9-12.TC.2. 使用在线指导，讨论这种学习的利弊。

9-12.TC.3. 探究就业机会，尤其是与科学、技术、工程数学相关的工作。

9-12.TC.4. 描述现存的各种技术资源的用法（如播客、网播、电话会议、在线文件共享、全球定位软件）。

9-12.TC.5. 明确一个援助技术的例子并描述其潜在意义和用法。

9-12.TC.6. 参与一个有关 21 世纪学习技巧的虚拟环境策略。

9-12.TC.7. 通过使用在线帮助和其他用户记录评估和解决软硬件问题。

9-12.TC.8. 解释免费网络，共享网络，开放资源和商用软件的区别。

9-12.TC.9. 参与技术相关的职业体验。

9-12.TC.10. 明确通识图文声像文件格式（如 jpeg, gif, bmp, mpeg, wav, wmv, mp3, avi, pdf）。

9-12.TC.11. 理解和讨论援助技术是如何使个人受益的。

9-12.TC.12. 证实如何进出口图文声像文件。

9-12.TC.13. 使用表格拼写和语法检查功能校对出版文件。

2. 6～8 年级

1）目标 1：创新

6-8.CI.1. 应用通识软件特点（如拼写检查程序，百科全书，公式，表格，图像，声音）促进与受众的交流，从而达到创新的目的。

6-8.CI.2. 创建一个原始项目（如表述，网页，通讯，信息册），使用各种媒体给受众呈现内容信息。

6-8.CI.3. 使用模型，模拟，概念图软件说明一个跟内容相关的概念。

2）目标 2：交流和合作

6-8.CC.1. 使用数字资源（如讨论组，博客，播客，电话会议，MOODLE 黑板）与伙伴，专家和其他受众交流。

6-8.CC.2. 使用合作数字工具与其他文化背景的学习者一起探究通识课程内容。

6-8.CC.3. 明确技术对于伙伴间、家庭和学校间个人的有效使用。

3）目标 3：研究和信息素养

6-8.RI.1. 使用大量数字资源定位信息。

6-8.RI.2. 对网络信息的正确性和偏见进行评估。

6-8.RI.3. 理解从单一网络资源获取的信息可能导致报道错误的事实，而应搜索多种资源

6-8.RI.4. 明确各种不同域名的网页（如 edu，com，org，gov，net）

6-8.RI.5. 利用各种数据集合型技术（如探测仪，手控装置，GPS）收集、观察、分析相关问题的结果

4）目标 4：批判性思维、问题解决和决策

6-8.CT.1. 使用数据库和电子数据表做预测，开发策略，评估协助解决问题的策略。

6-8.CT.2. 评估数字资源，为某一任务选择最适切的应用（如文字处理，图标、概略图、电子表格、陈述项目）。

6-8.CT.3. 使用可利用的数字资源收集数据，检测类型，应用信息做决策。

6-8.CT.4. 描述解决固定软硬件问题的策略。

5）目标5：数字公民

6-8.DC.1. 引用文献时提供正确的文献来源。

6-8.DC.2. 讨论与可接受负责任使用技术相关的问题（如隐私、安全、版权、剽窃、病毒、文件共享）。

6-8.DC.3. 讨论与不道德使用信息交流技术的情况。

6-8.DC.4. 讨论将来技术可能的社会影响并折射出过去技术的重要性。

6-8.DC.5. 道德使用数字资源创建工具的多媒体展示。

6-8.DC.6. 讨论参加在线问题行为（张贴危险照片，未成年饮酒，恐吓他人）的长期后果（数字痕迹）。

6-8.DC.7. 描述在线交流的潜在危险。

6）目标6：技术管理和概念

6-8.TC.1. 明确各种应用的格式（如 doc，xls，pdf，txt，jpg，mp3）。

6-8.TC.2. 使用大量技术工具（如字典、百科全书、语法拼写检查、计算器）使技术生产资料正确率最大化。

6-8.TC.3. 对现存数据库质疑。

6-8.TC.4. 知道如何创建和使用可利用数据库的功能（如过滤、分类、图表）。

6-8.TC.5. 明确大量储存设备（如 CDs，DVDs，flash drives，SD 卡），对于某一特殊需求使用某一特定设备提供理由。

6-8.TC.6. 正确使用技术术语。

6-8.TC.7. 使用技术明确和探究各种职业，尤其是与科学、技术、工程、数学相关的职业。

6-8.TC.8. 讨论技术支持个人追求和终身学习的可能用途。

6-8.TC.9. 理解和讨论捐助技术如何使个人受益。

6-8.TC.10. 讨论电子商务的安全问题。

3. 3～5年级

1）目标1：创新

3-5.CI.1. 制作跟国家课程标准一致的多媒体数字项目（如童话、寓言、谜语、传说、历史故事）。

3-5.CI.2. 通过创建或修正艺术、音乐、影视、报告作品，使用大量技术工具和应用证实其创造性。

3-5.CI.3. 参与关于技术的讨论（技术的现状、过去和未来），理解技术是人类创造的结果。

2）目标 2：交流和合作

3-5.CC.1. 使用数字交流工具（如电邮、维基、博客、IM、聊天室、电话会议、MOODLE 黑板）和在线资源进行小组学习项目。

3-5-2.CC.2. 明确根据预期受众（如课堂陈述、对家长的实时通讯）不同应用软件如何共享类似信息。

3-5-2.CC.3. 使用大量媒体和不同形式的出版物（如陈述、实时通讯、小册子）与不同受众创建和交流信息、想法。

3）目标 3：研究和信息素养

3-5.RI.1. 在老师和图书馆专业媒体的帮助下，明确定位信息的搜索策略。

3-5.RI.2. 使用数字工具寻找、组织、分析、综合、评估信息。

3-5.RI.3. 理解和讨论网页和数字资源可能包括的不正确或存在偏见的信息。

3-5.RI.4. 理解从单一网络资源获取的信息可能导致报道错误的事实，而应搜索多种资源。

4）目标 4：批判性思维、问题解决和决策

3-5.CT.1. 使用数字资源获得能够帮助日常问题决定的信息（如看哪部电影、买哪个产品）。

3-5.CT.2. 在解决问题时，使用信息和交流技术工具（如计算器、探测仪、录音机、DVD、教育软件）收集、组织、评价信息。

3-5.CT.3. 使用数字资源明确和调查一个国家、民族或者全球的事件（如全球变暖、经济环境）。

5）目标 5：数字公民

3-5.DC.1. 讨论技术可接受和不可接受的用途（如文件共享、社交网络、发送信息、网络勒索、剽窃）。

3-5.DC.2. 意识到道德地使用信息的事件（如版权、来源出处）。

3-5.DC.3. 描述网络上个人应该采取的预防措施。

3-5.DC.4. 明确不该在网上透露的个人信息类型（如名字、电话号码、照片、学校名称）。

6）目标 6：技术管理和概念

3-5.TC.1. 使用基本的输入输出设备（如打印机、扫描仪、数码相机、录音机、投影仪）。

3-5.TC.2. 描述技术改变校内和家庭生活的方式。

3-5.TC.3. 理解和讨论辅助技术如何使个人受益。

3-5.TC.4. 证实使用计算机软硬件、外部设备、存储设备需要注意的方面。

3-5.TC.5. 了解如何通过技术与其他同学交换文件（如文件夹共享）。

4. 幼儿园～2 年级

1）目标 1：创新

PK-2.CI.1.使用大量数据工具（如文字处理、绘图工具、模拟、陈述软件、绘图本）一

起工作进行学习、创作、传达原始想法和描述概念。

2）目标 2：交流和合作

PK-2.CC.1. 使用数字工具（如文字处理、绘图工具、陈述软件）一起工作进行想法的传递，对某一特定项目的简单概念进行描述。

PK-2.CC.2. 使用大量适当的发展的数字工具（如文字处理、绘画程序）与同学、家长进行交流。

3）目标 3：研究和信息素养

PK-2.RI.1. 与网络资源互动。

PK-2.RI.2. 在老师和图书馆媒体专家、家长、同学的帮助下，使用数字资源定位、解释相关特定课程话题的信息。

4）目标 4：批判性思维、问题解决和决策

PK-2.CT.1. 解释用技术解决问题的方式（如电话、信号灯、GPS）。

PK-2.CT.2. 在老师和图书馆媒体专家、家长、同学的帮助下，使用数字资源解决适当的发展着的问题。

5）目标 5：数字公民

PK-2.DC.1. 描述使用技术正当和不正当的行为（如计算机、网络、电邮、电话）并描述不正当使用的后果。

PK-2.DC.2. 了解密歇根计算机安全自主行为的三大原则（安全、远离、诉说）。

PK-2.DC.3. 明确不能共享在网络的个人信息（如名字、地址、电话）。

PK-2.DC.4. 知道在网络交流时，如果收到或看到不舒服的地方，或者被人询问个人信息时，通知一个可信赖的成年人。

6）目标 6：技术管理和概念

PK-2.TC.1. 讨论使用技术的利弊。

PK-2.TC.2. 能使用基本的菜单指令（如打开、关闭、保存、打印）。

PK-2.TC.3. 认识并命名计算机系统里主要硬件组成部分 （如显示屏、键盘、鼠标、打印机）。

PK-2.TC.4. 讨论计算机硬件基本的要素和各种媒体（如 CD/DVD）。

PK-2.TC.5. 讨论技术时，使用适当的发展着的术语。

PK-2.TC.6. 理解技术是帮助人们完成任务的一个工具，是信息、学习、娱乐的源头。

PK-2.TC.7. 证实能够驾驭虚拟环境（如笔记本、游戏、模拟软件、网页）。

本章小结

本章主要介绍国内外中小学信息技术教育发展及现状，同时给出了我国开展中小学信息技术教育两个重要的指导性文件：《中小学信息技术课程指导纲要（试行）》和《普通高中信息技术课程标准（2017 年版）》的主要内容。这些对于师范专业的大学生来说是必备的知识，也是师范专业必学的内容，其他专业学生可以选学。为了进一步了解国外信息技

术教育开展情况，本章还对美国信息技术教育标准进行了介绍，给出了相关标准增进以便增进了解，对师范专业学生今后从事中小学教育有一定的指导作用。虽然我国中小学信息技术教育开展已经有二十多年的历史，取得了可喜的成绩，克服了很多困难，但今天仍然有很多问题需要中小学信息技术教育的教师和教育管理者去研究和解决。作为师范专业学生，应掌握中小学信息技术教育现状，了解和思考信息技术教育的发展与变化，把握好现在，着眼于未来，为我国中小学信息技术教育健康快速的发展做出努力。

思考题

1. 什么是信息技术？信息技术与计算机技术有什么区别？IT 和 ICT 的概念有什么区别和联系？

2. 开展信息技术教育有什么价值与意义？

3. 我国中小学计算机教育是从什么时候开始的？什么时候将课程名称改名为“信息技术教育”？

4. 我国初中和小学阶段有信息技术课程标准吗？你对你中小学阶段所在的中小学信息技术课程开展情况有什么建议或意见？

5. 请对我国与美国的信息技术课程标准进行比较和研究分析，并提出你的看法。

参考文献

[1] 申艳光，王彬丽，宁振刚. 大学计算机——计算文化与计算思维基础[M]. 北京：清华大学出版社，2016.
[2] 余来文，林晓伟，封智勇，范春风. 互联网思维 2.0：物联网、云计算、大数据[M]. 北京：经济管理出版社，2017.
[3] 万木春，胡振宇. 数字营销再造："互联网+"与"互联网"浪潮中的企业营销新思维[M]. 北京：机械工业出版社，2016.
[4] 吴起. 产业互联网重新定义效率与消费[M]. 北京：人民邮电出版社，2018.
[5] 李拴保. 信息安全基础[M]. 北京：清华大学出版社，2014.
[6] 谢希仁. 计算机网络[M]. 6 版. 北京：电子工业出版社，2013.
[7] 高建华. 计算用应用基础教程[M]. 上海：华东师范大学出版社，2015.
[8] 董荣胜. 计算机科学导论——思想与方法[M]. 3 版. 北京：高等教育出版社，2015.
[9] 陈国良. 大学计算机——计算思维视角[M]. 2 版. 北京：高等教育出版社，2014.
[10] 程向前，周梦远. 基于 RAPTOR 的可视化计算案例教程[M]. 北京：清华大学出版社，2014.
[11] 黎升洪. Access 数据库与 VBA 面向对象程序设计[M]. 北京：中国铁道出版社，2017.
[12] 高升宇. Access 数据库应用与程序设计[M]. 北京：中国人民大学出版社，2011.
[13] 戚晓明. Access 数据库程序设计[M]. 北京：清华大学出版社，2015.
[14] 钟志宏. 全国计算机等级考试二级教程 Access 数据库程序设计[M]. 成都：电子科技大学出版社，2014.
[15] 教育部考试中心. 全国计算机等级考试二级教程——Access 数据库程序设计（2019 年版）[M].高等教育出版社，2018.
[16] 中国互联网信息中心. 第 42 次中国互联网发展状况统计报告，2018（6）.
[17] 中国教育考试网. 全国计算机等级考试一级 MS Office 考试大纲（2018 年版）. 2018（12）
[18] 中国教育考试网. 全国计算机等级考试一级 WPS Office 考试大纲（2018 年版）. 2018（12）
[19] 中国教育考试网. 全国计算机等级考试二级 MS Office 高级应用考试大纲（2018 年版）. 2018（12）
[20] 教育部网站，普通高中信息技术课程标准（2017 版），2018.1.24
[21] 搜狐教育，刘军：贵州省教育信息化发展现状与未来，2018-06-14.